제 2 판

INFORMATION COMMUNCATION SYSTEMS

정보통신 시스템

이 상 희 저

D.B.Info

머리말

기존 ICT(정보통신기술)산업은 2000년대 이후 우리나라 수출액의 1/3을 차지하고, 국민총생산액의 1/4를 차지하는 중요 기술 산업으로 인식하고 있었으며, 추후에도 모든 산업에 중심을 이룰 것으로 예상하여 4차 산업혁명은 ICT를 바탕으로 하는 정보통신기술을 기반으로 한 융복합 기술이 진행될 것으로 예상하는 바입니다. 그래서 교육 분야에 있어서도 이러한 산업기술의 기초적 이해가 필요하다고 생각하는 바입니다.

본 저서는 이러한 필요성을 바탕으로 제작하였고, 기존의 정보통신기기의 보완 판에서 기기와 운영을 종합하는 정보통신시스템(ICT Systems)에 대한 것입니다. 본 저서의 구성은 크게 정보통신시스템의 개요, 정보통신시스템, 이동통신시스템, 위성통신시스템에 대한 4개 부분으로 구분하여 정리하였습니다.

전체 본 저서의 구성을 위한 단원별 구체적인 요약은 다음과 같습니다.

1장에서는 정보통신시스템의 개요와 정보통신개론 대한 내용을 설명하고, 2장에서는 정보통신시스템 이해를 위한 기초단계로 통신개념을 간략하게 기술하였습니다.

3장에서는 (데이터)정보통신시스템에 운영되는 정보단말기기, 4장에서는 정보전송기기인 변복조시스템의 구성과 운영을 기술하였습니다.

5장에서는 무선통신기기의 이해를, 6장에서는 유선통신기기를 위주로 하여 망 교환시스템에 대한 기술을 설명하고 이후 이동통신시스템에 대한 기본 지식을 함양하도록 하였으며, 7장에서는 무선이동통신 기술의 개요 설명을 바탕으로 통신방식, 시스템운영과 발전방향에 대한 광범위한 부분을 기술하였습니다.

8장에서는 위성통신 기술과 시스템에 대한 설명과 특별히 우리나라의 위성통신 현황에 대한 설명을 추가하고 응용분야인 GPS기술과 STB에 대해 기술하였습니다.

마지막으로 부록 부분에서는 측정기기 이해를 위한 측정단위, 전자파 전파, 전자파 스펙트럼분석기 측정에 대한 부분을 기술하였습니다.

현재 관심의 중심이 되는 4차 산업혁명에서 운영될 IoT, Big Data, AI 기술에 대한 추가 설명은 각 단원별 부분에서 나누어 기술하여 각 단원 분야별로 부족함을 느끼고 있으며, 독자 제위의 지적과 성원을 보태어 더 많은 교정이 필요할 것으로 사료되는 바입니다.

본 저서를 집필하면서 기존의 정보통신기기를 가장 많이 참조하였고, 이외 국내외 많은 저서와 자료들을 단편적으로 참조하였으므로 원 저자와 관련 분들께 감사드립니다. 또한 본 저서를 출판할 수 있도록 허락해주신 복두출판사 송광헌 대표님과, 편집과 출간을 위해 수고해주신 분들께 감사드립니다. 본 저서가 ICT 시스템 부분을 공부하는 모든 분들에게 유익한 도움이 되길 기원하는 바입니다. 감사합니다.

2018년 2월 저자 배상

ICT분야의 눈부신 발전으로 지난 1판에서 추가하고 교정할 부분(4.6.5. 계층구조와 그 기능, 4.7.4 USB인터페이스, 7.9 지능형교통시스템, 8.4.4 우리나라 위성통신의 현황, 8.8 위성위치정보시스템(GPS))에 대한 보정이 있었습니다. 추후 계속적인 추가 보정이 이루어져야 할 것으로 생각하며, 독자 분들의 많은 지적과 편달을 기대합니다. 감사합니다.

2019년 1월 저자 배상

차례

제5장 무선통신기기

제6장 유선통신기기

제7장 무선이동통신

제8장 위성통신기기

부록

01 정보통신 개론

1.1 정보통신개론

1.1.1 정의

정보통신이란 데이터의 입출력과 처리과정에서 사람의 개입이 없이 온라인처리에 의해 정보를 송수신하는 것으로 전기통신회선에 문자, 부호, 영상, 음향 등의 정보를 저장처리하고 주변장치로 입출력장치와 기타 기기에 접속하여 정보를 송수신하는 것을 말한다.

좁은 의미로는 컴퓨터를 이용한 데이터통신으로 지칭되지만, 오늘날은 모든 통신단말기를 통해 주고받는 정보의 전송행위를 의미한다.

(1) 정보 (Information)

가치 있는 데이터, 사람들에 의해 평가된 것으로 문제해결에 유용한 데이터를 말한다.

> 데이터 : 통신에 적합하도록 정리된 사실, 개념 또는 명령.
> 정보 = 데이터+해석(Interpretation)

그러므로 정보처리란 수집된 데이터를 선택, 분석, 평가하는 일련의 과정이다.

(2) 통신 (Communication)

정보의 생성을 신속하게 전달하는 것으로 거리, 시간, 장소의 제한을 받기 때문에 이것을 극복하기 위해 전기통신(Telecommunication)이 발달하였고, 전화, 무선전화, 데이터통신 등으로 발전되었다. 오늘날 정보가 아날로그 신호에서 디지털 신호로 변환되면서 정보통신이라는 말이 사용되고 있다. 좁은 뜻으로는 정보의 공유를 의미하며, 넓은 뜻으로는 유기체 상호작용과 그에 관련된 모든 과정이라고 할 수 있다.

1.2 정보통신의 역사

1837년 Morse의 전신통신, 1876년 A.G.Bell의 전화기 발명, 1897년 Marconi의 무선통신과 1940년 텔레타이프 회선에 의한 데이터 송신 등으로 전신 전화에 의한 통신시대가 열렸고, 1946년 최초의 전자계산기 ENIAC의 출현과 1951년 UNIVAC-I의 상품화는 정보통신의 시대를 앞당겼다.

그 후 비약적인 발전을 이루어 오늘날과 같은 Computer의 응용, 즉 대형화 입출력의 광역화로 Computer와 단말기에 신호회선으로 접속하는 On-line System이 개발되었다. 그 시초는

1958년 미국에서 개발된 반 자동반공시스템 SAGE(Semi Automation Ground Environment)로, 이 시스템은 지령 Center의 Computer와 미국전역의 대공 Radar망을 통신회선으로 연결하여 항공기나 유도탄의 침입에 대처할 수 있는 데이터통신시스템이다.

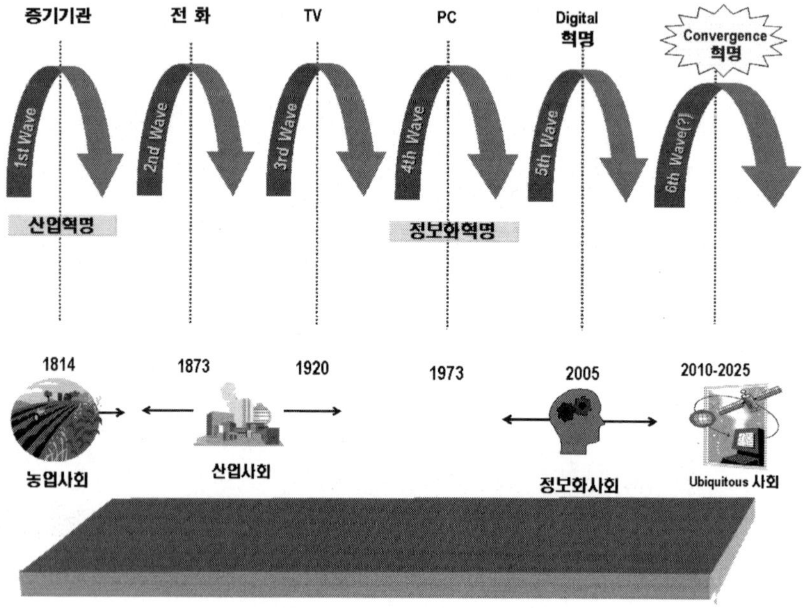

그림 1.1 정보통신의 발전과정

SAGE System의 개발로 축적된 기술은 경영분야에도 활용되어 1963년에 AAL(American Air Line)의 대규모 좌석예약, 회계업무 시스템인 SABRE(Semi Automatic Business Research Environment)의 개발에 공헌하였다.

그 후 1964년에 매사추세츠 공과대학에서 가동한 최초의 실험 시스템인 CTSS(Compatible Time Sharing System)는 MULTICS 등으로 발전되었고, 1975년에는 패킷교환 서비스인 TELENET, TYMNET 등의 영업용 서비스 시스템으로 발전하였다.

우리나라에서는 1973년에 외환은행이 서울~부산 간 On-line Service를 위해 통신회선을 설치 · 운용한 것이 그 효시이며, (주)데이콤이 설립되어 해외 공중데이터 통신망 및 국내의 공중데이터 통신망인 DACOM-NET을 1983년에 개통하였다. 이 망을 통해 천리안-II, PC-Serve, MAIL-400, EDI 등의 서비스를 제공하였고, 1991년 한국통신의 공중데이터 통신망 HINET-P가 개통되어 DB검색, PC통신, 전자우편 등의 서비스를 제공하고 있다. 이상의 내용을 요약하면 표 1.1과 같다.

표 1.1 통신의 역사

기간	연도	업 적
80년간	1826 1838 1864 1876 1887 1897	Ohm의 법칙 Samuel F.B.Morse가 전신을 실험으로 설명 James C.Maxwell이 전자기파의 방사를 예측 Alexander Graham Bell이 전화를 발전시킴 Heinrich Hertz가 Maxwell 이론을 증명 Marconi가 완전 무선통신 시스템을 개발(영불해협 통과)
40년간	1904 1906 1915 1918 1920 1937 1938	Fleming이 다이오드를 개발 Lee Deforest가 3극 진공관을 개발 Bell System이 대륙횡단 전화선을 완성 B.H.Armstrong이 슈퍼헤테로다인 수신기를 개발 J.R.Carson이 Sampling을 통신에 적용 Alec Reeves가 펄스 코드 변조를 고안 TV 방송 시작
20년간	2차 세계대전 1948 1950 1956	Radar와 마이크로웨이브 시스템이 개발 ; 신호검출에 통계적 방법을 적용 트랜지스터 개발 ; Claude Shannon의 "통신의 수학이론" 출판 시분할 다중화(Time-division Multiplexing)가 전화에 적용 최초로 대서양횡단 전화선의 완성
10년간	1960～1970	Maiman이 레이저를 설명(1960) 최초의 통신위성, Telstar 발사(1962) 달에서 탐사의 TV 생중계 ; 실험적인 PCM 시스템 ; 실험적인 레이저 통신 ; 집적회로(IC) ; 디지털 신호 처리 ; 컬러 TV
20년간	1970～1990	상업용 위성중계 통신(음성과 디지털) ; Gigabit의 신호 속도 ; 대규모 집적 회로 ; 통신회로의 IC 구현 ; 대륙 간 컴퓨터 통신망 ; 저손실의 광섬유 ; 영상 통신회의 시스템 ; 패킷 스위치 디지털 데이터 시스템 저궤도 위성통신 Analog, PC통신, Cellular, Digital Cellular, PCS, pager 등
15년간	1991～2015	광통신, IMT-2000, LAN, MAN, WAN, 인터넷 ADSL, VDSL, 무선 LAN, 초고속 LAN, 유비쿼터스

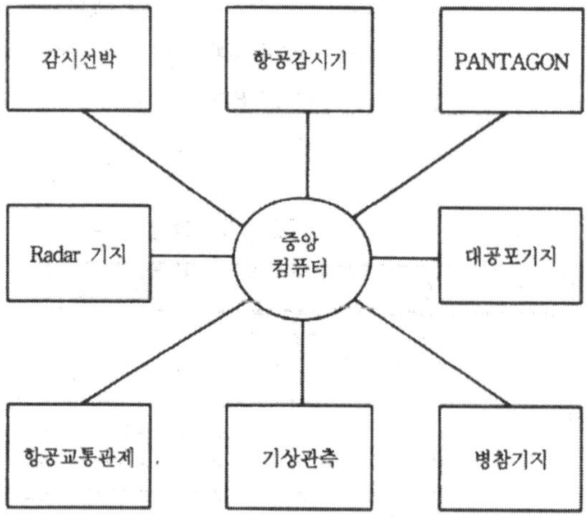

그림 1.2 SAGE System

1.2.1 정보통신시스템의 장점 및 기능

컴퓨터처리장치와 단말기 등을 통신 회선에 연결하여 각종 통신서비스를 이용하는 정보통신 시스템의 특징은 다음 몇 가지로 들 수 있다. 초당 전송되는 문자의 수가 1,000자에서 20,000자 정도의 고속 전송에 적합하고, 에러 제어를 통해 데이터 전송의 신뢰성을 보장할 수 있으며, 다치 전송방법에 의한 광대역 전송을 보장할 수 있다. 또한 시간과 거리에 구애받지 않는 고품질의 통신이 가능하며, 경제성이 높고, 대형 컴퓨터와 대용량 파일의 공유에 의한 정보 제공 서비스의 이용이 가능하다.

위와 같은 정보통신시스템의 장점을 가지기 위하여 정보통신시스템이 제공하여야 하는 기본적인 기능은 다음과 같다. 다중화 및 회선의 집중화를 통한 통신 회선의 효율적인 사용, 표준화된 프로토콜을 통한 정보 처리기기와 통신망 간의 용이한 접속기능의 제공, 전송되는 정보의 수신자 위치를 알리기 위한 목적지의 정확한 인식기능, 0과 1의 비트열로 전송되는 데이터 단위의 시작과 끝을 알리는 특수한 문자의 명확한 인식기능, 통신망에서 통신회선의 불량과 지연 등에 의해서 발생하는 데이터의 오류검출이 용이해야 한다. 또한 데이터 오류 정정능력, 전송 중에 발생하는 데이터 분실 검출기능과 분실방지 기능, 정보통신시스템 사용자들에 대한 보안기능, 데이터 암호화기능, 정보처리기기들 간의 처리속도 차이를 보완하기 위한 흐름제어 기능 제공, 통신 노드로 구성되는 통신망에서의 송신단과 수신단 사이의 최적 경로를 찾기 위한 경로제어 기능 및 교환 노들의 고장 상태를 진단하기 위한 궤환 시험기능과 정보통신 네트워크의 운영 및 관리 기능을 포함하는 OAM기능 등을 제공하여야 한다.

1.3 정보통신의 개요

1.3.1 정보통신시스템의 구성

컴퓨터와 원격지의 단말장치 또는 컴퓨터 상호간의 통신회선으로 접속하여 처리하는 온라인 시스템이며 기본구성은 그림 1.3과 같다. 즉, 데이터의 입출력을 담당하는 데이터 단말장치(DTE : Data Terminal Equipment)와, 컴퓨터를 중심으로 한 정보처리 시스템과 전송회선으로 구성된다.

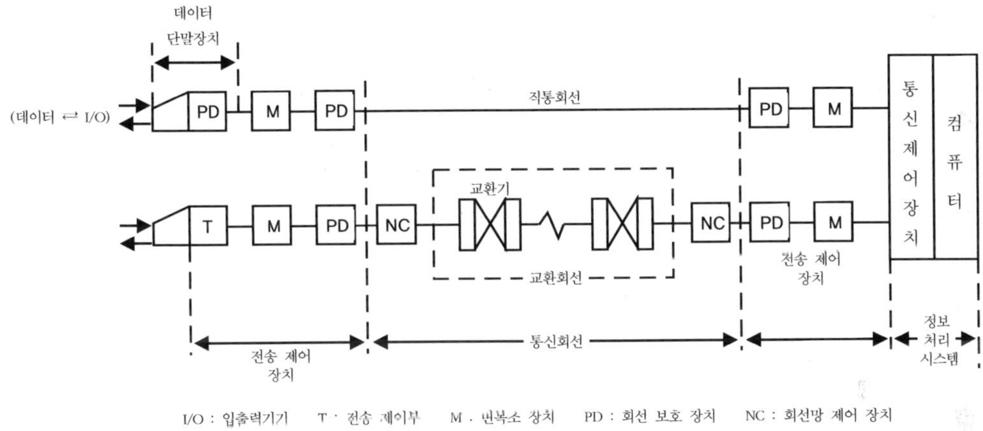

그림 1.3 정보통신시스템의 기본구성

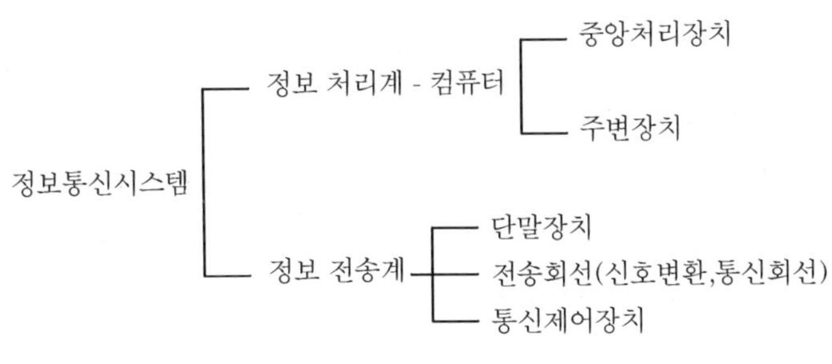

그림 1.4 정보통신시스템

(1) 단말장치(DTE : Data Terminal Equipment)

사용자의 각종 정보원, 즉 인간 또는 각종 측정 장치로부터 발생하는 정보를 생성하는 장치이다. 사용자 측의 단말에서 발생한 신호를 컴퓨터 등이 처리하기 적합한 신호로 변환하는 기능 또는 통신회선을 이용하여 수신된 신호를 사용자가 인식하기 적합한 형태로 변환하는 기능을 가진다. 데이터 단말장치는 사용자 데이터를 입출력하는 입출력장치와, 입출력장치로부터의 데이터 송수신을 제어하는 전송제어장치로 구성된다.

(2) 전송제어장치(DCE : Data Circuit Terminating Equipment)

전송제이장치는 세 가지로 구성된다. 첫째, 데이터의 입출력을 담당하는 입출력제어부가 있다. 둘째, 데이터 전송회선 접속기능을 담당하는 회선접속부가 있다. 셋째, 단말 측에서 전송되는 직렬 데이터를 병렬로, 전송회선으로부터 수신되는 병렬데이터를 직렬데이터로 변환하는 기능과 전송제어절차에 따라 송수신을 제어하는 회선제어부가 있다.

(3) 신호 변환기

터미널과 통신회선 사이에 설치되어 있는 장치로, 터미널로부터의 정보를 통신회선에 적합한 신호로 변환하고, 통신회선으로부터 수신된 신호를 단말장치 또는 컴퓨터에서 처리하기에 적합한 형태로 변환하는 기능을 한다. 일반적으로 이러한 신호변환기는 통신 회선의 양 끝단에 위치하기 때문에 데이터 회선 종단 장치라고 부르기도 한다. 이러한 신호변환기로는 모뎀(MODEM), 디지털 서비스 유닛(DSU) 등을 이용하는데, 보통 에러검출과 정정 등의 기능을 갖고 있다.

(4) 통신회선

교환기와 교환기 사이 또는 터미널과 터미널 사이에 설치한 것으로, 송수신을 물리적으로 연결하여 실제로 정보 전송이 이루어지도록 하는 것이다. 전화선의 경우, 연선 또는 동축 Cable을 사용하며 전송 속도는 500 [Mbps], 대역폭은 450 [Mbps] 정도이다. 무선의 경우 주로 Microwave 대역이 사용되며 광대역 전송선로로는 광섬유(Optical Fiber) 등이 사용된다.

(5) 통신제어장치(CCU : Communication Control Unit)

주로 대형컴퓨터 앞에 설치되어 컴퓨터 통신기능을 보강하여 주는 장치로서 CPU 앞에 설치되어 전송메시지 검사, 회선제어, 형식변환, 전송제어, 동기제어, 흐름제어 등을 수행한다. 전단처리기(FEP : Front End Processor), 프로그램 제어가 가능한 통신제어 처리장치(CCP : Communication Control Processor) 등이 있으며 그 구성은 그림 1.5와 같다.

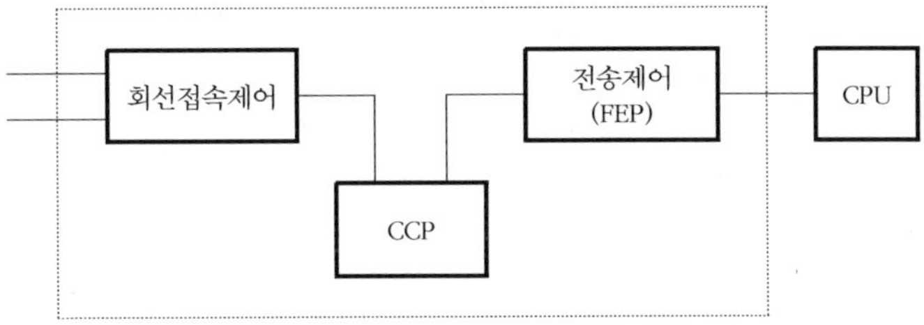

그림 1.5 CCU의 구성

1.3.2 정보통신 시스템의 정보처리방식

정보통신 시스템에서 터미널과 컴퓨터의 데이터 전송과정에서 그림 1.6과 같이 사람이 개입하지 않고 데이터의 전송이 이루어진 경우를 On-line Real Time 처리 방식이라 하며, 통신회선으로 연결이 되지 않고도 전송이 이루어지는 방식을 Off-line 처리 방식이라고 한다. 단말기로부터 입력된 정보를 컴퓨터가 처리하는 방식을 분류하면 그림 1.7과 같다.

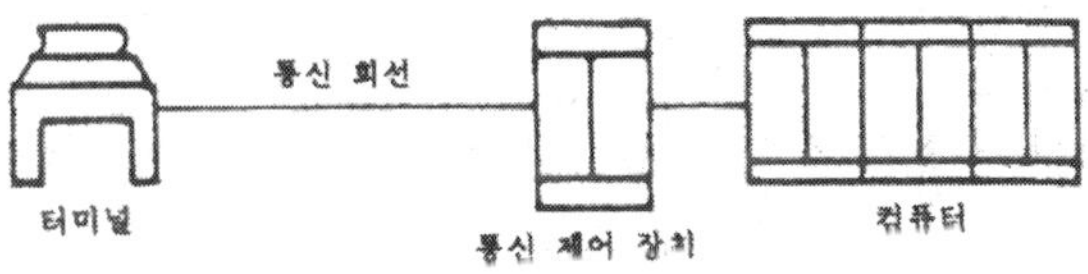

(a) 온라인시스템

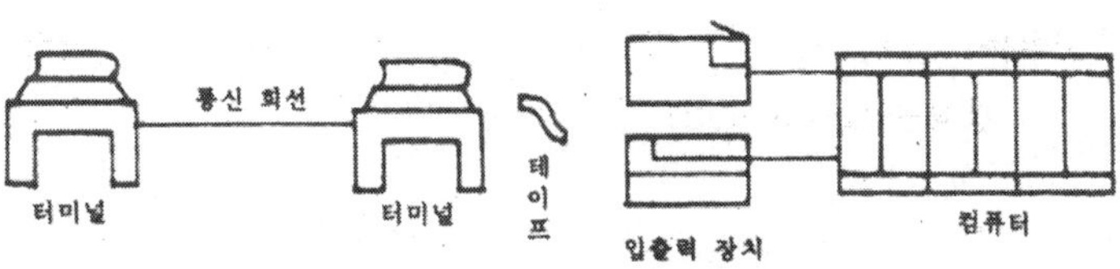

(b) 오프라인시스템

그림 1.6 정보처리방식

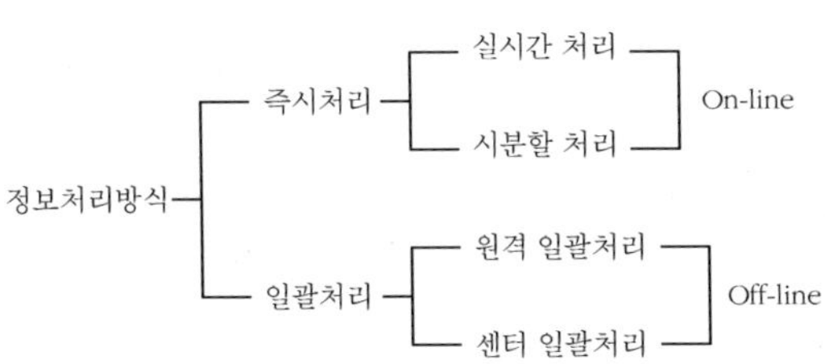

그림 1.7 처리에 따른 분류

(1) 온라인 처리

단말기와 컴퓨터가 통신회선으로 연결되어 있으며 전송 과정에서 사람의 개입 없이 데이터 전송이 이루어지는 방식으로, 좌석예약, 수치제어, 은행업무 등이 대표적인 예이다.

(2) 오프라인 처리

통신회선으로 연결하지 않으며 사람이 개입하여 전달이 이루어지는 방식이다. 단말기와 컴퓨터 사이에 직접 연결된 통신회선이 없다.

(3) 실시간 처리

처리결과를 원하는 시간 내에 받아볼 수 있다. 은행창구의 경우 데이터 발생 즉시 처리하므로 신속하고 정확한 처리가 가능하다. 대표적인 것이 POS(Point Of Sales)시스템이다.

(4) 일괄 처리

데이터를 어느 정도 수집한 다음 처리하는 방식으로, 원거리의 터미널이 컴퓨터를 이용하는 경우 유휴시간으로 효율이 극대화된다.(비교 : 오프라인 방식)

1.3.3 정보통신의 이용형태

(1) 원격지 데이터 수집

일반 전화회선을 이용하여 원격지에서 가정이나 공장의 수도, 가스, 전기 등의 사용량 검침이 가능한 텔레미터링 방식으로 '노링잉 회선서비스' 라고도 한다.

(2) 원격작업 입력(Remote Job Entry)

데이터 통신을 이용하여 일괄처리 되는 컴퓨터 시스템을 원격지에서 이용하는 방식으로 데이터의 발생지점과 처리지점 사이의 공간적 거리를 압축할 수 있다. 즉, 멀리 떨어진 곳에서 대량의 데이터를 컴퓨터에 일괄 입력시키고 그 처리 결과도 일괄로 받을 수 있다.

(3) 정보검색

문의/응답의 변형, 신용카드의 점검 및 신원조회 등의 정보를 데이터베이스를 통해 검색할 수 있다.

(4) 시분할 사용(Time Sharing)

컴퓨터의 처리시간을 분할, 공용하여 다수의 이용자가 동시에 각자의 전용 컴퓨터처럼 이용하는 기술이다. 각각의 프로그램을 평등하게 할당하므로 컴퓨터 자원의 공동이용이 가능하며, 입출력 속도가 느린 다수의 단말기들이 동시에 컴퓨터를 이용할 수 있다.

(5) 전자우편(Electronic Mail)

접수된 메시지나 문서를 전자장치를 통해 수신국 또는 수취인에게 배달하는 통신서비스이며 PC통신의 활발한 이용으로 널리 확산되었다. 종래의 E-mail은 텍스트 데이터가 중심이었지만, 이제는 이미지나 그림, 표, 음성 등 다른 정보미디어를 종합적으로 취급할 수 있도록 멀티미디어화 되었다.

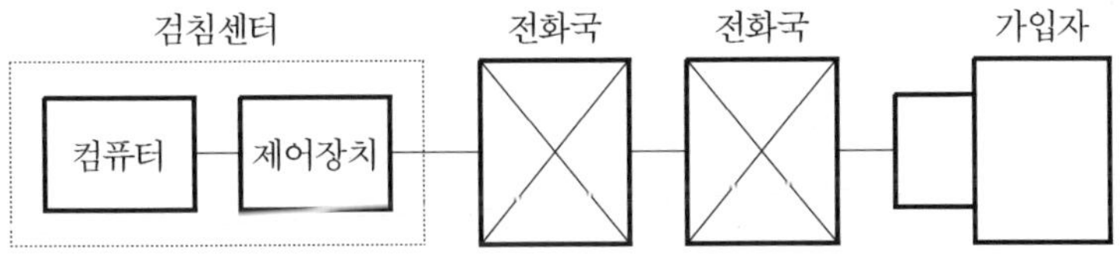

그림 1.8 자동검침시스템의 구성

1.3.4 통신 시스템의 회선 구성 방식

(1) Point to Point 방식

중앙 컴퓨터와 터미널이 일대일로 연결되는 가장 단순한 방식으로, 여러 대의 터미널인 경우에도 각각을 일대일로 연결하게 되어 컴퓨터나 터미널이 언제든지 데이터를 전송할 수 있다. 정보량이 많아지거나 고장이 발생했을 시 보수가 유리하다.

그림 1.9 Point to Point 방식

(2) Multi-point 방식

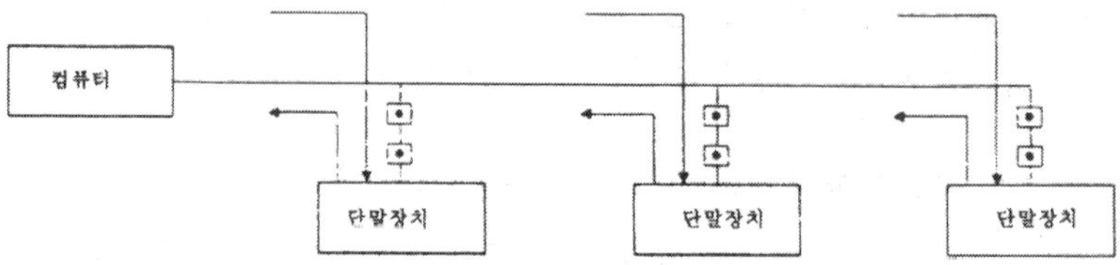

(a) 단방향 멀티 포인트의 경우

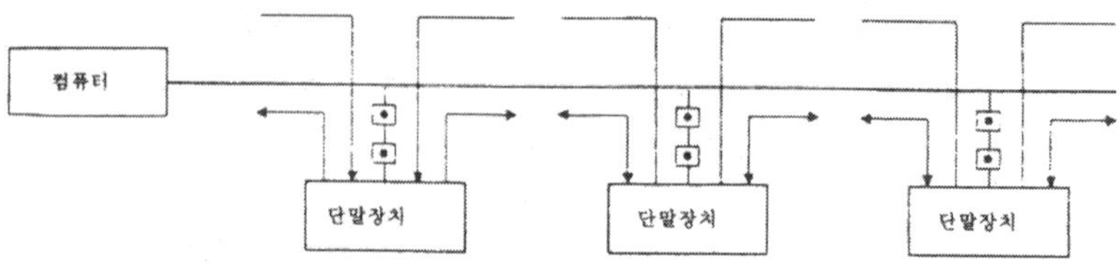

(b) 양방향 멀티 포인트의 경우

그림 1.10 Multi-point 방식

하나의 통신회선에 2개 이상의 터미널이 연결되어 정보의 송수신을 수행하는 방식으로 Multi-drop 방식이라고도 한다. 이 때 사용되는 통신회선은 대부분 전용회선인 경우가 많으며 컴퓨터를 주국(1차국), 터미널을 종국(2차국)이라고 부른다. 정보의 전송과 수신은 Polling/Selecting에 의해 이뤄진다. 이 방식은 비교적 소량의 데이터가 분산되어 있는 경우 매우 효과적이지만, 동일지역에 데이터가 집중되면 효율이 나빠진다. 고장 시 보수가 어려우나, 사용료가 절감된다는 장점이 있다.

(3) 회선 집선 방식(Line Concentration)

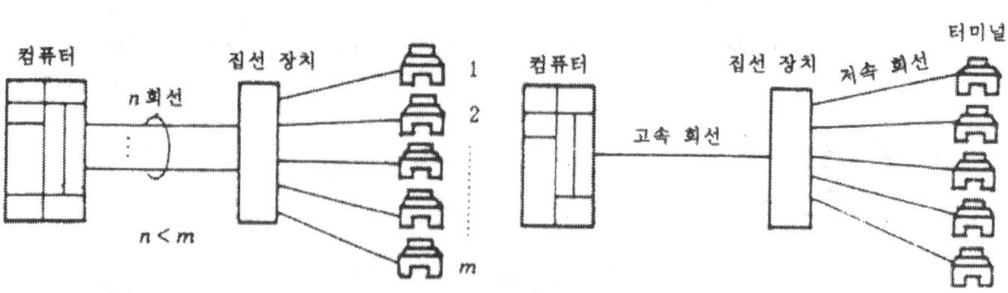

(a) 회선수의 접속 (b) 비트수의 접속

그림 1.11 집선방식

그림 1.11과 같이 일정지역 내에 다수의 터미널이 설치되어 있는 경우 지역중심에 특별한 장치를 설치하여 터미널로부터 비교적 저속의 전송 데이터를 센터의 집선 장치에 축적한 후 모인 정보를 고속으로 컴퓨터에 보내는 방식이다. 컴퓨터와 집선 장치 사이의 통신회선을 효율적으로 사용할 수 있으며, 통신제어장치, 미니컴퓨터, 터미널 컨트롤러 등이 있다.

(4) 회선 다중 방식(Line Multiplexing)

일정지역 내에서 다수의 터미널로부터 전송된 데이터를 다중화 장치를 통해 시분할 및 주파수 분할방식으로 다중화한 후 중앙의 컴퓨터로 연결하는 방식이다. 이 때 다중화 장치와 중앙 컴퓨터 사이에는 대용량 회선을 설치해야 한다. 분할된 각각의 통신회선은 여러 대의 터미널이 공유하지 않으므로 회선 사용률이 높은 터미널에도 사용할 수 있다.

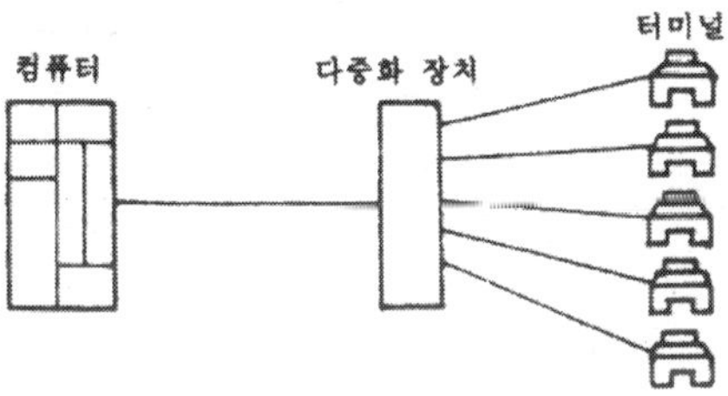

그림 1.12 회선 다중 방식

(5) 교환 방식

입력되는 신호의 전달·접속기능을 하는 교환망을 통해 다수의 가입자 간의 데이터 송수신이 이뤄지는 방식이며 전화 교환망과 패킷(Packet) 교환망이 이에 속한다. 송신과 수신은 자유로우나 교환망에서 회선 접속 절차를 수행해야 하며 공중전화통신망(PSTN)과 공중데이터통신망(PSDN), 종합정보통신망(ISDN)을 사용하는 방식이다.

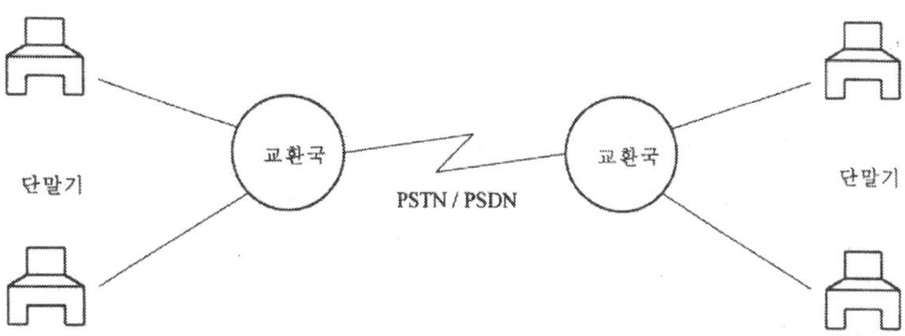

그림 1.13 교환 방식

연 습 문 제

1.1 정보통신의 역사에 대해 설명하시오.

1.2 정보통신의 처리형태에 관해 종류별로 설명하시오.

1.3 정보통신의 이용형태별로 설명하시오.

1.4 포인트 투 포인트 방식과 멀티 포인트 방식의 차이점에 대해 설명하시오.

1.5 회선 다중 방식과 회선 집중 방식에 대해 설명하고 그 특징을 논하시오.

1.6 정보통신의 정의에 대해 설명하시오.

1.7 정보통신시스템의 구성요소를 설명하시오.

1.8 전자우편에 대해 설명하시오.

1.9 통신제어장치의 종류를 들고 설명하시오.

1.10 SAGE System에 대해 설명하시오.

1.11 신호변환기의 종류를 들고 설명하시오.

1.12 통신회선의 종류를 들고 설명하시오.

1.13 교환방식에 대해 설명하시오.

02

정보전송의 기초이론

2.1 Data 전송의 기본방식

2.1.1 통신방식

2개의 DTE간의 정보를 시간적으로 어떻게 전송하는가 하는 것을 통신방식이라 하며, 다음과 같은 세 가지 방식이 있다.

(1) 단방향(Simplex)

송수신 간에 송신과 수신의 방향이 고정되어 있는 통신방식을 의미하며, 하나의 단말기는 계속적으로 송신만을, 다른 단말기는 수신기의 기능만을 수행하는 형태의 통신 방식으로 수신 측에서는 송신 측으로 응답하여 정보를 전송할 수 없는 경우로서 라디오 및 TV의 방송 등이 이에 속한다. 일반적으로 단방향 통신시스템은 통신회선을 2선식으로 구성하게 된다.

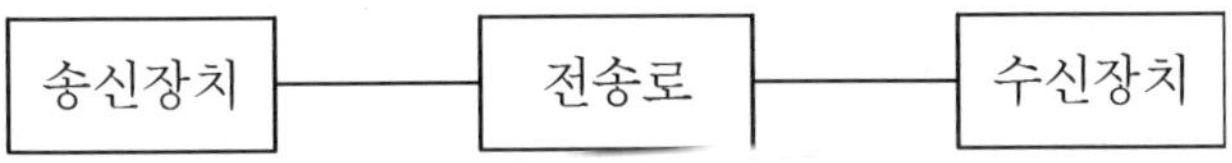

그림 2.1 단방향 통신방식

(2) 반 2중(Half Duplex)

송신기와 수신기 사이에서 정보의 전송방향을 전환하면서 정보를 전송할 수 있으나 동시에 양방향전송은 할 수 없다. 휴대용 무선통신기가 이에 속한다.

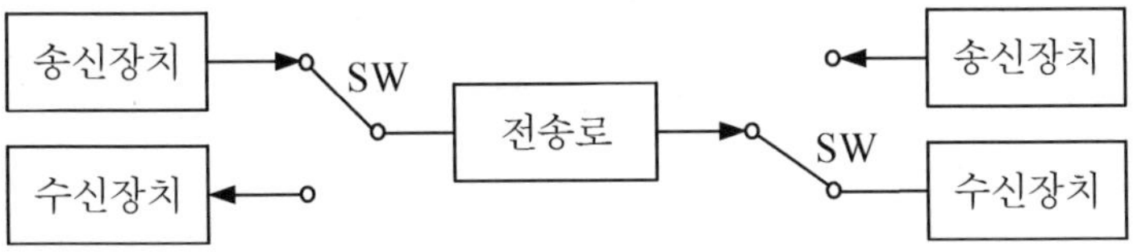

그림 2.2 반 2중 통신방식

(3) 전 2중(Full Duplex)

양방향으로 동시에 정보의 유통이 가능한 전송방식으로서 정해진 시간에 많은 양의 정보를 송수신하는 경우에 이용된다. 전 2중 통신을 하기 위해서는 2개의 2선식 회선이나 2개의 무선 채널이 있어야 가능하다.

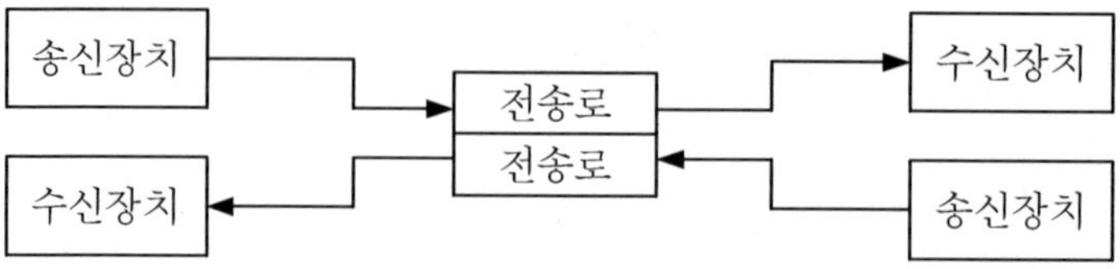

그림 2.3 전 2중 통신방식

2.1.2 직렬전송과 병렬전송

데이터의 최소요소인 비트(bit)를 전송하는 방법에는 직렬전송과 병렬전송의 2가지 방법이 있다.

(1) 직렬전송

문자정보를 나타내는 Data Bit를 직렬로 나열 후 하나의 통신회선을 사용하여 1bit씩 순차적으로 전송하는 방식이다.

컴퓨터는 모든 데이터를 병렬처리하므로 송신 측에서 병렬신호를 직렬로 변환하여 통신회선으로 전송하고 수신 측에서는 직렬을 병렬로 변환해야 한다. 즉, 한 데이터를 8bit로 구성하는 경우는 8번의 전송을 행하여야 하므로 데이터 전송속도가 매우 느린 반면, 원거리 전송인 경우에는 회선이 1개이므로 경제적이다. 대부분의 데이터 통신 시스템에서 이 방식을 사용하고 있다.

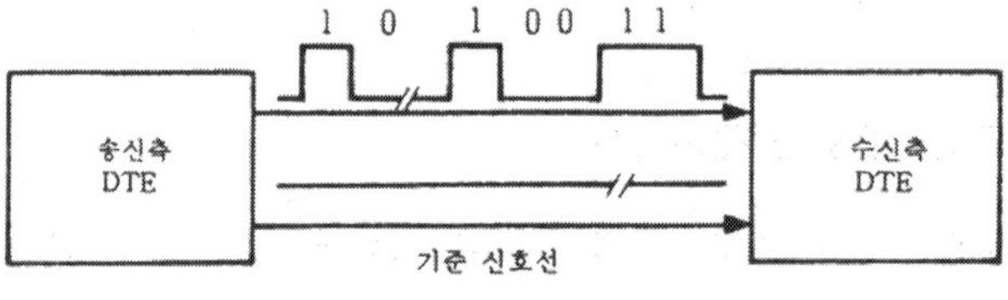

그림 2.4 직렬 전송방식

(2) 병렬전송

데이터를 구성하는 bit별로 통신회선을 따로 두어 한꺼번에 전송하는 방식이다. bit수만큼 통신회선이 필요하므로 원거리의 경우 회선 비용이 많이 든다.

동일 장치 내 또는 동일 건물 내 등 단거리 전송에 사용된다. 병렬전송의 경우 문자와 문자 사이의 간격을 식별하기 위해 스트로브(Strobe) 신호를 사용하며, 비지(Busy) 신호는 수신측이 현재 데이터를 수신하고 있다는 것을 송신 측에 알리므로 수신 측이 문자를 수신하고 있을 때 송신측이 다음 문자를 송신하게 되는 일을 방지할 수 있다.

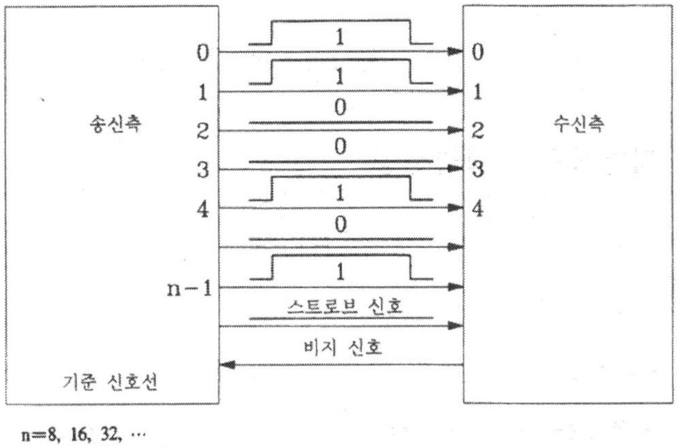

그림 2.5 병렬 전송방식(1100101의 데이터 전송)

2.1.3 전송방식

아날로그 신호를 디지털 신호로 변환한 신호는 "0"과 "1"에 대응한 펄스 파형으로 되어 있다. 이 펄스 파형을 그대로 전송하는 방식을 베이스 밴드 전송이라 하고, 정보를 다른 아날로그 신호(반송파)로 변환시켜 전송하는 방식을 대역전송이라 한다.

(1) Base Band 전송방식

전송신호 전류를 변조 없이 그대로 전송하는 방식이다. 단말기는 A/D Converter에 의해서 Digital 신호화되며 0, 1에 대응하는 펄스 파형을 변조 없이 그대로 전송한다.

베이스 밴드 전송방식의 대표적인 방식은 그림 2.6과 같다.

① 단류(단극) 방식 (Single Current)

"1" 또는 "0"을 각각 부전압(-)과 0전압 또는 정전압(+)과 0전압에 대응시키는 방식이다. 전송방식은 간단하지만 전송로가 감쇄하거나 특성이 변하면 수신 파형의 진폭과 폭이 변화하기 때문에 단거리 구간 전송에 이용된다. 이 방식은 주파수 대역폭이 크고 수신 측에서 동기검출이 쉽다.

② 복류(복극 또는 양극) 방식 (Double Current)

"1" 또는 "0"을 각각 부(-) 및 정(+)의 전압에 대응시킨 방식이다. 단류방식에 비하여 파형 왜곡의 영향을 받지 않으므로 저속도 전송의 표준 전송 방식으로 이용된다.

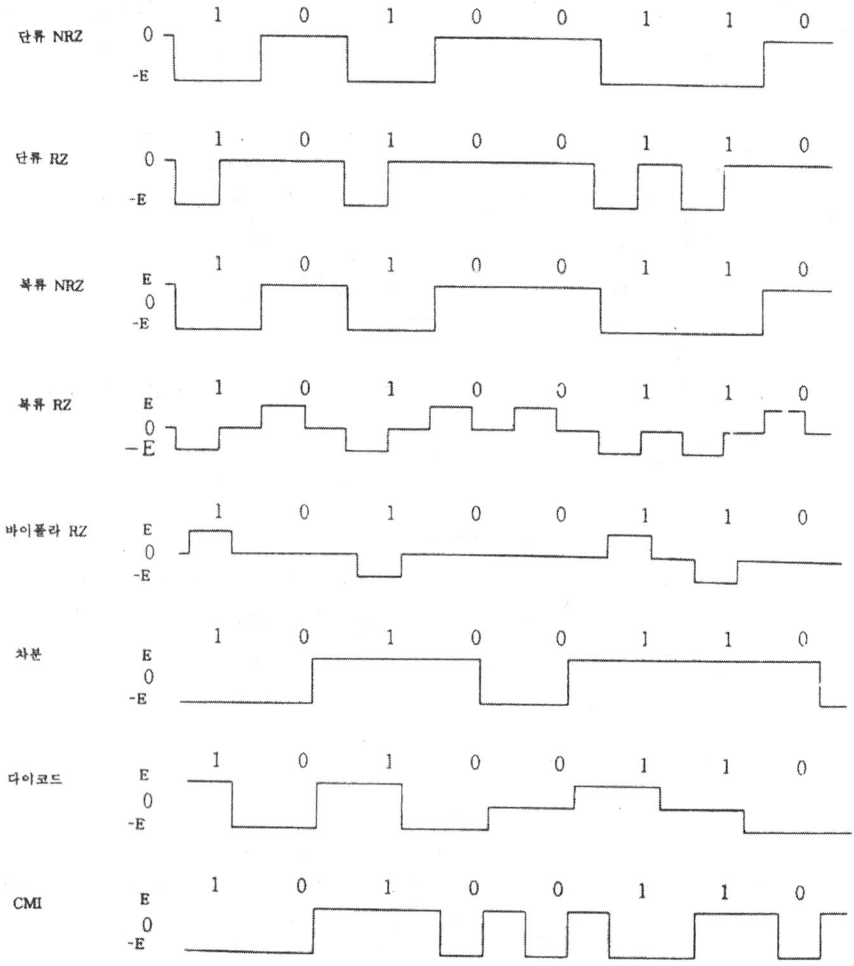

그림 2.6 Base Band 전송

③ **단류 RZ 방식** (Single Current Return-to-Zero System)

각 심볼(Simbol) 간에 어느 정도의 간격이 있을 때, 각각의 위치를 명확하게 하여 이용할 수 있다. 부호 소자에 할당된 타임 슬롯(Time Slot)보다도 짧은 펄스를 이용할 수 있다는 특징이 있다.

④ **복류 RZ 방식** (Double Current Return-to-Zero System)

복류 방식을 RZ 방식으로 한 것이다. 이 방식은 부호 소자 간의 간격이 일정하지 않아도 이웃하는 부호 소자 간에 한 번은 수신 파형이 0으로 복귀하며, 다시 (+) 또는 (-)로 되는 것이다. 비트 동기는 항상 (+)으로 유지한다.

⑤ NRZ

데이터의 한 bit 간격 동안 전압이 항상 일정 값을 유지하는 것이 특징이다. 즉, 0전압으로 되돌아오지 않으며 비트 신호의 변화에 따라 전압의 레벨이 바뀐다. 인코딩이 쉽고, 대역폭을 효율적으로 사용할 수 있다. 단류 NRZ와 복류 NRZ가 있다.

⑥ 바이폴라 방식 (Bipolar System)

이 방식은 단류 방식의 변형으로서 단류 방식의 펄스를 교대로 (+), (-)의 펄스로 변환시키는 방식이다. 바이폴라 방식에서는 교대로 (+), (-)의 펄스를 사용하고 있기 때문에 이와 같은 때에도 파형의 평균값은 항상 0이 된다. 즉, 직류 차단 특성의 영향을 받지 않는다는 특징이 있다. 이 부호는 AMI(Alternate Mark Inversion) 부호라고도 부른다.

⑦ 차분 방식 (Differential System)

이 방식에서는 전압이 E에서 -E 또는 -E에서 E에서의 교환점을 "0"에 대응시키고, 변화하지 않는 것을 "1"에 대응시켜 전송하는 방식이다. 이 방식의 특징은 수신 파형의 극성이 모두 반전되어도 정확히 복조될 수 있다는 것이다.

⑧ 다이코드 (Dicode) 방식

0에서 1로 변화할 때에 (+)전위, 1에서 0으로 변화할 때에 (-)전위, 1에서 1 또는 0에서 0과 같이 변화하지 않을 때에 0전위로 하는 방식이다.

⑨ CMI (Code Mark Inversion) 방식

(-)에서 (+)로 극성이 변화하면 0, 극성이 (+) 또는 (-)로 변화하지 않으면 1로 하는 방식이다.

(2) 대역전송방식

전송할 신호의 주파수에 비해서 충분히 높은 주파수의 반송파를 이용하여 1과 0을 진폭이나 주파수, 위상에 대응하여 전송하는 방식으로 AM, FM 등이 여기 속한다.

2.1.4 동기식 전송과 비동기식 전송

데이터 전송 시 연속되는 데이터 신호를 정확하게 전송하기 위해 송수신 간에 동기를 취하여 각 비트 간의 타이밍을 정확히 일치시키는 동기식 전송방식과, 동기를 일치시키지 않는 비동기식 전송방식이 있다. 이것을 비트동기라고도 하며 비트열을 하나의 단위로 타이밍을 취하는 것을 블록동기라고도 한다.

bit 동기
- 동기식(연속동기)
- 비동기식

(1) 비동기 전송방식

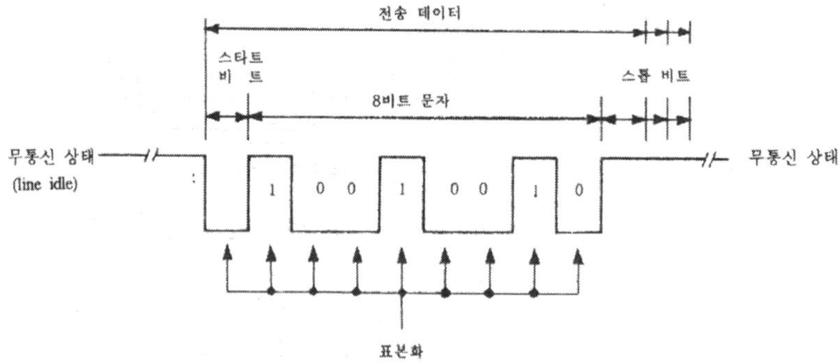

그림 2.7 비동기 전송방식

비동기 전송방식은 조보식(調步式)이라고 부르며 Start-stop 방식이라고도 한다. 한 번에 한 문자 Data씩 전송하며 Stop bit는 사용되는 코드에 따라 1bit, 1.5bit, 2bit의 길이가 되므로 전체 한 문자 데이터의 길이는 10~11bit가 된다. 통신이 없는 상태일 때는 항상 1의 상태를 유지하므로 수신측은 처음 0의 상태가 되는 Start bit를 감시함으로써 송신 개시를 판단하여 데이터를 수신할 수 있다. 정확한 수신을 위해 Data bit의 중간부분을 표본화하여 bit상태를 결정하므로 2~3bit 가 추가된다(ex. 8bit 전송 시 13~15bit). 회선 이용률은 70~80 [%] 정도이며 300~2400 [bps] 정도의 저속 데이터 전송에 이용된다.

(2) 동기 전송방식

데이터 전송 시 송수신 측 사이에 미리 정해진 숫자만큼의 문자열을 한 묶음으로 만들어 일시에 전송하는 방식이다.

비동기식 전송의 경우 동기가 맞지 않을 때는 한 문자만이 착오가 발생하지만 동기식의 경우는 한 묶음(block 또는 frame)의 문자열을 다시 전송하여야 하므로 송수신 간에 정확한 동기가 이루어져야 한다.

동기전송방식에서는 bit마다 동기가 취해지므로 한 번에 긴 데이터를 송수신할 수 있다. 따라서 1문자마다 Start bit와 Stop bit가 필요한 비동기식보다 전송효율과 전송속도가 높다. 그러나 동시에 긴 데이터를 송수신할 수 있다고 하더라도 한계가 있으므로 적당한 길이의 블록으로 나누어 전송해야 하며, 비트 동기방식과 문자 동기방식 및 프레임 동기방식이 있다.

① 비트 동기방식

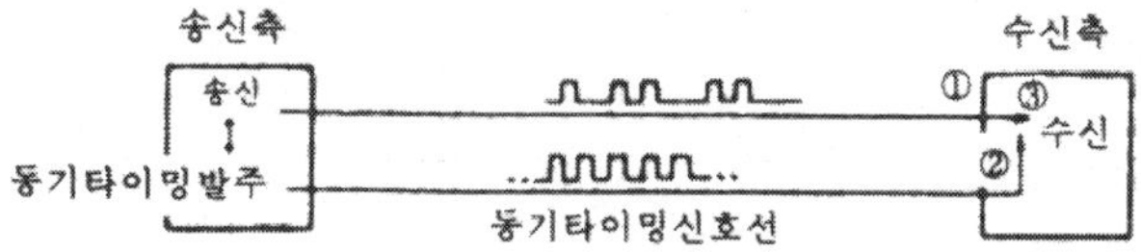

(a) 동기신호를 별도로 전송할 경우

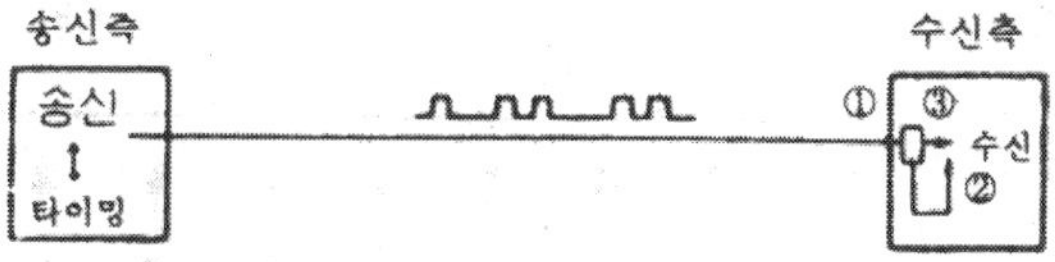

(b) 동기신호를 수신신호에서 추출할 경우

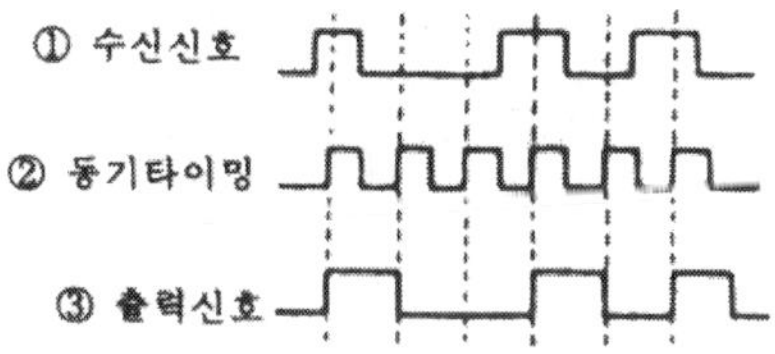

그림 2.8 비트 동기 전송방식

Terminal 상호간의 데이터 전송 시 동일한 Clock에 의한 동기 타이밍 신호를 발생시킨다. 즉, 송신 Clock에 데이터를 실어 보내면 수신 측 Clock에서 비트정보를 유출하는 방식이다.

② 문자 동기방식

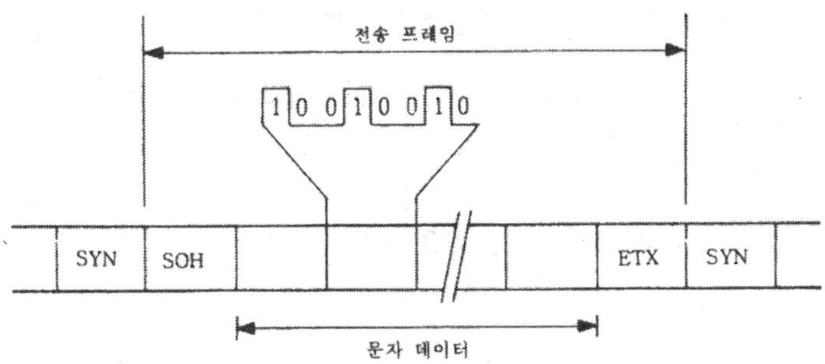

그림 2.9 문자 동기방식

특정 문자를 블록의 선두에 붙여 동기를 취하는 방식이 문자 동기방식이다. 동기문자는 통상 전송하고 있는 문자의 비트 형식과는 되도록이면 관련이 없는 비트형식을 선택해야 한다. 동기문자로 'SYN' (00010110)을 데이터 블록 선두에 붙여 문자동기를 취한다. SYN 문자에 연속된 데이터를 본문(Text)이라 하는데, 수신 측에서는 본문의 시작을 표시하는 STX와 끝마침 ETX 사이의 데이터를 취하게 된다.

③ 프레임 (Frame) 동기방식

플래그	주 소	제 어	정 보	FCS	플래그
F 01111110	A 8 비트	C 8 비트	I n 비트	FCS 16 비트	F 01111110

← 프레임 →

그림 2.10 프레임 동기방식

Data의 처음과 끝에 Flag비트(01111110)를 추가하여 Data의 처음과 끝을 표시하게 하는 방식 HDLC(High Level Data Link Control)에 사용하며 전송오류를 방지하기 위해 비트 스터핑 (Bit Stuffing)방법을 사용한다.

2.1.5 신호변환 방법

어떤 데이터를 전송하고자 할 때 전송되는 데이터의 특성 및 데이터 인식 장치에 따라 전송방식이 다르며 또 아날로그와 디지털 신호에 따라 전송방법이 다르다. 신호 전송에는 다음과 같은 네 가지 전송방법이 있다.

(1) 아날로그 데이터의 아날로그 신호 변환

음성신호를 전화회선으로 전송하는 것으로 기저대신호의 대역폭을 다른 스펙트럼 영역으로 이동시키기 위하여 변조기법이 사용된다.

(2) 디지털 데이터의 아날로그 신호 변환

공기, 진공, 해수 등 특정 전송매체는 아날로그 신호만을 전송할 수 있으며 대표적인 것으로 MODEM이 있다.

(3) 아날로그 데이터의 디지털 신호 변환

아날로그데이터를 디지털 신호로 변환하여 전송하는 장치로는 CODEC(Code+Decode)이 있다.

(4) 디지털 데이터의 디지털 신호 변환

디지털 데이터를 디지털 신호로 부호화하는 것이 디지털 데이터를 아날로그 신호로 변조하는 경우보다 단순하며 비용도 저렴하다.

이상 네 가지의 전송형태를 그림 2.11에 나타냈다.

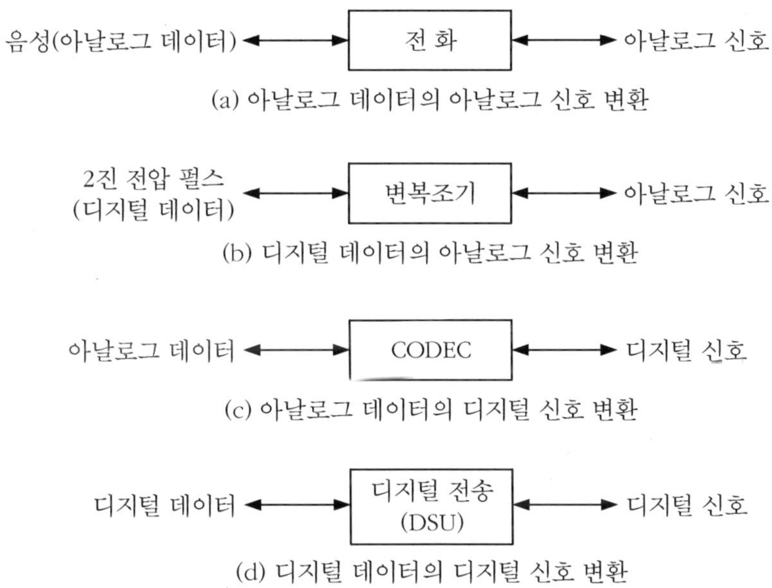

그림 2.11 신호 변환 방식

2.2 전송속도

2.2.1 전송속도

부호를 전송하는 속도를 표시하는 방법으로 일반적으로 사용되고 있는 것으로는 데이터 전송(신호) 속도와 변조속도, 그 외 베어러(Bearer)속도 등이 있다.

(1) 데이터 전송(신호)의 속도

단위 시간당 전송되는 정보량으로 기본단위는 2진수로서, 0과 1의 비트수를 척도로 한 전송 속도를 뜻하며 데이터 신호 속도라고도 한다. 즉, bit이다. 단위는 1초당 전송되는 bit수로 bps(bit per second)이다.

직렬전송의 경우 전송단위가 2진수로 표시되므로 어려움이 없으나 병렬전송에서 1개 펄스 단위당 여러 개의 bit가 한 번에 전송되므로 전송 속도의 정확성을 표시할 수 없다. 그러므로 다음과 같이 1초 동안에 전송되는 2진수의 비트로 표시한 수식으로 표현한다.

$$S = \sum_{i=1}^{m} 1/T_i \log_2 n_i [\text{bps}]$$

m : 병렬 전송 시 전송 비트 수
T_i : i번째 통신 회선에서 1개의 단위 펄스의 최소 간격시간
n_i : i번째 통신 회선에서 1개의 단위 펄스가 나타내는 상태의 수

예를 들면, $n_i = 4$이면 $\log_2 4 = 2$ 2bit가 되고
$n_i = 8$이면 $\log_2 8 = 3$ 3bit가 된다.

$1/T_i \log_2 n_i$는 i번째 통신 회선을 통해 전달되는 전송 bit수를 말하므로 각 통신회선의 값을 모두 더하면 전체통신 회선을 통하여 전송되는 매 초당 bit수가 된다.

또, 직렬전송의 경우 $m = 1$, $n_i = 2$이므로

$$S = 1/T\log_2 2 = 1/T \ (T = \text{주기}, \ \therefore 1/T = f(\text{펄스수}/\text{sec}))$$

(2) 변조 속도 단위

신호의 변조과정에서 1초에 몇 회의 변조가 수행되었는가를 표시하는 것으로 단위는 보오(baud)가 사용된다.

변조되는 순간의 지속시간을 T라고 하면 보[B]= $1/T$이 된다.

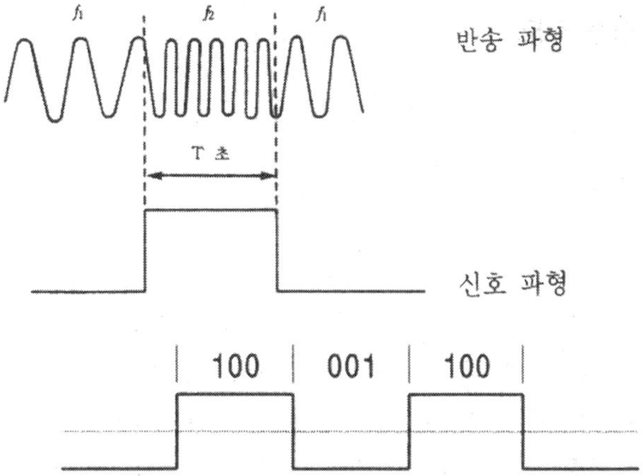

그림 2.12 변조속도의 표시

단위 시간당 3bit 변조인 경우

$$\text{baud 속도} = \frac{\text{bps}}{\text{단위 시간당 bit수}}$$

(3) Bearer 속도

Bearer 속도는 베이스 밴드 전송 방식에 있어서 데이터 신호 외에 동기신호, 상태신호 등을 포함한 전송속도를 말하며, 단위로는 bps가 사용된다.

ITU X20, X21에서 규정하고 있는 DTE-DCE 인터페이스에 있어서는 데이터신호인 6bit 외에 동기신호와 상태신호가 있으므로 데이터 속도가 9600 [bps]인 경우 Bearer 속도는 12800 [bps], 4800 [bps]는 6400 [bps]가 된다.

즉, Bearer 속도=데이터 신호 속도×샘플링 수×8/6이다.

(4) 비트와 보오

데이터를 전송하는 기본단위는 비트(2진수)이며, 비트는 정보를 표현하는 최소단위이다. 비트는 일정시간 동안 전송된 데이터양을 표시하는데 매 초당 몇 개의 비트가 전송되었는가를 나타내는 bps(bit per second)로 나타낸다. 보오(Baud)는 매 초당 몇 회의 신호 변화가 수행되었는가, 즉 매 초에 몇 개의 다른 상태 변화를 가질 수 있는가를 나타내는 신호 속도의 단위이다. 전송선로 상에서 하나의 비트가 하나의 신호단위로 사용될 경우 보오속도와 bps는 동일하다.

예를 들어 3비트 변조에서 데이터 신호 속도가 4,800bps 인 경우 보오는 1,600baud이며, 4비트 변조인 경우 4,800bps 전송속도는 1,200baud 이다.
데이터속도 18,000bps일 때 제어 2비트이고 데이터 6비트이면 베어 속도는 24,000bps 이다.
데이터 신호 속도 6,000bps의 4비트 변조 시 baud는 1,500baud 이다.

예제1. 데이터6비트, 제어2비트일 때 데이터 속도 24,000bps라면 베어속도는?

$$bearer\text{속도} = \text{데이터속도} \times \text{샘플링수} \times \frac{8}{6} = 32,000bps$$

예제2. 변조 펄스 당 4비트일 때 변조 시 데이터 신호 속도 9,600bps 라면 보우속도는?

$$\text{보우속도} = \frac{\text{데이터속도}}{4} = 2,400\,baud$$

예제3. 데이터 신호 속도 18,000bps일 때 4비트 변조의 보우속도와 베어속도는(6비트 데이터와 2비트 제어)?

$$\text{보우속도} = \frac{18,000}{4} = 4,500\,baud$$

$$\text{베어속도} = 18,000 \times \frac{8}{6} = 24,000bps$$

2.2.2 정보전송 시스템

정보전송이란 정보처리장치에 의해 처리된 디지털 정보를 의미하며 컴퓨터일 경우 서로 떨어진 컴퓨터와 그 입출력 장치 간을 상호 연결하며 정보를 전송하는 시스템이다. 회선종단장치는 신호 변환기능으로 DTE와 규정에 의해 여러 전송로의 제약 조건을 알맞게 하여 중계역할을 하기 위해 전기적, 물리적으로 신호를 변환하는 기기이다.

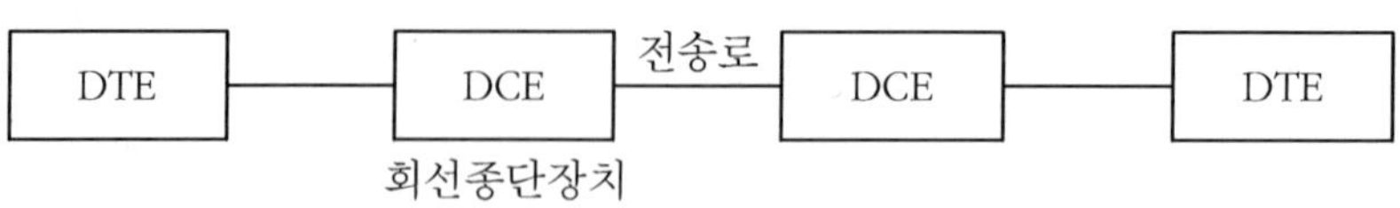

그림 2.13 정보전송 시스템

2.3 변조방식

2.3.1 정보 신호의 종류 및 변환

(1) 신호

① Analog 신호

사람의 음성과 같이 시간의 변화에 따라 연속적으로 변하는 전기신호.

② Digital 신호

0과 1을 나타내는 전기펄스의 흐름.

(2) 변조

변조란 전달하려는 정보신호를 고주파인 반송파에 실어 전송에 유리한 형태로 변화시켜주는 과정이다. 변조된 반송파를 피변조파라 하고, 반대로 변조된 신호파를 본래의 신호파로 변환하는 것을 복조(Demodulation)라고 한다. 이와 같은 변조 및 복조를 행할 때에는 단말기와 전송로 간에 변복조장치(Modem)를 설치해야하며 일반적으로 사용되는 변조방식은 다음과 같다.

2.3.2 진폭 변소방식 (AM : Amplitude Modulation)

반송파의 진폭을 변조 파형에 따라 변조시킨 것이 진폭변조이다. 이를 수식으로 표시하면 다음과 같다.

$$e(t) = E\cos(\omega t + \phi)$$

E : 진폭 ω : 각 주파수 ϕ : 위상

진폭변조의 경우 반송파의 진폭을 신호파의 진폭으로 변조한다.

$$e_c(t) = E_c\cos\omega t \qquad \cdots\cdots (2.1)$$

식(2.1)을 반송파라 하고

$$e_s(t) = E_s\cos pt \qquad \cdots\cdots (2.2)$$

식(2.2)를 신호파라 할 때, 신호파로 반송파를 진폭 변조시키면 피변조파의 진폭은 $E_c + E_s\cos pt$로 되고 진폭 변조파 e_{AM}은 다음과 같다.

$$e_{AM} = (E_c + E_s\cos pt)\cos\omega t \qquad \cdots\cdots \ (2.3)$$

$$= E_c\left(1 + \frac{E_s}{E_c}\cos pt\right)\cos\omega t$$

$$= E_c(1 + m\cos pt)\cos\omega t$$

여기서 $m = \dfrac{E_s}{E_c}$으로 변조도라 하며 $m = 1$일 때 100% 변조, $m > 1$일 때 과변조라 한다. 식(2.3)에서 $e_{AM} = E_c(1 + m\cos pt)\cos\omega t$ 를 전개하면

$$e_{AM} = E_c(1 + m\cos pt)\cos\omega t$$

$$= E_c\cos\omega t + mE_c\cos pt\cos\omega t$$

여기서 삼각함수 공식

$$\cos\alpha \cdot \cos\beta = \frac{1}{2}[\cos(\alpha+\beta) + \cos(\alpha-\beta)]$$

를 이용하면 피변조파는 식(2.4)와 같다.

$$e_{AM} = E_c\cos\omega t + \frac{E_c}{2}m\,[\cos(\omega+p)t + \cos(\omega-p)t] \qquad \cdots\cdots \ (2.4)$$

↑ 제1항(반송파) ↑ 제2항(상측파) ↑ 제3항(하측파)

m은 변조지수 또는 변조도라고 하며

$$\text{변조지수}\ m = \frac{AM\ \text{신호의 최대크기}}{\text{반송파 신호의 최대크기}}$$

$$변조도 = \frac{최대크기 - 최소크기}{최대크기 + 최소크기}$$

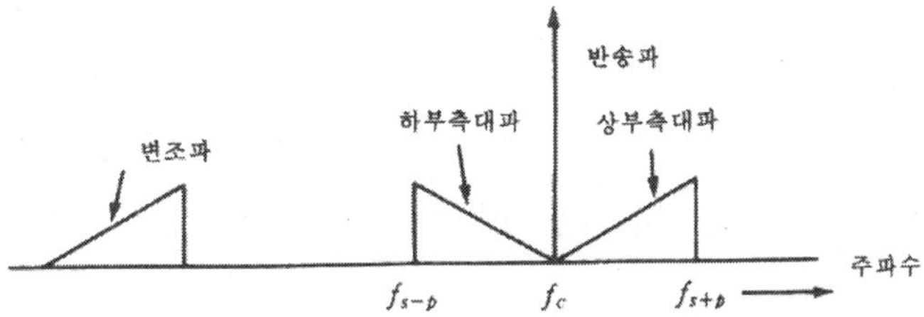

그림 2.14 AM신호의 주파수 성분

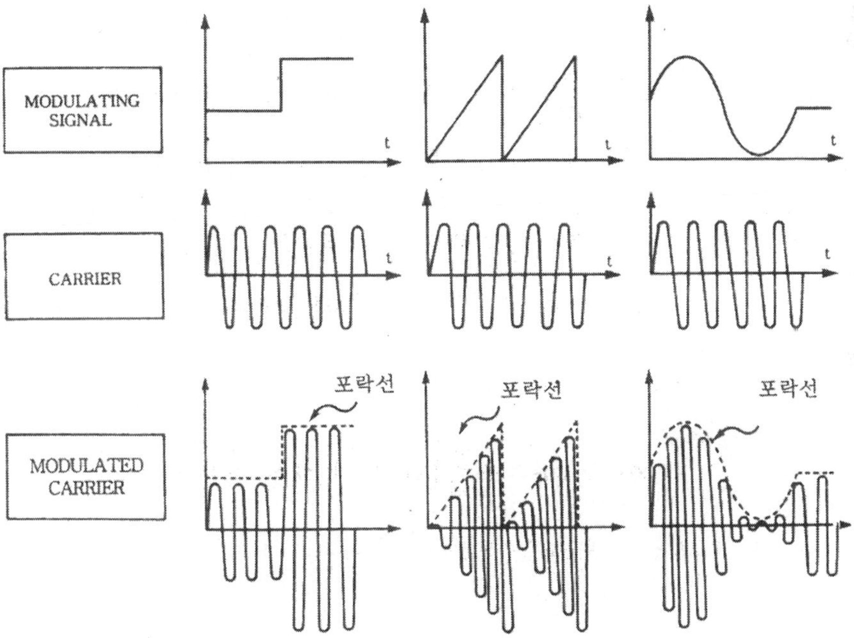

그림 2.15 진폭변조 신호

식(2.4)에서 반송파주파수 f_c를 신호 주파수 f_s의 진폭에 따라 변조하면 진폭변조파의 주파수 성분은 반송파 f_c를 중심으로 상측과 하측에 존재한다. 이를 고유 주파수 대역이라 하며 위쪽을 상측대파, 아래쪽을 하측대파라 한다. 이 경우 주파수의 정보는 각각의 측대파에 포함되어 있으므로 일반적으로는 양쪽의 측대파를 전송할 필요는 없다. 그러므로 전송방식에 따라 세 가지 변조법이 있다.

(1) 양측대파방식(DSB : Double Side Band)

상부·하부의 양측 대파, 즉 고유 주파수 대역폭을 모두 사용하여 데이터를 전송하는 방식이다. DSB방식은 수신 측에서 저주파 성분을 추출하므로 간단히 원 신호를 복조할 수 있으나 나중에 설명할 단측대파 진폭변조에 비하여 2배의 주파수대역이 필요하므로 주파수대역을 유효하게 이용할 수 없다.

(2) 단측대파 방식(SSB : Single Side Band)

상측이나 하측의 어느 편이든 한쪽 측대파만 사용하여 전송하는 방식으로 SSB라 한다. 한쪽의 측대파만을 사용하므로 DSB방식보다 전송로의 주파수 대역폭을 유효하게 이용할 수 있으며 한쪽이 억제되므로 전송되는 전력이 그만큼 적어져서 통신선로에 영향을 덜 미치게 된다. SSB의 장점은 주파수 이용 효율이 높아지고 저 전력으로 통신이 가능하며 소형화가 가능하다는 점이다. 단점은 회로구성이 복잡하고 가격이 비싸며 수신단에 발진기가 추가로 필요하다는 점이다. 또한 동기가 맞지 않으면 왜곡이 생긴다. SSB방식의 종류는 다음과 같다.

1) 억압반송파(J3E)

SSB의 대표적인 방식으로 반송파를 충분히 억압하여 송출하는 방식이다. 그러므로 수신측은 반송파에 해당하는 주파수를 수신기의 국부발진기에 첨가하여 검파해야 한다. 주파수 스펙트럼은 그림 2.16(a)와 같다.

2) 저감반송파(R3E)

반송파를 100 [%] 변조 때의 측대파 전력보다 10～20 [dB] 적은 Level로 송출하는 방식으로 이 때의 반송파를 Pilot파라고 한다. 주파수 스펙트럼은 그림(b)와 같다.

3) 전반송파(H3E)

측대파의 최대 진폭과 같은 반송파를 동시에 송출하는 방식으로 DSB 수신기로도 수신이 가능하며 무변조시에도 전력이 소비된다. 주파수 스펙트럼은 그림(c)와 같다.

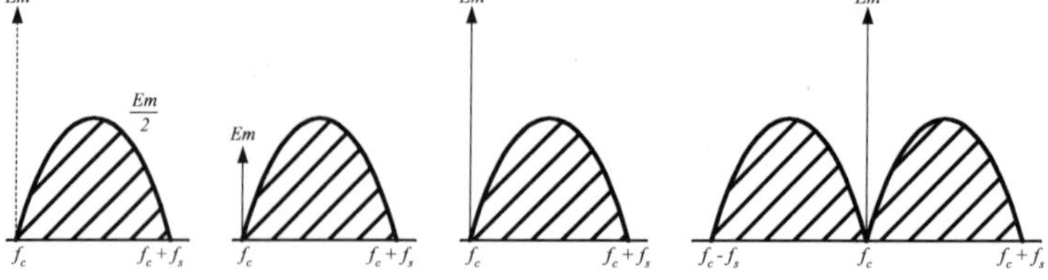

(a) J3E SSB (b) R3E SSB (c) H3E SSB (d) A3E DSB

그림 2.16 AM 방식의 스펙트럼 종류

(3) 잔류 측대파 방식(VSB : Vestigial Side Band)

위의 두 가지 변조방식의 결점을 없앤 것으로서 그림 2.17에서 표시한 바와 같이 변조출력 (가)의 양측대파 가운데 양쪽과 또 한쪽의 일부를 (나) 전송로에 송출하고, 수신 측에서는 그림 중 가벼운 필터에 의해 수신파형을 형성한다. (다) 이것을 복조하여 그림 (다)의 두 부분, ⓐ와 ⓑ를 이중으로 겹치면 본래의 신호를 얻을 수 있다. (라) 이 방식은 TV의 신호변조에 사용된다.

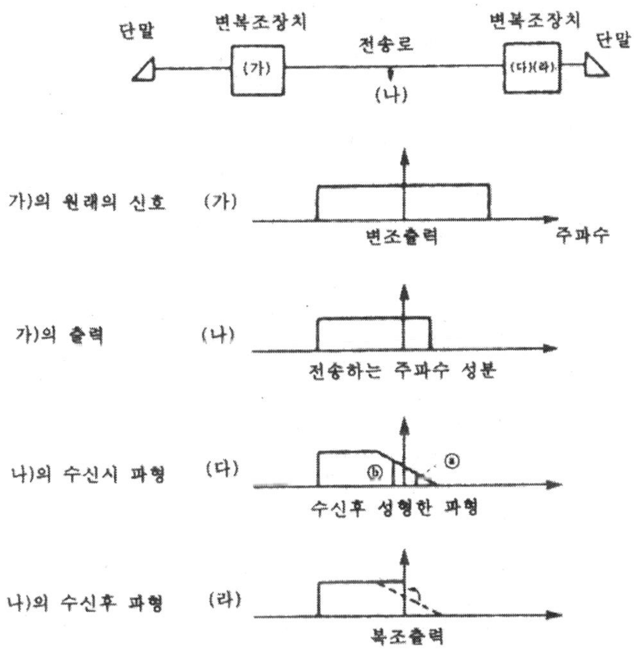

그림 2.17 잔류 측대파 진폭 변조의 원리

■ Phase-Locked Loop(PLL) 을 사용한 AM 수신기

PLL을 이용한 AM수신기 동작원리는 다음과 같은 과정으로 설명할 수 있다. 이 과정은 AM신호의 복조과정이 된다.

1. 그림(a)에서 PD는 #1의 위상지연된 입력신호$(1+m(t))\cos(\omega_c t - \frac{\pi}{2})$와

   #5의 $\cos(\omega_c t)$를 위상차 비교하여 전압 크기로 출력(#2)하고
2. LPF는 직류값만 통과(#3)시킨다.
3. 증폭기에서 일정 크기로 증폭(#4)하여 전송하고

4. VCO는 직류값을 주파수로 발진하여 $\cos\omega_c t$ 출력(#5)시킨다.
5. PLL은 계속 PD에서 위상 비교하고, 증폭하여, 직류값을 $\cos(\omega_c t)$ 주파수로 발진시키는 과정을 갖게 한다. 그러므로 Phase Lock Loop란 동일주파수의 위상차를 주파수로 발진시키는 회로가 된다.
6. 그림(b)에서는 s1 입력수신신호 $(1+m(t))\cos(\omega_c t)$ 와 PLL출력 s3값을 곱셈기에 곱해서
7. s4 출력값 $(1+m(t))\cos\omega_c t\ \cos\omega_c t = \frac{(1+m(t))}{2}(1+\cos 2\omega_c t)$을
8. LPF로 통과시켜 고주파는 제거하고, s5에서 최종 출력값 $\frac{(1+m(t))}{2}(1+0\times\cos 2\omega_c t) = \frac{(1+m(t))}{2}$ 이 출력되어 오디오신호로 출력한다.
9. 이러한 과정은 변조과정의 역순으로 복조과정이 된다.
10. s5 신호는 이후 전자회로에서 적당한 증폭과정을 갖게 되며 수신기에서 오디오 신호로 재생할 수 있다.

수신 입력 값 : $(1+m(t))\cos\omega_c t$

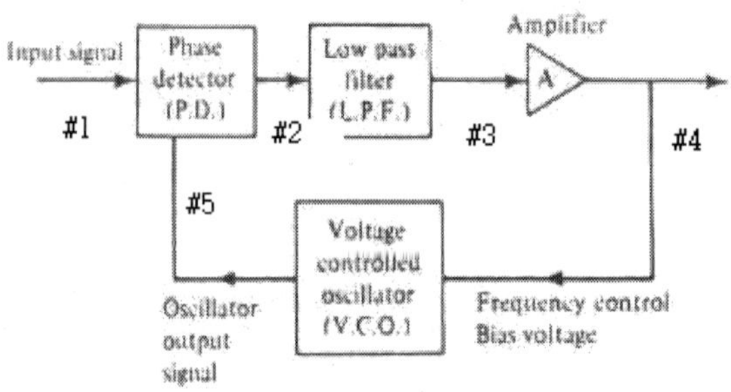

(a)

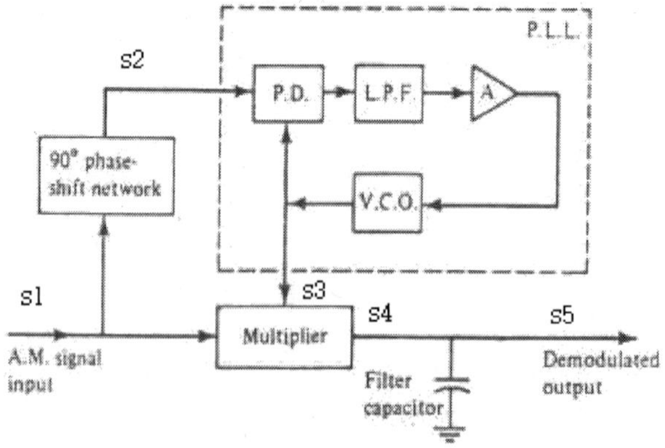

(b)

곱셈기 후 출력 : $(1+m(t))\cos\omega_c t \cos\omega_c t = \frac{(1+m(t))}{2}(1+\cos 2\omega_c t)$

최종 출력 값 : $\frac{(1+m(t))}{2}(1+0\times\cos 2\omega_c t) = \frac{(1+m(t))}{2}$

2.3.3 주파수 변조 (FM : Frequency Modulation)

1935년 E.H.Amstrong이 발표한 방식으로 진폭 변조방식에 비하여 잡음에 강하고 또 레벨변동에 의한 영향도 적다. 데이터 전송의 변조방식으로는 훌륭한 성능을 가진 것으로 널리 이용되고 있다. 또한 비교적 회로가 간단한 것도 특징이라 할 수 있으며, 주파수 변조방식은 간접법과 직접법이 있다.

주파수 변조에 관한 이론적 수식은 아래와 같다.

$e(t) = E\sin(\omega t + \phi)$에서 ω가 어떤 값 ω_o를 중심으로 신호에 따라 변화하는 것으로, $\omega = \omega_o + \Delta\omega\cos pt$일 때 위상각 θ는 $t=0$일 때 $\theta=0$이라면

$$\theta = \int_0^t \omega dt = \omega_o t + \frac{\Delta\omega}{p}\sin pt \quad \text{이므로} \qquad \cdots\cdots (2.5)$$

$$e(t) = E\sin(\omega_o t + \Delta\omega/p\sin pt) \qquad \cdots\cdots (2.6)$$

$$\Delta\omega/p = mf\,(\text{변조지수}) = \Delta F/f_p$$

$$= E\sin(\omega_o t + mf\sin pt) \qquad \cdots\cdots (2.7)$$

(2.7)식에 삼각함수 공식

$\sin(\alpha+\beta) = \sin\alpha\cos\beta + \cos\alpha\sin\beta$

를 이용하면 아래와 같다.

$$= E\sin\omega_o t \cdot \cos(mf\sin pt) + \cos\omega_o t \cdot \sin(mf\sin pt) \qquad \cdots\cdots (2.8)$$

위 식을 제1종의 n차 Bessel 함수로 전개하면 아래와 같다.

Bessel 함수를 이용하여 $\cos a$와 $\sin a$를 풀이하면 아래와 같다.

$$\cos(mf\sin pt) = J_0(mf) + J_2(mf)\cos 2pt + 2J_4(mf)\cos 4pt + \cdots$$

$$\sin(mf\sin pt) = 2J_1(mf)\sin pt + 2J_3(mf)\sin 3pt + \cdots \qquad \cdots\cdots (2.9)$$

위 식을 이용하여 다시 풀이하면

$$\begin{aligned}\dot{e}(t) &= E_c \sin(\omega t + mf \sin pt) \\ &= E_c J_o(mf)\sin\omega t \\ &\quad + J_1(mf)[\sin(\omega+p)t - \cos(\omega-p)t] \\ &\quad + J_2(mf)[\sin(\omega+p)t + \cos(\omega-p)t] \\ &\quad + J_3(mf)[\sin(\omega+p)t - \cos(\cos-p)t] \\ &\quad \vdots\end{aligned}$$

$$e(t) = E\sum_{n=-\infty}^{\infty} J_n(m_f)\sin(\omega + np)t \qquad \cdots\cdots (2.10)$$

식(2.10)에서 피변조파는 첫째, 반송파 성분과 무수한 측파대를 가지고 있으며(이론상 무한대) 둘째, 상하로 멀어질수록 정현파는 감쇄하므로 무시할 수 있다.

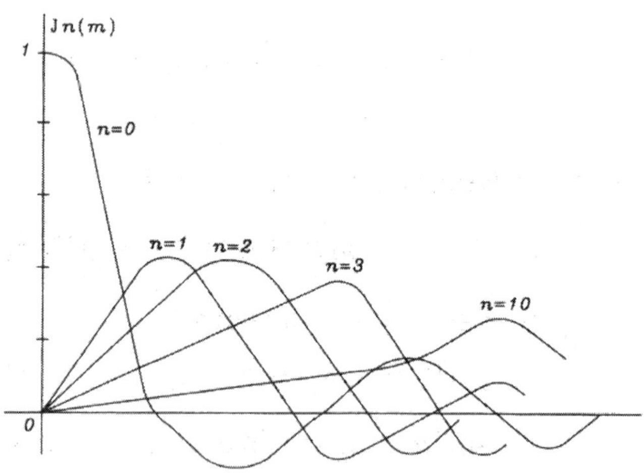

그림 2.18 베셀 함수의 그래프

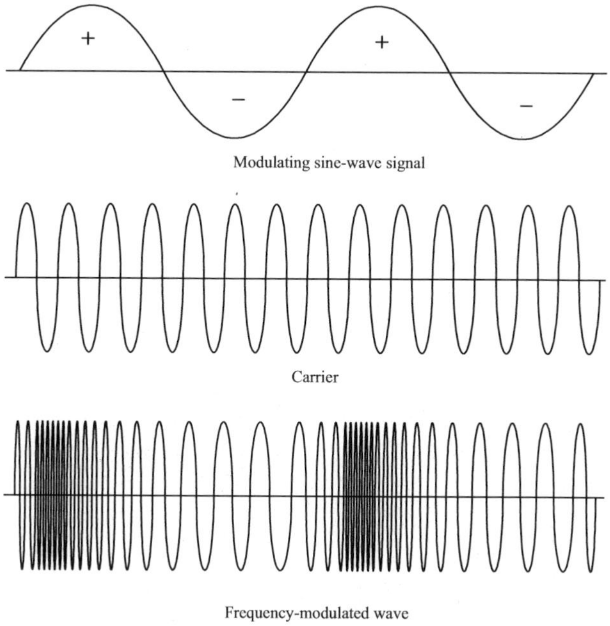

그림 2.19 FM 변조의 원리

2.3.4 위상 변조 (PM : Phase Modulation)

위상 변조는 각속도 ω인 벡터가 신호파에 대응해서 $\pm\Delta\phi$만큼 위상이 변위되도록 하는 것으로 위상 변위 $\Delta\phi$는 신호파의 진폭에 의해 결정되고, $+\Delta\phi$로부터 $-\Delta\phi$까지를 왕복하는 속도는 신호파의 주파수로 결정된다.

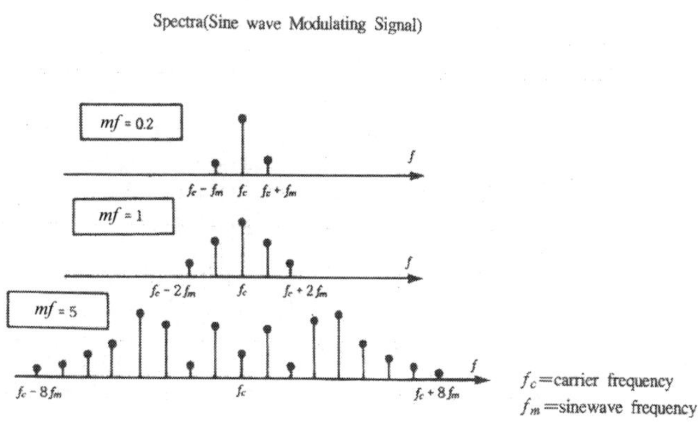

식 $e(t) = E_c\sin(\omega t + \phi)$에서 위상변위 $\phi = \Delta\phi\sin pt$로 놓으면

$$= E_c \sin(\omega t + \Delta\phi \sin pt) \qquad \cdots\cdots (2.11)$$

$$= E_c \sin(\omega t + mp \sin pt)$$

(단, $\Delta\phi = mp$ 즉, 변조 지수라 하며 신호파에 의해 얼마만큼 영향을 받는가를 나타내는 척도)

삼각함수 공식을 이용히여 전개하면,

$$= E_c \sin\omega t \cdot \cos(mp \sin pt) + \cos\omega t \cdot \sin(mp \sin pt) \qquad \cdots\cdots (2.12)$$

이 식을 Bessel 함수로 전개한 식은 다음과 같다.

$$e(t) = E_c \sum_{n=-\infty}^{\infty} J_n(mp) \sin(\omega + np)t \qquad \cdots\cdots (2.13)$$

위 식을 FM의 식과 비교하면 FM과 PM은 변조지수만 다를 뿐 나머지는 똑같은 식이 된다. 그러므로 FM과 PM은 본질적으로는 동일한 것이며 편의상 이해하기 쉽도록 나누어 설명한 것뿐이고 전파형식을 표기하는 기호는 F가 된다.

FM과 PM의 파형은 그림 2.20과 같이 당일 정현파신호로 FM하면 신호파가 +일 때 주파수가 높아지고 −일 때는 낮아진다. PM의 경우 신호파의 미분파형에 비례하므로 그림과 같이 FM파의 90°위상차를 가지므로 신호전압 증가 시 주파수가 높아지고 감소 시는 낮아진다.

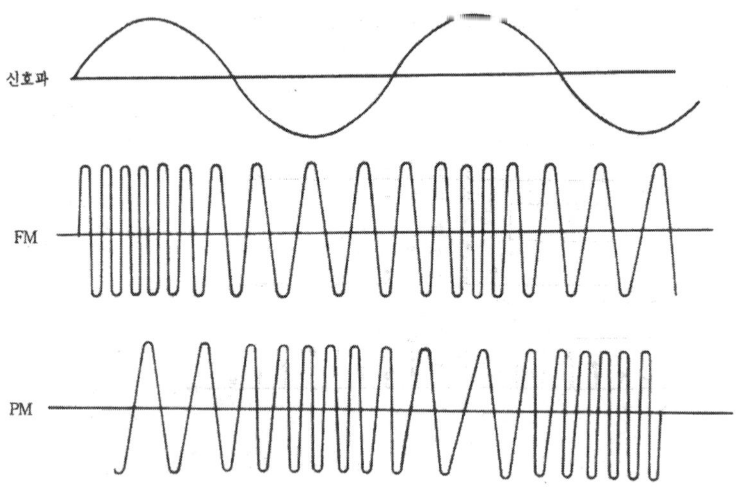

그림 2.20 PM과 FM파형

(1) 주파수 변조와 위상 변조와의 관계

① 동일한 반송파에서 FM은 여현파(cos), PM은 정현파(sin)로 시작하며 90°의 위상차를 갖는다.

② FM은 ω에 신호파의 위상변화분을 적분 대입한 것이고 PM은 ω에 신호파의 위상변화분을 직접 대입한 것이다.

③ 신호파를 적분하여 PM하면 간접적으로 FM파가 얻어지며 신호파를 미분하여 FM하면 간접적으로 PM파가 얻어진다.

이상의 내용을 요약하면 그림 2.21과 같다.

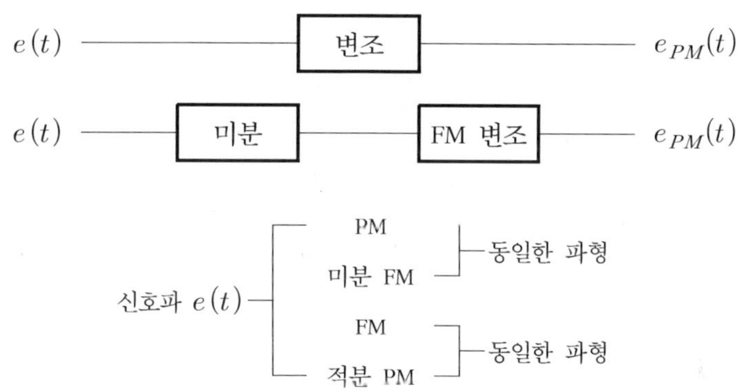

그림 2.21 FM과 PM의 관계

2.3.5 디지털 변조방식

전화회선을 이용한 통신회선은 사람의 음성을 전송하기에 적합한 신호, 즉 교류신호를 사용하여 전송하는데 이것을 음성대역 전송로라고 한다. 대역 전송로는 직류를 사용하지 않고 교류를 사용하므로 베이스밴드 전송방식은 사용하지 않는다. 그러므로 아날로그 신호의 경우 대역전송 방식을 사용하여 데이터를 전송해야 한다. 그러나 컴퓨터를 이용한 데이터 전송의 경우 변조해야 할 신호는 0과 1 두 가지이므로 진폭 편이 변조(Amplitude Shift Keying), 주파수 편이 변조(Frequency Shift Keying), 위상 편이 변조(Phase Shift Keying)라는 표현을 사용하며 이를 디지털 변조라고도 한다.

(1) 진폭 편이 변조(ASK : Amplitude-Shift Keying)

진폭 편이 변조방식은 그림 2.23에서 표시한 것처럼 데이터 신호의 전압 변동에 따라서 반송파의 진폭을 변화시키는 방식이다. 즉, 반송파의 진폭을 2가지 또는 4가지로 정한 후 데이터가 1 또는 0으로 변함에 따라 미리 약속된 진폭의 정현파를 상대방에게 보내고 수신측에서는 이를 약속된 원래의 1과 0으로 만들어 주는 변조방식이다. 진폭 편이 변조를 위한 방식은 그림 2.22와 같다.

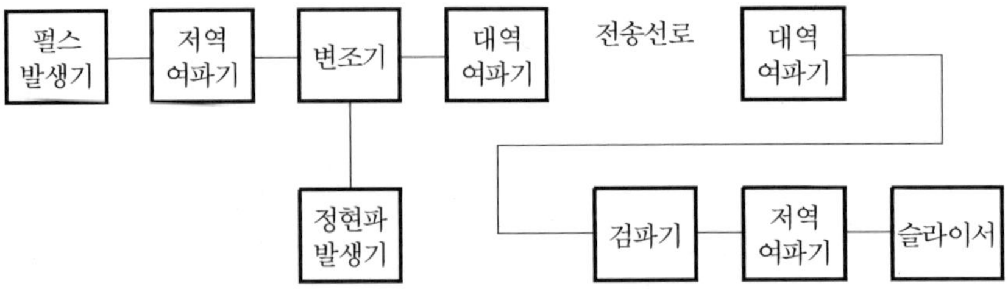

(a) 송신부 (b) 수신부

그림 2.22 진폭 편이 변조기의 구성도

진폭 변조방식은 전송로에서 발생한 잡음이나 레벨변동에 약하다는 결점은 있지만 변조방식이 반송파로 불리는 아날로그 신호를 On-Off Keying(OOK)하는 방식으로 매우 값싼 회로로 실현될 수 있으며, 전송대역을 유용하게 이용할 수 있고 비동기 신호의 전송이 가능한 점 등의 이점이 있다. OOK방식에서는 디지털부호를 다음 식과 같이 대응시켜 전송한다.

$$e(t) = A\cos 2\pi ft \quad \cdots\cdots \quad \text{부호 1일 때}$$
$$e(t) = 0 \quad \cdots\cdots \quad \text{부호 0일 때}$$

그림에서 1과 0에 따라 2가지 상태의 진폭을 갖는 경우나 00, 01, 10, 11 등 4가지 상태의 진폭을 갖는 경우로 한 번에 2비트씩 전송할 수 있다.

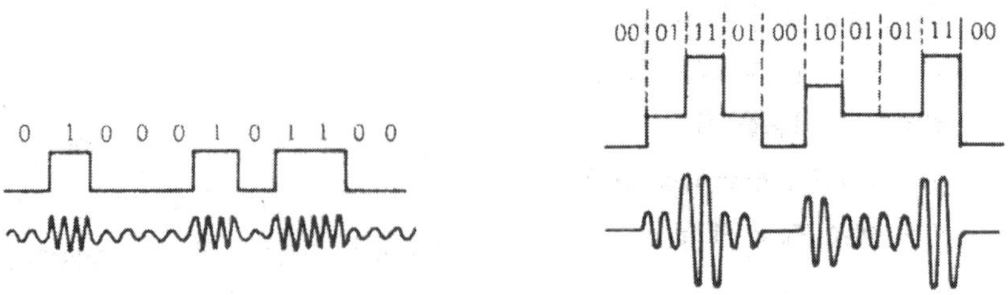

(a) 2진폭의 경우 (b) 4진폭의 경우

그림 2.23 진폭 편이 변조방식

(2) 주파수 편이 변조(FSK : Frequency Shift Keying)

반송파로 사용되는 정현파의 주파수에 정보를 싣는 변조방식으로서, 주파수 편이 변조는 데이터 신호의 0은 높은 주파수 f_1, 1은 낮은 주파수 f_2에 분배하여 전송하는 방식으로 수신 측에서는 다시 이 신호를 복조하여 원래의 상태로 환원하는 방식이다. 즉, 부호마다 주파수가 다른 반송파 pulse를 대응시키는 방식으로 2진 FSK는 1과 0에 반송주파수 f_1과 f_2를 대응시킨다.

$$e(t) = A\cos 2\pi f_0 t \ \Rightarrow\ 0$$
$$e(t) = A\cos 2\pi f_1 t \ \Rightarrow\ 1$$

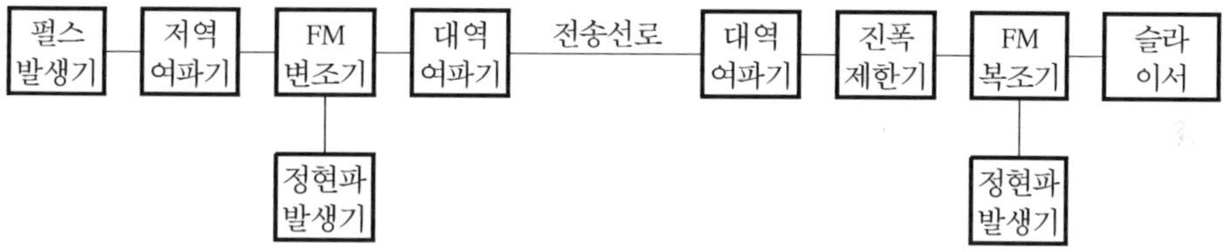

(a) 송신부 (b) 수신부

그림 2.24 주파수 편이 변조기의 구성도

이 방식은 진폭 편이 변조방식에 비해 잡음 등의 레벨변동의 영향을 받지 않으며, 주파수 편이 폭이 어느 정도 큰 주파수 변동에 대하여도 강하다. 또한 신호 속도에 동기를 필요로 하지 않으므로 장치를 간단히 할 수 있다. 그러나 복조 시 반송파가 필요하며, 주파수 대역폭이 진폭 편이 변조의 양측대파 방식과 비슷하게 넓은 대역폭을 차지해야 하는 단점이 있다.

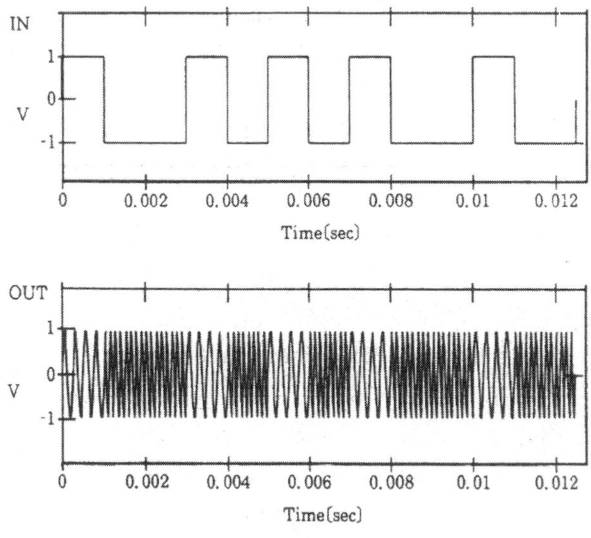

그림 2.25 주파수 편이 변조방식

그림 2.25는 주파수 편이 변조방식의 예로서 데이터신호를 주파수 변조한 후 전송하면 수신측은 전송 중에 왜곡된 파형을 정형한 후 주파수 변화를 진폭의 변화로 바꾸어 원래의 데이터 신호가 된다.

초기의 주파수 편이 변조방식을 사용한 Bell 시스템 103/113 모뎀은 디지털 데이터에 할당되는 주파수에 따라서 송신자와 수신자의 두 가지 모드에서 동작하므로 반 이중 회선을 주파수에 따라 분리하여 전 이중 회선으로 사용할 수 있다.

표 2.1 Bell 시스템 103/113 모뎀의 주파수 할당

	송신자	수신자
송 신		
1	1270	2225
0	1070	2025
수 신		
1	2225	1270
0	2025	1070

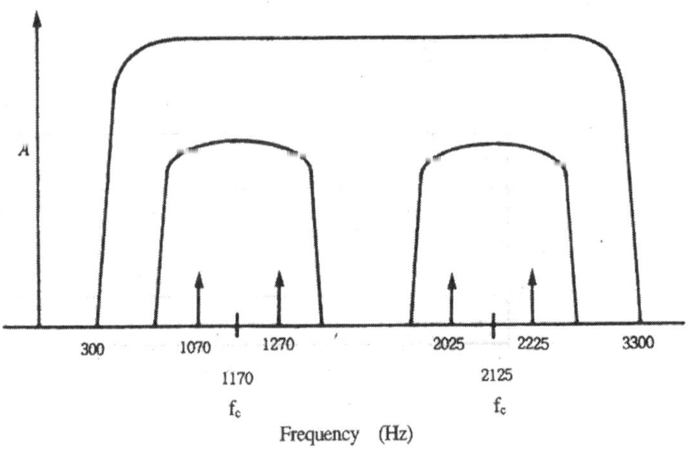

그림 2.26 Bell 시스템 103/113 모뎀의 주파수 스펙트럼

(3) 위상 편이 변조(PSK : Phase Shift Keying)

반송파로 사용되는 정현파의 위상에 정보를 싣는 변조방식으로서, 일정주파수의 진폭을 갖는 정현파의 위상을 2등분, 4등분, 8등분 등으로 나누어 디지털 신호의 0또는 1bit, 2bit, 3bit를 하나의 위상차를 갖도록 변조하여 상대방에 보내고 수신 측에서는 이를 원래의 데이터 신호의 상태로 만들어 주는 방식이다. 위상 편이 변조방식에는 2위상 편이, 4위상 편이 및 8위상 편이 변조방식이 있다.

1) 2위상 편이 변조방식(DPSK : Differential Phase Shift Keying)

이 방식은 데이터 신호의 1위상 변화 없이 데이터 신호의 0이 180°의 위상차를 갖도록 하여 전송하는 방식이다. 이 경우 1회 변조로 0 또는 1을 나타내므로 변조속도와 데이터 전송 속도가 일치한다.

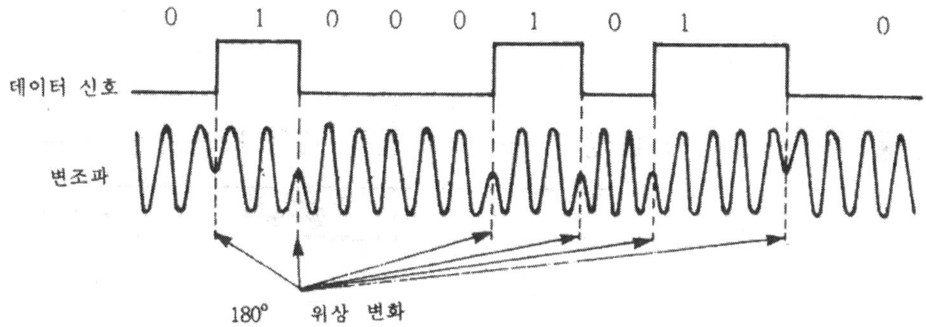

그림 2.27 2위상 편이변조방식

2) 4위상 편이 변조방식(QDPSK : Quaternary DPSK)

전송하는 데이터 신호를 연속되는 2bit의 조합(Dibit)으로 분할해서 직전에 전송한 반송파의 위상을 기준으로 하여 Dibit의 종류에 의해 결정되는 각도만큼 위상을 변화시키는 방식으로 0°는 00, 90°는 01, 180°는 11, 270°는 10인 2bit의 조합을 갖는다. 이 경우 1회 변조로 2bit의 표현이 가능하므로 2위상 편이 변조방식과 비교할 때 2배의 속도로 데이터를 전송할 수 있다. 위상변화각도는 360°의 4등분이나 ITU권고안 등에 의해 국제규격이 정해져 있다.(표 2.2)

표 2.2 4위상 편이 변조방식

권고안	Dibit	위상 편이 각	
		A 방식	B 방식
ITU V. 26	00 01 10 11	0° 90° 180° 270°	45° 135° 225° 315°

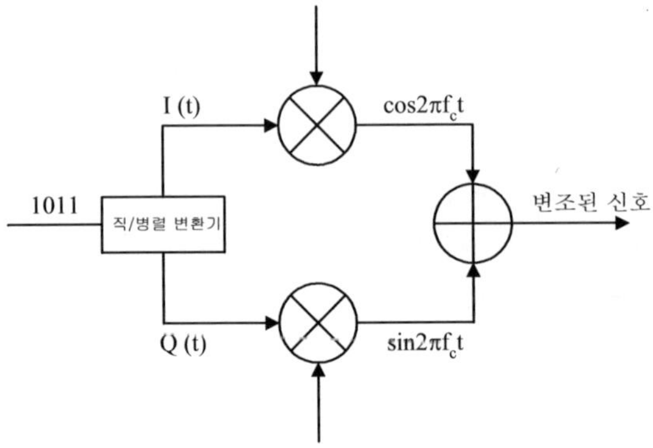

(a) QPSK 변조방식

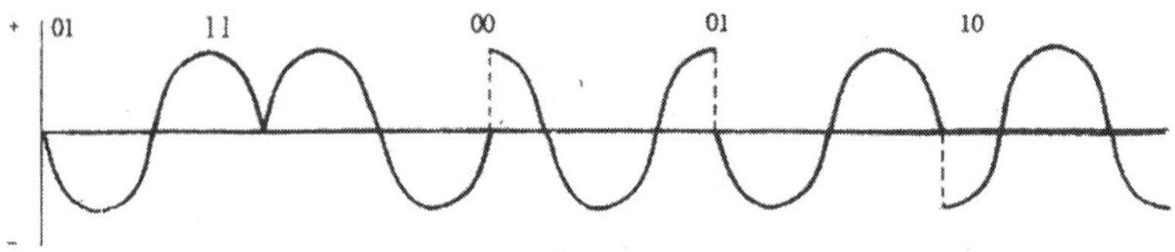

(b) QPSK 위상

그림 2.28 4위상 편이 변조방식과 위상

3) 8위상 편이 변조방식(ODPSK : Octal DPSK)

전송하는 데이터 신호를 연속되는 3bit의 조합(Tribit)으로 분할해서 직전에 전송한 반송파의 위상을 기준으로 하여 Tribit의 종류에 의해 결정되는 각도만큼 위상을 변화시키는 방식으로 0°는 001, 45°는 000, 90°는 010, 135°는 011, 180°는 111, 225°는 110, 270°는 100, 315°는 101으로 변화시킨다. 이 경우 1회의 변조로 3bit의 위상 변화각도는 45°인 8등분이다.

표 2.3 8위상 편이 변조 각 할당

Tribit	위상변화
0 0 1	0°
0 0 0	45°
0 1 0	90°
0 1 1	135°
1 1 1	180°
1 1 0	225°
1 0 0	270°
1 0 1	315°

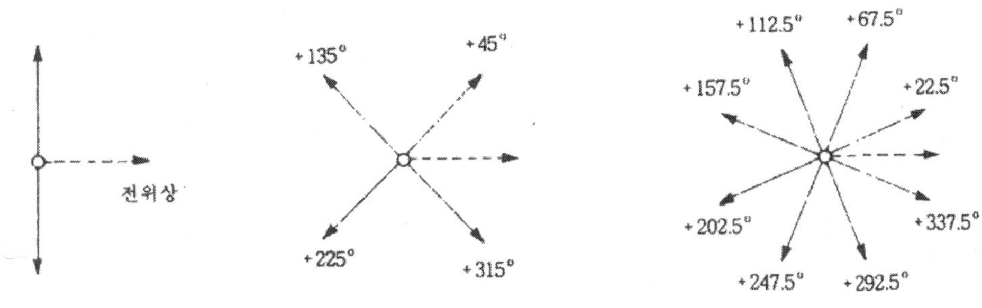

(a) DPSK (b) QDPSK (c) ODPSK

그림 2.29 위상 편이 변조방식

(4) 진폭위상 편이 변조방식 (QAM : Quadrature Amplitude Modulation)

진폭 편이 변조방식과 위상 편이 변조방식을 혼합한 변조방식으로 반송파의 진폭과 위상을 상호 변환하여 신호를 얻는 방식이다. 4위상과 2진폭으로 한번에 3bit씩, 8위상과 1진폭으로 3bit씩 또는 12위상과 1 또는 2진폭으로 3bit씩 전송할 수 있다.

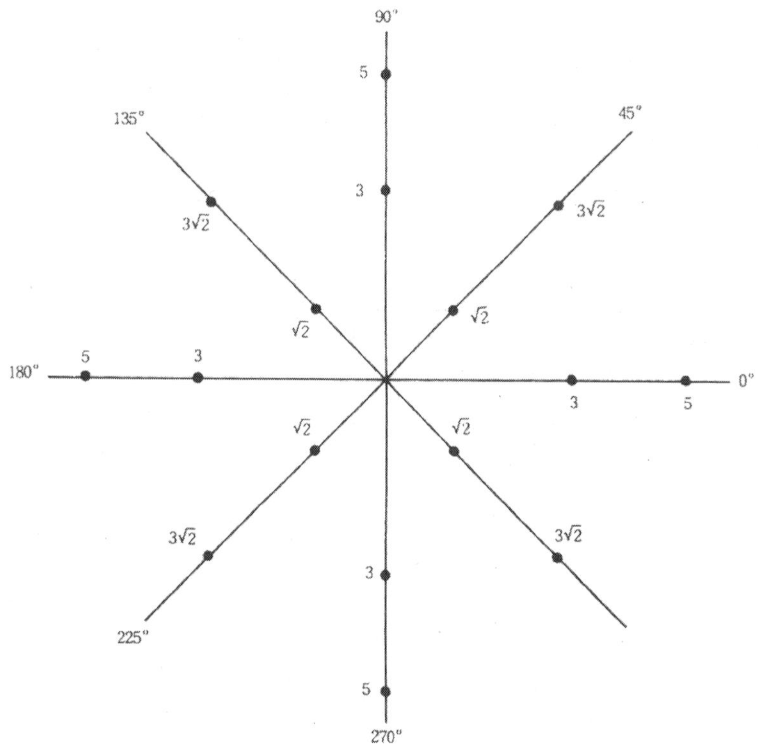

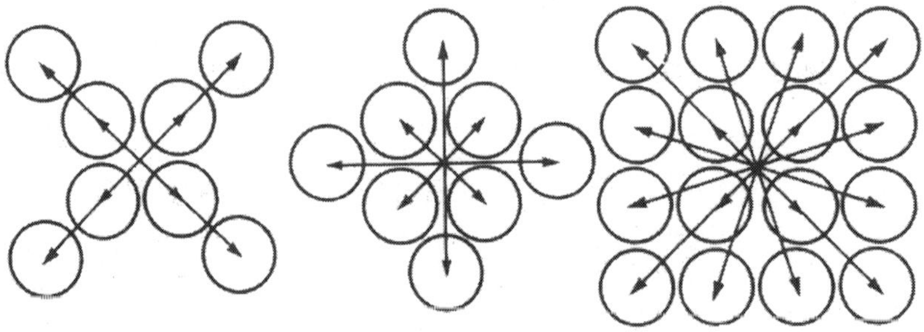

(a) 4위상 2진폭　　(b) 8위상 1진폭　　(c) 12위상 1 또는 2진폭

그림 2.30 진폭위상 편이 변조방식

지금까지의 방식과 비교해서 제한된 전송대역 내에서 고속의 데이터 전송이 가능하나 회로는 복잡하다. ITU권고 V.29를 예로 들면 9600 [bps] 전이 중 전용회선의 변복조기(Modem)의 경우 변조방식은 위상과 진폭이 혼합된 상태이며 모두 16개의 서로 다른 상태인 4개의 bit (quad bit)를 한 번에 전송할 수 있게 된다. 이 때의 bit를 Q1, Q2, Q3, Q4라 하고 Q1에 의해 2진폭이 결정되고 계속하여 Q2, Q3, Q4 등 3개의 quad bit 조합에 의하여 8위상 편이 변조방식의 경우와 동일하게 1변조 신호 앞의 반송파에 의하여 위상편이각이 결정된다.

표 2.4는 ITU권고 V.29의 위상편이각의 상태를 결정하는 국제규격이다.

표 2.4 V.29 위상편이각

위상편이각	Q_1	진폭
0°, 90°, 180°, 270°	0	3
	1	5
45°, 135°, 225°, 315°	0	$\sqrt{2}$
	1	$3\sqrt{2}$

Q_2	Q_3	Q_4	위상편이각
0	0	1	0°
0	0	0	45°
0	1	0	90°
0	1	1	135°
1	1	1	180°
1	1	0	225°
1	0	0	270°
1	0	1	315°

2.4 통신회선

2.4.1 통신회선

통신회선은 전송시스템에 있어 송신 측과 수신 측을 물리적으로 연결하여 데이터 전송이 이루어지도록 하는 것으로, 정보통신에서 통신시스템과 더불어 중요한 요소가 된다. 통신회선으로 사용되는 전송로는 유선과 무선전송로로 구분되며 그 종류는 다음과 같다.

(1) 연선

Twisted Wire(연선)로서 종이테이프나 폴리에틸렌으로 피복, 여러 쌍의 동선을 하나로 묶어 Cable을 형성한 것으로 전화 회선과 건물 내의 통신회선으로 많이 사용되며 동선의 굵기는 0.4~1.51 [mm] 정도이다. 이 선은 아날로그 및 디지털 전송에도 사용되며 MODEM 사용 시 9600bps의 데이터 전송률을 가지며 최대 1Mbps의 전송률을 갖는다. 일반적으로 전송 시 감쇄(Cross Talk)가 많다.

(2) 동축 케이블(Coaxial Cable)

동축 케이블은 중심체의 외측을 외부도체로 덮어씌운 구조로서 주파수가 낮을 경우 약간의 누화가 있으나 고주파가 될수록 외부도제에 의한 차폐효과로 누화에 매우 좋아지는 특성이 있다.

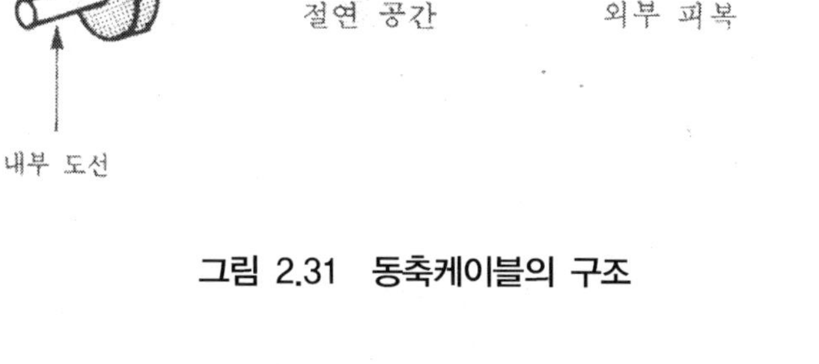

그림 2.31 동축케이블의 구조

동축 케이블은 장거리 회선 및 유선 TV방송, LAN통신망과 단거리 시스템 등에 사용되며 장거리 전화망의 경우 주파수 분할 다중 방식을 사용하면 약 16,000회선 이상의 음성 채널을 동시에 전송할 수 있다. 또 동축케이블은 LAN의 장치 간 접속에도 사용되며 아날로그 신호는 라디오와 TV, 디지털 신호인 경우 컴퓨터 시스템에서 고속 데이터 전송에 사용된다. 그러나 아날로그인 경우 장거리 전송 시 수 km마다 중계기가 필요하며 사용가능한 주파수 대역은 400 [MHz]까지이고 디지털 신호인 경우 1 [km]마다 중계기가 필요하며 데이터 전송률이 높을수록 중계 간격이 좁아진다. 동축 케이블이 연선에 비해 우수한 주파수 특성을 가지므로 보다 높은 대역과 데이터 전송률을 가지며 차폐가 잘 된 구조이므로 간섭이 없고 누화에 좋은 특성이 있다.

(3) 광섬유 케이블

광섬유(Optical Fiber)를 통하여 빛(光)을 전송하는 것이 광통신이며 종래의 전기 신호를 도체를 이용하여 전송하는 방식과는 다르다. 즉, 그림 2.32와 같이 전송하고자 하는 전기 신호를 빛의 형태로 바꾸어 준 후 환원하는 곳까지 전달해 주고 다시 본래의 전기신호로 변환시켜 주는 방식이다. 따라서 광섬유의 구조는 그림 2.33과 같다.

광섬유 케이블은 장거리 통신용으로 많이 사용되며 근래는 LAN과 같은 단거리 통신 분야에도 이용되고 있어 점점 수요가 많아질 것으로 전망된다. 광섬유를 이용하면 전송손실이 낮을 뿐만 아니라 마이크로파(Microwave)보다 수만 배 높은 광 파장(100～1000 [GHz])을 캐리어로 사용하므로 매우 넓은 대역폭의 장거리 전송을 할 수 있다.

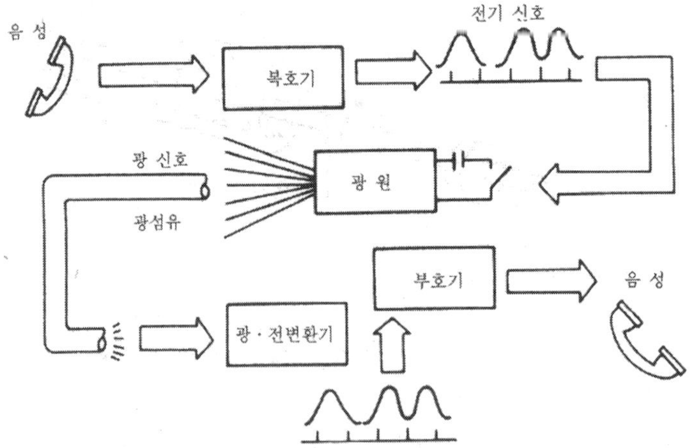

그림 2.32 광통신 방식

또한 광섬유는 비전도체이므로 전자파 장애가 없으며 가볍고 취급이 용이하므로 복잡한 도시에 관로의 증설 없이 경제적인 통신 회선 설치가 가능하다.

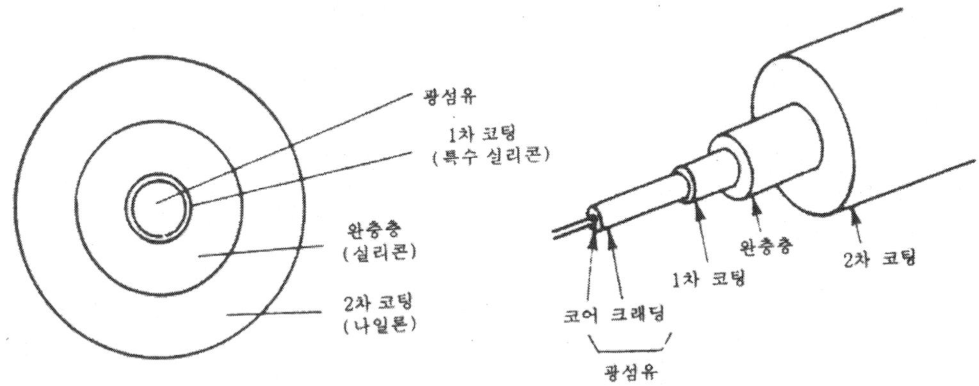

그림 2.33 광섬유 및 광케이블의 구조

(4) 무선통신

무선통신은 주로 무선 고주파(RF : Radio Frequency)라 불리는 전파를 이용하여 송신기와 수신기 간에 선이 없이(Wireless) 통신하므로 회선을 설치하기 어려운 지역 및 국가 간의 정보 전송에 많이 이용되고 있다. 특히 데이터 통신에서 무선과 위성통신은 원거리 컴퓨터 통신망을 구성하는 데 크게 사용되고 있다.

ITU의 무선통신 규칙에 의하면 "전파란 인공적인 유도 없이 공간을 전파하는 3kHz~3,000GHz 사이의 주파수를 지니는 전자파"로 규정하고 있다.

우리나라는 일본과 같이 표 2.5의 명칭을 사용하며 전파 구분의 3kHz(100km의 파장)를 기점으로 하여 주파수 값의 10배마다 구분하고, 각 구분 사이의 주파수 범위를 주파수대라고 한다.

1968년부터 시작된 하와이 대학의 ALOHA System은 무선을 이용한 컴퓨터 통신망의 많은 발전을 가져왔다. 최근에는 통신위성의 발전으로 광역 및 광대역 통신이 가능하게 되어 세계를 1일 생활권으로 만드는 데 큰 역할을 하고 있다.

무선통신의 용도는 장거리 통신 서비스로 TV신호와 Radio신호의 전송에 이용되며 표 2.5는 무선 주파수의 주파수에 따른 용도를 나타낸다.

UHF 이상의 파를 마이크로파라고 하는데 낮은 쪽은 지상 마이크로파(Terrestial Microwave)라고 하며 수 10 [Mbps]의 데이터 전송속도를 제공한다. SHF의 경우 위성 마이크로파(Satellite Microwave)로 위성 통신 분야에 광범위하게 사용되고 있다.

표 2.5 무선 주파수의 주파수에 따른 용도

명 칭	주파수 범위	용 도	명 칭
VLF (Very Low Frequency)	3~30 [kHz]	선박, 장거리 통신	초장파
LF (Low Frequency)	30~300 [kHz]	선박, 장거리 통신	장파
MF (Medium Frequency)	300~3000 [kHz]	선박, 항공, 표준 방송	중파
HF (High Frequency)	3~30 [MHz]	근거리 중거리 통신, 선박, 방송	단파
VHF (Very High Frequency)	30~300 [MHz]	FM방송, TV, 이동 무선	초단파
UHF (Ultra High Frequency)	300~3000 [MHz]	다중 통신, 감시레이더, 위성통신	극초단파
SHF (Super High Frequency)	3~30 [GHz]	이동통신, 무선 LAN, Radar, Microwave, 위성통신	극초단파
L	1~2 [GHz]		
S	2~4 [GHz]		
C	4~8 [GHz]		
X	8~12 [GHz]		
Ku	12~18 [GHz]		
K	18~27 [GHz]		
Ka	28~40 [GHz]		
EHF (Extreme High Frequency)	30~300 [GHz]	이동통신, 위성통신	밀리미터파
	0.3~3 [THz]	-	
Light	3~30 [THz] 30~300 [THz] 300~3000 [THz]	원적외선 근적외선 가시광선, 자외선	빛 빛 빛

2.5 펄스 변조방식

아날로그 신호를 디지털 신호로 변환하는 것을 디지털화(Digitization)과정이라고 할 수 있으며 아날로그 데이터를 디지털 형태로 변화시키는 대표적인 방법은 펄스 변조(Pulse Modulation)이다. 정보통신에서 사용되는 아날로그 신호의 디지털 신호 변환은 모뎀(Modem)이라 하고, 디지털 신호를 아날로그 신호화 하는 것을 코덱(Codec : Coder-decoder)이라 한다.

펄스 변조방식은 연속된 구형 펄스를 신호파에 의해 진폭, 펄스폭, 위상, 주파수 등을 변경시키는 것을 연속 펄스변조라 하고 신호를 양자화, 표본화, 부호화하여 펄스 변조하는 것을 불연속 펄스 변조라 하며 대표적인 것으로 펄스 코드 변조(PCM : Pulse Code Modylation)가 있다.

2.5.1 펄스 진폭 변조 (PAM : Pulse Amplitude Modulation)

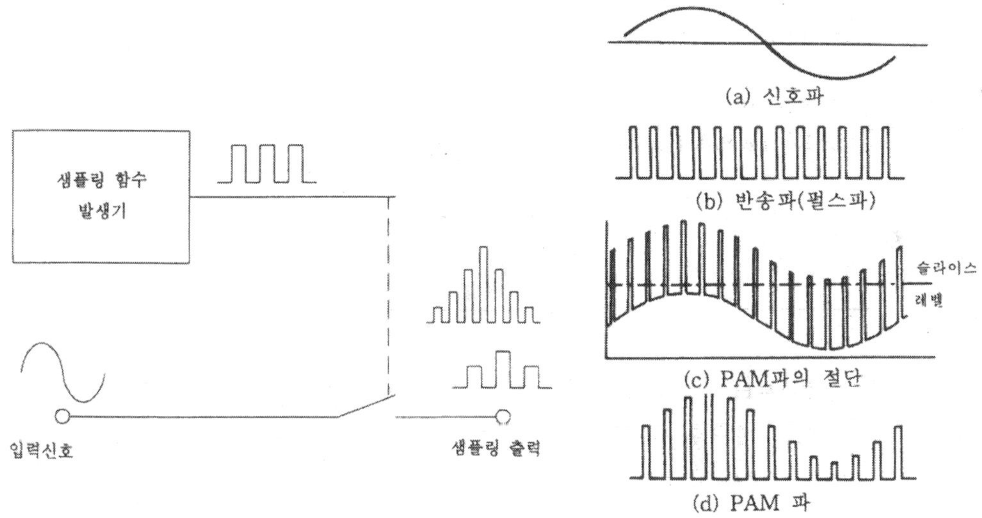

그림 2.34 PAM 샘플링 회로 및 PAM파

일정한 펄스의 진폭을 신호파에 대응하여 변화시키는 변조방식으로 그림 2.34와 같이 신호파에 의해 펄스파의 진폭이 변화된 것을 적당한 레벨에서 절단하면 PAM파를 얻을 수 있다.

PAM방식은 변조 및 검파 회로가 간단하다는 이점이 있으나 비 직선 변형을 일으키기 쉽고 잡음이나 페이딩의 영향을 받기 쉬운 단점이 있어 많이 사용되지 않으나 시분할 다중방식에서 PAM으로 반송파를 AM하거나 FM하는 PAM-AM방식과 PAM-FM방식이 많이 이용되고 있다.

2.5.2 펄스 폭 변조 (PWM : Pulse Width Modulation)

진폭과 반복주기가 일정한 펄스의 시간 폭을 신호파의 파형에 대응하여 변화시키는 것이다. 즉, 2개의 펄스 폭 변조는 톱니파와 신호파를 합성한 후 어떤 기준 이하의 이상에서 절단하면 PWM파가 얻어진다. PWM방식은 수신 측에서 Limiter를 사용할 수 있으므로 잡음이나 페이딩의 영향을 제거할 수 있으나 전력소모가 많으므로 잘 사용되지 않으며 PWM파를 얻기 위해 사용된다.

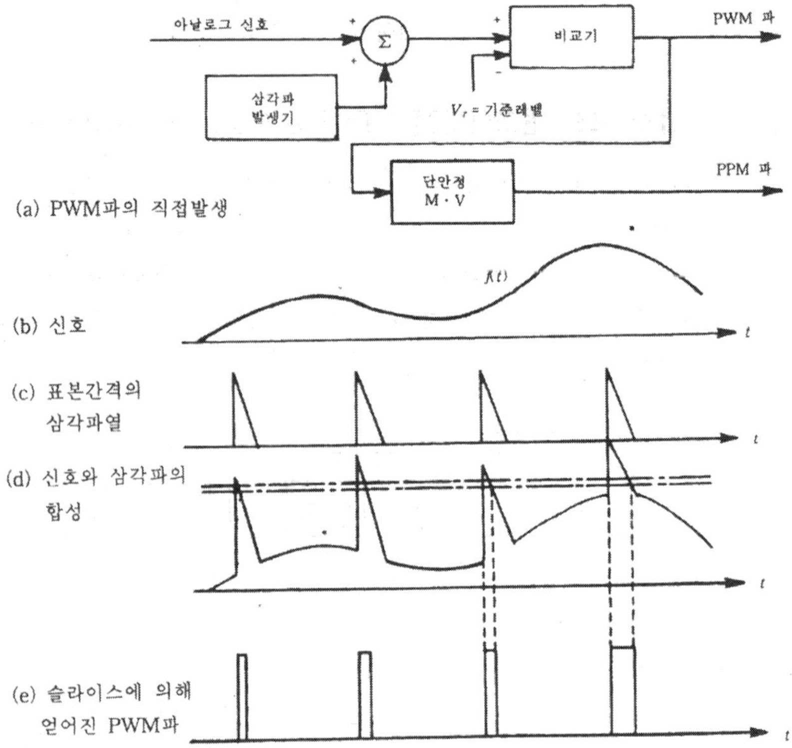

그림 2.35 PWM파의 발생방법과 그 파형

2.5.3 펄스 위상변조 (PPM : Pulse Phase Modulation)

2개의 PWM파를 대칭으로 일정간격 지연회로를 통해 합성한 후 한쪽만 통과시키면 PPM파가 된다. 수신 측에서 Limiter를 사용할 수 있으므로 S/N비가 개선되며 PWM방식보다 전력소모가 적다는 장점이 있다.

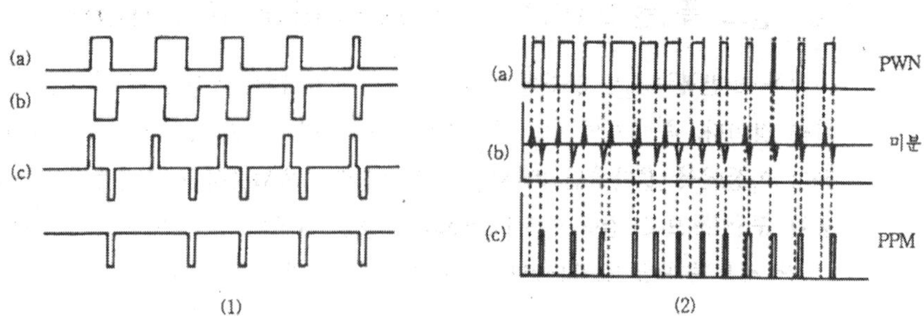

그림 2.36 PPM파

2.5.4 펄스 코드 변조 (PCM : Pulse Code Modulation)

연속적으로 변화하는 아날로그 신호인 펄스로 바꾸어 전송하고 수신 측에서는 다시 원래의 아날로그 신호로 환원시키는 방식이다. 그림 2.37에서, 연속적인 곡선(아날로그)의 송신신호를 표본화(Sampling) 선별하고, 크기 값으로 바꾸는 양자화(Quantization)를 거쳐, 이 신호를 적당히 조립하여 2진수화하는 것을 부호화(Coding)라 한다.

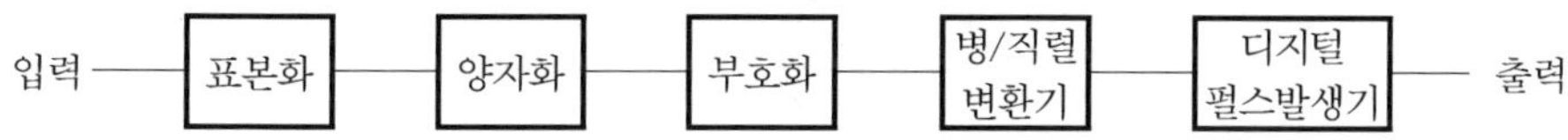

그림 2.37 PCM 변조기의 구성도

(1) 표본화 (Sampling)

표본화란 연속적으로 변화하는 아날로그 신호를 디지털 신호로 변화시키기 위해 불연속인 점을 추출하는 과정을 말하며 이는 표본화 이론(Sampling theorem)을 기초로 하고 있다. 즉, 표본화하려는 입력신호의 최대주파수를 f_m이라 하고 이 신호를 변환하거나 역 변환할 때 신호의 특성을 잃지 않고 재생 가능한 표본화펄스의 반복주파수를 f_s라 하면 다음의 관계가 성립된다.

$$f_s \geq 2f_m$$

전화의 경우 음성주파수는 300~3,400 [Hz]의 대역이므로 한 주기는 T=1/6,800이지만 실제는 1/8,000초, 즉 125 [μs]를 주기로 삼는다.

PAM(Pulse Amplitude Modulation)이론을 기초로 하여 전압 신호를 8 또는 16등급으로 나누고 신호를 표본화한다. PAM의 경우 음성신호가 4kHz 이내의 주파수로 제한되어 있으므로 초당 8,000회, 즉 125μs마다 음성신호를 검출하게 된다.

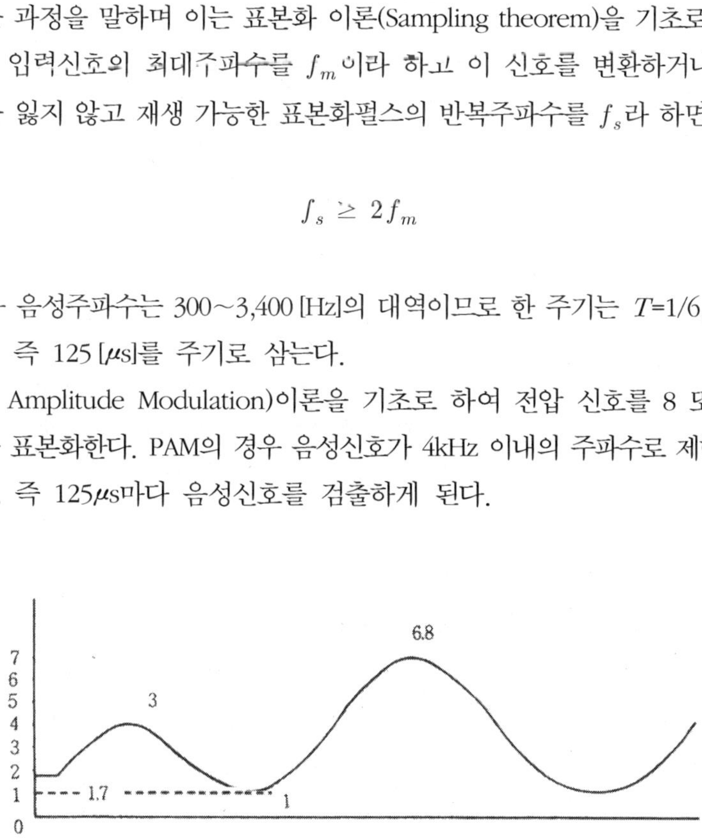

(a) 8레벨 양자화 및 원래신호

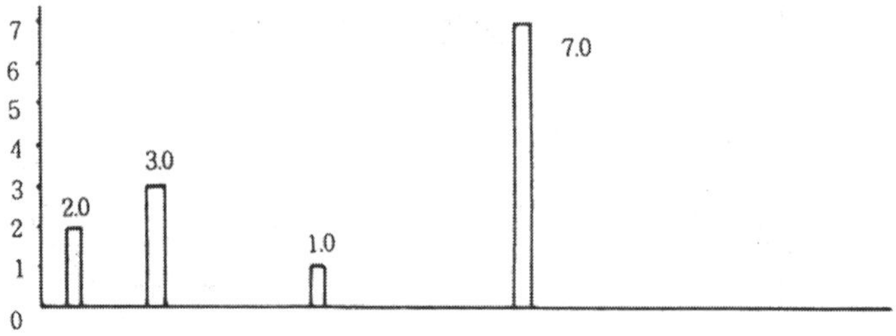

(b) 근사화 된 펄스열

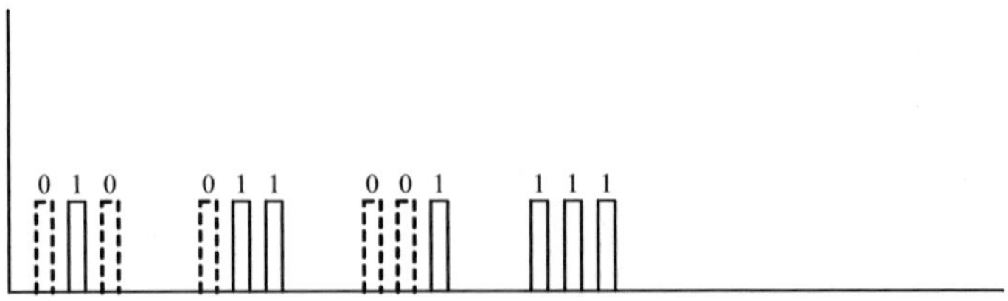

(c) 2진 부호

그림 2.38 아날로그 신호의 펄스코드 변조

(2) 양자화 (Quantization)

표본화에 의해 크기가 추출된 점에 대하여 이 유한한 크기에 해당하는 2진 코드를 부여하는 과정을 말한다. 이 때 사용되는 것을 양자화기(Quantizer)라 하며, 몇 비트의 2진수 조합으로 표현할 것인가를 나타내는 양자화기 bit를 갖고 있다. 만약 B비트의 양자화기에서 전체 표현 가능한 입력 신호레벨수를 L이라 하면 다음의 관계가 성립된다.

$$L = 2^B \text{ 또는 } B = \log_2 L$$

만약 $B = 8$ [bit], PCM 펄스 주파수 $f_s = 8{,}000$ [개/초]이면 전송률 $R = f_s B$이므로 6,400 [bit/sec] 또는 64 [Kbps] (bit per second : bps)가 된다.

아날로그 신호의 레벨은 이론적으로 무한대의 점이 존재하지만 양자화 과정에서 유한개의 레벨로 표현되어야 하므로 원래의 신호는 단지 근사치로만 전송될 수 있어 정확한 복구가 이루어질 수 없다.

이 때 원래의 신호와 양자화파형간의 차이를 양자화잡음(Quantization Noise)이라 하고 이것은 전체 시스템의 성능을 저하시키는 원인이 된다.

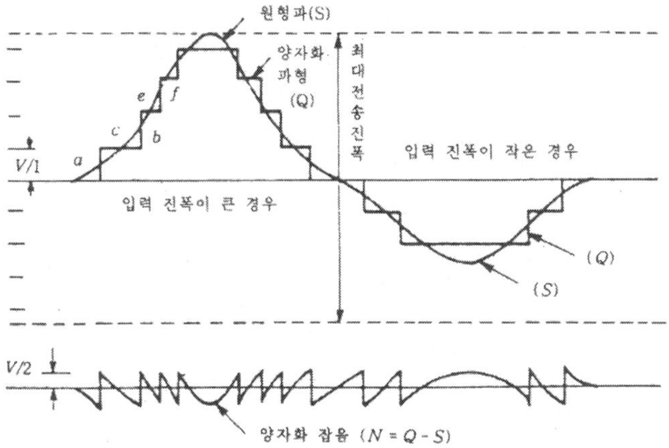

그림 2.39 양자화 과정과 양자화 잡음

(3) 부호화와 복호화

표본화된 펄스코드 변조 · 펄스의 진폭 크기를 2진수로 표시하는 과정이 부호화(Coding)이며 그 반대를 복호화(Decoding)라 한다. 펄스를 부호화하면 통신회선에는 펄스의 유무와만 관계되고 진폭의 크기와는 무관하므로 통신회선의 잡음에는 별다른 영향을 미치지 않는다.

2.5.5 DPCM (Differential PCM)

고품질의 PCM 신호를 얻기 위해 기존의 선형 PCM의 구조를 개선한 것이 DPCM (차분 PCM)이다. DPCM은 표본화 펄스열을 나이퀴스트율보다 높은 반복률이 되도록 하는 방법과 양자화 레벨을 보다 적게 하는 방법, 또는 이 두 가지의 조합으로 실현하는 방법 등이 있다.

표본화 펄스열을 높은 반복률이 되도록 하는 것만으로도 신호파형의 복원정도가 높은 것은 당연하지만, 반면에 인접한 이웃 표본화펄스와의 사이에 높은 상관관계가 있기 때문에 이 관계를 이용하므로 근접된 2개의 표본차를 추출하여 부호화한다. 즉, 하나의 표본화 펄스의 값으로부터 다음 표본화 펄스 값으로의 변화가 매우 적기 때문에 그 차이만을 주목하면 그 변화는 신호자신의 변화보다 훨씬 적은 값이 된다는 것을 알아낼 수 있다. 이와 같은 상태는 과거 하나의 펄스 값으로부터 현재의 펄스 값을 예측할 수 있다는 것을 의미하며 이와 같은 과정을 일반적으로 예측(Prediction)이라 한다.

예측한 현재치의 값을 $Z(n)$, 실제로 입력된 음성의 현재 값을 $y(n)$이라고 하면 예측 오차 신호 $e(n)$은 다음과 같다.

$$e(n) = y(n) - z(n) \ll y(n)$$

위 식에서 예측 오차 신호 $e(n)$의 변화범위는 실제 음성 값 $y(n)$의 변화 범위보다 매우 적게 되므로 이를 양자화하기 위한 양자화기의 비트수를 줄일 수 있게 된다.

다음 그림은 DPCM의 구조와 표본차 추출을 나타낸 것으로 근접된 2개의 표본차를 추출하여 부호화 한 것이다.

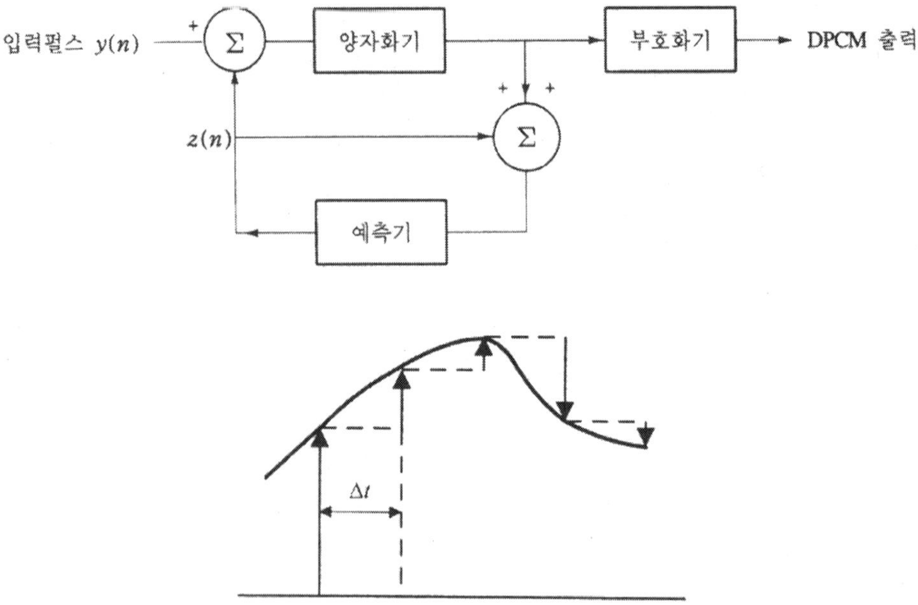

그림 2.40 DPCM의 구조와 과정

2.5.6 델타 변조(DM : Delta Modulation)

DPCM 방식을 더욱 간단하게 개선하여 전송률을 약 1/2 정도 줄일 수 있도록 고안된 방식이 델타 변조(Delta Modulation)방식이다. 기본적으로는 DPCM과 동일하지만 델타 변조는 신호의 변화 부분만을 일정시간마다 검출한다. 과거의 정보를 이용한 부호화 방법을 위한 것으로 이 때 그 부호는 2진수의 1비트이다. 즉, 완만한 변화의 경우 레벨차가 거의 없다. 이 때 레벨차 Δ를 상승하면 1, 하강하면 0으로 선정하므로 변화의 방향만 표시한다. 그림 2.41에서 신호파 $m(t)$와 그의 근사신호 $n(t)$는 차동증폭기를 통해 비교되고 그 출력 $\Delta(t)$는 두 신호의 차이로, 즉 $\Delta(t) = m(t) - n(t)$이다.

출력파는 $D_o(t)$이며, 델타변조의 원리는 그림 2.41에 나타내었다.

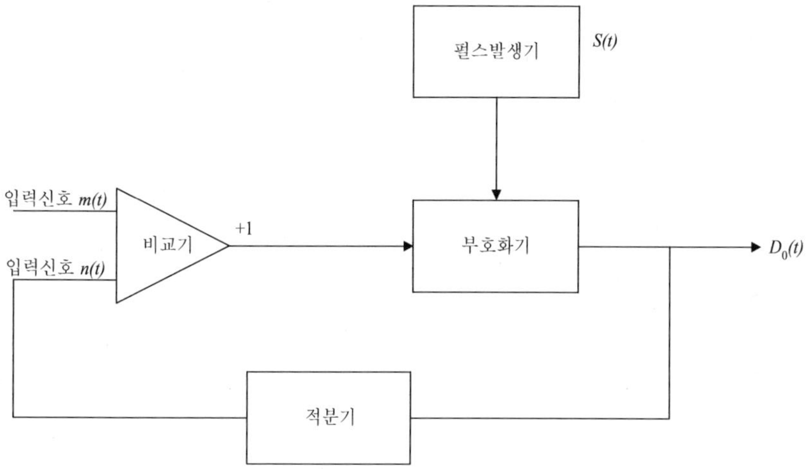

그림 2.41 델타변조기의 구조

초기치 $m(t)$와 $n(t)$는 임의로 선정되었으며 첫 번째 펄스 t_1에서 $m(t)$는 $n(t)$보다 크므로 변조기의 출력은 1이 되며 적분기의 반응은 계단파로 나타난다.

따라서 $m(t)$는 적분기에 의해 $+\Delta$만큼 증가한다. 만일 $m(t) < n(t)$일 경우에는 $+\Delta$만큼 감소된다. 이 파형들을 그림 2.42에 나타내었다.

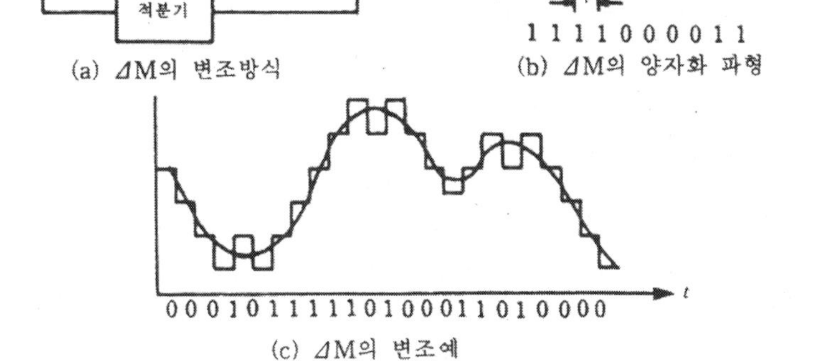

그림 2.42 델타변조의 파형

연 습 문 제

2.1 통신방식의 종류를 들고 설명하시오.

2.2 직렬전송과 병렬전송의 차이점을 설명하시오.

2.3 Base band 전송방식에 대해 설명하시오.

2.4 동기식 전송방식의 종류를 들고 설명하시오.

2.5 8위상 변복조시 4,800 [bps]에서 시간 $T = 833 \times 10^{-6}$일 때 데이터 신호 속도 및 변조속도를 구하시오.

2.6 진폭 변조방식에 대해 설명하시오.

2.7 FM변조에 대해 설명하시오.

2.8 FM과 DM의 관계를 설명하시오.

2.9 디지털 변조방식의 종류를 들고 설명하시오.

2.10 진폭 위상 편이 변조방식에 대해 설명하시오.

2.11 주파수 변이 변조방식에 대해 설명하시오.

2.12 위상 편이 변조방식에 대해 설명하시오.

2.13 PAM과 PPM에 대해 설명하시오.

2.14 PCM에 대해 설명하시오.

2.15 DM에 대해 설명하시오.

03
정보단말기기

3.1 정보통신시스템의 구성

정보통신시스템이란 다양한 형태의 정보를 컴퓨터 등에서 처리하고, 처리된 데이터를 전송하는 기술까지를 포함하는 시스템을 말한다.

따라서 정보통신시스템의 구성은 정보를 컴퓨터 등에 의해서 처리하는 정보처리계와 처리된 데이터를 전송하는 정보전송계로 나눌 수 있다.

표 3.1 정보통신시스템의 구성

정보전송계	단말장치, 데이터 전송회선, 통신제어장치
정보처리계	중앙처리장치, 주변장치

3.1.1 단말장치 (Terminal)

단말장치는 정보통신 기기와 외부를 상호 연결시켜주는 장치로서 2진 신호를 변환하거나 그 역을 수행하는 입출력 장치와, 통신 회선에 정보 통신 기기를 연결시키기 위한 전송 제어 기능을 수행하는 전송제어장치로 나눌 수 있다.

다시 전송제어장치(TCU : Transmission Control Unit)는 ▲단말장치 내부의 전기적 신호 레벨 변환을 수행하는 회선접속부와 ▲정보의 직/병렬 변환과 문자의 조립과 분해, 정보의 축적 기능을 수행하는 회선제어부, ▲입출력 장치의 직접적인 제어 및 상태 감시를 수행하는 입출력 제어부로 나눌 수 있다.

3.1.2 신호 변환기

통신 회선의 특성에 맞게 2진 신호를 변환시켜주는 장치를 말한다. 이러한 신호 변환기는 아날로그 통신 회선을 사용하는 MODEM(변복조기)과 디지털 통신회선을 사용하는 DSU로 구분할 수 있다.

(1) 변복조기 (MODEM : Modulator and Demodulator)

디지털 데이터를 아날로그 전송 회선에 적합한 신호로 변환하는 기기이다.

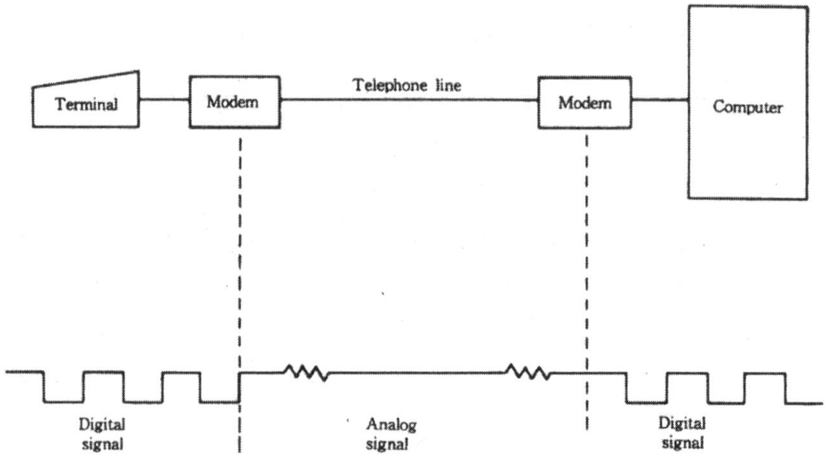

그림 3.1 변복조기의 사용

(2) DSU (Digital Service Unit)

디지털 데이터를 디지털 전송 회선에 적합한 신호로 변환하는 장치로서 신호의 번역, 신호의 재생 기능과 타이밍 및 유니폴라 신호를 바이폴라 신호로 변환하는 기능을 수행한다. 일반적으로 2,400 [bps], 4,800 [bps], 9,600 [bps], 56 [kbps]를 사용하고 예외적으로 19.2 [kbps]를 사용하기도 한다. 최근에는 28.8 [kbps]도 사용되고 있다.

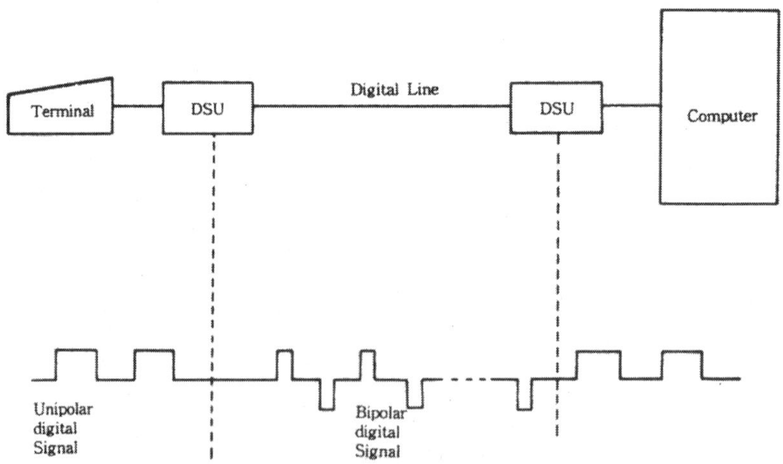

그림 3.2 DSU의 사용

3.1.3 통신회선 (Transmission Line)

정보처리시스템과 단말기기, 단말기기 상호간 그리고 컴퓨터 상호간의 물리적인 통신로를 말한다. 통신회선을 분류하는 방식은 여러 가지로 구분할 수 있다. 전송되는 신호의 특성에 따라서 디지털 전송회선과 아날로그 전송회선으로 구분할 수 있고, 전송 매체에 따라서 꼬임선(Twisted Pair : TP), 동축선(Coaxial Cable) 및 광섬유(Optical Cable) 등으로 구분할 수 있다. 그리고 회선의 교환 방식에 따라서 직통 회선(Leased Line)과 교환회선(Switched Line)으로 구분할 수 있으며 교환회선은 다시 회선 교환 방식(Circuit Switching)과 패킷 교환 방식(Packet Switching)으로 구분할 수 있다.

3.1.4 통신 제어 장치 (CCU : Communication Control Unit)

통신회선과 중앙처리장치를 결합하는 기능을 수행하는 장치로서 중앙처리장치와 데이터의 송수신 기능과 제어 신호의 송수신, 통신 회선의 감시 및 접속, 전송 오류 검출과 다중 전송 제어기능을 수행한다.

전송 제어 장치와 같이 데이터의 송수신 등의 전송제어를 수행하는 기능을 하지만 두 개의 차이점은 전송 제어 장치는 단말장치의 입장에서 전송제어를 수행하고, 통신 제어 장치는 호스트 컴퓨터 입장에서 전송제어를 수행한다는 것과 전송 제어 장치는 하나의 단말과 일대일로 접속되지만 통신 제어 장치는 다수의 통신회선을 접속하여 시분할 다중 기술을 이용한다는 것이다.

3.1.5 중앙 처리 장치 (CPU)

중앙 처리 장치는 기억장치, 연산장치 및 입출력 채널로 구성되어 통신회선과의 데이터 송수신 및 코드 변환과 데이터의 처리 및 축적, 검색 기능을 하고 전체 정보시스템을 제어하는 기능을 한다.

3.1.6 주변 장치

정보통신시스템에서 중앙처리장치에 연결되어 사용하는 보조기억장치와 입출력장치 등을 의미한다.

3.2 정보 단말기의 기능과 구성

3.2.1 정보 단말기의 구성

정보 시스템에서의 정보 단말기의 구성은 정보를 입출력하는 입출력장치와 정확한 정보를 전송하는 전송제어장치로 구분할 수 있다.

(1) 입출력장치

입출력장치는 사람이 알아볼 수 있는 데이터를 컴퓨터에서 처리 가능한 전기적 신호로 변환하는 입력처리부와 컴퓨터의 처리 결과를 사람이 알아볼 수 있는 데이터 및 문자로 바꾸어 주는 출력처리부로 구분할 수 있다. 입력처리부에는 키보드, 카드 리더(Card Reader), OCR, OMR카드 등이 사용되며 출력처리부에는 프린터 및 CRT가 사용된다.

(2) 전송제어장치

정보단말기의 입출력 장치와 신호변환기를 연결시켜주는 전송제어장치는 ▲단말기와 데이터 전송회선을 연결하는 회선접속부와 ▲회선접속부를 통하여 들어온 정보를 직/병렬 변환하고 문자의 조립과 분해 및 버퍼링 기능을 하는 회선제어부, 그리고 ▲입출력 장치의 직접적인 제어 및 상태감시 기능을 하는 입출력 제어부로 구성된다. 회선제어부에서는 에러제어를 포함한 전송제어를 수행한다.

전송제어장치의 전송제어기능은 크게 입출력제어기능과 에러제어기능 및 송수신제어기능으로 구분할 수 있다.

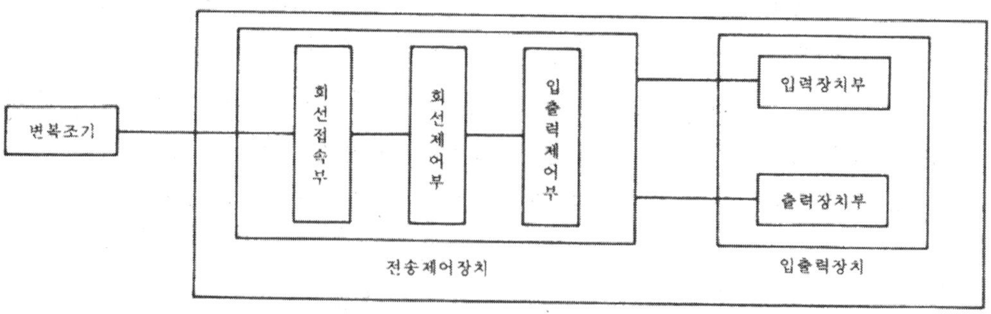

그림 3.3 정보 단말기의 구성

3.2.2 전송제어장치와 통신제어장치의 비교

전송제어장치와 통신제어장치의 차이를 회선의 구성 면에서 보면, 전송제어장치는 입출력장치를 데이터 전송 회선과 연결시켜 주고 통신제어장치는 컴퓨터를 데이터 전송 회선과 연결시켜주게 된다. 통신제어장치는 많은 회선을 취급하고 메시지의 처리 기능을 할 수 있지만, 전송제어장치는 그렇지 못하다는 차이점이 있다.

3.2.3 정보 단말장치의 분류

정보통신용 단말기는 정보단말기와 화상단말기(FAX, CCTV, CATV) 및 음성단말기 등이 있으며 정보 단말장치는 범용 단말장치와 복합 단말장치, 전용 단말장치 및 기타 단말장치로 구분할 수 있다.

(1) 범용 단말장치

범용 단말장치는 인쇄장치, 표시장치, 인식장치, 판독 및 기록장치, 작도장치로 구분할 수 있다. 이 중 대표적인 범용 단말장치로는 인쇄 장치와 표시장치를 들 수 있다.

인쇄 장치에는 물리적인 충격에 의해서 출력하는 임팩트(Impact) 프린터, 물리적인 충격에 의해서가 아니라 전자적 또는 화학적으로 문자를 출력하는 논 임팩트(Non-impact) 프린터, 한 줄씩 종합하여 한 번에 출력하는 것으로 보통 컴퓨터의 주변 기기로 널리 알려진 라인 프린터 등이 있다. 라인 프린터는 ▲분당 100~500행을 출력하는 저속 프린터와 ▲500~900행을 출력하는 중속 프린터, ▲1,000~3,000행을 출력하는 고속 프린터 및 ▲3,000행 이상을 출력하는 초고속 프린터로 구분할 수 있다. 문자를 한자씩 좌에서 우로 출력해 가는 시리얼(Serial)프린터, 키보드(Keyboard) 프린터로 사용하는 임팩트 시리얼 프린터, 레이저 빔(Laser Beam) 방식과 정전 기록 방식을 사용하는 논 임팩트 시리얼 프린터 등이 사용된다.

표시장치로는 실제 TV 브라운관으로 사용하는 CRT, CRT용 하드 카피 장치가 있으며, 인식장치에는 신용카드 등의 뒷면에 자성체를 발라 그곳에 데이터를 기록하거나 그곳에 기록되어 있는 데이터를 판독하는 장치, OCR, MICR, OMR 등이 있다.

판독 및 기록장치에는 종이카드 또는 Tape 장치와 자기기록장치 등을 들 수 있고, X-Y플로터 등의 작도장치도 범용 단말장치의 일종으로 사용한다.

(2) 전용 단말장치

전용 업무에 따라 그곳에 필요한 기능만 가지며 또한 사용 조건에 따라 제조되는 단말장치로서 백화점 또는 슈퍼마켓의 판독장치 등은 POS(Point Of Sale) 단말기라 하며 은행용 단말기, 증권회사 단말기, 항공 및 철도 회사용 단말기 등이 있다. 이러한 단말기는 모두 특정 목적을 위해 만들어진 전용 단말장치이다.

(3) 복합 단말장치

전송제어장치로서 미니 또는 마이크로컴퓨터 등에 사용하고 종류가 다른 다수의 입출력장치를 자유롭게 선택하여 접속할 수 있는 단말장치를 말한다.

(4) 지능형 단말장치

단말장치 내에 마이크로프로세서를 내장하여 단독으로 상당수준의 처리가 가능한 단말장치로서 컴퓨터의 발전에 따라 분산처리방식을 사용하기에 적절한 형태의 단말기이다.

(5) 그 외의 단말장치

정보 단말장치를 구분하는 데는 위에서 분류한 방법과는 달리 기능상에 따른 분류, 데이터 매체로서의 분류, 내장된 프로그램 유무에 따른 분류가 있을 수 있다.

기능상에 따른 분류는 출력 기능이나 변환기능을 가지지 않는 입력전용 단말장치와 상대 단말로부터 데이터나 메시지를 수신하는 출력전용 단말장치로 나누고, 데이터 매체에 따른 분류는 키보드나 CRT 등과 같이 사람이 직접 눈으로 볼 수 있는 직접 입출력 단말장치와 종이테이프 또는 종이카드 등을 매체로 이용하는 간접 입출력 단말장치로 나눈다.

단말장지에 프로그램을 내장하여 상당 수준의 처리가 가능하도록 제조된 지능 단말장치(Intelligent Terminal)와 프로그램을 내장할 수 없는 비 지능 단말장치(Non Intelligent Terminal)로 구분할 수 있다.

1) 디지타이저 : 그림, 도표, 설계도면을 읽어 이를 디지털화 하여 컴퓨터에 입력시키는 기기로 능동형인 광전펜(직접형)과 수동형(지도 등을 읽는 것)이 있다.
2) CAD / CAM : 컴퓨터를 이용한 설계 및 제작
3) COM / CAR (Computer Output Microfilm / Computer Assisted Retrieval) : 처리된 자료를 문자나 도형으로 변환하여 Microfilm에 기록하는 장치 / Microfilm에 있는 정보를 검색하는 장치
4) Mouse : 컴퓨터의 입력 장치. 키보드 조작 없이 프로그램을 수행시키는 역할을 한다. 컴퓨터 화면을 생쥐처럼 돌아다닌다는 뜻으로 붙여진 이름으로 고유명사화 되었다.

3.3 컴퓨터와 주변기기

3.3.1 컴퓨터

정보통신시스템에서 사용하는 컴퓨터는 그림 3.4와 같이 연산장치, 제어장치 및 기억장치로 구성된 중앙처리장치와 중앙처리장치에서 처리된 데이터를 입출력 장치에 전송하는 채널과 주변장치로 구성된다.

(1) 중앙처리장치

중앙처리장치는 정보통신시스템의 전체적인 제어를 수행하고 주 기억장치에 기억된 프로그램을 해독하고 그 지시에 따라 필요한 연산이나 처리를 수행하는 장치이고, 주 기억장치는 프로그램과 연산의 중간결과를 일시적으로 기억하는 데 사용한다.

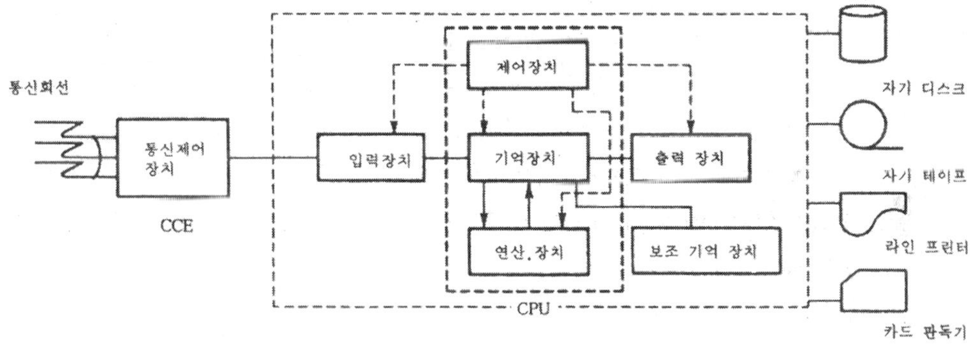

그림 3.4 컴퓨터 시스템의 구성

중앙처리장치는 통신제어장치와 주변장치를 제어하는 기능 이외에 통신회선과의 데이터 송수신 및 코드변환, 데이터의 축적, 검색 및 처리 기능을 가지며 정보 통신을 위해서 중앙처리장치는 다수 단말기와 시분할 방식으로 필요한 일을 수행하는 다중 프로그래밍 기능과 기억장치의 기억 용량과는 무관하게 가상의 기억 공간상에서 프로그램을 실행할 수 있는 가상기억 기능, 다수의 입출력 장치와 데이터의 송수신 및 파일 관리 등을 효율적으로 수행하기 위한 입출력 채널 기능, 복수의 중앙처리장치를 이용하여 신뢰도와 처리 능력을 높이는 다중 프로세서 시스템 등의 하드웨어적인 기술이 요구된다.

(2) 통신제어장치

통신제어장치는 중앙처리장치와 통신회선을 연결함으로써 중앙처리장치와 데이터 송수신의 제어, 통신회선을 이용한 데이터 송수신에 필요한 제어신호의 송수신과 통신회선의 감시 및 접속, 전송오류 검출 등을 수행하고 다수의 저속 통신 회선을 1대의 통신제어장치에서 시분할 방식으로 다중전송제어를 수행하게 된다.

통신제어장치는 중앙처리장치가 제어하며 다수의 채널에서 동시에 여러 가지 동작을 제어하도록 함으로써 비용을 절감할 수 있고 통신제어장치가 정보의 처리 능력을 가지고 있어 중앙처리장치의 부하를 경감시킬 수 있다.

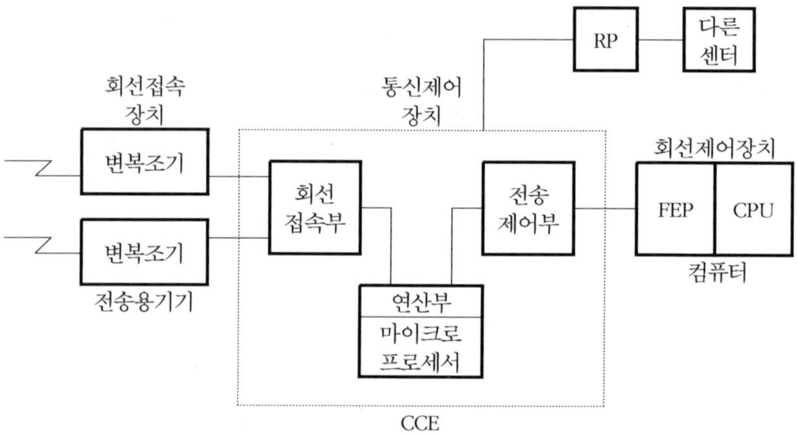

그림 3.5 통신제어장치의 구성도

(3) 전단 처리기와 원격처리장치

전단 처리기(FEP : Front End Processor)는 컴퓨터의 중앙처리장치 앞에 설치되어 통신회선 및 터미널의 제어, 전송 메시지 검사, 형식 변환 등의 기능을 한다.

원격처리장치(RP : Remote Processor)는 단말기 측에 연결하여 단말기의 제어, 정보량의 제어, 전송 메시지의 부분 처리기능을 한다.

원격처리장치는 그 기능에 따라 집선형과 교환형으로 구분하며 집선형은 비교적 저속도로 동작하는 다수의 단말기 데이터를 모아 고속으로 컴퓨터에 송신하는 집중화기와 같은 기능을 하고 반대로 고속 회선으로부터 데이터를 수신하여 단말기에 전송하여야 하므로 속도변환, 순서변환 및 코드변환 기능을 가지게 된다.

교환형은 컴퓨터 상호간, 컴퓨터와 다른 원격 처리 장치를 결합할 목적으로 사용되어 데이터의 교환 기능을 가지게 된다.

(4) 통신제어처리장치 (CCP : Communication Control Processor)

정보통신시스템에서 다양한 통신제어 기능을 수행하기 위해서 프로그램 제어가 가능한 소형의 중앙처리장치를 가지는 통신제어처리 장치를 사용하게 된다. 통신제어처리 장치는 프로그래밍에 의해 복잡한 제어가 용이하고 전송제어 절차에 의한 블록과 메시지의 조립 및 분해 기능을 할 수 있기 때문에 통신제어장치의 기능을 개선한 것이라고 할 수 있다.

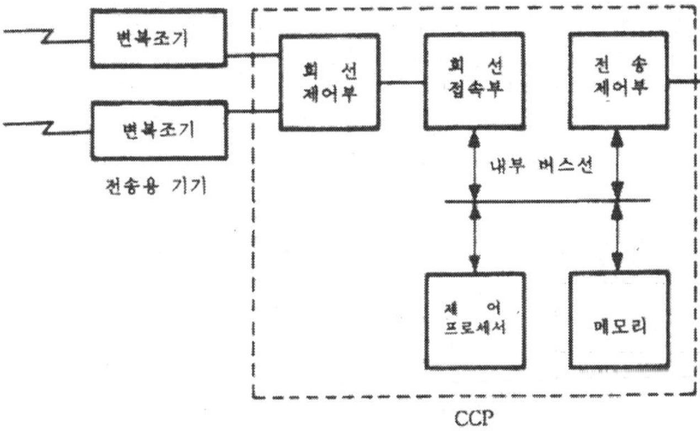

그림 3.6 통신제어처리 장치의 구성

3.3.2 정보통신시스템에서의 컴퓨터의 역할

정보통신시스템에서 컴퓨터는 ▲통신제어처리 장치 내의 통신제어프로그램 (NCP : Network Control Program)에 이용하여 모뎀을 제어하는 회선기능, ▲전송 데이터의 비트 및 문자를 동기화하는 동기제어, ▲정해진 전송제어절차를 실행하는 전송제어, ▲통신회선에서 발생하는 오류에 대한 오류제어, ▲통신회선에서 송수신한 데이터를 일시적으로 보관하는 버퍼제어, ▲데이터의 폭주를 방지하는 흐름제어 및 다중처리제어 등의 통신제어의 기능을 한다. 또한 실시간 처리 기능, 시분할 처리 기능, 원격 일괄처리 기능 및 데이터의 집/배선 기능을 하는 데이터처리, 처리된 데이터의 축적기능 등의 역할을 한다.

3.3.3 주변기기

데이터를 입력하거나 출력하기도 하며 또는 데이터를 저장하였다가 다시 돌려주는 장치를 말하며 중앙처리장치가 제어한다. 주변기기는 입력장치, 출력장치, 보조기억장치로 나눌 수 있다.

3.3.4 정보통신시스템에서의 소프트웨어

정보통신시스템에서의 소프트웨어는 운영체제(Operating System)와 응용프로그램(Application Program)으로 구분할 수 있다.

운영체제 소프트웨어의 기능은 중앙처리장치의 감시, 기억소자관리, 입출력제어기능을 하는 감독기능, 매체공간관리, 카탈로그관리의 파일관리, Job 관리기능, 통신제어기능과 데이터베이스 관리기능 및 언어처리기능이 있다. 이 중에서 감독기능과 파일관리, Job 관리기능을 3대 관리기능이라고 한다. 정보통신시스템에서 응용프로그램은 사용 업무에 따라 프로그래밍 된 업무 프로그램, 이용자 작성 프로그램과 범용 라이브러리 및 전용 라이브러리로 구분된다.

표 3.2 소프트웨어의 종류 및 기능

종 류	기 능	세 부 기 능
운영체제 (Operating System : OS)	감독기능	CPU 관리기능 주 기억장치 관리기능 입/출력 관리기능
	파일관리기능	매체 공간 관리기능 카탈로그 관리기능 액세스 제어기능
	잡 관리기능	근거리 잡 입출력 기능 원격 잡 입출력 기능 잡 실행 관리기능
	통신제어기능	전송제어 기능 네트워크 제어기능
	데이터베이스 관리기능	데이터베이스 정의기능 데이터베이스 관리기능 데이터베이스 액세스기능
	언어처리기능	
	보조기능	시스템 제너레이션 운영 보조 유틸리티
응용프로그램 (Application Program : AP)	업무용 프로그램 이용자 작성 프로그램 범용라이브러리 전용라이브러리	

연 습 문 제

3.1 신호 변환기의 종류와 각각의 기능을 서술하시오.

3.2 중앙 처리 장치의 기능을 설명하시오.

3.3 정보 시스템의 구성을 설명하시오.

3.4 전송 제어 장치의 기능을 설명하시오.

3.5 회선 교환 방식에 대해 설명하시오.

3.6 전송 제어 장치와 통신 제어 장치의 차이점을 설명하시오.

3.7 정보 단말기의 구성을 서술하시오.

3.8 지능 단말 장치와 통신 제어 장치의 차이점을 설명하시오.

3.9 컴퓨터 시스템의 구성을 서술하시오.

3.10 운영 체제 소프트웨어의 기능을 설명하시오.

3.11 통신 제어 장치의 종류를 들고 설명하시오.

04
정보전송기기

4.1 변복조기(MODEM : Modulator & Demodulator)

변복조기(MODEM)는 아날로그 통신망에서, 단말기에서 발생하는 디지털 데이터를 전송회선의 특성에 맞게 신호를 변환시켜주는 신호변환기이다. MODEM의 구성 요소는 송신기, 수신기와 이를 동작시키기 위한 전원이다. 송신기는 변조기, 증폭기, 필터, 신호제어회로 등으로 구성된다. 수신기는 복조기, 증폭기, 필터, 자동 이득 조절기(또는 등화기), 신호제어회로 등으로 구성된다.

4.1.1 송신기의 구성요소

(1) 스크램블러(Scrambler)

변조된 신호를 미리 정해진 알고리즘에 의해서 수정하여 0이나 1의 신호가 연속되는 것을 방지하고 전력 스펙트럼의 분산 기능을 수행하며 보안기능을 갖는다.

(2) 변조기(Modulator)

변조기는 디지털 데이터를 아날로그 신호로 변조하는 기능을 한다. 변조 방식은 진폭에 정보를 실어 전송하는 진폭 편이 변조, 주파수에 정보를 실어 전송하는 주파수 편이 변조, 위상에 정보를 실어 전송하는 위상 편이 변조로 구분할 수 있다.

(3) 필터

대역제거필터(Band Eliminator Filter)를 이용하여 전송에 사용하는 대역만큼만 신호를 전송하게 된다.

4.1.2 수신기의 구성 요소

(1) 등화기(Equalizer)

전송대역에는 주파수에 따라 감쇄가 발생하며 전송시간에 대한 차이를 보상하기 위해 선로에 적당한 수동회로(필터)를 삽입하여 수신된 신호의 여러 가지 성분 신호에 따른 지연시간이나 감쇄 현상을 줄이기 위해서 등화시킨다.

(2) 복조기(Demodulator)

(3) 디스크램블러(Descrambler)

(4) 디코더(Decoder)

4.1.3 모뎀의 분류

모뎀은 동기방식, 사용 대역폭, 사용거리, 사용가능한 Port 수, 통신 속도 등에 따라서 분류할 수 있다.

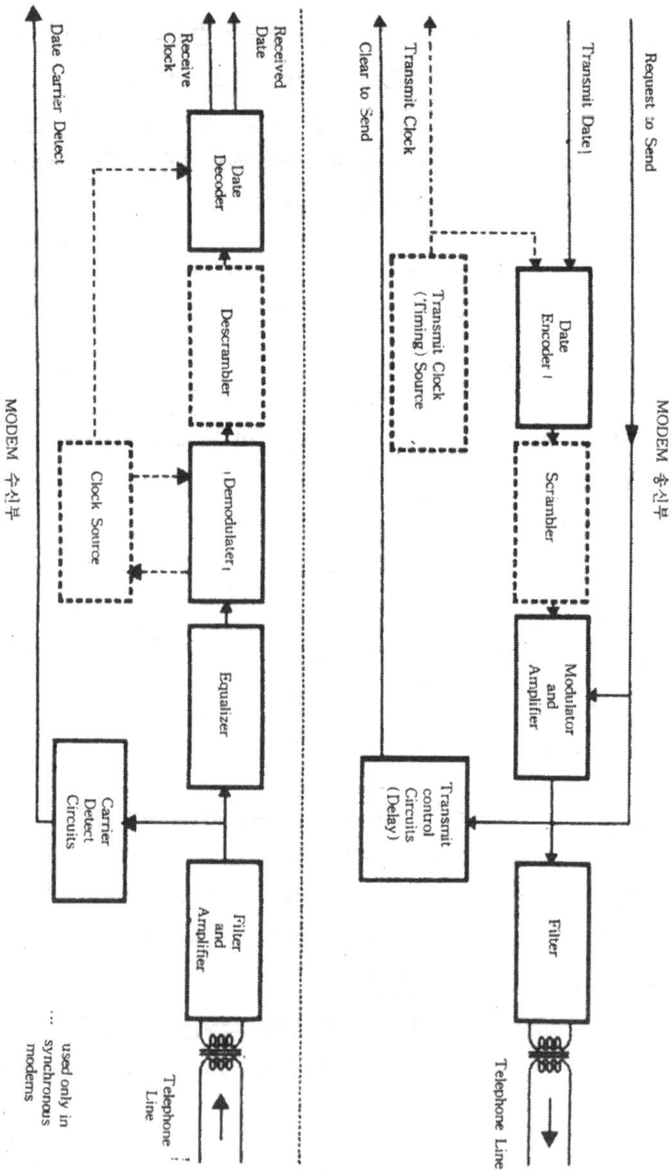

그림 4.1 모뎀의 기본 구성요소

① 동기 방식에 따라서 조보식 5단위 부호를 사용하여 저속도 모뎀에 사용하는 비동기식 모뎀과 문자의 그룹을 데이터 블록에 담아 전송하여 고속 모뎀에 사용되는 동기식 모뎀으로 구분할 수 있다. 또한 비동기식 모뎀은 주파수 편이 변조를 사용하고 동기식 모뎀에서는 차분 위상 편이 변조방식을 사용한다.

- 비 동기식 : 저속 데이터 전송용 전송속도 1800~200 [bps], FSK 변조방식을 사용하며 Start/Stop 비트를 사용한다.
- 동기식 : 대화형 또는 지능형 Terminal이라 하며, 전송속도 2400~600 [bps], 19200 [bps] 정도이며 PSK 변조방식으로 QAM을 사용한다. 고속용으로 잡음 특성이 양호하다.

② 사용대역 폭에 따라서 음성대역을 분할하여 사용하는 음성이하 대역 모뎀과 음성대역에서 사용하는 음성대역 모뎀과 저속도 라인 여러 개를 모아서 광대역의 통신 속도를 얻을 수 있는 광대역 모뎀으로 구분할 수 있다.

③ 사용거리에 따라서 30 [km] 이하에서 사용하는 제한 거리 모뎀, 라인 드라이버 모뎀과 장거리 모뎀으로 구분할 수 있다. 제한 거리 모뎀과 라인 드라이버 모뎀은 사용거리에 있어서는 유사점을 나타내지만 라인 드라이버 모뎀은 전송 거리의 확장을 위해서 사용하며, 디지털 펄스로 전송한다. 그러나 제한 거리 모뎀은 디지털 펄스를 변조하여 전송하게 된다. 따라서 제한 거리 모뎀은 송신자와 수신자 모두 필요하게 되지만, 라인 드라이버 모뎀은 한쪽에서만 사용하여도 무방하다.

④ 사용 가능한 port 수에 따라서 단일 port 모뎀과, 멀티플렉싱 기능을 수행하는 부분과 전송 기능을 수행하는 부분으로 구성된 멀티 포트 모뎀으로 나눌 수 있다.

⑤ 통신 속도에 따라서는 고속도 모뎀, 중속도 모뎀, 저속도 모뎀으로 나눌 수 있다.

- 저속모뎀 : 아날로그 회선을 이용하며 300 [bps] 이하와 1200 [bps] 이하에 사용하며 비 동기 방식이다.
- 중 · 고속모뎀 : 2400 [bps] 이상 동기식에 사용되며 속도에 따라

i) 2400 [bps] MODEM : 4위상 편이 변조방식을 사용하며 Dibit를 전송한다.
ii) 4800 [bps] MODEM : 8위상 편이 변조 Tribit를 전송한다.
iii) 9600 [bps] MODEM : 8위상 2진폭이며 Quad bit 전송용이다.

⑥ 등화 방식에 따라서 고정 등화 모뎀과 가변 등화 모뎀으로 구분할 수 있다.

⑦ 사용회선에 따라서 직통 회선 또는 전용회선 모뎀과 교환 회선 모뎀으로 구분할 수 있다.

표 4.1 모뎀의 종류

분류기준	종 류	특 성
동기방식	비동기식 모뎀	저속도(1,200bit/s)의 비동기식 단말기에서 이용되며, 주로 PC 통신에 이용된다.
	동기식 모뎀	고속 전송에 주로 사용하며, IBM과 같은 대형 컴퓨터의 터미널 연결에 사용된다.
사용거리	근거리 모뎀	30 [km] 이내의 거리에서 고속 전송이 가능
	장거리 모뎀	보통의 전화 회선을 이용하는 모뎀
사용회선	전용 회선용	2선식 또는 4선식 전용 회선을 이용하는 모뎀
	교환 회선용	일반 전화 회선을 이용하는 모뎀. 저속도, 중속도에 사용
외장	단독형 모뎀	모뎀 단독으로 상자에 들어 있다.
	카드형 모뎀	PC의 보드 형태로 슬롯에 꽂는다.
전송방식	전 이중 모뎀	송수신을 동시에 할 수 있는 모뎀(Full Duplex)
	반 이중 모뎀	송수신이 가능하지만, 어느 한 순간에는 송신 또는 수신 중 하나만이 가능한 모뎀(Half Duplex)
포트 수	단일 포트 모뎀	보통 2.4 [kbps] 이하의 통신 속도를 가지는 모뎀
	멀티 포트 모뎀	9.6 [kbps] 이상의 속도를 가지는 모뎀으로서 2, 4, 6개의 포트를 수용

4.1.4 모뎀의 표준

아날로그 전송로에서 사용되는 모뎀에 대한 표준은 미국의 Bell 표준과 유럽의 ITU 표준의 두 가지가 있다. ITU에서는 아날로그 전송로를 이용한 데이터 통신에 관한 규정을 V 시리즈로서 권고하고 있다. 이 중에서 음성 대역 모뎀에 관한 권고안은 V.21, V.23, V.26, V.26 bis, V.27, V.27 bis, V.29 등이다. 미국에서 생산되는 많은 모뎀이 Bell 시스템의 표준안을 따르고 있고, 음성대역 모뎀으로는 103A, 212A, 202, 201B, 208A, 209A 등이 있다.

표 4.2 Bell 시스템과 ITU V 시리즈 모뎀의 규격

ITU 규격	Bell 규격	데이터속도(bps)	사용회선	동기방식	전송방식
V.21	103A	300	PSTN	비동기	전 이중
V.22	212A	300/1,200	PSTN	비동기	전 이중
V.23	202	600/1,200	PSTN	비동기	반 이중
V.26	201B	2,400	전용회선	동기	전 이중
V.27	208A	4,800	전용회선	동기	전 이중
V.29	209A	9,600	전용회선	동기	전 이중

4.1.5 모뎀의 시험 기능

모뎀의 상태를 검사하기 위한 자기 진단 기능에는 간단한 셀프 테스트(Self Test)와 궤환 시험(Loop back Test) 기능이 있다. 기본적인 셀프 테스트는 자국모뎀의 패턴 발생기와 내부 회로의 고장을 진단하고, 궤환 시험기능과 같이 사용된다. 궤환 시험 기능은 다시 근거리 궤환 시험(Local Loop back Test)과 원거리 궤환 시험(Remote Loop back Test)으로 나눌 수 있다. 근거리 궤환 시험은 근거리 모뎀의 패턴 발생기와 자국 내 모뎀을 진단할 수 있고, 원거리 궤환 시험으로는 통신회선의 고장과 원거리 모뎀의 고장을 진단할 수 있다.

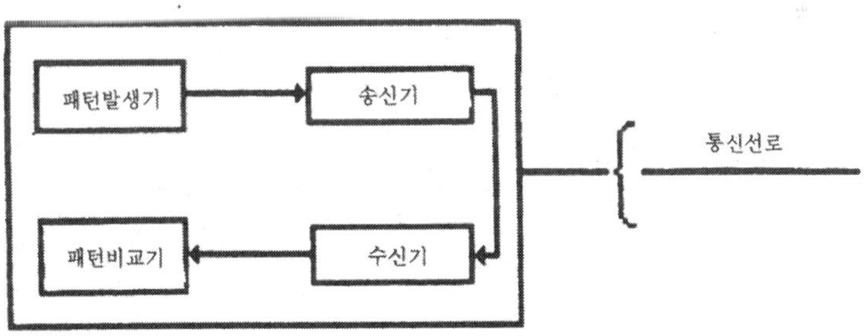

그림 4.2 모뎀 셀프 테스트

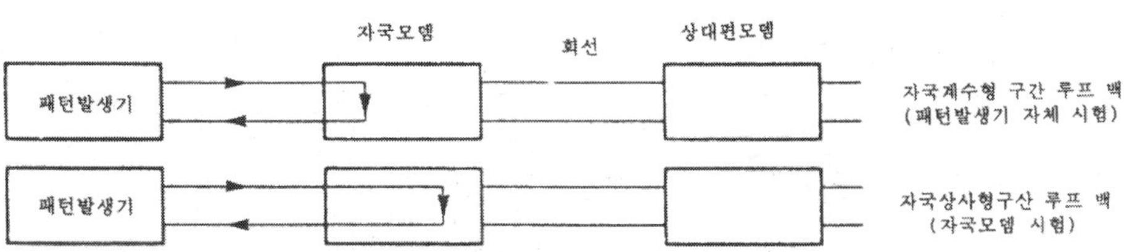

그림 4.3 Local Loop back Test

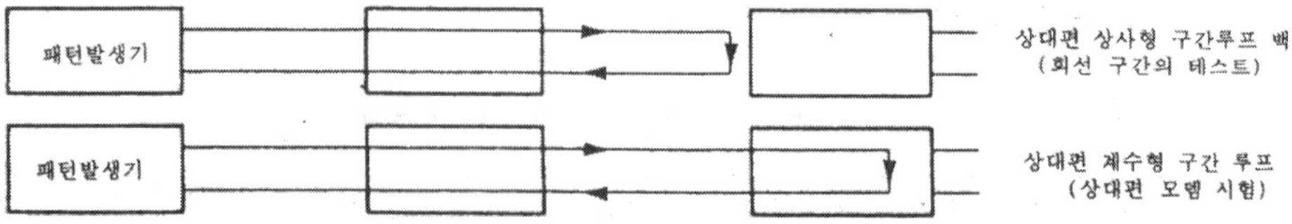

그림 4.4 Remote Loop back Test

4.1.6 기타 모뎀

(1) 멀티 포트 모뎀(Multi Port Modem)

하나의 기기 안에 모뎀과 제한 기능 다중화기를 결합시킨 멀티 포트 모뎀은 적은 수의 채널을 다중화하고자 하는 사용자에게는 유용하게 사용될 수 있다. 멀티 포트 모뎀을 사용하기 이전의 사용자는 작은 수의 고속 채널을 다중화시키기 위해서 데이터 전송을 목적으로 하는 모뎀과 다중화하기 위한 다중화기를 각각 연결하여 사용할 것이다. 동기 데이터 채널과 비동기 데이터 채널을 다중화하기 위한 멀티플렉서는 외부 회로의 가격이 비싸고, 부가적인 회로가 낭비될 수 있다.

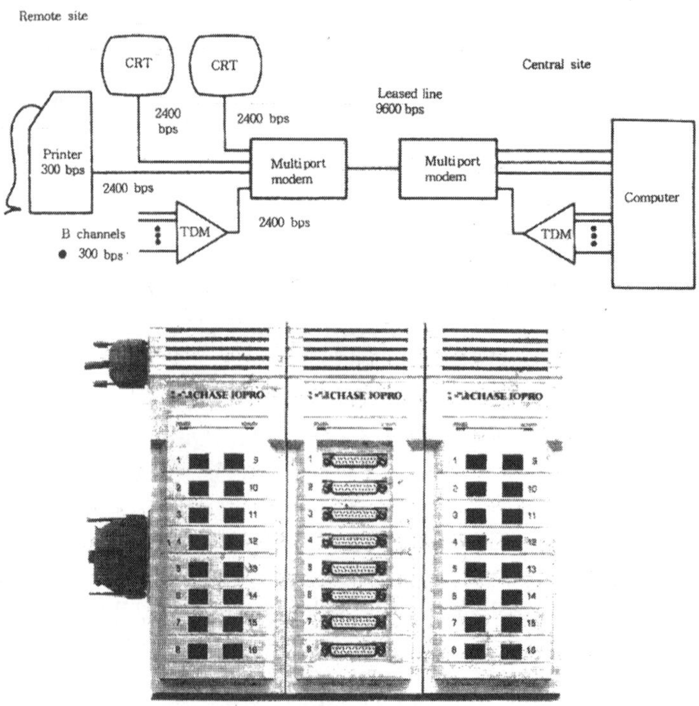

그림 4.5 멀티포트 모뎀과 응용 예

따라서 사용자와 생산자들은 비용이 절감되고, 낭비가 적은 다중화기에 대한 욕구에 의해서 멀티포트 모뎀을 만들어내게 되었다. 하나의 모뎀에 동기식 모뎀과 제한 기능 다중화기를 결합시켜 모뎀을 통한 데이터 전송과 동기 데이터의 다중화를 이룰 수 있게 되었다.

멀티포트 모뎀은 보통 수 개의 2,400 [bps]의 데이터 채널을 이용하여 데이터 전송과 다중화 기능을 결합하여 사용한다. 다음 그림은 4개의 2,400 [bps] 데이터 채널을 이용하는 9,600 [bps] 멀티 포트 모뎀에 대한 예이다.

Bell System 209A 복조기에서는 통신회선과 9,600 [bps]의 고속으로 접속되고 Terminal과는 4.3.2.1개의 포트조합을 이용한다.(그림 4.6 참조)

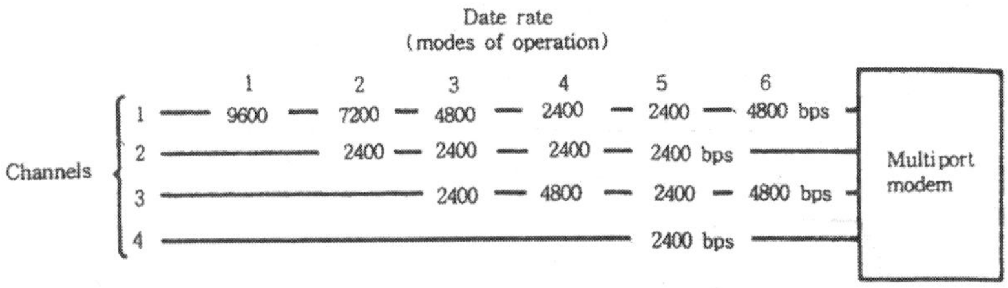

그림 4.6 9600 [bps] 멀티포트 모뎀의 이용가능 속도 조합

(2) 멀티 포인트 모뎀

데이터 링크가 멀티 포인트 또는 멀티 드롭형태의 통신망에서 빠른 폴링(Polling) 응답시간을 주기 위한 모뎀이다. 멀티 포인트, 멀티 드롭 라인은 중앙의 컴퓨터와 상호 교신 성 단말기기를 연결하는 데 사용된다. 전송 지연을 최소화하기 위한 고속 Polling을 할 수 있으며 통신회선의 이용, 효율을 높일 수 있으며 다수의 대화형 Terminal과 CPU를 연결하여 구성할 수 있다.

멀티 포인트 모뎀에서 모뎀의 성능 측정 파라미터는 단말기에서 전송키를 누른 후에 첫 번째 문자를 수신할 때까지의 시간을 나타내는 응답 시간(Response Time)과 얼마나 많이 사용하는가를 나타내는 사용 빈도수(Transaction Rate)를 들 수 있다. 그 밖에도 전송 속도, 회선의 사용 효율 및 모뎀의 전송 속도와 모뎀의 회선 반전 시간 등이 있다. 모뎀의 응답 시간에는 모뎀의 지연 시간, 단말기의 지연 시간, 거리에 따른 지연 시간 등을 들 수 있다.

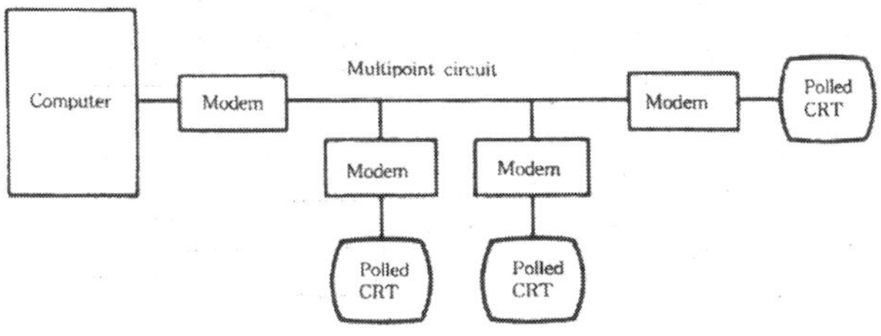

그림 4.7 멀티 포인트 시스템의 구성

멀티 포인트 모뎀에서의 지연 시간 파라미터

① 모뎀의 지연 시간 : 모뎀의 지연 시간은 첫 번째 비트의 입력부터 변조되는 사이의 변조 지연 시간(Dm)과 RTS / CTS 회선의 반전 시간을 나타내는 DR / C의 합에 중앙컴퓨터와 단말기의 모뎀을 생각하여 2를 곱한다.

② 단말기의 지연 시간(Dt) : 단말기가 poll을 인식하고 응답을 송신하기까지의 지연시간으로 수 ms 정도이다.

③ 거리에 따른 지연 시간(Dp) : 일반적으로 지구상의 회선을 사용할 경우 최대 30 [ms] 정도이고 인공위성을 사용할 경우 최대 250 [ms] 정도의 지연 시간을 나타낸다.

전체적인 지연 시간은 다음과 같이 나타낼 수 있다.

지연시간 $= 2(D_m + D_{R/C}) + D_t + D_p$

(3) 라인 드라이버 모뎀(LDM : Line Driver Modem)

모뎀을 이용하여 원거리 통신을 하고자 할 때 사용하는 신호연장기로 아날로그 신호를 증폭한다. 제한거리 모뎀보다 짧은 거리에 사용되며 디지털 신호를 취급하는 경우 DSU를 이용하여 신호를 연장하며 이 때는 리피터(Repeater)라 한다.

단말기와 컴퓨터 사이를 Wire Conductor를 이용하여 직접 연결하는 방식이 가장 간단하고 경제적인 방식이 될 수 있지만, 사용자의 단말기와 컴퓨터 특성에 따라 거리의 제약(약 50 [feet])을 받게 된다. 라인 드라이버 모뎀을 사용하는 경우에는 일반적으로 EIA RS-232를 이용하여 5,000 [feet]의 거리에서 100 [Kbps], 500 [feet]에서 1 [Mbps]의 속도로 전송 거리를 확장할 수 있다.

그림 4.9는 라인 드라이버 모뎀과 제한 거리 모뎀의 사용에 대한 차이를 나타낸 것이다. 라인 드라이버 모뎀은 음성대역 회선을 사용하지 않고 동선을 사용하며 일반적인 모뎀과는 다르게 디지털 신호로서 전송되기 때문에 사용거리가 짧을 경우 수신 측에 라인 드라이버 모뎀을 사용할 필요는 없다.

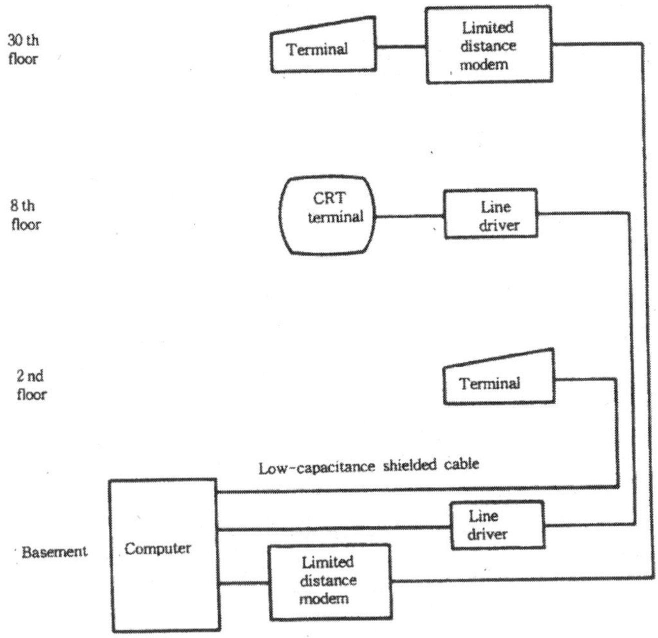

그림 4.8 같은 빌딩내의 컴퓨터에 단말을 연결시키는 방법

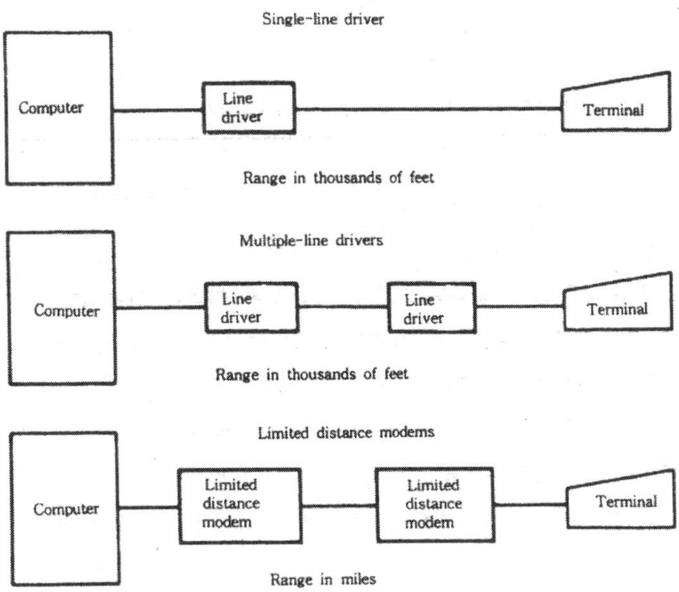

그림 4.9 라인 드라이버 모뎀과 제한 거리 모뎀의 비교

(4) 제한 거리 모뎀(Limited Distance Modem)

짧은 거리에서 경비를 절감시키기 위해서 사용하는 제한 거리 모뎀은 데이터 통신망에서 자주 사용된다. 이름에서 알 수 있듯이 제한 거리 모뎀은 짧은 거리에서 일반적인 모뎀을 사용하여 데이터를 전송하는 것에 비해서 비용을 절감할 수 있다는 장점을 가지고 있다. 제한 거리 모뎀은 1[mile]~20[mile]의 거리에서 110[bps]~1[Mbps]로 동작할 수 있다.

짧은 거리에서 경비를 절감시키기 위해서 사용하며 사용거리는 라인 드라이버 모뎀과 같이 수백 feet 이상, 수 mile 이하에서 사용된다. 또한 제한 거리 모뎀은 2선을 사용하여 반 이중, 단 방향 통신이 가능하며, 4선을 사용할 경우 반 이중, 전 이중 통신이 가능하다. 변조 방식은 차분 2이중 변조 방식을 사용한다.

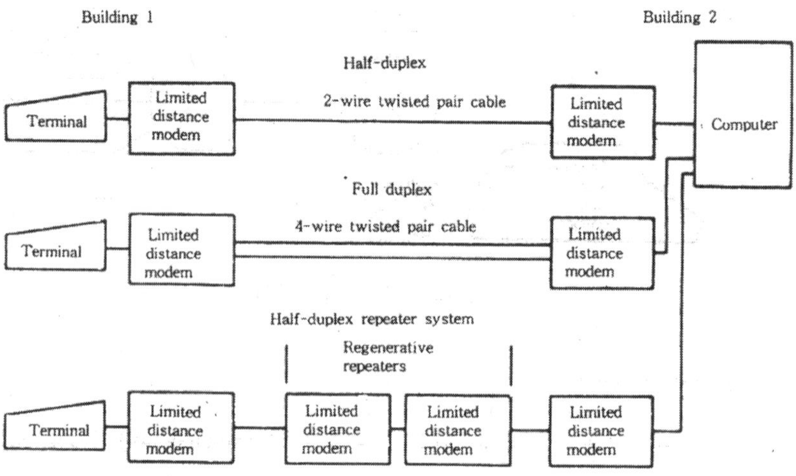

그림 4.10 일반적인 포인트 투 포인트 회선에서의 제한거리 모뎀의 사용

Line Driver와 Limited Distance Modem의 차이점은 Line Driver는 사용거리만 연장시키며 2개 이상 사용할 때 거리가 연장되지만, Limited Distance 모뎀은 D/A, A/D의 변/복조를 수행하며 선로구동기는 Digital 신호를 그대로 증폭 재생하여 전송한다는 점이다.

(5) 음향 결합기(Acoustic Coupler)

음향 결합기는 전화선에 영구 접속을 요구하는 일반 모뎀과는 다르게 전화기의 송수화기를 통하여 정보를 전송하고, 사용할 경우에만 결합하여 사용한다.

음향 결합기도 일반 모뎀과 같이 단말기로부터 직렬 비동기 데이터 열을 수신하고, 데이터 열을 오디오 스펙트럼으로 변조한 후, 오디오 신호로 전화 교환망을 통하여 전송하게 된다.

전송속도는 110, 300, 800, 1,200 [bps] 등이 사용된다.

일반적으로 음향 결합기는 전화기의 내부에 장치한다. 송신 측에서는 음향 결합기에 의해서 발생된 변조 신호를 연결되어 있는 전화기의 송화기를 통하여 직접 전송하게 된다. 수신 측에서는 전화선으로 전송된 오디오 신호를 전화기의 수화기를 통하여 수신하고 음향 결합기에 의해서 직렬 데이터 열로 복조하여 연결되어 있는 단말기에 전송하게 된다.

음향 결합기는 음성대역에서 송신에 대하여 두 개의 분리된 주파수를 이용하고 수신에 대해서도 두 개의 분리된 주파수를 이용하기 때문에 2선 전화 교환 망에서 전 이중 통신이 가능하다. 변조방식은 비동기식 주파수 편이 변조를 사용한다.

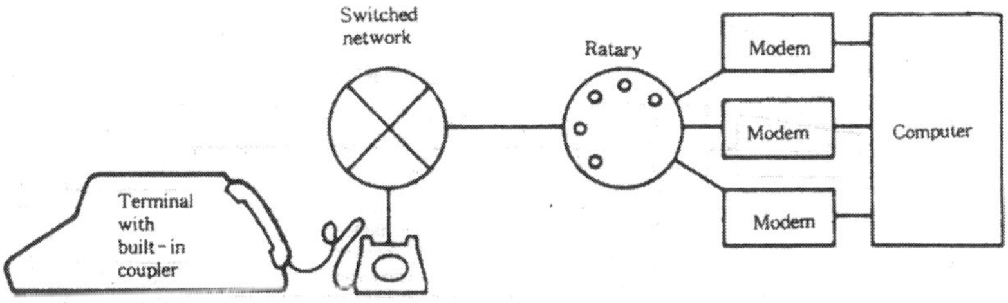

그림 4.11 음향 결합기의 사용

(6) 지능형 모뎀

지능형 모뎀은 모뎀에 마이크로프로세서(Microprocessor), ROM, RAM 및 EPEM을 사용하여 약간의 전산 처리 능력과 에러 처리 능력 및 데이터의 압축 기능 등을 갖도록 설계된 모뎀이다.

본 절에서는 지능형 모뎀에서 사용하는 명령어 세트, 에러 처리 방법 및 데이터 압축 방법에 대해서 설명한다.

모뎀에 의해서 사용되는 명령어 세트는 동작 능력, 자동 다이얼링, 재 다이얼링 및 전송 속도의 선택 등을 위해서 사용되고, 사용자의 명령어 타이핑 또는 사용자의 컴퓨터에서 지원하는 통신 소프트웨어에 의해서 이외의 기능을 지원할 수 있다.

에러 처리의 동작은 크게 에러의 검출과 에러의 정정으로 구분할 수 있다. 에러 처리의 동작은 송신 모뎀에서 프로토콜에 따라서 구성된 데이터 블록의 뒤에 미리 결정된 알고리즘에 의해서 특정한 트레일러를 구성하여 전송하고, 수신 모뎀에서는 송신단에서 사용하는 같은 알고리즘을 적용하여 수신단의 트레일러와 계산된 값을 비교하여 그 값이 같으면 에러가 없는 것으로 간주하고, 그 값이 틀리면 에러가 발생한 것으로 간주하여 그 사실을 송신 모뎀 측에 알려주어 데이터 블록을 재전송하여 에러를 정정할 수 있도록 한다.

지능형 모뎀이 데이터의 압축 기능을 사용할 때는 송신단 모뎀에서는 데이터의 잉여 비트를 계산하여 특정한 코드를 이용하여 데이터 열을 대체하여 전송하고, 수신단에서는 이를 인식하여 계수한 후 데이터 스트림을 복원하게 된다. 이러한 데이터 압축 기술을 이용하여 모뎀의 전송 효율을 개선할 수 있다.

1) 명령어 세트(Command Set)

표 4.3 기본적인 Hayes 명령어 세트

명령어	기능	명령어	기능
AT	Attention	O	Place modem on-line
A	Answer Call	P	Pulse dial
A/	Repeat last command	Q	Request modem to send or inhibit sending of result code
B	Selects the command of modem modulation	R	Change modem mode to originate only
C	Turn modem's carrier on or off	S	Set modem register values
D	Dial a telephone number	T	Touch-tone dial
E	Enable or inhibit echo of characters to the screen	V	Send result codes as digits or words
F	Switch between half and full duplex modem operation	X	Use basic or extended result code set
G	Hang up telephone (on hook) or pick up telephone (off hook)	Y	Enable or inhibit long space disconnect
I	Request indication code or request check sum	Z	Enable or inhibit long space disconnect
L	Selects the speaker volume	+++	Escape command
M	Turn speaker off or on		

1970년대에 미국의 Bizcom이라는 조그마한 통신회사에서는 모뎀이 인식하고 영향을 줄 수 있는 특정한 코드를 이용하여 모뎀에 지능을 줄 수 있는 방법에 대한 개념을 생각하였다. 그 외에 다른 모뎀 공급업체도 이와 유사한 기능을 갖는 모뎀을 개발하였다. 그러나 초기의 지능형 모뎀에는 다양한 공급업자에 의해서 만들어진 명령어 세트가 내장되어 서로의 호환성

에 문제가 있었다. 이러한 현상은 Hayes 마이크로컴퓨터 시리즈 Smart Modem이 사용자들의 50%를 차지하는 순간까지 지속되었고, 이 이후에 기업들 사이에서 Hayes 명령어 세트가 표준안처럼 되었다.

헤이즈 명령어 세트는 기본적인 명령어 세트와 확장 명령어 세트로 구성되고, 기본적인 명령어 세트는 위의 표에 나타내었으며, 확장 명령어 세트는 모뎀이 송수신하는 모뎀의 동작 속도의 선택 등의 기능을 한다.
헤이즈 호환 지능형 모뎀에서 명령어를 전송하기 위한 기본적인 명령어 형식은 다음과 같다.

AT Command [Parameter(s)] Command [Parameter(s)].....Return

명령어 형식은 AT 명령어로 시작하고, 적당한 명령어와 명령어 파라미터로 구성된다. 명령어 파라미터는 특정한 명령어 상태를 알리기 위해서 사용하는 0과 1의 값을 사용한다. 예를 들어 H0는 모뎀이 Hang-up 또는 하나의 호에 대한 절단기능을 실행할 것을 지시하고, H1은 모뎀이 Hook-off 상태로 전환할 것을 명령하는 것이다.

2) 에러의 검출 및 정정

에러의 검출과 전송은 여러 가지의 기술을 이용하여 교환망을 이용하는 모뎀에 구현된다. 각 기술들은 다음과 같은 공통적인 과정을 거치게 된다. 먼저 DTE라고 불리는 단말기에서 여러 개의 문자를 모아서 블록화시키고, 그 후에 데이터의 전송을 위한 블록에 하나의 알고리즘에 의해서 생성된 하나 또는 그 이상의 Checksum을 연결하여 전송한다. 수신단에서는 송신단에서 사용한 알고리즘과 같은 방법을 이용하여 Checksum을 계산하고, 송신단으로부터 수신한 블록의 뒤에 붙어있는 Checksum과 비교한다. 이 비교과정에서 송신단에서 보내온 것과 같으면 에러가 없는 것으로 간주하고, 다르면 에러가 있는 것으로 간주하여 송신단으로부터 재전송을 요구한다.

대부분의 모뎀에서 에러 검출 방식으로 CRC-16($X^{16}+X^{15}+X^5+1$) 다항식을 이용하여 송신단에서 잉여 비트를 생성하고, 수신단에서는 같은 다항식을 이용하여 에러를 검출하게 된다. 또한 이 외에 V.42의 표준안으로 사용되는 MNP(Microcom Networking Protocol)과 LAP-M에 의한 에러 검출 방식을 사용하고 있다.

대부분의 모뎀이 이상과 같은 재전송 방식에 의해서 에러를 정정하기 때문에 수신단으로부터 이전에 전송한 데이터에 대한 긍정응답(Acknowledgment) 신호가 올 때까지 이전에 전송한 데이터를 잠시 저장할 수 있는 버퍼를 요구한다. 그러나 대부분의 모뎀에서 사용되는 버퍼의 크기가 제한되어 있기 때문에 모뎀과 모뎀을 사용하는 단말 사이에는 항상 흐름 제어(Flow

Control)를 요구한다.

흐름 제어는 모뎀의 전송 속도와 데이터를 처리하고, 전송하는 모뎀 사이의 처리 속도차를 보상하기 위해서 사용되는 방법이다. 모뎀에서 사용하는 흐름 제어 방법은 크게 RTS/CTS제어 신호의 사용, XON/XOFF 제어 신호의 사용 및 ENQ/ACK 신호를 사용하는 방법 등이 있다.

3) 데이터의 압축

1990년에 국제 표준안으로써 Lempel-Ziv라고 하는 새로운 압축기술인 V.42bis 권고안을 ITU-TS (구 CCITT)에서 발표하였다. 데이터의 압축 기능을 사용하는 모뎀은 데이터 압축 기능을 사용하지 않는 모뎀에 비해서 좀 더 많이 변조된 비트를 전송할 수 있다. 만약 데이터의 압축회로에 입력되는 비트열의 시간에 대해 출력되는 비트의 시간 비율이 2 : 1이라고 하면 평균적으로 압축을 사용하지 않는 모뎀에 비해서 2배의 데이터를 전송할 수 있고 같은 시간동안에 같은 데이터를 전송하는데 걸리는 시간이 반으로 준다는 것을 의미한다. 데이터의 압축 기능을 사용하는 모뎀은 사용자에게 데이터를 전송하는데 걸리는 시간의 단축과 고속 모뎀을 구입하는데 걸리는 비용에 대한 장점을 제공할 수 있다.

현재 모뎀에서 사용하는 데이터 압축 기술은 MNP 클래스 5와 좀 더 일반적인 방법으로 MNP 클래스 7의 두 가지를 사용하고 있다.

MNP 클래스 5는 사용자의 데이터를 압축하기 위해서 전송되는 데이터 비트열에 두 가지의 조작을 수행한다. 그 하나는 런 렝스 부호화(Run-length Encoding)이고, 두 번째 방법은 적응 빈도 부호화(Adaptive Frequency Encoding) 방법이다.

런 렝스 부호화 방법은 전송되는 데이터 스트림 안에 반복되는 데이터 바이트의 수를 제거하는 방법이다. 하나의 바이트는 각 비트 설정에 의해서 0부터 255사이의 임의의 바이너리 값 또는 특정한 문자 세트를 표현하기 위해서 사용된다. 반복 문자의 수와 반복되는 문자열로 구성된 세 개의 바이트 열이 데이터 스트림과 같이 전송된다. 처음 세 개의 바이트는 반복되는 문자열을 나타내기 위한 것이고, 다음 바이트는 반복되는 문자 수를 나타내게 된다.

적응 빈도수 부호화 방법에서는 실제적으로 전송되는 데이터 열보다 작은 비트 수를 이용하여 압축 토큰으로 대체하여 전송된다. 통계적으로 많은 빈도수를 나타내는 비트열에 대해서는 짧은 비트열을 할당하고, 많이 발생하지 않는 비트열에 대해서는 긴 비트열을 할당하여 전송함으로써 전체적으로 압축률을 개선하는 방법이다.

MNP 클래스 7은 런 랭스 부호화 방법과 1차 마르코프 모델을 이용한 압축 부호화 방법으로 1차 마르코프 모델은 이전에 발생한 문자열을 이용하여 다음에 문자열이 나타나게 될 확률을 예측하는데 사용된다. 이 모델에 의해서 이후에 발생되는 문자열에 대한 빈도율을 나타내는 256개의 문자 칼럼을 가지는 적응 테이블을 작성하고, 이 테이블과 런 렝스 부호화 방법을 조합하여 압축 부호화하게 된다.

(7) 보안 모뎀 (Security MODEM)

보안 모뎀은 PSTN(공중전화교환망)을 이용하여 통신하는 사용자의 전화번호를 통하여 권한이 부여된 사용자의 신원을 파악하기 위한 목적에서 개발되었다. 이러한 목적을 위해서 사용하는 보안 모뎀은 PSTN에서 발생하는 호를 수신하고, 하나의 코드 또는 패스워드를 이용하여 사용자의 신원을 확인하고, 모뎀의 메모리에 미리 저장되어있는 사용자의 전화번호를 이용하여 PSTN에 호를 송신하고, 사용자의 호를 절단하는 기능을 하도록 설계되었다.

보안 모뎀은 네트워크 관리자가 모뎀이 연결되는 PSTN 전화번호에 다이얼링 하기 위해서 사용자의 권한에 대한 전화번호와 액세스 부호를 입력할 수 있는 배터리 전원 버퍼를 가지고 있다. 사용되는 보안 모뎀에 따라서 4개에서 12개까지의 문자를 권리 코드로 사용할 수 있다. 네트워크는 권리 코드(Authorized Code)를 수신하고, 그 번호가 할당된 보안 모뎀에 다이얼링하게 된다.

보안 모뎀이 송신원 호의 전화번호를 간단한 방법으로 검사하기 때문에, 사전에 정의된 알고리즘을 바탕으로 스크램블 전송하는 데이터 암호화 장치와는 구분된다.

보안 모뎀에 액세스하는 네트워크 관리자와 메모리 용량은 디바이스들 사이에 매우 다르다. 대부분의 보인 모뎀에서는 다섯 개의 액세스 코드와 관련된 전화번호를 저장하기 위해서 세 개의 저장 공간을 허용하고 있다. 대략 20개의 액세스 코드와 관련된 전화번호를 저장할 수 있는 보안 모뎀도 존재한다. 네트워크 관리자의 측면에서는 대부분의 보안 모뎀이 네트워크 관리자가 액세스 코드와 각 액세스 코드에 할당된 전화번호를 입력하기 위해서 하나의 단말을 그 디바이스에 연결하기 위한 회선을 요구한다. 이러한 목적을 위해서 보안 모뎀은 컴퓨터 또는 다중화 포트를 이용하여 연결될 수 있다.

4.2 DSU (Digital Service Unit)

아날로그 전송 회선을 사용할 경우 신호를 증폭함에 따라 회선에서 발생한 잡음과 왜곡이 같이 증폭될 수 있다. 또한 음성 전송 시 발생한 신호의 특성에 따라 신호가 감쇠될 수 있다. 따라서 아날로그 전송망을 통하여 전송할 경우 회선의 양끝에 변조와 복조 기능을 갖는 비용이 비싸고 복잡한 모뎀의 사용이 불가피하게 된다.

반면에 디지털 전송회선을 사용할 경우 0과 1의 신호에 따라서 발생된 디지털 펄스가 전송되기 때문에 회선의 양끝에 DSU만을 사용하면 된다. AT & T의 DDS는 2.4, 4.8, 9.6, 19.2 및 56 [kbps]의 전송 속도로 포인트 투 포인트, 포인트 투 멀티 포인트 회선 구성에서 전 이중 전송을 공급할 수 있다.

아날로그 전송망에서는 신호 변환기로 모뎀을 사용하는 반면에, 디지털 전송망을 사용할 경우 신호 변환기로 DSU(Digital Service Unit)를 사용하여 디지털 전송 회선의 양끝에 위치하여 단말기에서 발생하는 유니폴라 신호를 바이폴라 신호로 또는 그 역기능을 하게 된다. 만일 단말기가 DDS(DATAPHONE Digital Service) 네트워크를 사용할 경우 반드시 DSU를 사용하여야 한다.

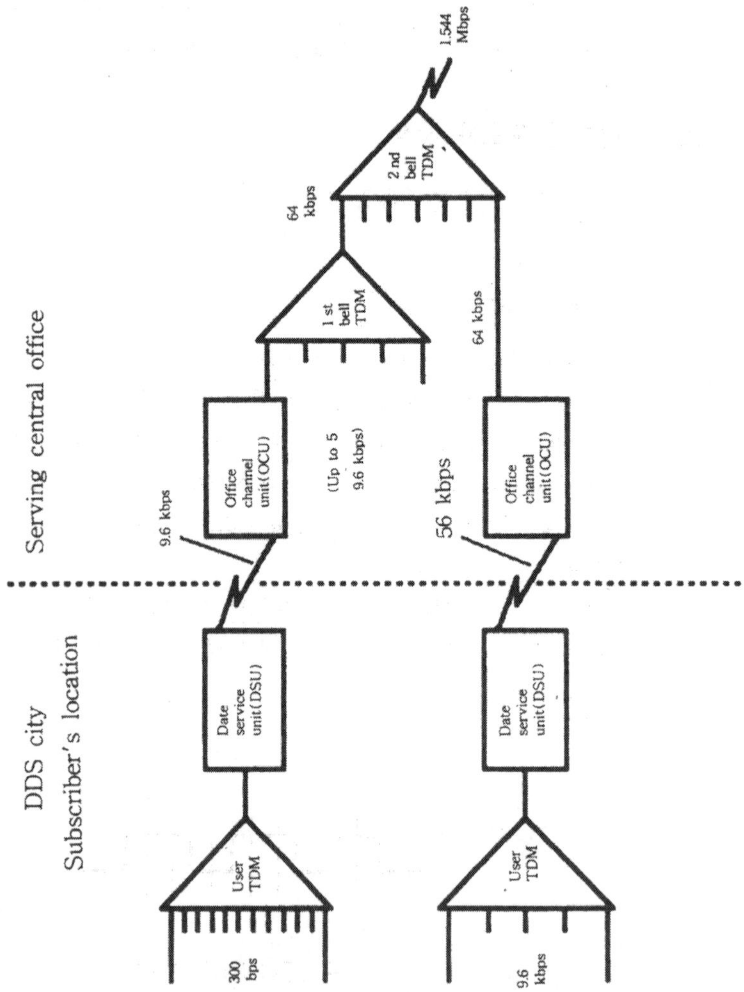

그림 4.12 DDS 다중화

4.2.1 디지털 부호화 방식

디지털 전송에서 가장 중요한 점은 발생한 2진 신호를 디지털 펄스로 부호화하는 방식이다.

(1) 유니폴라 NRZ

유니폴라 NRZ는 초기 전신에서 사용하던 디지털 부호화 방식으로 가장 간단한 형태이다. 유니폴라 NRZ 부호화 방식은 현재 사설 라인 텔리프린팅에서 사용된다. 유니폴라 NRZ 신호의 2진 표시는 1일 때는 DC 전류 또는 전압이 발생하고 0일 때는 발생하지 않는다. 그림 4.13은 유니폴라 NRZ에 대한 신호 파형을 나타낸 것으로 인접한 비트들 사이에서 DC 전압과 전류가 0으로 돌아가지 않기 때문에 NRZ라고 이야기한다.

유니폴라 NRZ 부호화 방식은 저속 디지털 전송에서 사용할 수 있지만 고속 전송에서는 사용하지 않는다. 또한 유니폴라 NRZ 방식은 잔류 DC 성분 때문에 많이 사용하지 않는다.

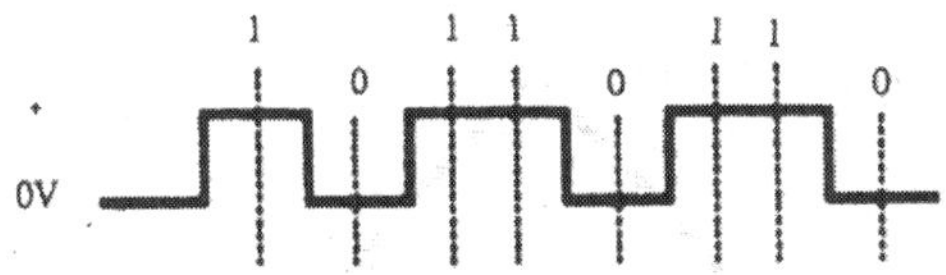

그림 4.13 유니폴라 NRZ 부호화 방식

(2) 유니폴라 RZ

유니폴라 RZ 부호화 방식은 유니폴라 NRZ 방식의 변화된 형태로서 DC 전류 또는 전압이 항상 0으로 돌아간다. 이 방식은 표본화가 쉽다는 장점을 가지고 있긴 하지만 펄스의 중간에서 펄스의 변화가 발생하므로 구현하기에 복잡하여 많이 사용하지 않는 방식이다.

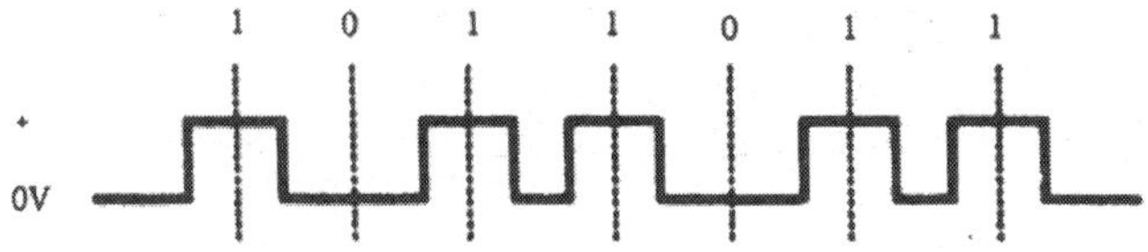

그림 4.14 유니폴라 RZ 부호화 방식

(3) 폴라 NRZ

폴라 NRZ 부호화 방식은 2진 부호의 0과 1을 표시하기 위해서 양 전류(Positive Current)와 음 전류(Negative Current)를 사용한다. 이 방식은 유니폴라 부호화 방식에서 0과 1의 신호의 연속에 따라서 발생하게 되는 잔류 DC 성분을 감소시켜 줄 수 있다. 폴라 NRZ에서는 같은 값을 갖는 비트가 연속될 경우 변화가 발생하지 않기 때문에 수신 측에서는 각 비트에 대해서 표본화를 하여야 한다.

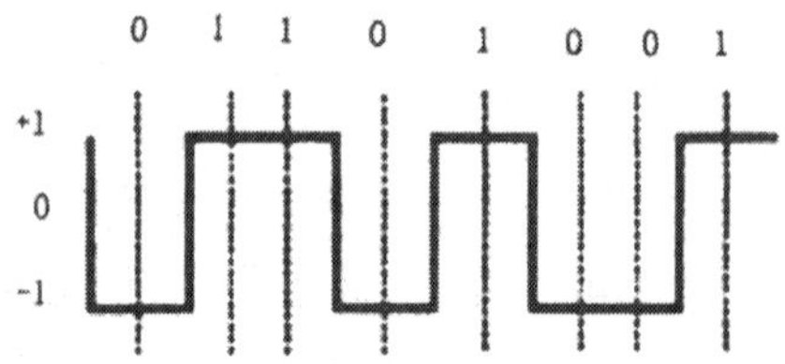

그림 4.15　폴라 NRZ 부호화 방식

(4) 폴라 RZ

폴라 RZ 방식은 반대의 극성을 사용하는 폴라 NRZ 방식과 유사하지만 송신되는 각 비트에 대해서 0으로 돌아가게 된다.

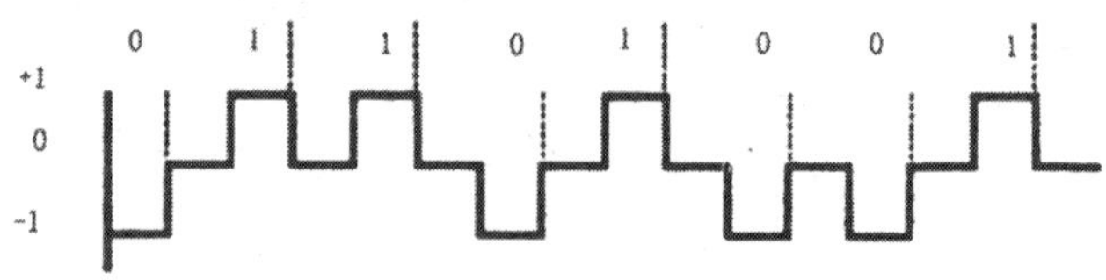

그림 4.16　폴라 RZ 부호화 방식

(5) 바이폴라 NRZ

잔류 DC 성분을 제거할 수 있는 부호화 방식이 바이폴라 NRZ와 바이폴라 RZ 부호화 방식이다. 바이폴라 NRZ 방식은 신호의 극성을 교번적으로 변화시켜 1을 표시하고 0에 대해서는 전류 및 전압을 발생시키지 않는다. 바이폴라 방식을 AMI(Alternate Mark Inversion) 라고도 한다.

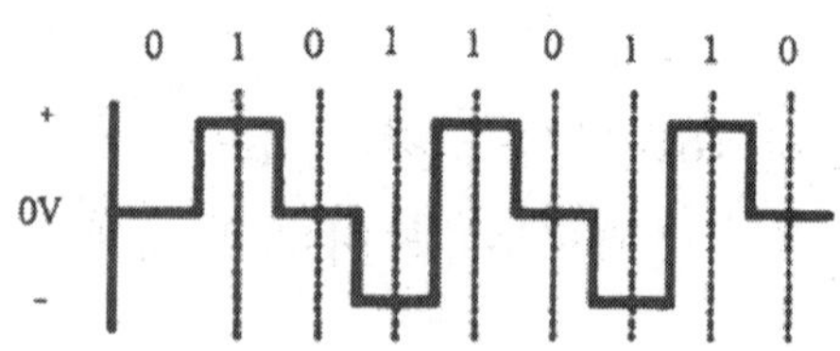

그림 4.17　바이폴라 NRZ 부호화 방식

(6) 바이폴라 RZ

바이폴라 RZ에서는 1의 신호가 발생할 경우 항상 0으로 돌아가게 된다. 이 방식은 회선

상에서 DC 성분을 제거할 수 있고 변압기에 의해서 AC 성분은 데이터가 전송되는 동안 전기적인 접지와 데이터의 상호 간섭을 줄여줄 수 있다.

바이폴라 RZ 방식은 디지털 네트워크에서 중계기와 중계기의 사이가 멀기 때문에 경제적으로 사용할 수 있다.

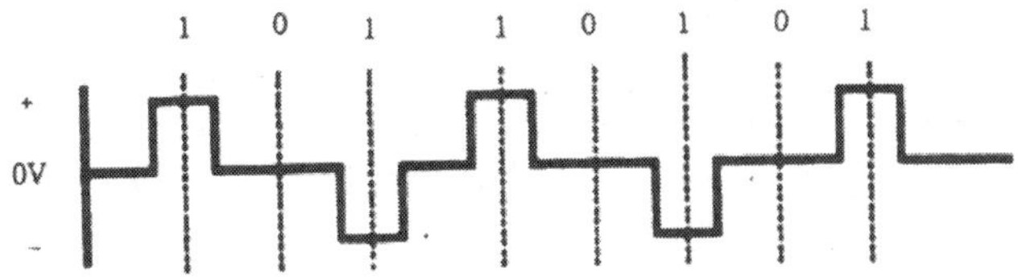

그림 4.18 바이폴라 RZ 부호화 방식

(7) 50% 바이폴라 파형

전송되는 신호의 간섭에 영향을 줄 수 있는 고 주파수 성분을 줄이기 위하여 보통 50% 파형 또는 듀티 사이클(Duty Cycle)을 사용한다.

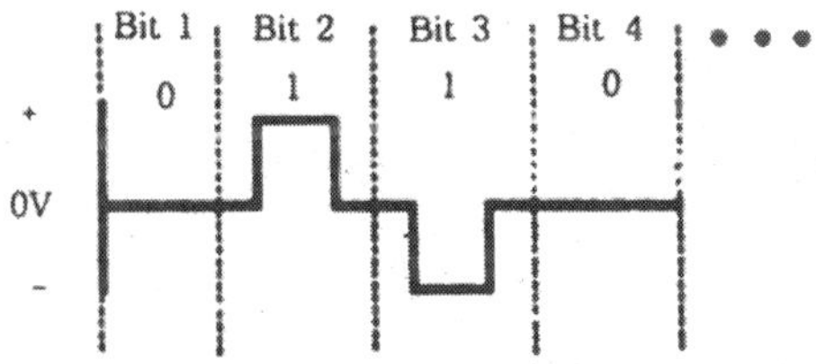

그림 4.19 50% 바이폴라 파형

채널의 전송 품질은 채널의 끝점에서 악화되므로 송신 전력을 대역의 중간에 집중시켜 전송함으로써 신호의 왜곡을 최소화시킬 수 있다.

(8) 맨체스터 코드(Manchester Code)

맨체스터 코드는 디지털 비트 구간의 1/2 지점에서 항상 신호의 위상이 변화한다. 그림 4.20에서 알 수 있듯이 디지털 비트가 "1"이면 비트 구간의 왼쪽 1/2 구간에만 펄스가 존재하고, 디지털 비트가 "0"이면 비트 구간의 오른쪽 1/2구간에만 펄스가 존재한다.

그림 4.20은 단류 맨체스터의 부호화 형태를 나타낸 것이다. 맨체스터 코드는 CSMA/CD 방식의 LAN 등의 정보 전송 부호화로 현재 널리 이용되고 있다. 신호 발생이 용이하고, 동기 검출 특성이 우수하여 가장 널리 사용되고 있는 부호화 방식 중의 하나이다.

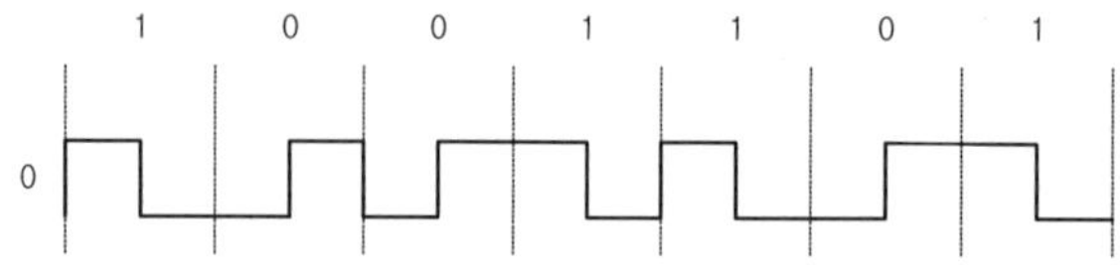

그림 4.20 맨체스터 전송 파형

4.2.2 DSU (Digital Service Unit)와 CSU (Channel Service Unit)

Bell 시스템의 DDS는 DSU와 CSU의 두 가지 유닛으로 구성된다.

(1) DSU와 CSU의 비교

가입자선에 위치하는 DSU는 컴퓨터 포트, 다중화기 포트 및 단말기 포트 등을 포함하고 있는 데이터 단말기기로부터 유니폴라 신호를 DDS 네트워크를 통하여 전송하기에 적합한 바이폴라 신호로 변화시켜 주는 디지털 모뎀이라고 할 수 있다.

CSU는 미국의 T1과 유럽의 E1 회선을 터미네이트시키기 위한 통신 기기로 개발되었고 현재 DSU 생산자들은 DSU에 CSU를 포함하여 구성하고 있다. CSU는 T1/E1 전송 계에서 회선의 터미네이션 기능 및 데이터를 프레이밍하고 0(zero) 비트열을 압축하게 한다. 만약 압축하지 않을 경우 T1/E1 회선 사이의 중계기에 의해 타이밍 신호의 손실이 발생할 수 있다.

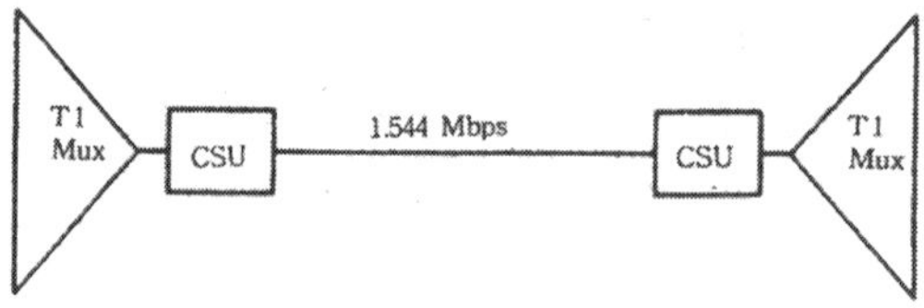

그림 4.21 T1 회로에서의 CSU 사용

4.3 다중화기 (Multiplexer)

분산 컴퓨터 시스템에서 통신기기에 대한 비용은 사용자들에게 매우 중요한 문제가 될 수 있다. 그런 이유로 통신비용 절감을 위하여 특별한 통신 기기(다중화기, 집중화기 등)에 관심을 가지게 되었다.

다수의 통신기기로부터 데이터를 수신하여 하나의 고속통신로 상에 실어 전송하는 다중화기의 발전은 초기의 전화망에서 시작되어 현재는 기술의 적절한 응용에 의해서 단위 시간에 하나 이상의 신호를 전송할 수 있는 통신회선으로 발전되었다.

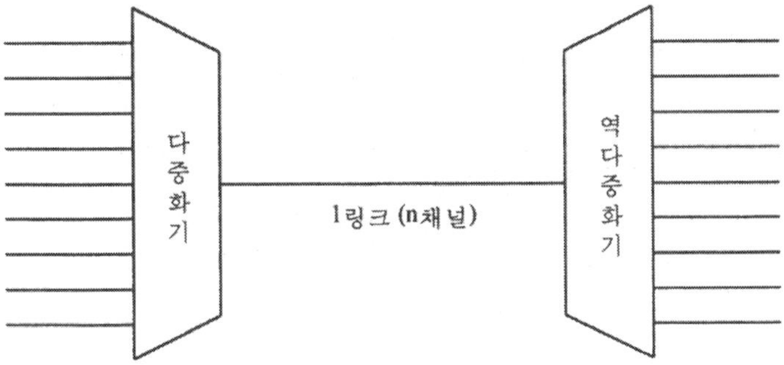

그림 4.22 다중화기의 개념

다중화기는 크게 주파수 분할 다중화기(FDM : Frequency Division Multiplexer), 시간 분할 다중화기(TDM : Time Division Multiplxer), 코드 분할 다중화기(CDM : Code Division Multiplexer)로 구분할 수 있다. 시간 분할 다중화기는 동기 방식에 따라서 동기식 시간 분할 다중화기(STDM : Synchronous TDM)와 비동기 시간 분할 다중화기(ATDM : Asynchronous TDM, 통계적 다중화기, 지능 다중화기라고도 함)로 구분할 수 있다.

4.3.1 주파수 분할 다중화기

주파수 분할 다중화기는 회선의 가용 대역폭을 데이터 대역 또는 유도 대역이라고 하는 몇 개의 작은 대역으로 나누고 다른 데이터 대역으로부터의 신호의 간섭을 줄여 주기 위해서 보호 대역을 둔다.

일반적으로 주파수 분할 다중화기는 각 데이터 채널에 한 채널 세트와 공통 논리(Common Logic) 회로를 포함하고 있다. 각 채널 세트는 특정한 주파수에 동조하기 위한 송신기와 수신기를 가지게 된다. 주파수 분할 다중화기의 각 채널 대역폭의 크기는 회선의 총 대역폭과 사용할 수 있는 채널의 수에 따라 결정된다. 일반적으로 ITU(국제전신연합)의 CCITT(국제전신전화자문위원회)에서 주파수 분할 다중화를 규정하고 있다.

그림 4.24는 포인트 투 포인트로 연결된 두 개의 통신기기 사이에서 사용되는 주파수 분할 다중화기를 나타낸 것이다.

주파수 분할 다중화기의 장점은 단말기가 사용되는 코드에 상관없이 다중화 할 수 있고, 특정한 주파수에서 채널 세트의 송신기와 수신기에 의해서 변/복조 기능을 수행하기 때문에 따로 모뎀을 사용할 필요가 없다는 것이다. 또한 주파수 분할 다중화기는 하나의 통신 회선을 공유하는 멀티 포인트 라인에서 사용자를 쉽게 추가할 수 있다는 장점을 가진다.

주파수 분할 다중화기는 보통 300 [bps]의 저속도 비동기 전송에 주로 사용한다.

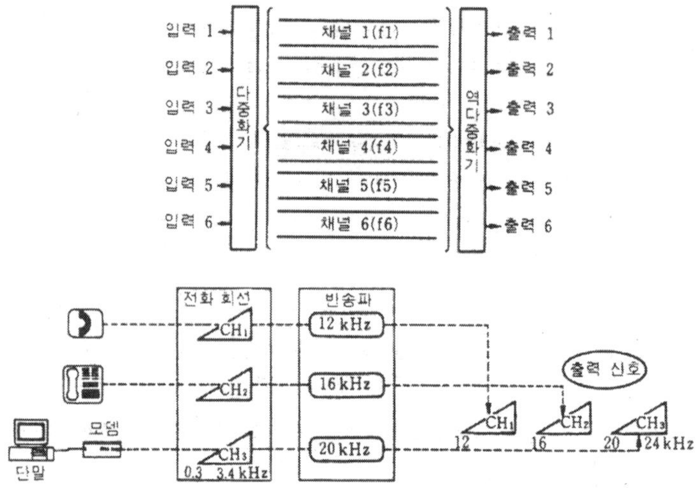

그림 4.23 주파수 분할 다중화의 원리 및 응용

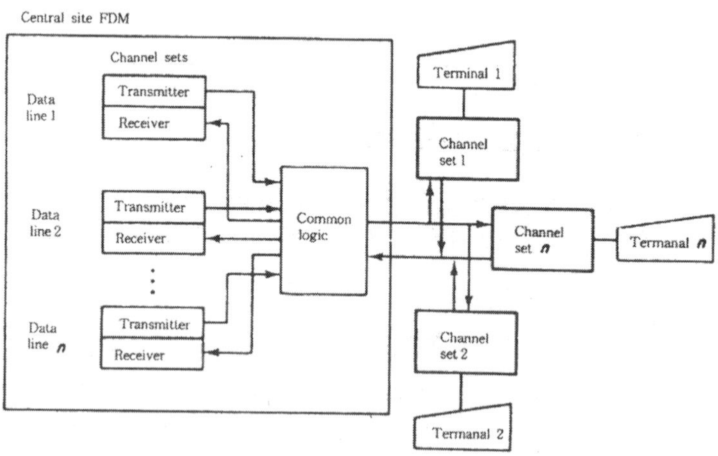

그림 4.24 주파수 분할 다중화기

주파수 분할 다중화기의 단점은 표 4.4에서 알 수 있듯이 대역폭의 낭비가 크다는 것과 보호 대역을 둔다고 할지라도 인접 데이터 채널로부터의 데이터 드리프트 현상을 완전히 막아 줄 수 없기 때문에 누화와 변조 간의 간섭 현상이 발생할 수 있다는 것이다.

표 4.4 음성 대역을 사용하는 주파수 분할 다중화기에서 다중화 채널의 수와 채널 대역폭의 크기

전송 속도(bps)	채널의 수	채널 대역폭의 크기(Hz)
75	25	120
110	18	170
150	12	240
300	6	480
450	4	720
600	3	960
1,200	1	1,800

4.3.2 시간 분할 다중화기

시간 분할 다중화기는 주파수 분할 다중화기와는 다르게 시간을 시간 슬롯이라고 하는 작은 단위로 나누어 각 사용자에게 할당함으로써 그 시간 동안에는 주파수 전 대역을 사용할 수 있도록 하는 다중화 방식이다.

(1) 동기식 시간 분할 다중화기

동기식 시간 분할 다중화기는 한 전송로의 데이터 전송 시간을 일정한 시간 폭으로 나누고 한 프레임을 동기시키기 위한 동기 클럭을 실어 차례대로 전송하고, 수신단에서는 동기 클럭을 검출하고 차례대로 수신 단말기에 뿌려주는 방식이다.

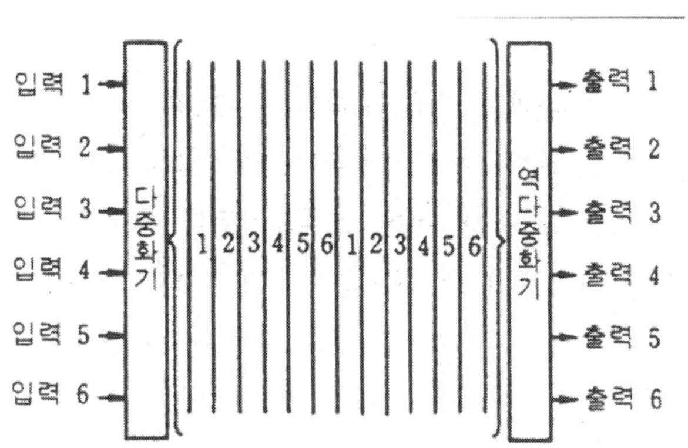

(a) TDM의 원리

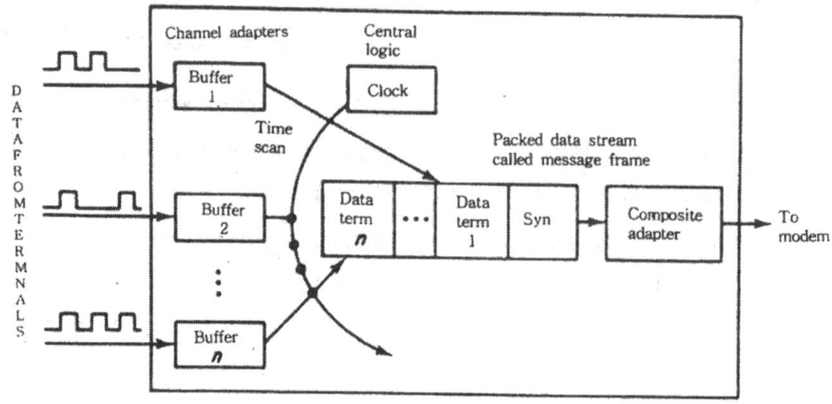

(b) 구성도

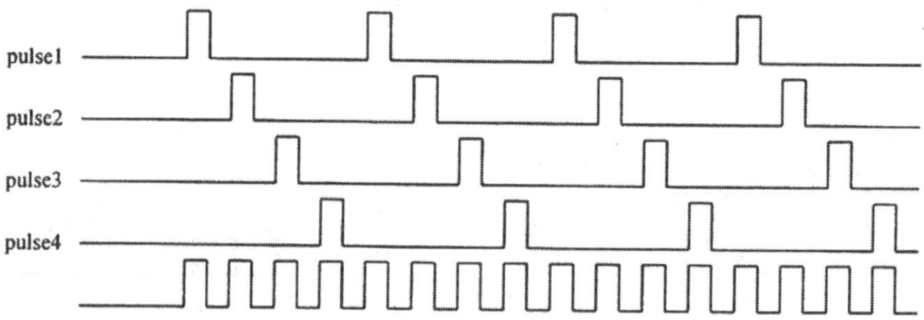

(c) 할당된 타임 슬롯

그림 4.25 시간 분할 다중화기의 구성요소

그림 4.25는 일반적인 시간 분할 다중화기의 동작 특성에 대한 것이다.

시간 분할 다중화기는 저속도 단말과 중속도 단말들이 입출력 채널 어댑터를 통하여 다중화기에 연결된다. 입출력 어댑터는 단말과 다중화기의 속도 차이가 발생하므로 버퍼(메모리)를 두어 이를 보상하여 일정한 속도로 다중화기에 전송하게 된다. 시간 분할 다중화기는 제어, 감시, 타이밍 회로를 갖는 중앙논리회로를 가지게 된다. 중앙논리회로는 동기 신호를 발생시키며 채널 어댑터로부터 Composit 어댑터로 데이터를 전송하게 된다. Composit 어댑터는 버퍼를 두어 고속 전송로와 다중화기의 내부 속도의 차이를 보상하는 채널 어댑터와 유사한 기능을 가진다. 시간 분할 다중화기는 동기 방식에 따라서 동기식 시간 분할 다중화기와 비동기식 시간 분할 다중화기로 구분할 수 있다.

(2) 통계적 다중화기 (Statistical Multiplexer, 지능 다중화기, 비동기 다중화기)

통계적 다중화기는 실제로 보낼 데이터가 있는 단말기에만 동적인 방식으로 각 부 채널에 시간 폭을 할당하는 방식으로, 마이크로프로세서를 이용하여 시간 폭을 할당하기 때문에 지능 다중화기라고도 이야기한다.

통계적 다중화기는 동기 다중화기에서 실제로 전송할 데이터가 없는 단말에도 부 채널을 할당하기 때문에 발생하는 대역폭의 낭비를 없애 전송 효율을 높일 수 있고 동기 다중화기보다 많은 사용자를 수용할 수 있다는 장점을 가지고 있다.

동기 다중화기에서는 수신단이 동기 클럭을 검출하여 각 단말에 데이터를 전송하지만, 통계적 다중화기에서는 전송하는 데이터 앞에 주소 필드가 추가되어 낭비가 발생한다. 하지만 전체적으로 보았을 경우 적은 시간이므로 전체의 효율에는 크게 영향을 미치지 않는다.

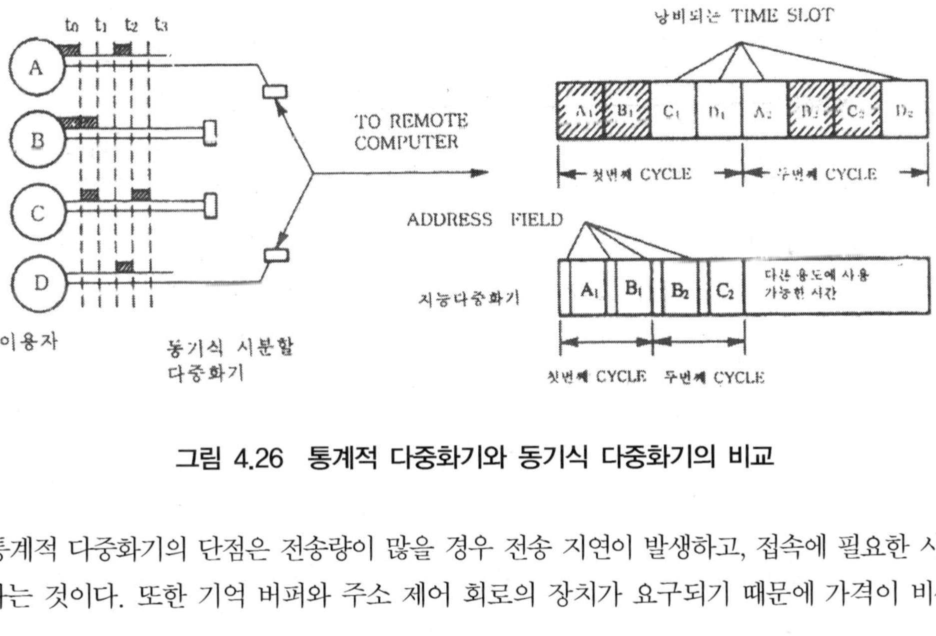

그림 4.26 통계적 다중화기와 동기식 다중화기의 비교

통계적 다중화기의 단점은 전송량이 많을 경우 전송 지연이 발생하고, 접속에 필요한 시간이 길다는 것이다. 또한 기억 버퍼와 주소 제어 회로의 장치가 요구되기 때문에 가격이 비싸다.

4.3.3 역 다중화기 (Inverse Multiplexer)

역 다중화기는 2개 또는 6개 이상의 음성 대역 회선을 사용하여 고속 전송을 할 수 있다. 역 다중화기는 송신단에서 데이터 열을 분리하고 두 개 또는 여러 개의 회선을 통하여 수신단에 도착시킨다. 역 다중화기를 라인플렉서 또는 바이플렉서라고도 한다.

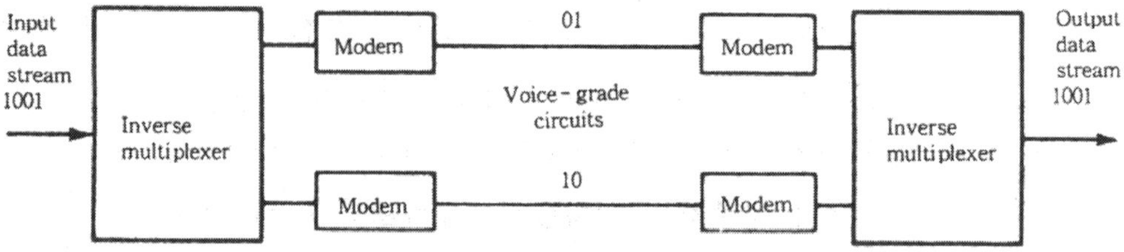

그림 4.27 역 다중화기의 사용

역 다중화기는 통신회선의 고장 발생 시 통신망의 경로 설정에 있어서 유연성이 있다는 것과 전용회선을 사용할 경우 회선의 고장이 발생하면 DDD(Direct Distance Dial) 망을 통하여 전송할 수 있다는 장점이 있다. 단점으로는 같은 통신 용량의 회선을 사용하더라도 서로 다른 회선을 이용하기 때문에 전송되는 데이터에 따라 지연 시간이 발생하여 수신 측에서 데이터를 수신할 경우 데이터의 순서가 바뀔 수 있다는 것이다. 예를 들어 19,200 [bps]의 회선을 9,600 [bps]의 위성 통신 회선과 9,600 [bps]의 지상회선으로 사용할 경우, 위성 통신회선을 경유하는 경우 최대 250 [ms]의 지연 시간이 발생하고, 지상회선을 경유하는 경우 최대 30 [ms]의 지연 시간이 발생하여 데이터의 순서가 바뀌어 수신될 수 있다. 이를 보상하기 위해서 수신 측에 순환 메모리(Circulating Memory)를 두어 각 채널 사이의 지연 시간을 보상하고, 도착하는 데이터를 정렬하는 기능을 한다.

4.3.4 T1 다중화기 (T1 Multiplexer)

T1 다중화기를 사용하는 주된 목적은 T계열 디지털 방식에 의해서 생성된 데이터와 디지털화된 음성신호를 다중화하여 전송하는 것이다. T1 다중화기의 사용에 대한 정확한 이해를 위해서는 T1 반송파의 데이터 형식과 음성 부호화 사이의 관계뿐만 아니라 디지털화되어 전송되는 음성 통신에 대해서도 검토할 필요가 있다.

T1 전송회선이 가입자에게 처음 사용되던 1984년에는 단순히 음성 통신 네트워크에만 국한되었다. 이러한 사용의 제한은 T1 캐리어에 음성과 데이터를 다중화하기 위한 장치가 개발되지 않았기 때문이다. T1 전송 용량에 대해서 대략 6% 정도의 전송능력을 제공하는 20개의 아날로그 통신 시스템의 비용이 하나의 T1 전송로를 사용하는 것과 같았기 때문에 통신 사업자들은 음성과 데이터를 통합하여 전송할 수 있는 T1 다중화기의 개발을 구상하였다. 데이터의 다중화 기능에 부가적으로 T1 다중화 사업자들은 64 [kbps]의 PCM 데이터 전송속도와 9.6 [kbps]의 전송 속도 범위에서 음성 신호를 디지털화하기 위해서 사용되는 디지털 모듈을 사용자들에게 공급하였다. 이러한 모듈의 사용에 의해 하나의 T1 전송로 상에 일반적으로 PCM 디지털화

기술을 사용하는 경우에 있어서 24개 채널 상에 두 개 또는 그 이상의 음성 채널을 다중화하여 사용할 수 있게 되었다.

이러한 디지털 모듈을 이용한 T1 다중화기를 사용함으로써 하나의 T1 채널 상에 음성, 데이터 및 영상 신호를 다중화하여 전송할 수 있다.

PCM 디지털 모듈은 수직의 아날로그 신호를 시간 축 상에서 표본화하여 8비트 워드 단위로 변환하는 양자화 기술을 이용하여 64 [kbps]의 데이터 전송 속도를 만들어내고, 이러한 각 채널을 24개로 다중화하여 T1 채널을 이용하여 전송하게 된다. 이 외에 하나의 T1 채널 상에 음성 신호의 채널수를 증가시키기 위해서 다양한 기술들이 개발되었다. 대표적인 방법으로 32 [kbps]의 전송 속도를 가지는 ADPCM(Adaptive Differential Pulse Code Modulation), CVSDM(Continuously Varable Slope Delta Modulation) 방법이 있다.

근래의 T1 다중화기는 다양한 음성, 데이터 및 영상 신호원으로부터 입력을 다중화하여 1.544 [Mbps]에서 동작하는 하나의 단일 통신 회선 상에 다중화하기 위해서 마이크로프로세서를 이용한 시간 분할 다중화기로 설계된다.

다음 표 4.5는 일반적인 T1 다중화기에 입력 사용되는 단말의 전송속도를 나타낸 것이다.

표 4.5 일반적인 T1 다중화기의 채널 속도

형태	전송 속도 (bps)
비동기	110, 300, 600, 1200, 1800, 2400, 3600, 4800, 7200, 9600, 19200
동기	2400, 4800, 7200, 9600, 14400, 16000, 19200, 32000, 38400, 40800, 48000, 50000, 56000, 64000, 112000, 115200, 128000, 230400, 256000, 460800, 700000, 756000
음성	9600, 16000, 32000, 48000, 64000

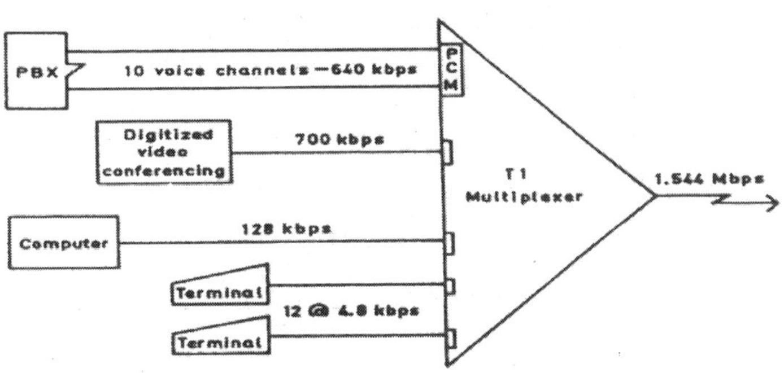

그림 4.28 일반적인 T1 다중화기의 사용 예

대부분의 응용에서 T1 다중화기의 음성 채널 입력은 사설 구내 교환기로부터 입력된다. 그림 4.28은 음성, 데이터 및 영상 신호를 다중화하여 전송하는데 사용되는 일반적인 T1 다중화기의 사용 예를 나타낸 것이다.

T1 다중화기는 대역폭의 사용률, 대역폭 할당 방식 이외에 다양한 특성을 고려하여 설계해야 한다.

4.3.5 다중화

교환링크 회선들은 시분할 다중화(TDM)를 통해 디지털형식으로 동시에 여러 개의 호출을 전송한다. TDM에서는 여러 곳의 발신지로부터, 디지털 신호들은 높은 전송률을 가진 복합링크에서 특정 시간의 슬롯에 각각 할당한다. 각 아날로그 신호는 초당 8,000번 측정되고, 이것은 125㎲마다 8비트의 측정값을 만들어낸다. 복합링크의 비트 전송률은 결국 전송하고 있는 음성 채널수의 함수가 된다. 북미나 일본에서는 24개 음성채널을 그룹화해서 사용하고, 이에 비해 다른 지역에서는 ITU-T권고를 따라서 30개의 채널을 그룹화해서 사용하고 있다. 이렇게 해서 비트 전송률은 각각 1,544Mbps와 2.048Mbps가 된다. 여기서 사용되는 일반적인 기법을 그림에서 보여주고 있다. 여기서 전송 이외의 목적들로 추가적인 비트를 포함해야 한다. 여기에는 프레임의 시작을 가리키는 비트 동기화 비트 호 설정 요청 비트들이 있다. 북미시스템에서는 연속적인 프레임에 대해 각각의 프레임에 시작에 1, 0이 계속 바뀌는 단일 비트를 넣어 프레임을 동기화한다. 신호화 정보는 여섯 번째와 열두 번째 슬롯의 첫 비트를 사용하여 전송되며, 이로 인해 이 슬롯들의 사용자 비트는 7비트가 된다.

그러므로 복합 비트 전송률은

$$\frac{(24 \times 8 + 1)\text{비트}}{125\mu s} = 1.544Mbps$$

가 된다. 이와 같은 회선이 DSI 혹은 T1 링크이다.

ITU-T안을 사용하는 시스템에서 0번 타임 슬롯은 동기화를 위하여 사용하며, 이는 수신기가 프레임의 경계를 해석할 수 있게 해주기 때문에 프레임 정렬이라 한다. 신호화 정보는 열여섯 번째 타임 슬롯에 의해 전송되고,

$$\text{E1 복합 전송비율: } \frac{32 \times 8\text{비트}}{125\mu s} = 2.048\ Mbps$$

이러한 회선들을 E1링크라 한다. T1과 E1시스템에서 각각 이보다 낮은 비트 전송률을 부분 T1/E1이라 한다.

표 4.6 북미와 ITU-T에서 사용되는 디지털 전송시스템의 다중화 계위

	회 로		전송률(Mbps)	음성/데이터 채널
북미	DS1	T1	1.544	24
	DS1C		3.152	48
	DS2	T2, 4×T1	6.312	96
	DS3	T3, 7×T2	44.736	672
	DS4E		139.264	1,920
	DS4	96×T1	274.176	4,032
ITU-T	E1		2.048	30
	E2	4×E1	8.448	120
	E3	4×E2	34.368	480
	E4	4×E3	139.264	1,920
	E5	4×E4	565.148	7,680

4.3.6 PCM 다중화 계층

PCM 다중화 계층(Hierarchy)은 북미 방식(AT&T)과 유럽 방식 및 ITU 표준화 방식에 의해 1차군, 2차군, 3차군 등으로 구분하고 있으며 64 [kbps]를 기본으로 하고 있다. ITU 표준화 방식에 의한 다중화 체계는 그림 4.29에 나타나있다.

그림에서 1차군은 24ch을 수용하며 1채널당 비트율은 64 [kbps]이다. 8 bit인 음성 전화인 경우 비트율은 다음과 같다.

$$\{ 8\,[\text{bit}] \times 24\,[\text{ch}] + 1\,[\text{bit}] \} \times 8000\,[\text{Hz}] = 1.544\,[\text{Mbps}]$$

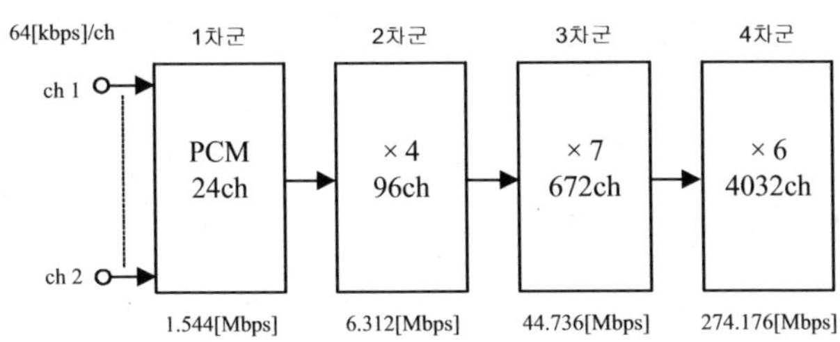

그림 4.29 PCM 다중화 계층 (T1방식)

2차군은 4개의 1차군을 표본화하기 때문에 2차군의 펄스폭은 1차군의 약 1/4이고, 전 채널 수는 96채널, 전송 속도는 1차군의 약 4배인 6,312 [Mbps]이다.

2차군, 3차군 등 고차로 갈 경우 비트 동기를 송수신 측과 일치시켜야 하는데 그럴 경우 회로 구성이 복잡하게 되므로 송신측과 수신측이 따로 동기시키는 독립 동기 방식이 사용되고 있다. 즉, 저차군의 펄스보다 높은 고차군 펄스에 신호와 무관한 스터프 펄스(Stuff pulse)를 송신 펄스에 삽입하고 수신 측에서 제거하게 된다. 이 방식을 스터프 동기 방식이라고 한다.

2차군 다중화의 경우 1차군 4개(1.533×4=6.132)보다 약간 빠른 6.312 [Mbps]로 다중화하는데 이를 G-Unit이라 하며 G 유닛은 96개의 채널이 되고 G 유닛 12개 앞에 G 펄스를 넣은 것을 G 프레임이라고 한다. 이때 G 펄스는 동기, 스터프 등의 목적으로 사용된다.

G 프레임이 6개가 되면 서브프레임(Sub Frame)이라 하고 서브프레임 4개가 모인 것을 슈퍼 프레임(Super Frame)이라 한다. 따라서, 슈퍼프레임 안에는 24개의 G 펄스가 있다. 표 4.7은 PCM 다중화 계층을 비교한 것이다.

표 4.7 PCM 다중화 계층의 비교

다중화 계층	북미 방식		유럽 방식		ITU 표준방식	
	음성 채널 수	비트율 [Mbps]	음성 채널 수	비트율 [Mbps]	음성 채널 수	비트율 [Mbps]
1차군	24	1.533	30	2.048	24	1.544
2차군	96 (1차군×4)	6.312	120 (1차군×4)	8.448	96 (1차군×4)	6.312
3차군	672 (2차군×7)	44.736	480 (2차군×4)	34.368	768 (1차군×8)	약 52
4차군	4032 (3차군×6)	274.176	1920 (3차군×4)	139.264	2304 (3차군×3)	약 156
5차군			7680 (4차군×4)	564.992	4608 (4차군×2)	약 313

4.4 집중화기 (Concentrator)

집중화기는 m개의 입력 회선을 n개의 출력 회선에 집중화시키는 장비이다. 단, m은 n의 수보다 크거나 같다. 입력 회선은 단말기와 집중화기를 연결하는 기능을 하고 출력 회선은 집중화기와 다른 집중화기를 연결하거나 집중화기와 호스트 컴퓨터를 연결하는 기능을 한다.

출력 회선이 집중화기와 호스트 컴퓨터를 연결할지라도 실제로는 호스트 컴퓨터의 전 처리 장치와 연결된다.

집중화기는 사용자가 사용하는 소프트웨어와 하드웨어 구성요소에 따라서 집중화(Concentration), 순수 경쟁(Pure Contention), 축적 후 전송 집중화(Store and Forward Concentration), 집중화 및 메시지 스위칭(Concentration and Message Switching), 원격 네트워크 처리(Remote Network Processing) 등의 기능을 수행하게 된다.

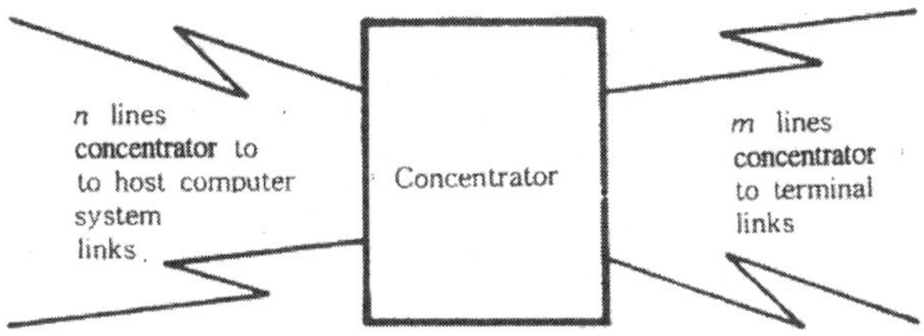

그림 4.30 집중화기의 회선 구성

집중화기의 하드웨어 구성요소는 아래의 그림 4.31과 같다.

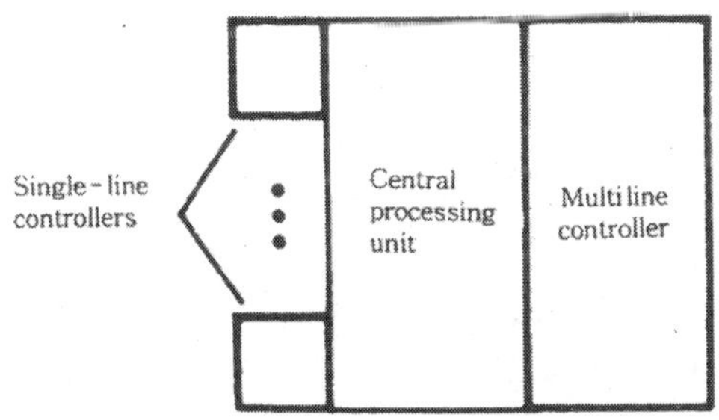

그림 4.31 집중화기의 하드웨어 구성

단일 회선 컨트롤러는 각 데이터 입력 회선과 집중화기에 인터페이스를 제공하기 위한 제어 신호와 감시 신호를 발생시킨다. 단일 회선 컨트롤러의 데이터는 동기, 비동기 모두 가능하지만 일반적으로 비동기로 사용한다.

단일 회선을 이용하여 집중화기와 단말 사이를 연결할 경우 물리적 공간의 낭비와 가격의 상승 요인이 될 수 있다. 이를 방지하기 위하여 집중화기와 단말기 사이에는 다중 회선 컨트롤러를 사용하게 된다.

4.4.1 PAD (Packet Assembler and Disassembler)

PAD장비는 특정한 위치에서 다수의 단말이 일반회선을 통하여 하나의 패킷 네트워크에 액세스를 허용하도록 개발된 다중화 장치의 특별한 형태이다. 처음의 PAD 장비는 비동기 Start-stop 프로토콜을 X.25 프로토콜로 변환하도록 설계되었으나 이후의 사업자들은 이 PAD 기능 이외의 프로토콜을 부가하였다.

PAD의 기본적인 기능은 비 X.25 네트워킹 디바이스를 패킷 스위칭 네트워크에 접속하여 사용할 수 있도록 하는 기능을 한다. PAD 장치는 제공하는 기능과 접속하여 사용하는 위치에 따라서 몇 가지로 구분할 수 있다. 일반적으로 PAD 장비는 다양한 프로토콜을 사용하는 단말이 혼합되거나 SNA / SDLC 디바이스와 같은 이중동기(Bisynchronous) 장치에 사용되는 반면에 몇 개의 PAD 장비는 비동기 단말을 수용하는 경우도 있다.

PAD 장비는 사설 및 공중 X.25 네트워크에서 사용된다. 다음 그림 4.32는 X.25 네트워크에 비 X.25 디바이스를 연결하기 위해서 사용하는 방법을 나타낸 것이다. 두 개의 비 X.25 네트워크 단말이 하나의 패킷 네트워크에 접속을 요구한다고 할 때, 그 단말이 패킷 네트워크의 한 포트에 다이얼링 링크를 이용하여 접속하건 개별적인 전용선을 이용하여 네트워크로 전달되건 간에 가장 일반적이고 경제적인 방법은 터미널 위치에 PAD를 설치하는 것이다.

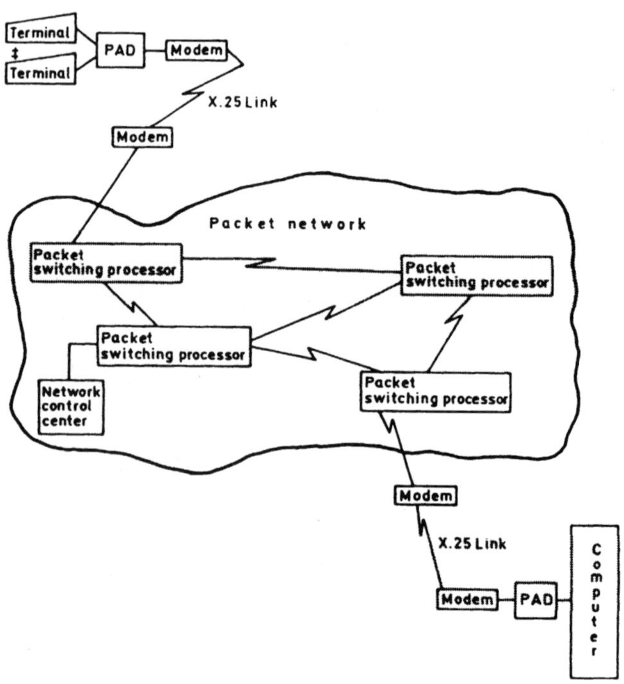

그림 4.32 X.25 패킷 네트워크에서 PAD의 사용

단말은 PAD 에 연결될 수 있고, PAD는 X.25 프로토콜에 의해서 데이터를 전송하는 하나의 회선을 이용하여 패킷 네트워크에 연결되고, X.25 네트워크로 전송된 패킷은 패킷의 수신지 주소를 이용하여 패킷 스위치를 통하여 수신지까지 전송된다. 가장 일반적인 PAD의 형태는 비동기 단말에 대해서 서비스를 제공하고, 그에 대한 동작은 ITU 권고안에 정의되어 있다. X.3 권고안은 PAD의 기능과 동작 파라미터를 정의하고 있으며 비동기 단말에 접속하여 사용된다. X.3 권고안은 22개의 파라미터를 규정하고 있다.

표 4.8 X.3 파라미터

X.3 파라미터	X.3 기능	X.3 파라미터	X.3 기능
1	데이터 전송의 중단	12	단말 패드의 흐름제어
2	에코	13	린터이후에 라인피드 삽입
3	데이터 전송 신호의 선택	14	라인피드 이후에 패딩
4	아이즐 타이머 지연의 선택	15	편집
5	보조 장치 제어	16	문자 삭제
6	PAD 서비스 신호의 제어	17	회선 삭제
7	중단 신호 수신 절차	18	회선 표시
8	출력 폐기	19	PAD 서비스 신호 편집
9	리턴 이후에 패딩	20	에코 마스크
10	회선 폴딩	21	패리티 처리
11	단말 속도	22	페이지 대기

4.5 공동 이용기(Sharing Unit)

데이터 통신이 발전함에 따라 많은 사용자와 생산자들은 통신 장비의 낭비와 통신 장비의 가격에 많은 관심이 집중되었다. 사용자와 생산자의 욕구를 만족시킬 수 있는 기술로 다중화기의 사용을 들 수 있다. 다중화기의 사용으로 다수의 단말이 낭비될 수 있지만 공동 이용기를 통하여 하나씩 폴링하면 단말의 낭비를 줄일 수 있다. 데이터 통신에서 사용되고 있는 공동 이용기로는 모뎀 공동 이용기(Modem Sharing Unit), 회선 공동 이용기(Line Sharing Unit), 포트 공동 이용기(Port Sharing Unit) 및 포트 셀렉터(Port Selector) 등이 이용되고 있다.

4.5.1 모뎀 공동 이용기와 회선 공동 이용기

폴드 라인을 공유하는 공동 이용기에는 모뎀 공동 이용기와 회선 공동 이용기가 있다. 모뎀 공동 이용기는 원거리에서 여러 개의 단말기를 하나의 모뎀에 연결하여 사용하고 회선 공동 이용기는 근거리에서 다수의 단말을 컴퓨터의 포트에 연결하여 사용한다.

회선 공동 이용기는 내부에 타이밍 소스를 가지고 있지만 모뎀 공동 이용기는 연결되어 있는 모뎀으로부터 타이밍 신호를 얻는다는 차이점이 있다.

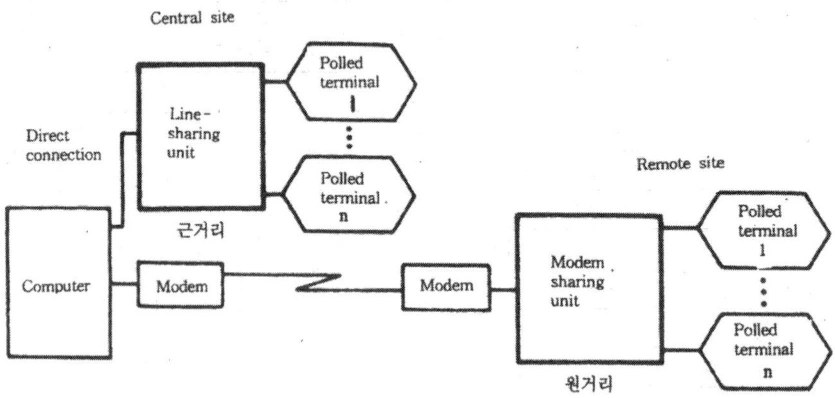

그림 4.33 회선 공동 이용기와 모뎀 공동 이용기의 비교

4.5.2 포트 공동 이용기

포트 공동 이용기는 호스트 컴퓨터와 모뎀 사이에 설치되어 컴퓨터 포트의 수와 비용을 절감시켜 준다. 모뎀 공동 이용기는 폴링 네트워크의 원거리에서 회선 공동 이용기는 근거리에서 사용하지만 포트 공동 이용기는 근거리 및 원거리 모두에서 사용할 수 있다.

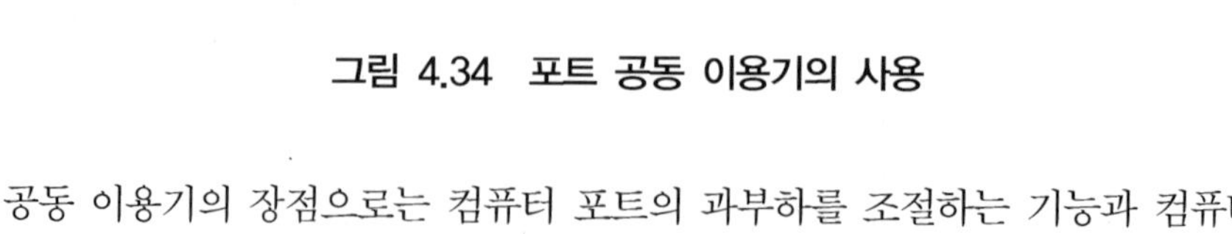

그림 4.34 포트 공동 이용기의 사용

포트 공동 이용기의 장점으로는 컴퓨터 포트의 과부하를 조절하는 기능과 컴퓨터와 모뎀 사이 회선의 고장이나 모뎀의 고장 발생 시 단말기에 영향을 주지 않는 것 등을 들 수 있다.

4.5.3 포트 셀렉터

포트 셀렉터는 컴퓨터 포트와 단말기 사이에서 사용하는 것으로, 컴퓨터 포트의 증가 없이 다수의 단말기를 연결하여 평균 이용률이 낮은 포트에 입력 데이터를 전송하여 전처리기의 사용 효율을 얻을 수 있다.

포트 공동 이용기와 포트 셀렉터는 같은 기능을 한다고 할 수 있지만 포트 공동 이용기는 멀티 포인트 네트워크에서 사용되고, 포트 셀렉터는 버스형의 컨텐션 네트워크에서 사용된다.

포트 셀렉터는 컴퓨터와 단말기 사이에 인터페이스를 제공한다는 것을 제외하고는 전화선에서 사용하는 로터리 스위치와 같은 기능을 한다.

컴퓨터 측의 포트 셀렉터는 입력 측의 모든 포트를 검사하고 동시에 단말기의 입력 데이터가 들어올 때 출력 포트를 연결시켜주기 위해서 사용률이 낮은 출력 포트를 계속 검사하게 된다. 원거리 측에서의 포트 셀렉터는 입력 단말기를 적은 수의 통신선로나 다중화기의 포트와 연결하게 된다.

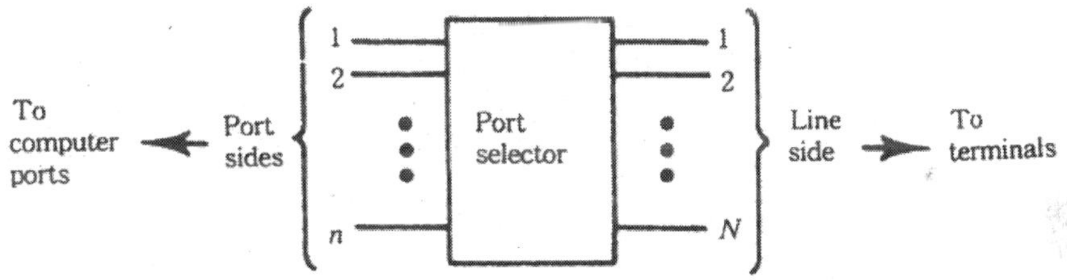

(a) 컴퓨터 측의 포트 셀렉터의 사용

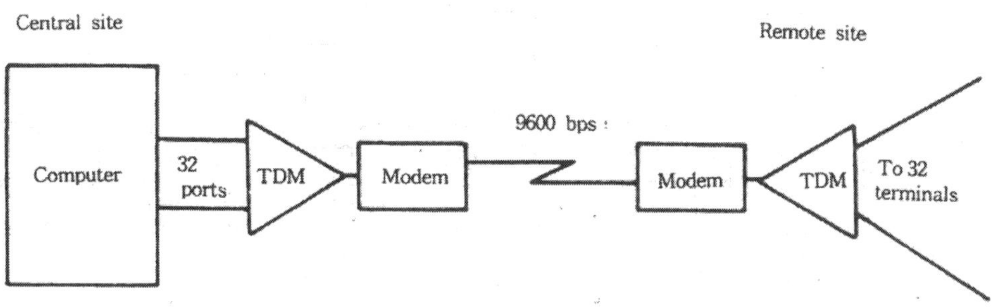

(b) 원거리 측에서의 포트 셀렉터의 사용

그림 4.35 포트 셀렉터의 사용

4.6 자동응답기 및 호출기

통신 시 오퍼레이터의 간섭을 줄여 주기 위해서 자동 응답기와 자동 호출기의 두 가지 자동 응답 시스템이 사용된다.

4.6.1 자동응답기

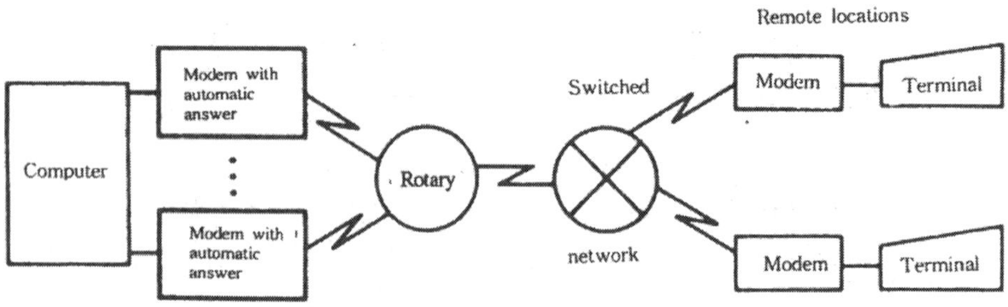

그림 4.36 자동응답 모뎀의 사용

자동응답기는 일반적으로 모뎀에 내장하여 사용하고 응답기는 링 인디케이터 신호(Ring Indicator Signal)를 검출하면 즉시 응답 모드로 바꾸어 원거리의 단말기와 컴퓨터 사이에 오퍼레이터의 간섭 없이 데이터를 전송할 수 있도록 하기 위해서 접속을 수행하게 된다. 자동응답기의 옵션 선택에 따라서 수신 캐리어가 끊기거나 미리 지정된 시간만큼 지연될 경우 호출 측의 접속을 끊는 데 사용한다.

4.6.2 자동호출기

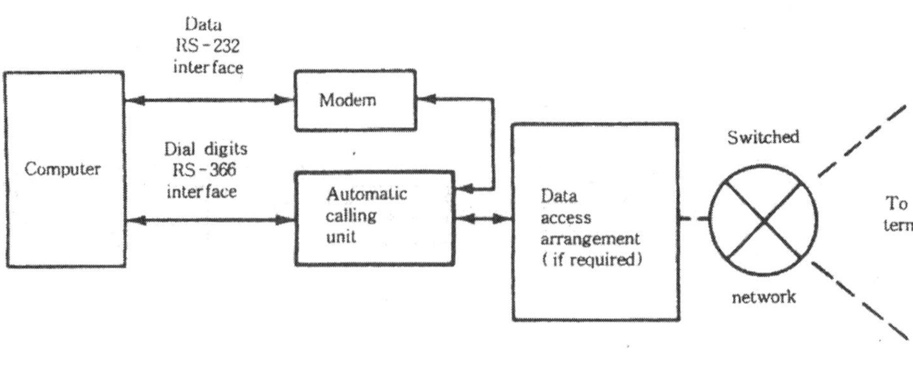

그림 4.37 자동 호출기의 이용

자동 호출기는 상업용 컴퓨터에서 사용되며 다른 컴퓨터의 전화번호를 자동으로 다이얼링한다. 전화번호와 호출의 횟수는 프로그램화되어 컴퓨터 안에 저장된다. 자동호출기는 일반적으로 원거리 단말기의 폴링에 주로 사용된다.

4.6.3 병렬 인터페이스 확장기 (Parallel Interface Extender)

컴퓨터와 원격지에 위치한 단말에서 일괄 처리에 대한 요구가 발생하였을 경우, 이러한 요구를 만족시키기 위한 몇 가지 방법이 제안된다. 전형적인 하나의 방법으로 생각할 수 있는 것이 원격 일괄 처리(Remote Batch Processing) 시스템을 구성하는 것이라고 할 수 있다. 이러한 원격 일괄 처리 시스템을 구성하기 위해서는 원격 일괄 처리 단말기 이외에 몇 가지의 통신 요소가 요구된다. 먼저 통신 제어기가 요구되고, 이것은 컴퓨터와 인터페이스 되어 있어야 한다. 이러한 제어기는 문자의 조합과 분할, 전송 에러의 처리 및 트래픽 제어 기능을 가지고 있어야 한다. 두 번째로는 통신 소프트웨어 모듈이 부가되어 있어야 하고, 이것은 전송 기능을 하는 컴퓨터의 운영체제와 통합되어 있어야 한다. 그러나 이러한 통신 소프트웨어 모듈은 비용뿐만이 아니라 컴퓨터의 성능 면에도 많은 영향을 줄 수 있다. 마지막으로 전송 매체와 전송을 위해 적당한 신호로 변환하는 기능을 갖는 고속 모뎀 또는 DSU가 필요하다. 이러한 일반적인 원격 일괄 처리 시스템의 보기를 그림 4.38에 나타내었다.

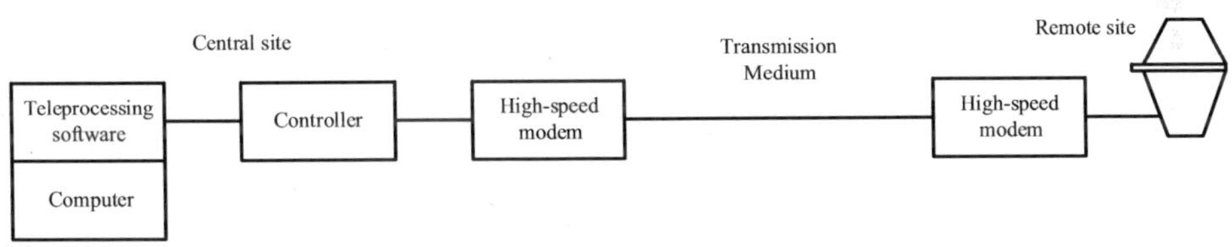

(a) 제어기

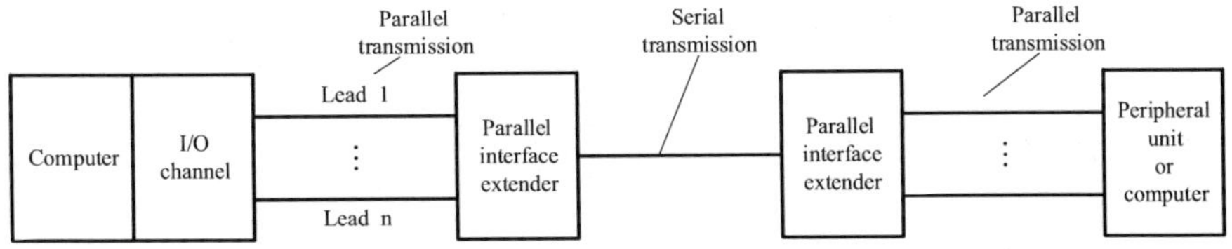

(b) 병렬 인터페이스 확장기

그림 4.38 인터페이스 확장기

그러나 이러한 원격 일괄 처리 시스템에서는 컴퓨터와 원격 일괄처리 단말 사이에 호환성이 없을 경우 새로운 문제를 일으킬 수 있다. 만약에 단말이 컴퓨터의 원격 처리 소프트웨어의 프로토콜을 지원하지 않는다면 적당한 전송링크를 제공하기 위한 에뮬레이터가 요구된다. 어떠한 경우에 컴퓨터로부터 단말기로의 전송에 있어서 단말이 컴퓨터 시스템에서 사용하는 코드를 수용할 수 없기 때문에 부호의 변환을 요구한다. 이러한 요구를 충족시키기 위해서 통신 소프트웨어와 그 외의 통신제어기 없이 컴퓨터로부터 원하는 컴퓨터 주변장치로 전송을 허용할 수 있는 새로운 장치가 요구되었다. 이러한 장치를 병렬 인터페이스 확장기라고 한다.

병렬 인터페이스 확장기는 컴퓨터 또는 그 외의 주변장치로부터 입출력 채널의 병렬프로토콜을 일반적인 직렬 링크 상에서 전송하기에 적합한 직렬 프로토콜로 변환하는 기능을 한다.

또한 다른 측의 링크 끝에 위치한 또 다른 병렬 인터페이스 확장기나 그와 유사한 기능을 하는 장치에 의해서 직렬 프로토콜은 병렬 프로토콜로 변환된다. 넓은 의미에서 병렬 인터페이스 확장기는 다수의 입력 선으로부터 데이터를 수신하여 하나의 전송로 상에 다중화하는 다중화기와 유사한 것으로 생각할 수 있다.

병렬 인터페이스 확장기는 제어기(Control Unit)와 다수의 회선 모듈(Line Module)들로 구성된다. 제어기는 컴퓨터의 다중화 채널에 연결되고, 회선 모듈은 제어기에 연결된다.

4.6.4 네트워크 장비

네트워크 장비와 인터네트워크, 즉 네트워크와 네트워크를 연결한 네트워크(ex : 인터넷)에 대한 개념을 소개할 것이다. 네트워크 장비는 근거리 통신망 및 원거리 통신망 구성의 가장 기본이 되는 하드웨어들이다. 이러한 하드웨어들에 대해 간략히 소개함으로써 네트워크에 대한 이해를 돕고자 한다.

(1) LAN CARD

LAN CARD는 PC 또는 SERVER와 NETWORK의 Interface장치이다. 그래서 보통 NIC (Network Interface Card)라고 부른다. 일반적으로는 16비트 카드가 PC용으로 가장 많이 사용되며 LAN의 케이블링 시스템에 따라, 또 LAN 기술 스펙(가령 Ethernet 또는 Token Ring)에 따라 여러 가지 종류가 있으므로 적합한 것을 선정해야 한다.

또한 중요한 것은 설치상의 문제로, PC (또는 SERVER)의 다른 인터페이스와 충돌이 없도록 인터럽트와 I/O주소를 맞추어 주는 일이다. 그리고 어떤 프로토콜 기반 하의 통신을 하게 되느냐에 따라 적합한 Network Driver를 구동시켜 주어야 한다.

그림 4.39 Intel사의 Ether Express PRO / 10

(2) Transceiver

트랜시버는 PC나 Repeater 등 모든 통신 장비를 Ethernet에 접속시킬 때 사용되는 접속 장비이다. 전송매체 상에서 발생하는 데이터의 충돌을 검출하고 전송 매체와 LAN 장비간이 전기적 절연 역할도 수행한다. 하지만 이것은 10 Base-5라 불렸던 동축케이블 백본에 사용되었던 것이고 지금은 사용되지 않는다.

(3) 브릿지 (Bridge)

브릿지는 매체 액세스 제어로써 인식되는 OSI 참조 모델의 데이터 링크와 물리 계층에서 동작한다. 하나의 LAN을 통하여 전송되는 패킷에 대해서 브릿지는 패킷의 수신지 주소를 해독하고, 그 주소가 자신의 LAN에 속하는 패킷인지 아니면 폐기 되어야 하는 것인지를 결정하여야 한다. 위와 같이 패킷을 자신의 LAN에서 받든지 아니면 폐기시키는 동작을 필터링(Filtering)이라고 한다.

2개의 세그먼트를 결합해서 하나의 네트워크인 것처럼 보이게 하는 장비로서 Repeater의 기능과 Data Link층의 패킷 Filtering 기능(동일 세그먼트일 때는 패킷을 Discard)을 갖고 있으며, Local Bridge와 Remote Bridge가 있다.

필터링 동작에 따라서 투명 브릿지(Transparent Bridge)와 송신지 라우팅(Source Routing) 브릿지로 나뉜다.

투명 브릿지에서 각 브릿지는 데이터의 흐름을 계속 감시하고, 자동적으로 주소 테이블을 구성한다. LAN 상에서 데이터의 흐름이 매우 빠르기 때문에 그 브릿지가 연결되어 있는 단말의 주소를 매우 빠르게 결정할 수 있다. 연결되어 있는 LAN에 해당하지 않는 주소를 가지는 패킷을 받았을 때 브릿지는 그 패킷을 다른 LAN 측으로 재전송하고, 다수의 브릿지를 가지는 네트워크인 경우 하나의 브릿지가 여러 개의 패킷을 수신하고, 자신의 LAN에 해당하는 주소를 가지고 있지 않다면 다른 LAN 측으로 재전송하게 된다. 패킷이 하나의 네트워크를 통하여 자신의 목적지로 전송될 때, 각 브릿지는 각 주소에 따라서 전달되는 첫 번째 패킷을 자동적으로 처리할 수 있도록 각 단말의 주소를 기록하게 된다.

송신지 라우팅 브릿지는 토큰링 LAN을 상호 연결하기 위해서 개발된 IBM의 방법을 바탕으로 브릿지를 통하여 경로를 설정하는 방법이다. 송신지 라우팅 방법에 있어서 하나의 단말은 다른 단말과의 연결을 시도할 때 하나의 경로 복구 처리를 시작한다. 경로 복구 처리에서는 송신지의 패킷은 두 개의 단말 사이의 가능한 모든 경로에 대해서 통과하게 하기 위해서 브릿지에 의해 브로드캐스트(Broadcast)된다. 각 브릿지에 의해서 패킷이 재전송됨에 따라서 라우팅 정보가 각 패킷의 라우팅 필드에 들어가게 된다. 하나의 패킷이 수신지에 도착하면 이러한 동작을 역으로 수행하여 응답 신호를 송신지의 단말에게 전달한다. 송신지의 단말에 내장되어 있는 소프트웨어는 수신지로부터 수신되는 첫 번째 패킷이 라우팅 지연에 대해서 최적의 경로를 갖기 때문에, 첫 번째 패킷을 수신하였을 때 이를 이용하여 최적의 경로를 설정하게 된다.

투명 브릿지와 송신지 라우팅 브릿지 사이의 가장 큰 차이는 투명 브릿지에서는 브릿지에 의해서 경로를 설정하고 폐회로 네트워크 구성(Closed loop Network Configuration)을 사용할 수 없는 반면에 송신지 라우팅 브릿지에서는 송신지 단말에 의해서 경로가 설정되고 폐회로 네트워크 구성을 허용할 수 있다는 것이다.

브릿지 역시 지금은 라우터가 그 기능을 대신하므로 지금은 거의 쓰이지 않는 장비이지만 그 기능은 살펴볼 필요가 있다. 브릿지는 OSI 참조 모델의 데이터 링크 계층 중 MAC 계층에서 통신하며 두 세그먼트를 연결해 주는 장비이다.

두 세그먼트를 연결한다는 점은 리피터와 같을 수도 있지만 리피터가 모든 신호를 브로드캐스팅하여 트래픽을 증가시키는 반면 브릿지는 트래픽을 필터링 할 수 있다. 즉 통신하고자 하는 노드가 다른 세그먼트에 있을 경우 트래픽을 그 쪽 세그먼트로 날리지 않는다. 브릿지는 두 가지로 분류할 수 있는데 일반적으로 Local과 Remote 브릿지로 나눈다. Local 브릿지는 말 그대로 동일 지역 내에서 다수의 LAN 세그먼트를 직접 연결하는 것이고 Remote 브릿지는 LAN과 WAN을 연결하는 것으로 서로 다른 지역 간의 다수의 LAN 세그먼트들을 연결하는 것이다. 지금은 라우터가 이 기능을 대신한다.

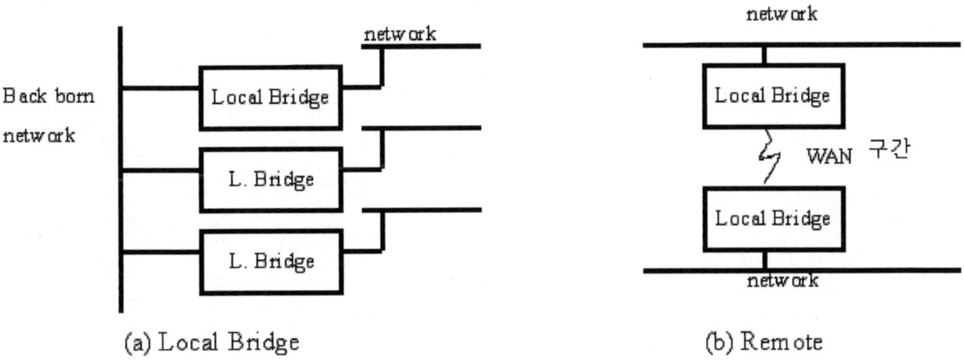

그림 4.40 브릿지

(4) 라우터 (Router)

라우터는 서로 상이한 구조를 갖는 망들을 연결할 수 있는 기능을 제공하며 부문 망 내에서 주고받는 데이터는 부분 망 내에서만 움직이도록 제한하여 네트워크에 발생할 수 있는 불필요한 작업을 제거하여 준다. 라우터는 OSI 계층 구조의 물리층, 링크 계층 그리고 네트워크 계층상에서 동작한다. 그림 4.41은 라우터의 모양이다.

네트워크 계층의 주요기능 중의 하나가 바로 패킷의 전송 경로를 설정하고 해제하는 라우팅 기능이다. 라우터는 패킷 내의 목적지 주소를 읽을 수 있으므로 라우터 내의 Routing Table을 이용하여 데이터 패킷이 지나가야 할 경로를 지정한다. 라우터는 OSI 하위 3계층을 포함하여 동작하므로 하위의 3계층이 서로 다른 망들을 연결하는데 사용될 수 있다. 그러나 이러한 경우에도 종단 DTE간의 트랜스포트 이상 상위 계층은 동일한 프로토콜이 동작하여야 한다.

또한 라우터는 망 내의 혼잡 상태를 제어할 수 있는 기능을 갖고 있으며 따라서 어떤 경로에 많은 트래픽이 있는 경우에는 패킷을 다른 경로로 전송하는 등의 기능도 갖는다.

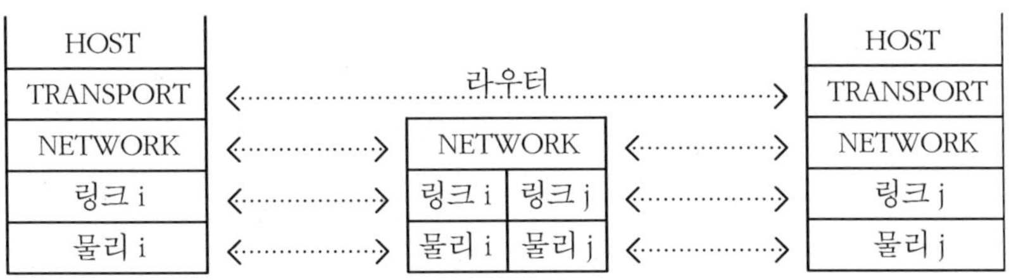

그림 4.41 OSI 참조 모델에 따른 라우터의 패킷 전송

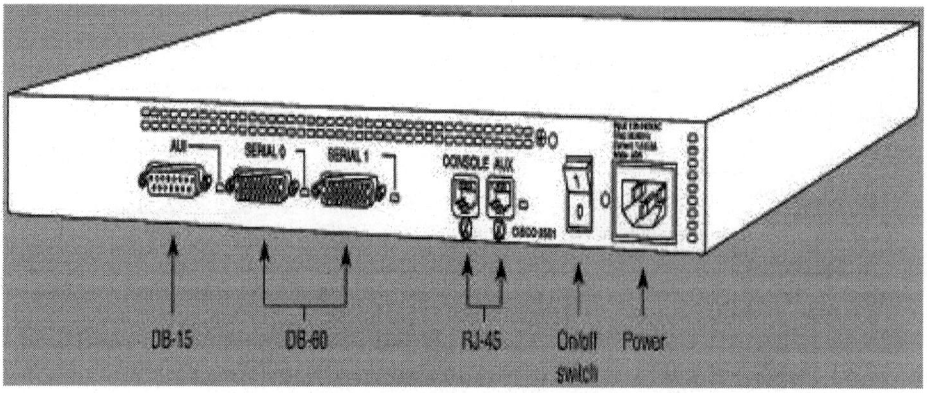

그림 4.42 가장 대중적인 Cisco 2501 라우터

라우터는 브릿지를 사용하여 얻을 수 있는 것보다 더 높은 레벨의 연결성을 요구하는 OSI 계층의 네트워크 계층에서 동작하는 상호 연동 장치(IWU : Inter Working Unit)이다. 브릿지와 라우터 사이의 중요한 차이는 정보 분배능력(Distribution Information)과 프로토콜의 종속성(Protocol Dependency)이라고 할 수 있다.

정보 분배능력에 있어서 브릿지는 하나의 네트워크를 통하여 전송하는 패킷에 대한 경로(Route)를 찾기 위해서 Learning 프로세스를 수행한다. 이러한 Learning 프로세스는 패킷에 대해서 하나의 경로를 설정하기 위해서 패킷을 모든 단말에게 브로드캐스트하게 된다. 이러한 브로드캐스트 과정은 LAN들 사이의 다중 접속 경로를 가지는 복잡한 네트워크 구성을 가지는 경우에 있어서 구현한다는 것이 문제가 있다.

프로토콜 종속성에 있어서는 브릿지가 프로토콜 독립성을 가지는 반면에 라우터는 프로토콜 종속성을 가진다. 라우터의 이러한 특징은 토큰링 LAN과 Ethernet LAN을 연결하는 경우와 같이 다양한 형태의 LAN을 연결할 수 있도록 해준다. 어떠한 라우터는 공중망을 이용하여 상호 연동기능을 제공하기 위하여 LAN상의 전송 프로토콜을 X.25 프로토콜로 변환하는 기능을 제공한다.

(5) HUB

HUB는 일반적으로 그림 4.43에서 볼 수 있는 것처럼 각 노드를 트리 구조로 연결하는데 많이 사용된다. HUB의 목적은 케이블링의 간소화 및 이동의 편리함과 더불어 LAN의 통합회선 관리를 목적으로 한다.

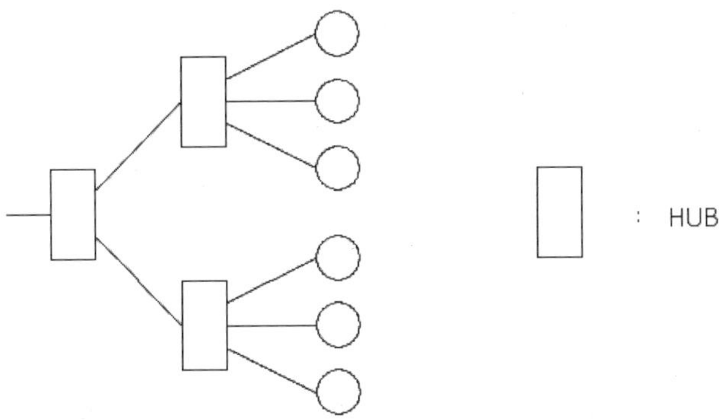

그림 4.43 근거리 통신망 구성에 있어서의 허브(Tree)형 구성

일반적으로 Dummy HUB라고 불리는 초기의 허브는 신호의 증폭과 재생기능을 하는 리피터와 유사한 기능을 하면서 단순히 각 노드들을 집중화하는 장비였으나 점차 발전하여 SNMP (Simple Network Management Protocol)을 이용하고 매니지먼트까지 할 수 있는 Intelligent HUB로 발전하게 되었다. 공유매체 LAN은 전송속도를 각 노드가 공유한다. 그러므로 한 시점에서 한 노드만이 통신이 가능하다(ex : CSMA/CD라고 함). 많은 노드가 통신을 시도하게 되면 각 노드가 속도가 정해져 있는 매체를 공유하므로 각 노드의 평균 속도는 점점 떨어지게 된다. 이것을 공유매체 LAN이라 하는데, HUB로 따지자면 각 포트 당 속도가 점점 느려진다는 이야기이다. 그런데 이러한 공유매체 LAN과는 다르게 전용 매체 교환(Dedicated Medium Switching) 기술을 이용하여 트래픽 병목 현상을 제거한 Switching HUB (또는 LAN Switch)가 등장하게 되었는데, 이것은 각 포트 당 속도가 일정하게 보장된다. 최근에는 이러한 스위칭 허브에 라우팅 기능을 포함한 것도 출시되고 있다.

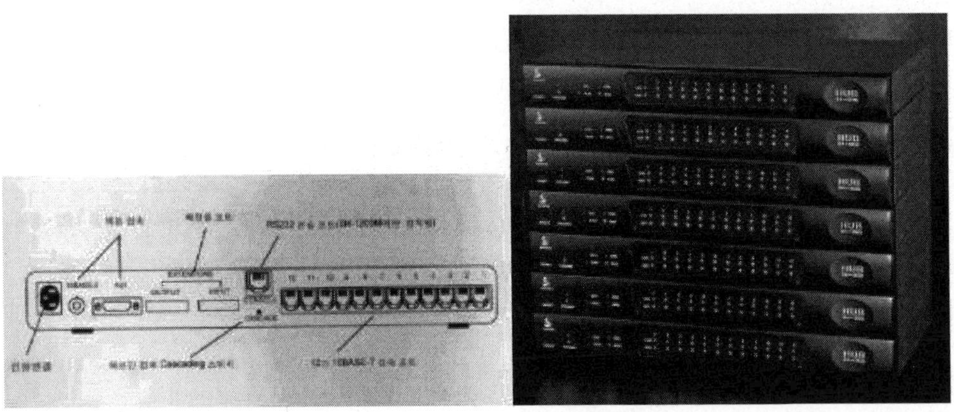

그림 4.44 최대 8대까지를 스택 형태로 연결할 수 있는 쌍용정보통신의 SH-1200M HUB

(6) 스위칭 허브

위에서 스위칭 허브에 대해 잠깐 살펴보았는데, 다른 측면에서 보자면 스위칭 허브는 각 허브의 포트에 연결된 노드가 라우터나 브리지에 의해 분리된 세그먼트와 같은 효과를 갖도록 해주는 허브이다. 한 시점에 하나의 특정 노드만 버스를 이용할 수 있게 해주는 공유매체 LAN과는 달리 스위치에 연결된 모든 노드가 동시에 데이터를 전송할 수 있게 해준다. 이렇게 여러 스테이션이 여러 통신 채널을 이용해 세그먼트를 동시에 통신하는 방법을 병렬 통신이라 하는데 이것이 스위칭 허브의 핵심 개념이다.

그림 4.45 다양한 인터페이스 타입을 지원하는 모듈러 스위칭 허브인 Cisco사의 Catalyst 5000

(7) 게이트웨이

게이트웨이(Gateway)는 세 가지 상호 연동장치에 있어서 가장 복잡한 네트워킹 장치이다. 게이트웨이는 OSI 참조 모델의 7계층 전체에서 동작하게 되고, 가장 중요한 것은 프로토콜 변환(Protocol Conversion) 기능이다. 게이트웨이는 하나의 LAN 패킷을 수신함으로써 동작하고, 하나의 패킷을 패킷 네트워크에 액세스하기 위해 특정 프로토콜로 변환하는 기능을 한다. 일반적인 대부분의 게이트웨이는 토큰 링(Token Ring) 또는 Ethernet 패킷을 IBM의 SDLC와 같은 비트 직렬 프로토콜(Bit Serial Protocol)로 변환하게 된다. 프로토콜 변환기능을 수행하는 데 있어서 게이트웨이는 문자 코드의 변환, 스크린 속성의 변환과 다른 키가 눌렸을 때 다른 키 코드를 발생시키는 키들의 맵핑 기능을 한다.

(8) 스위치

L2, 3, 4 스위치는 ISO OSI계층에 위치하는 Layer2, Layer3, Layer4 switch를 줄여서 하는 말로 각각 2계층, 3계층, 4계층 스위치를 말한다. 즉, L2 스위치라고 하면 데이터링크 계층에

위치하여 서로 다른 데이터 링크 간을 스위칭 해주는 장비를 말하고, L3 스위치라고 하면 네트워크 계층에 위치하여 서로 다른 네트워크 간을 연결해 주는 장비로써 데이터의 네트워크 주소를 보고 스위칭 해주는 장비이고, L4 스위치라고 하면 전송계층으로 전송계층 정보인 웹 트래픽이나 FTP 트래픽과 같이 정해진 서비스 포트를 보고 트래픽을 스위칭 해주는 장비이다. 그러므로 L2스위치는 일반적인 스위칭 허브이고, L3스위치는 주로 라우터 기능을 하며, L4스위치는 로드 밸런서로 서버 부하를 분산하는 일을 담당한다.

1) 스위치의 정의

허브의 확장된 개념으로 기본 기능은 허브와 동일하지만 전송 중 패킷의 충돌이 일어나지 않도록 패킷의 목적지로 지정할 포트를 직접 전송한다. 스위치에서 패킷의 목적지 주소를 기준으로 보내는 곳과 받는 곳을 계산하여, 해당 포트를 1:1로 연결(Switching)한다.

스위칭은 정보 전달의 수단과 회선의 효율적 운용을 위해 입출력 상태를 감시하며, 전송로의 장애 발생 시 현재 상태에서 예비상태로 전환한다.

2) 스위치의 특징

패킷을 보내는 노드와 받는 노드를 1:1로 연결해 주기 때문에 빠른 속도로 전송 가능하며 충돌이 발생하지 않는다. 두 개의 노드가 통신을 하는 동안 다른 노드들도 서로간의 통신이 동시에 가능하며, 이더넷에서 높은 효율을 갖는다. 노드의 수가 증가해도 속도의 지하가 일어나지 않으며, 패킷의 감청이 어려운 구조이므로 보안성이 높다. 기본적으로 Processor, RAM, OS를 탑재하므로 많은 부가 기능을 갖는다.

3) 스위치의 장점

완전한 2중화 구성이 가능하며 대역폭 비용이 낮아진다. 트래픽 제어가 상대적으로 높아서 포트 당 속도가 일정하게 보장된다. 여러 노드가 동시에 통신을 할 때도 속도 저하가 없고 성능이 향상된다. 전 이중 통신 모드로 네트워크상의 불필요한 패킷의 흐름을 막으며, 충돌이 발생하지 않아 빠른 속도의 전송이 가능하다. 각 DTE는 스위치를 몰라도 데이터 전송에는 지장이 없이 많은 부가기능이 있다.

4) 스위치의 구분

어떤 주소를 가지고 스위칭을 하는가에 따라 L2, L3, L4 스위치로 구분된다. L2는 MAC주소, L3은 프로토콜 주소, L4는 세션 프로토콜을 이용하여 스위칭할 수 있다.

5) Layer2 스위치

L2 스위치로 가장 흔히 볼 수 있는 스위칭 방식이며, 다른 방식에 비해 저렴하다. 패킷의 MAC 주소를 읽어 스위칭을 하고, MAC이 OSI 계층 중 2계층에 해당하기 때문에 Layer2 스위치라 한다. 기본적인 동작은 브릿지나 스위칭 허브는 모든 자료를 보내는 곳으로 수신 번지를 전송하고, 브릿지는 어떤 포트에서 받은 데이터를 다른 모든 포트로 전송하나 L2 스위치 허브에서는 여러 개의 포트 중 특정 포트로만 전송한다. 즉, 다른 스위치처럼 프로세서, 메모리, 펌웨어(운영체제)가 담겨 있는 FLASH ROM으로 이루어져 있다. 부팅이 되면 L2 스위치는 각 포트별로 연결되어 있는 노드의 상태를 확인한다. 각 노드의 MAC 주소를 알아내어 이것을 메모리에 적재하게 되고, 패킷이 전달될 때 이 정보를 바탕으로 스위칭하게 된다. 스위치의 운영 체제가 적재되거나 스위칭을 할 때 각 포트별 주소 정보가 저장(스위칭 허브 메모리)된다. 스위칭 허브를 선택할 때 스위칭 허브가 얼마만큼의 메모리와 어느 정도의 주소 테이블을 저장할 수 있는지를 확인한다. 보통의 스위치는 메모리 용량 이상의 주소가 저장될 경우(연결 노드가 많은 경우) 스위칭 기능이 중지되고, 더미 허브와 같은 방식으로 동작한다.

6) Layer3 스위치

L3 스위치로 포트 간 패킷 스위칭을 위해 패킷의 IP나 IPX 주소를 읽어서 스위칭을 하며 통신 경로를 한 번만 설정한다. 해당 프로토콜을 쓰는 패킷에 대해 스위칭이 가능하며, IP나 IPX 주소가 OSI 7 계층 중 3 계층에 해당하기 때문에 Layer 3 스위치라 한다. L2 스위치에 라우팅(Routing) 기능을 추가하고(기본 구성은 L2와 동일), 대부분의 고성능 하드웨어를 기초로 하였다. 즉, 부팅 시 각 포트로 연결된 노드의 상태를 확인하고, 노드의 주소를 테이블의 메모리에 적재하여 패킷이 전달될 때 이 정보를 바탕으로 스위칭을 한다. L3은 L2에 비해 고급 기능을 지원하므로 L2는 일부 고급 기종에서만 스위치에 IP주소를 할당하지만 L3은 기본적으로 스위치 자체에 IP 주소를 할당하고, 각 포트별 IP 주소 할당 내역 등을 설정하여 스위칭할 때 설정된 값(기본 설정 모드) 지원을 이용한다.

7) Layer4 스위치

L3과 같이 프로토콜을 기반으로 하며, 애플리케이션별로 우선순위를 두어 스위칭이 가능하다. 여러 대의 서버를 1대처럼 묶을 수 있는 부하 분산 (Load Balancing : 많은 양의 트래픽을 여러 서버로 분산 가능) 기능을 제공한다. 각 제조업체별로 설정 방법 및 제공 기능이 다르므로 특별한 표준을 지정하기가 힘들다. 즉, L3 스위치와 유사한 구조와 동작 원리를 갖고 있지만 가상 랜 기능과 그룹화, 부하 분산 등의 고급 설정이 추가로 포함되는 점이 다르다. TCP/IP 프로토콜을 기반으로 동작하는 것이 대부분이며, 포트 번호를 이용한 스위칭 까지도 가능하다. 포트 번호는 수신 컴퓨터에서 IP 패킷의 형태로 결정하여 상위 계층으로 전달한다. 보안성이

높고 상황에 적절한 고급 스위칭 설정이 가능하여 용량에 관계없이 네트워크의 성능 개선에 기여한다. 다만 프로토콜 의존적이며, 설정이 복잡하고 고가의 장비이기 때문에 L2, L3 스위치와 적절한 혼합 배치가 필요하다.

4.6.5 계층구조와 그 기능

ISO(국제표준화기구)의 OSI 참조 모델은 7계층(layer)으로 이루어져 있고, 각 계층 간의 관계는 어느 한 계층 아래 있는 (N-1)계층이 제공하는 서비스에 자신 (N)계층의 서비스를 부가하여 한 계층 위에 있는 (N+1)계층에 서비스를 제공한다.

(1) 물리 계층

OSI 참조 모델의 최하위계층 시스템과 시스템간의 물리적인 접속(논리조건, 전기신호, 기계조건, 전송조건)을 제어하기 위해 필요한 기능을 제공한다. 기본적으로 CCITT 권고 X.21, V.24 등이 여기에 대응되는 프로토콜이다.

(2) 데이터 링크 계층

데이터 링크 계층은 하위계층으로부터 제공되는 물리적인 특성을 이용하여 인접한 두 장치 간에 데이터의 송수신을 행한다. 이 목적을 수행하기 위해 데이터 링크 접속이라 하는 논리적인 통신로를 인접한 시스템 간에 설정하며, 데이터 전송에 있어서 에러 검출이나 회복 등의 기능을 제공한다. 이 계층의 프로토콜로는 ISO의 HDLC와 CCITT의 권고 X.25에 포함되어 있는 LAPB (Link Access Procedure Balanced)가 대표적이다.

(3) 네트워크 계층

네트워크 계층은 통신을 수행하는 응용 프로세스가 존재하는 시스템간의 데이터 교환기능을 제공한다. 즉 여러 개의 통신망을 경유하여 통신하는 경우 종단 시스템 간에 있어서 상위계층에 대하여 같은 품질의 통신로를 제공한다. 이 계층의 프로토콜로는 CCITT 권고 X.25가 대표적이다.

(4) 트랜스포트 계층

트랜스포트 계층은 상위의 계층에 대하여 종단 시스템(end system)간에 데이터를 일관성 있게 전송하는 것을 목적으로 하고 있다. 이 목적을 수행하기 위해 세션 실체 간에 트랜스포트 접속이라 하는 논리적인 통신로의 설정 및 종단 시스템간의 데이터 전송에 있어서의 ①에러검출, ②에러회복, ③흐름제어 및 ④접속 다중화 등의 기능을 제공한다. 이 프로토콜은 등급별 0에서 4 까지가 조정 가능하며, 필요에 따라 선택하여 사용한다.

(5) 세션 계층

세션 계층은 프리젠테이션 실체가 특성에 맞게 데이터를 교환할 수 있는 통신방법을 제공하는 것을 목적으로 한다. 이 목적을 수행하기 위해 프리젠테이션 실체 간에 세션 접속이라는 논리적인 통신로를 설정하고, 이 통신로상을 통과하는 데이터의 제어(송신권제어, 동기제어 등)를 수행한다.

(6) 프레젠테이션 계층

프레젠테이션 계층은 상위의 응용 계층으로부터 받은 정보를 공통으로 이해될 수 있는 데이터의 표현방식(syntax)으로 변환하는 기능을 제공한다. 예를 들면 텔레텍스 프로토콜에 있어서 문자열과 문서형식은 이 계층에 관련된다. 프레젠테이션 계층의 주요한 서비스는 응용 계층의 시스템 프로토콜에 대하여 단말 조작, 파일 조작, 작업전송 조작 등에 관한 데이터의 형식처리를 하는 것이다.

(7) 응용 계층

응용 계층은 참조 모델에서 정의된 최상위 계층으로, 응용 프로세스(사용자 프로그램, 단말장치의 운용자 등)간의 정보교환기능을 실현하기 위하여 존재한다. 응용 프로토콜로는 실체의 활성화/비활성화, 감시 등의 ①시스템 제어 및 관리를 행하는 시스템 관리 프로토콜, ②응용 프로세스의 제어 및 관리를 행하는 응용관리 프로토콜, ③정보처리에서 요구되는 파일전송 액세스 관리, ④가상단말, 작업전송조작 등과 같은 전송에 대응한 시스템 프로토콜이 존재한다.

표 4.8-1 OSI 참조 모델 각 계층의 기능

계 층		기 능
7계층	응용 계층	응용 프로세스간의 정보교환
6계층	프리젠테이션 계층	정보의 형식설정과 코드 교환
5계층	세션 계층	응용 프로세스간의 송신권과 동기제어
4계층	트랜스포트 계층	송수신 시스템간의 논리적 안정과 균일한 서비스
3계층	네트워크(패킷) 계층	정보교환과 중계기능
2계층	데이터 링크(프레임) 계층	인접장치간의 정보전송
1계층	물리 계층	전송매체로의 전기적 신호전송

표 4.8-2 기본 프로토콜의 분류

	프로토콜의 분류
문자방식	IBM-BSC
바이트방식	DEC-DDCPM
비트방식	IBM-SDLC ISO-HDLC ANSI-ADCCP CCITT-X.25
(데이터링크방식)	ISO-HDLC CCITT-X.25(LAPB)

4.7 DTE / DCE 접속 규격

단말 장치의 DTE / DCE 접속 규격(Interface)이란 호스트 컴퓨터와 모뎀, 터미널과 모뎀사이의 데이터를 주고받는 경계점으로서 신호, 타이밍 및 커넥터에 대한 규정을 말한다. 인터페이스란 장치간의 접속을 정확히 수행하기 위한 장치간의 접속조건을 의미한다.

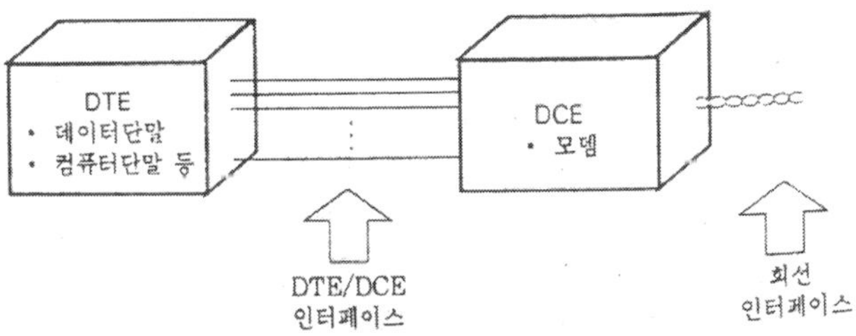

그림 4.46 DTE / DCE 접속 구성

이 인터페이스는 어떠한 기준 없이 세계 각국의 생산자들이 독자적인 방법으로 DTE, DCE를 생산했을 때 혼란이 발생하기 때문에 이를 방지하기 위해서 ITU(국제전기통신연합), EIA(미국전자공업회), ISO(국제표준기구)등을 비롯한 여러 표준화 기구에서 접속 규격을 제정 권고하고 있다. ITU는 기존의 공중 전화망을 이용한 데이터 전송에 대한 표준은 V시리즈로, 공중 데이터망을 이용한 데이터 전송에 대한 표준은 X시리즈로 권고하고 있다.

DTE/DCE 간의 접속을 위하여 기계적인 면, 전기적인 면과 기능적인 면을 상호 접속 처리해 주는 것을 접속 규격이라 한다. 전화회선은 2가닥의 동선이 한 조가 된 쌍대선(2선식)이 기본이지만 DTE/DCE 인터페이스는 다선식(多線式)으로 되어 있다. 이 인터페이스에서는 이용자의 데이터 송수신뿐만 아니라 DTE와 DCE간에 송신요구나 수신가능 상태 표시 등 각종 제어 신호를 주고받는다. 따라서 기능별로 각종 신호선을 준비해 두고 있다. ITU-T에서는 DTE/DCE

인터페이스를 V시리즈 권고 중에 규정하고 있으며, 디지털 회선 이용 시의 DTE/DCE 인터페이스는 X시리즈 권고 중에 규정하고 있다. 여기서 DTE/DCE 접속 규격을 아날로그 전송 시에 사용하는 25핀, 37핀과 디지털 데이터 망에 이용되는 15핀 커넥터에 대해 설명하겠다.

표 4.9 ITU V 계열 권고

권 고	내 용
V.10	불평형 상호접속회로의 전기적 특성
V.11	평형 상호접속회로의 전기적 특성
V.21	일반전화망용 300bps 전 이중 모뎀 규격
V.22	일반 전화 교환망 및 2선식 전용회선용 1200bps 전 이중 모뎀 규격
V.23 bis	일반 전화 교환망 및 2선식 전용회선용 1200bps 전 이중 모뎀 규격
V.23	일반 전화 교환망용 1200 bps 모뎀 규격
V.24	DTE/DCE 상호접속회로의 기능 및 전기적 특성
V.26	4선식 전용회선용 2400bps 모뎀 규격
V.27	전용회선용 4800bps 모뎀 규격
V.27 bis	전용회선용 4800bps 모뎀 규격
V.27 ter	일반전화 교환망용 4800/2400bps 모뎀 규격
V.28	불평형 복류 상호접속회로의 전기적 특성
V.29	전용회선용 9600bps 모뎀 규격
V.32	일반전화 교환망 및 전용회선용 9600bps 모뎀 규격
V.35	60～108kHz 군대역 회선용 48Kbps 데이터 전송
V.36	60～108kHz 군대역 회선용 동기식 데이터 전송용 모뎀 규격
V.37	60～108kHz 군대역 회선용 72Kbps 이상의 동기식 데이터 전송

표 4.10 ITU X 계열 권고

권 고	내 용
X.20	공중 데이터 망에서 비동기 전송을 위한 DTE/DCE 간의 접속 규격
X.20 bis	V 계열의 비동기 전 이중 모뎀의 접속 규격으로 설계된 DTE의 공중 데이터 망에서의 이용
X.21	공중 데이터 망에서 동기식 전송을 위한 DTE/DCE간의 접속 규격
X.21 bis	V 계열의 동기식 모뎀에 적합하게 설계된 DTE의 공중 데이터 망에서의 사용
X.22	사용자 등급 3～6의 다중 DTE/DCE 접속 규격
X.24	공중 데이터 망에서 사용되는 DTE/DCE 간의 상호접속회로에 대한 정의
X.26	데이터 통신 분야에서 직접 회로장치로 이용되고 있는 범용 불평형 상호 접속 회로의 전기적 특성
X.27	데이터 통신 분야에서 직접 회로장치로 이용되고 있는 범용 불평형 상호 접속 회로의 전기적 특성
X.28	동일국대에 위치하는 공중데이터 망에서 PAD를 액세스하는 비동기식 단말 장치를 위한 DTE/DCE 간의 접속 규격

4.7.1 25핀 인터페이스

이 접속규격은 데이터 전송에서 DTE/DCE 사이의 2진 직렬 데이터와 제어신호 및 동기신호의 전송을 위한 것으로 EIA-232D/ITU V.24, V.28과 EIA-530은 아래의 그림과 같은 25핀 커넥터이다.

(1) RS-232D (또는 EIA-232D) / ITU V.24

RS-232에는 C와 D가 존재한다. RS-232는 직렬통신, 동기 및 비동기, 전용회선, 교환회선, 2선식 및 4선식, 포인트 투 포인트 또는 멀티 포인트 데이터 통신 시스템에 사용된다. 또한 전용회선 및 교환회선에 사용되며 데이터 신호 속도는 20 [kbps]이하이다.

RS-232C를 수정하여 만들어진 RS-232D에는 근거리 궤환 시험과 원거리 궤환 시험 등의 모뎀 시험기능을 추가하였다. RS-232는 인터페이스를 통하여 데이터와 제어 신호를 전송하고 데이터의 흐름을 동기 시키거나 데이터 전송 속도를 조절하는 기능과 전기적인 접지 역할을 한다. RS-232D는 약 50피트 내에서 20 [kbps]의 전송속도를 갖는다.

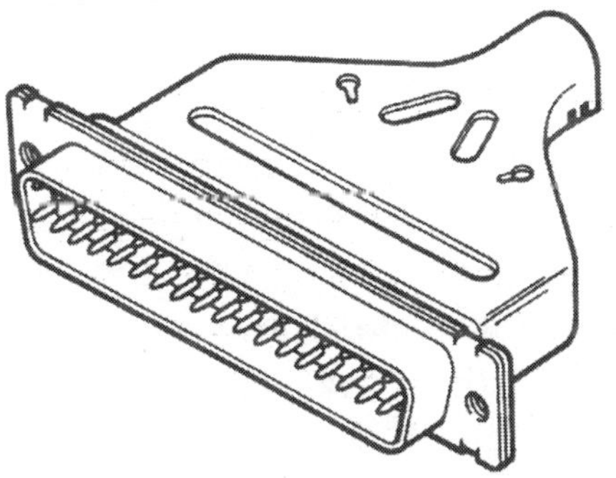

그림 4.47 RS-232D 커넥터

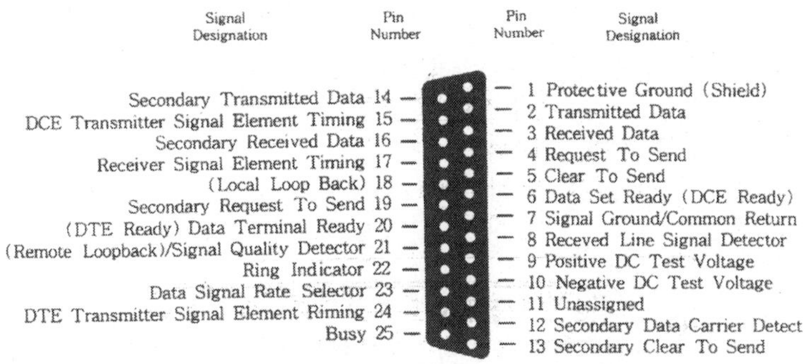

그림 4.48 RS-232 인터페이스

표 4.11은 RS-232D의 인터체인지 회로의 기능을 나타낸 것이다.

표 4.11 RS-232D의 인터체인지 회로의 기능

핀번호	ITU V.24 기호	RS-232D 기호	기 능	전송방향
7	102	AB	신호용 접지	
2	103	BA	데이터의 송신	DCE
3	104	BB	데이터의 수신	DTE
4	105	CA	송신 요구	DCE
5	106	CB	송신 준비 완료	DTE
6	107	CC	데이터 셋 준비완료	DTE
20	108.2	CD	데이터 단말 준비완료	DCE
22	125	CE	피호출 표시	DTE
8	109	CF	수신 캐리어 검출	DTE
21	110	CG	데이터 신호 품질 검출	DTE
23	111 112	CH(DTE) CI(DCE)	데이터 전송 속도선택	DCE DTE
24	113	DA	송신기의 클럭	DCE
15	114	DB	송신기의 타이밍	DTE
17	115	DD	수신기의 타이밍	DTE
14	118	SBA	궤환 채널의 데이터 송신	DCE
16	119	SBB	궤환 채널의 데이터 수신	DTE
19	120	SCA	궤환 채널의 송신 요구	DCE
13	121	SCB	궤환 채널의 송신 준비 완료	DTE
12	122	SCF	궤환 채널의 수신 신호 검출	DTE
21	140	RL	원거리 궤환	DCE
18	141	LL	근거리 궤환	DCE
25	142	TM	테스트 모드	DTE

(2) EIA-530

EIA-530 인터페이스는 20 [Kbps] 이상의 데이터 전송 속도를 요구하는 데이터 통신 시스템에서 사용되며 EIA-232D와 같은 25핀 커넥터를 사용한다. EIA-530은 DTE로부터 최대 200피트 내의 거리에서 사용하여 20 [Kbps]에서 2 [Mbps]의 전송 속도를 지원할 수 있으며 동기 및 비동기, 교환망, 비 교환망, 전용회선, 2선식 또는 4선식과 포인트 투 포인트 및 멀티 포인트 데이터 통신 시스템에 사용된다.

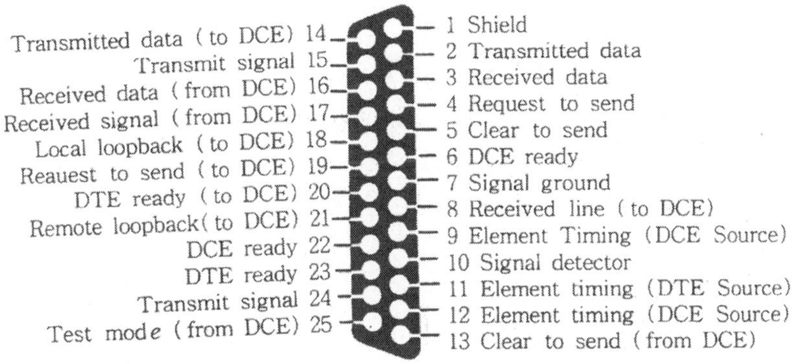

그림 4.49 EIA-530D 인터페이스

4.7.2 37핀 인터페이스(EIA-449)

EIA-449는 10개의 부가회로와 테스트 회로를 포함하여 37핀 커넥터이다.

EIA-449에는 전기적인 인터페이스의 구성 방식에 따라서 EIA-422A와 EIA-423A 두 가지가 사용된다. EIA-422A는 평형 전기적 인터페이스를 사용하며 잡음에 강하고 EIA-423A에 비해서 빠른 전송 속도로 먼 거리까지 전송할 수 있다.

동기식 및 비동기식에 적용되며 직통전용회선과 분기전용회선 및 교환회선에 이용되며 100 [Kbps]~10 [Mbps]의 신호 속도를 갖는다.

그림 4.50은 37핀 커넥터의 배열을 보여준다.

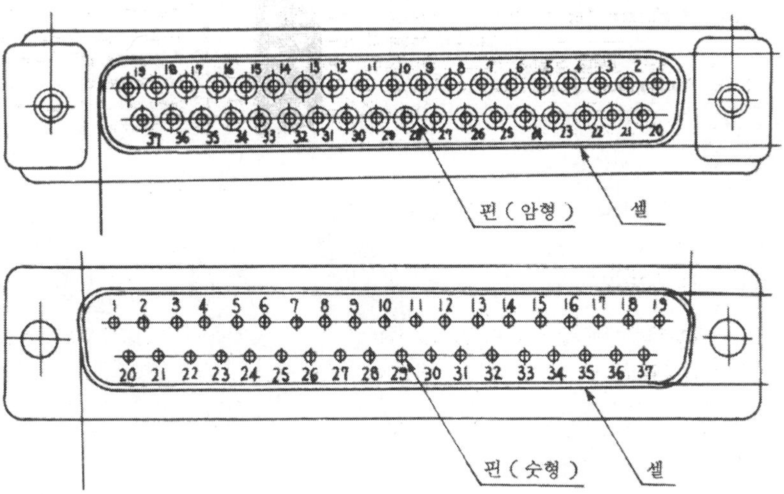

그림 4.50 37핀 커넥터

4.7.3 15핀 인터페이스

이 접속규격은 공중데이터 통신망(PSDN)에서 데이터 전송을 위한 DTE와 DCE 간에 2진 데이터와 제어신호를 전송하기 위한 접속규격이며 X.20, X.21, X.26, X.27 및 ISO 2110, 4902, 4903에 규정되어 있다.

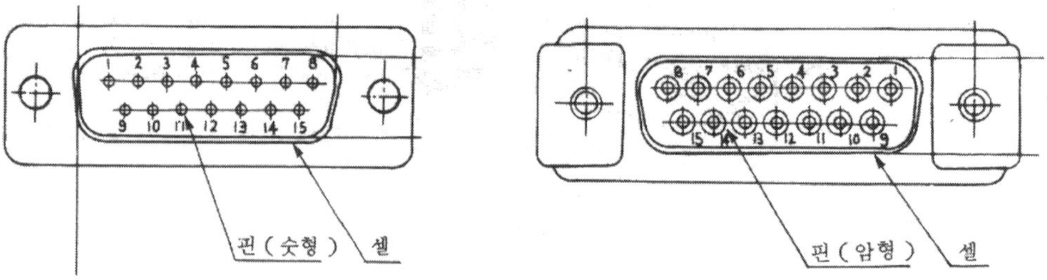

그림 4.51 15핀 커넥터

4.7.4 USB 인터페이스

일반적으로 USB(Universal Serial Bus)는 PC와 인터페이스 접속 방식이다. 포트 인터페이스 접속규격은 USB와 IEEE 1494가 있다.

USB 구체적인 특성은 웹 usb.org에서 참조할 수 있으며 일반사항은 다음과 같다.

- USB type plug (공급전원 5V±5%, USB2.0 100mA, USB3.0 150mA)

그림 4.52 USB 인터페이스 규격

■ 기본 USB Type A/B, USB Cable (16.4 ft (5.0 m) Twist Pair Cable)

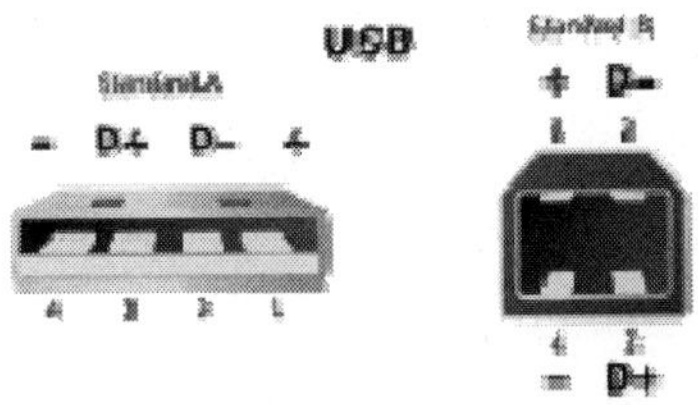

Pin	Name	Color	Description
1	Vcc	Red	+5V
2	D-	White	data-
3	D+	Green	data+
4	GND	Black	ground

그림 4.53 USB 인터페이스 구조

■ USB Mini / Micro Type Plug

Pin	Name	Color	Description
1	Vcc	Red	+5V
2	D-	White	data-
3	D+	Green	data+
4	ID	None	ground connect
5	GND	Black	ground

표 4.12 프로토콜의 운영 비교

인터페이스	USB 1.0	USB 2.0	USB 3.0	IEEE 1394	IEEE 1394 b
최대전송속도 (Mbps)	12	480	5,000	400	3,200
전송방식	직렬 비동기식	직렬 비동기식	직렬 비동기식	DMA 직렬 비동기식	DMA 직렬 비동기식
연결장치개수	127	127	-	63	128
최대전송거리	5	5	3(무한)	4.5	100
로열티	없음	없음	없음	있음	있음
적용제품	PC, 저장장치, 멀티미디어기기			멀티미디어기기	

이후 USB 적용 전자기기에 따라 2015년 3월에 애플이 USB Type-C 단자 하나만을 장착한 2015년도 12인치 맥북을 선보였다. 며칠 뒤 구글도 Type-C 단자를 적용한 신형 크롬북 픽셀을 선보였다. 처음에는 USB가 마이크로소프트와 인텔의 주도하에 만들어지고, 애플사가 동참하였으며, 웹 http://www.usb.org에서 제일 중요한 메인파트너는 인텔이다.

USB 외 다른 종류의 데이터 통신 규격도 Type-C 단자를 채택하여 전자기기의 단자 수를 줄여 소형화하는 데 유리하고, 스마트폰에 USB 외에 더 빠를 수 있는 데이터 통신 규격도 추가해 볼 가능성이 열리는 장점이 있다. 썬더볼트 3 역시 단자 하드웨어로 Type-C 단자를 사용한다. 델에서 출시한 신형 XPS와 같이, Type-C 단자에서 USB 3.1과 썬더볼트 3을 동시에 지원하는 기기가 늘어나고 있다. 심지어는 그래픽 카드에도 USB 단자가 들어가기 시작했다. 한편, 일부 USB Type-A to Type-C 케이블과 관련된 문제가 있다. 일부 케이블이 3A 이상의 고속 충전을 지원하기 위해 56kΩ이 아닌 10kΩ 저항을 탑재했는데, 표준 규격에 맞지 않아 충전기와 충전하는 단말기까지 고장을 내거나 심하면 화재까지도 일어날 수 있는 문제가 있다.

크기가 Micro-B와 특성 차이가 거의 없는 구조에 접점이 무려 20개나 되기 때문에 생기는 문제가 있으나, USB 외 다른 종류의 데이터 통신 규격도 Type-C 단자를 채택하여 전자기기의 단자 수를 줄여 소형화하는 데 유리하고, 스마트폰에 USB 외에 더 빠를 수 있는 데이터 통신 규격도 추가해 볼 가능성이 열리는 장점이 있다.

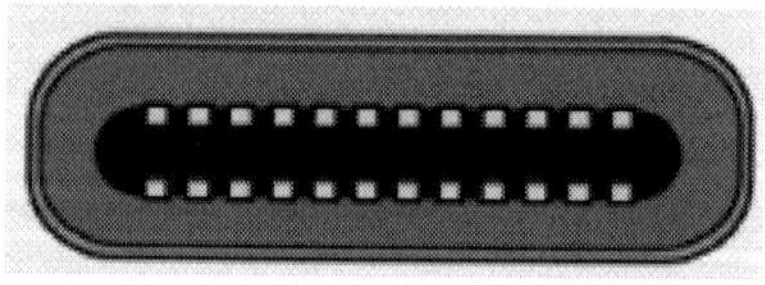

(a) USB C형 플러그 전면 구조

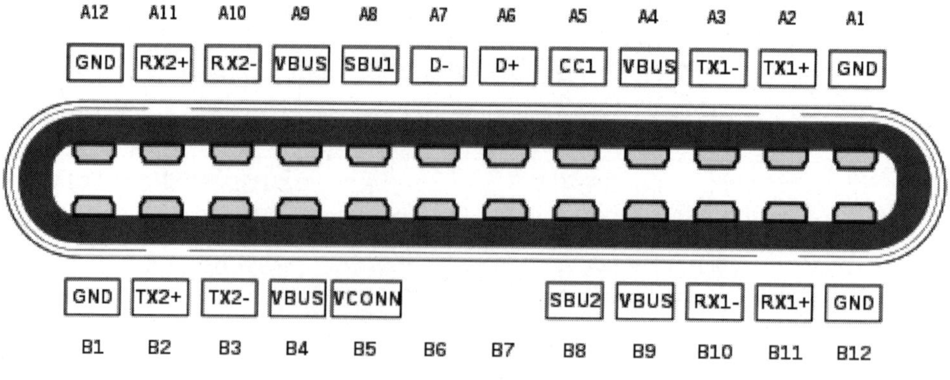

(b) USB C형 플러그 핀 배열

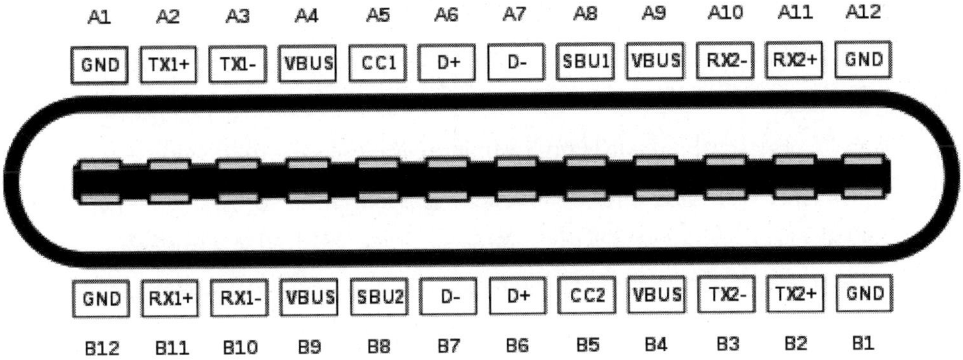

(c) USB C형 포켓 핀 배열

그림 4.54 USB C형 커넥터

표 4-15 USB C형 핀별 동작기능

핀	명칭	내용	핀	명칭	내용
A1	GND	접지	B12	GND	집지
A2	SSTXp1	SuperSpeed 차동쌍 #1, TX, +	B11	SSRXp1	SuperSpeed 차동쌍 #2, RX, +
A3	SSTXn1	SuperSpeed 차동쌍 #1, TX, -	B10	SSRXn1	SuperSpeed 차동쌍 #2, RX, -
A4	V_{BUS}	버스 파워	B9	V_{BUS}	버스 피워
A5	CC1	배치 채널	B8	SBU2	측파대용
A6	Dp1	비-SuperSpeed 차동쌍, 위치 1, +	B7	Dn2	비-SuperSpeed 차동쌍, 위치 2, -
A7	Dn1	비-SuperSpeed 차동쌍, 위치 1, -	B6	Dp2	비-SuperSpeed 차동쌍, 위치 2, +
A8	SBU1	측파대용	B5	CC2	배치 채널
A9	V_{BUS}	버스 파워	B4	V_{BUS}	버스 파워
A10	SSRXn2	SuperSpeed 차동쌍 #4, RX, -	B3	SSTXn2	SuperSpeed 차동쌍 #3, TX, -
A11	SSRXp2	SuperSpeed 차동쌍 #4, RX, +	B2	SSTXp2	SuperSpeed 차동쌍 #3, TX, +
A12	GND	접지	B1	GND	접지

4.7.5 HDMI 인터페이스

멀티미디어 콘텐츠 등 고화질의 영상(Video)과 음향(Audio)을 전송하기 위해서는 재생기기와 출력기기 간에 영상/음향 신호를 전송하기 위한 케이블 및 단자(포트 및 커넥터)를 나타내는 인터페이스(Interface)가 필요하다. 출력기기와 재생기기가 아무리 훌륭하더라도 인터페이스의 품질이 좋지 못하다면 신호가 전달되는 도중에 영상과 음향이 저하될 수 있다.

특히, 2000년에는 DVD 영화나 비디오 게임을 HDTV에 연결하여 만족스러운 화질로 즐기고자 할 때 3개의 케이블로 구성된 컴포넌트 인터페이스 외에 선택의 폭이 그다지 넓지 않았다. 여기에 각 채널 별 음성 케이블까지 연결할 경우 각종 케이블들이 복잡하게 얽히게 된다. 이러한 이유로 등장한 것이 HDMI(High Definition Multimedia Interface)이다.

HDMI는 디지털 방식의 영상과 음향 신호를 하나의 케이블로 동시에 전달하는 방식으로, 2003년에 히타치, 파나소닉, 소니, 필립스, 톰슨 등의 AV 가전 업체들이 주축이 되어 공동 개발하였다. 재생기기와 출력기기가 모두 HDMI 포트를 갖추고 있을 경우, HDMI 케이블 하나만 연결하면 간편하게 영상과 음향을 동시에 즐길 수 있다. 또한, 품질 저하가 없는 디지털 방식이므로 화질과 음질도 우수하다. 풀 HD급, 혹은 UHD급의 고화질 영상과 5.1채널이나 7.1채널의 입체음향도 단 하나의 케이블로 전송할 수 있다. 최근 2015년부터 HDMI는 PC, 셋톱박스, 블루레이 플레이어, TV 등 다양한 기기에서 쓰이고 있는 사실상의 표준 인터페이스다. 또한 전자기기 중 소형기기에는 표준형 HDMI 단자보다 작은 미니 HDMI나 마이크로 HDMI 규격의 단자를 사용한다. 단자의 크기는 달라도 내부적으로 전달되는 신호는 같으므로 이 경우 단자의 형태를 변경하는 젠더나 변환 케이블을 이용해 표준 HDMI 기기와 연결해 사용할 수 있다.

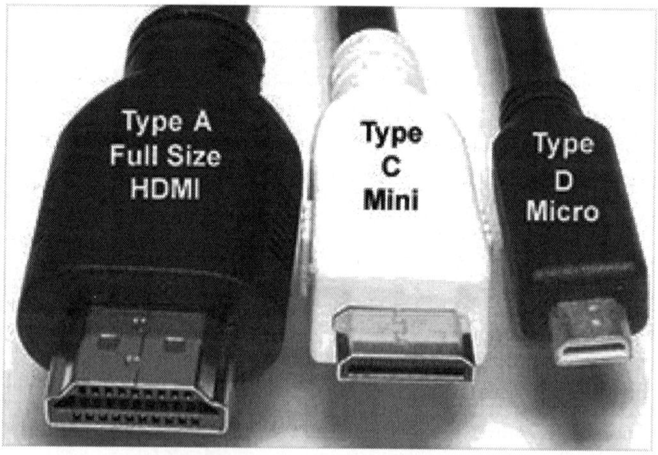

그림 4.54 HDMI 인터페이스 규격

HDMI는 버전에 따라 기능이 향상된다. 2006년 6월에 나온 HDMI 1.3 규격의 경우, 기존의 HDMI 1.2보다 대역폭(한 번에 전달할 수 있는 데이터의 크기)이 2배(4.95Gbps → 10.2Gbps)로 향상되어 기존의 1,920×1,200보다 정밀해진 2,560×1,600 해상도의 화면을 전송할 수 있게 되었으며, 기존의 24bits 컬러보다 방대한 48bits 컬러를 표현할 수 있게 되었다.

HDMI 1.3은 영상뿐만 아니라 음성 부문도 개선이 있었는데, 기존의 입체 음향 규격인 돌비

디지털 및 DTS(DVD급 입체 음향)보다 음질과 채널수가 한층 향상된 돌비 트루HD와 DTS HD 마스터오디오(블루레이급 입체 음향) 신호의 전송도 가능해졌다.

2006년 11월에는 HDMI 1.3의 개량형이라고 할 수 있는 HDMI 1.3a가 발표되었다. HDMI 1.3a에는 각 기기의 제어를 연동할 수 있는 기능이 추가된 것이 특징이다. 예를 들어 HDMI 1.3a 규격을 지원하는 블루레이 플레이어와 TV를 각각 연결할 경우, 복잡한 설정 없이 블루레이 플레이어 리모컨으로 TV까지 제어가 가능하다.

HDMI 1.4는 2009년 5월에 발표된 것으로, 전송 가능한 데이터 대역폭은 HDMI 1.3과 같지만 최대 전송 가능 해상도가 4,096×2,160 (24Hz)으로 향상되었고, 3D 영상도 지원하게 되었다. 그리고 영상과 음성 신호 외에 인터넷 등의 데이터 통신을 위한 이더넷(Ethernet) 신호도 함께 전송이 가능해진 것이 특징이다.

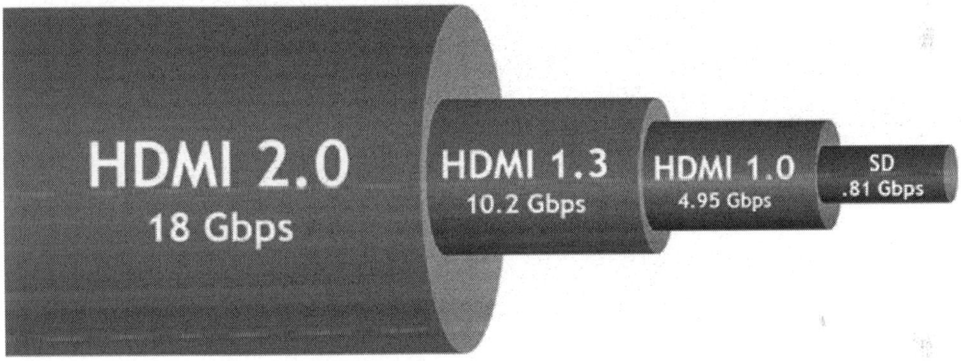

그림 4.55 HDMI 각 버전별 전송속도

2010년 발표된 HDMI 1.4a와 2011년에 발표된 HDMI 1.4b는 기존 HDMI 1.4의 3D 영상 전송능력을 한층 향상시킨 규격이다. HDMI 1.4a에는 탑 앤 버텀(Top and Bottom) 방식의 3D 영상 전송 능력이 추가되었고, HDMI 1.4b는 1,920×1,080 (1080p) 해상도의 풀HD급 3D 영상을 초당 60프레임(총 주사율 120Hz)으로 구현 가능하다.

2013년에 발표한 HDMI 2.0은 4K, 혹은 UHD(울트라 HD)로 불리는 초고해상도 환경에 최적화된 규격이다. 최대 대역폭은 18Gbps까지 향상되었고, 최대 4,096×2,160 (2160p)의 해상도에서 60Hz로 부드럽게 구동하는 영상을 전송할 수 있게 되었다. 한편, 2015년에는 화면 전반의 명암 구별 능력과 색감을 향상시켜 한층 보기 좋은 영상을 구현하는 HDR(High Dynamic Range) 비디오 지원 기능이 추가된 HDMI 2.0a 규격이 발표되었다.

각 버전의 HDMI 인터페이스는 하위 호환성을 가지고 있다. 때문에 상위 규격의 소스기기와 하위 규격의 출력기기를 연결해 사용하거나 혹은 그 반대의 경우도 가능하다. 다만, 이 경우에는 양쪽 모두 하위 규격에 해당하는 기능만 사용이 가능하다.

그 외의 HDMI와 관련 있는 인터페이스로는 스마트폰과 같은 모바일 기기를 위해 개발된 MHL(Mobile High-definition Link)을 들 수 있다. 이는 모바일 기기에 달린 마이크로 USB 포트를 이용해 HDMI처럼 영상과 음성을 출력하는 규격이다. 2010년경 이후에 출시된 대부분의 안드로이드 스마트폰은 MHL 규격을 지원하는 마이크로 USB 포트를 갖추고 있다.

HDMI와 유사한 인터페이스 중에는 디스플레이 포트(DP : Display Port)라는 것도 있다. 디지털 방식의 영상과 음향을 하나의 케이블로 전달한다는 점에서 HDMI와 비슷하지만 구조는 HDMI와 구별되며, AV기기보다는 PC에서 주로 사용한다.

연 습 문 제

4.1 MODEM에서 송신기와 수신기의 구성 요소를 설명하시오.

4.2 동기식 모뎀과 비동기식 모뎀에서 사용하는 변조 방식은 무엇인가?

4.3 변조 방식의 종류를 서술하고 간략히 설명하시오.

4.4 멀티 포인트 모뎀에서 전체 지연시간에 대해서 서술하시오.

4.5 멀티 포인트 모뎀에서 모뎀의 성능 측정 파라미터를 설명하시오.

4.6 디지털 부호화 방식의 종류를 쓰고 간략히 설명하시오.

4.7 CSU에서 압축을 하는 이유는?

4.8 통계적 다중화의 장단점을 서술하시오.

4.9 다중화기의 종류를 서술하고 간략히 설명하시오.

4.10 역 다중화기에 대해 설명하시오.

4.11 RS-232D와 EIA-530의 지원 가능 전송 속도는?

4.12 DTE/DCE 접속규격에 대해 설명하시오.

4.13 자동응답기와 자동호출기에 대해 설명하시오.

4.14 공동이용기에 대해 설명하시오.

4.15 주파수 분할 다중화기의 원리 및 응용에 대해 설명하시오.

4.16 PCM 다중화 계층에 대해 설명하시오.

4.17 PCM 다중화 계층에서 G 프레임과 G 펄스에 대해 설명하시오.

05 무선통신기기

5.1 개론

무선통신은 공간을 전송 매체로 하는 통신으로 정보를 전송하기 위해 송신 측에서는 신호를 전자파에 실어서(변조) 공간에 방사(Emission)하고, 수신 측에서는 공간을 거쳐서 전송된 전자파를 수신하여 원래의 신호를 검출(복조)하는 방식의 통신을 말한다.

무선통신의 역사는 1901년 Marconi가 대서양 횡단 무선통신에 성공함으로써 무선통신 시대가 개막되었고 Kenelly와 Heaviside가 대기권 상층부에 전리층이 존재하고 이 층은 전자파에 대한 반사체가 됨을 밝힘으로써 단파(HF : High Frequency)통신이 주종을 이루었다.

제2차 세계대전 동안 무선통신분야는 일대 전환기로 초단파대(VHF)와 극초단파대(UHF)의 Radar가 개발되고 끊임없는 연구로 인해 무선통신은 초고주파대(SHF)와 극초고주파대(EHF)로 확대되었다.

무선통신의 최대 특징은 무한한 공간을 누구든지 공통의 전송로로 사용할 수 있다는 점과 대용량이고 광범위한 수신지역을 가지며, 경제적이라는 특성 때문에 방송, 항공, 선박, 군사, 기상관측, 아마추어 무선, 이동통신, 위성 및 우주통신 등 그 활용 범위가 매우 넓다는 점이다. 그러나 무한한 공간을 누구든지 공통의 전송로로 사용하고 있기 때문에 무선통신의 최대 결점인 다른 통신시스템과의 간섭은 필연적이다. 이러한 결점은 전자파의 주파수 차 및 강도의 차에 의해 어느 정도까지 경감시킬 수 있는 성질의 것이므로 통신방식의 선택이 중요하다.

따라서 무선송신기로부터 공간으로 방사되는 전자파의 질은 그 자체의 만족으로 끝날 것이 아니라 다른 통신계에 대한 영향도 고려하여 결정되어야 한다. 이러한 이유로 무선통신 기기는 통신방식이나 기기의 구성 외에 전자파의 질에 관해서도 연구가 필요하다.

5.2 전파의 특성

무선통신에서 사용되는 전자파의 주파수를 무선주파수(Radio Frequency)라 하며 장파(VLF : Very Low Frequency)로부터 밀리미터파에 이르기까지 폭넓게 분포되어 있으며 이 전자파는 지구와 이를 둘러싸고 있는 대기권, 전리층과 태양을 비롯한 우주로부터 무수히 많은 영향을 받고 있으므로 이론적으로 전파를 완전히 해석하는 것은 불가능하다. 그러므로 지금까지의 연구에 의해 밝혀진 전자파의 원리 및 발생을 간략히 소개하겠다.

5.2.1 전자파의 발생

자유공간에 방사된 전기적 에너지를 전자파(Electromagnetic Waves)라고 하며 간단히 전파(Radio Wave)라 한다.

전파는 1864년 영국의 물리학자 Maxwell에 의해 이론적으로 증명되었으며 ($\nabla \times E = -\partial B/\partial t$, $\nabla \times H = J + \partial D/\partial t$), 1888년 독일인 Hertz에 의해 그 존재가 확인되고, 이태리인 Marconi에 의해 1896년 무선통신으로 응용되어 오늘날에 이르렀다.

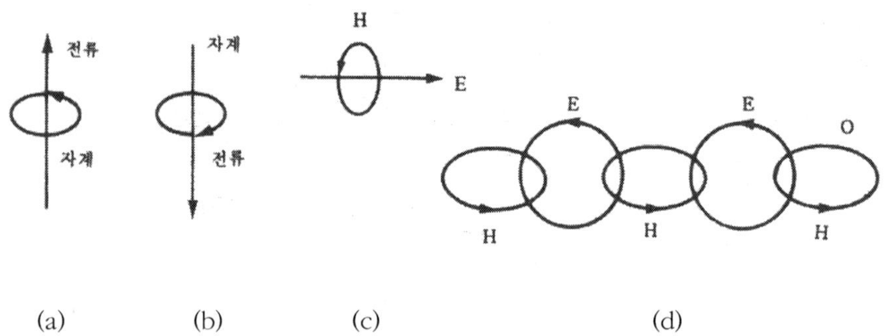

그림 5.1 전자파의 개념

그림 5.1의 (a)와 같이 도선에 전류가 흐르면 그 주위에 자계가 발생되는데 암페어의 오른나사법칙에 의하면 자계와 전계는 일정한 관계가 있다. 그림 (b)의 경우 전류와 자계의 관계를 반대로 하면 자계의 방향도 반대가 된다.

반대로 자계의 세기를 변화시키면 그 주위에 전류가 발생되고(패러데이 법칙), 발생된 전류는 자계의 변화를 방해하는 방향으로 흐른다(렌츠의 법칙). 이와 같이 전계와 자계의 변화가 상대적으로 존재하며 이 현상은 도체 내를 흐르는 도전전류 뿐만 아니라 콘덴서와 같이 도체가 아닌 공간, 즉 유전체를 흐르는 변위전류(Displacement Current)에도 이 두 가지 법칙이 성립한다. 그림 (c)에서 전계 E에 의해 자계 H가 발생되고 또 다른 전계, 자계가 연속적으로 발생되는 공간에 전파가 전파된다.

그림 (d)는 전계와 자계에 의해 공간에 전파되는 전파의 원리를 보여 준다.

5.2.2 전파 전파(電波 傳播)

송신안테나로부터 방사된 전파는 여러 경로를 통하여 각기 다른 세기로 수신 안테나에 도달된다. 전파가 공간을 진행하여 나아가는 것이 빛이 진행하는 것과 유사하다. 즉, 공간의 매질이 변화하면 전파에 반사, 굴절, 회절, 산란 등 여러 가지 현상이 생긴다. 또 매질의 변화가 없으면 전파는 직진한다. 이렇게 전파가 공간을 진행하여 나아가는 것을 전파 전파(電波 傳播)라 한다.

전파를 통로에 따라 분류하면 그림 5.2와 같다.

- 전파
  - 지상파
    - 지표파 : ①
    - 직접파 : ②
    - 반사파(대지 반사파) : ③
  - 공간파(전리층 반사파) : ④ ⑤

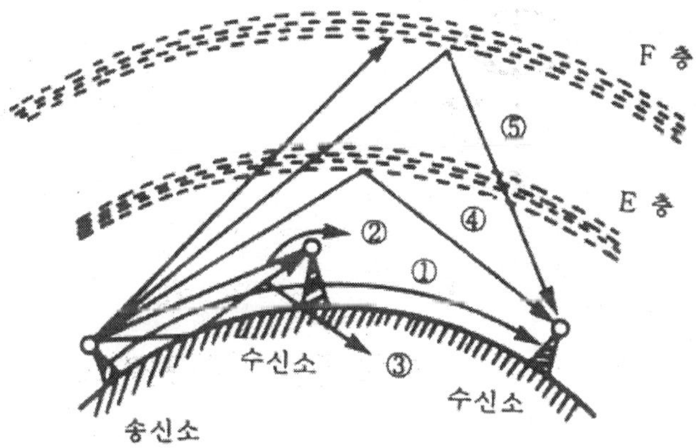

그림 5.2 전파 전파의 양식

5.2.3 전리층 (Ionosphere)

대기의 온도는 일반적으로 지상에서 상공으로 올라갈수록 차츰 낮아지며 어느 높이에 이르면 온도는 약 -50 ℃로 거의 일정하다. 지표로부터 이 높이까지의 공간을 대기권(Troposphere)이라고 하며 이 높이는 적도에서 약 16 [km], 온대지대는 약 10~12 [km], 극지방은 약 9 [km] 정도이다.

이 대기권 내에는 기상변화(ex : 구름, 비, 안개 등)가 일어나며 이보다 위는 성층권(Stratosphere)이고 전리층은 이보다 훨씬 높은 지상 70~400 [km] 정도 사이에 존재한다.

전리층은 높이에 따라 D, E, F층으로 구분되며 F층은 다시 F1과 F2층으로 나뉜다.

D층 : 70~80 [km]

E층 : 100 [km]

F층 : 230~400 [km]

D층은 E층 바로 앞에 존재하며 E층에서 반사하지 않는 높은 주파수를 반사하는 일이 가끔 있다. 보통 스포라딕 E층(Sporadic E Layer)이라 하며 매우 불규칙적이다. F층은 주간에는 F1과 F2층으로 나눠지지만 야간에는 하나로 통합되어 F층이 된다.

F층의 높이는 주간에는 야간보다 낮고 또 여름에는 겨울보다 약간 높으며 전자 밀도는 야간에 조금 감소된다. 이 전리층이 생기는 원인은 여러 가지가 있으나 아직 확실하게 규명된 것은 없으며 다만 두 가지 사실과 연관이 있는 것으로 알려졌다.

첫째는 태양과의 관계로, 상공으로 올라갈수록 태양의 자외선이 강해져서 기체의 분자나 원자가 자외선의 영향을 받아 전리를 일으켜 많은 자유전자를 생기게 하고 또 양이온과 함께 무리를 이루어 상공에 퍼져 있는 것이라 생각하며 둘째는 태양에서 방사되는 중성자 또는 대전 미립자로 기체분자나 원자와 충돌하여 전리층을 생기게 하는 것으로 생각하고 있다.

이상의 전리층에 대해 요약하면 다음과 같다. 즉, 전자 밀도는 F2층이 가장 높고 그 다음이 F1, E층의 순서이며 E층의 전자 밀도는 태양광선의 영향을 받아 주간이 야간보다 크지만 F층의 전자밀도는 태양광선의 영향을 별로 받지 않으므로 주야간에 별 차이가 없다.

1901년 Marconi가 유럽에서 대서양을 횡단하는 통신을 행하였을 때에는 전파가 빛과 같은 성질을 갖고 있기 때문에 직선으로 진행한다고만 생각하여 전리층의 존재를 몰랐지만 Kennelly와 Heaviside가 그림 5.3과 같이 지구 상층에는 전파를 발사하는 층이 있어, 전파가 대지와 이 층 사이를 몇 번 반사를 되풀이함으로써 지구의 반대편까지 도달되는 것이라고 설명하였다. 이 반사층을 전리층 또는 Kennelly-Heaviside층이라고 한다.

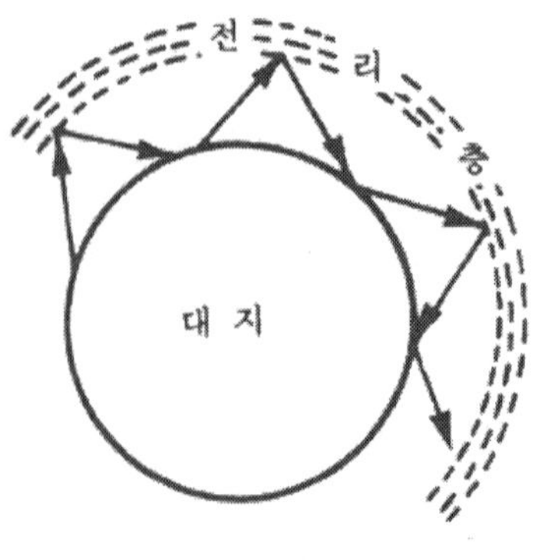

그림 5.3 전리층과 전파의 반사

5.2.4 전파의 전파

표 5.1 무선 주파수의 주파수에 따른 용도

명 칭	주파수범위	용 도	명 칭
VLF (Very Low Frequency)	3~30 [kHz]	선박, 장거리 통신	초 장 파
LF (Low Frequency)	30~300 [kHz]	선박, 장거리 통신	장 파
MF (Medium Frequency)	300~3000 [kHz]	선박, 항공, 표준 방송	중 파
HF (High Frequency)	3~30 [MHz]	근거리 중거리 통신, 선박, 방송	단 파
VHF (Very High Frequency)	30~300 [MHz]	FM방송, TV, 이동 무선	초 단 파
UHF (Ultra High Frequency)	300~3000 [MHz]	다중통신, 감시레이더, 위성통신	극초단파
SHF (Super High Frequency)	3~30 [GHz]	이동통신, 무선 LAN, Radar, Microwave, 위성통신	극초단파
L	1~2 [GHz]		
S	2~4 [GHz]		
C	4~8 [GHz]		
X	8~12 [GHz]		
Ku	12~18 [GHz]		
K	18~27 [GHz]		
Ka	28~40 [GHz]		
EHF (Extreme High Frequency)	30~300 [GHz]	이동통신, 위성통신	밀리미터파
	0.3~3 [THz]	-	
빛	3~30 [THz] 30~300 [THz] 300~3000 [THz]	원적외선 근적외선 가시광선, 자외선	빛 빛 빛

(1) 장, 중파의 전파

안테나로부터 방사되는 장, 중파의 전파는 지면에 따라 전파되는 지표파와, E층과 대지 간을 굴절 반사하여 전파되는 공간파로 나눠져서 전파한다. 지표파에 의한 전계강도는 대지의 영향을 많이 받아 비교적 근거리에서 감쇠한다. 그러나 해상에서는 감쇠가 적어 보통 1,000 [km]까지 통신 가능 범위가 된다.

지표파의 경우 주파수가 낮을수록 감쇠가 적어지므로 유리하다. 공간파는 E층에서 반사되는데 이 때 전파의 에너지를 흡수하므로 감쇠가 생긴다. 따라서 전리층의 상태에 크게 관계된다.

즉, 공간파에 의한 전계강도는 전자 밀도가 클수록 감쇠가 크기 때문에 주간에는 대단히

약하다. 또 주파수가 높을수록 감쇠가 크다. 야간이 되면 전자밀도가 감소하기 때문에 공간파의 감쇠가 감소되어 먼 거리까지 도달된다. 이런 현상 때문에 낮에는 들리지 않던 라디오 방송이 야간에는 잘 들리는데 이것은 밤에는 공간파가 강하기 때문이다.

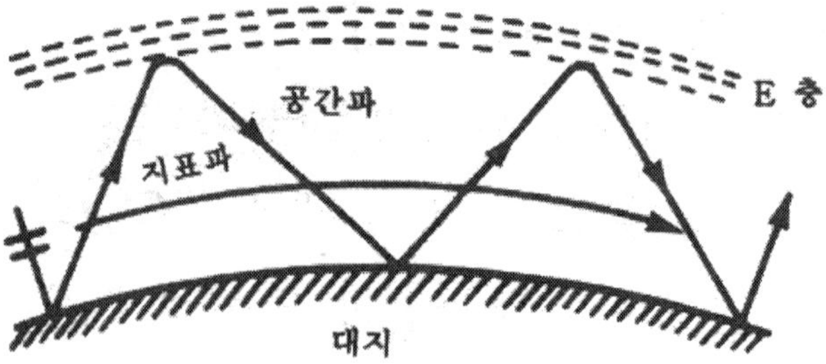

그림 5.4 장, 중파의 전파

(2) 단파의 전파

단파대의 지표파는 근거리에 급속히 감쇠하므로 거의 사용하지 않고 주로 공간파가 사용된다. 공간파는 E층을 투과하고 F층에서는 반사하여 다시 E층을 통과하여 나간다. 전파가 전리층을 통과 내지 반사할 때는 감쇠를 받는데 이를 제1종 감쇠라 하며 전자 밀도가 클수록 또 주파수가 낮을수록 크다.

그런 이유로 야간보다 주간에 감쇠가 더 심하며, 낮은 주파수를 사용할수록 감쇠가 크다. 그러므로 통신할 수 있는 최저 주파수를 최저 사용가능 주파수(LUF : Lowest Usable Frequency)라 한다.

전파가 전리층에서 통과되거나 반사될 때도 감쇠를 받는데 이를 제2종 감쇠라 하며 전자밀도가 적을수록, 주파수가 높을수록 크다. 따라서 이 감쇠를 적게 하기 위해 가능한 한 낮은 주파수를 사용하면 좋다. 그러므로 제2종 감쇠의 영향으로 통신할 수 있는 가장 높은 주파수를 최고 사용가능 주파수(MUF : Maximum Usable Frequency)라고 한다.

제1종 감쇠를 적게 하기 위해 높은 주파수를 사용하면 제2종 감쇠가 증가하며 반면에 제2종 감쇠를 적게 하면 제1종 감쇠가 증가한다. 그러므로 효과적인 통신을 하기 위해 이 양자를 고려한 적당한 주파수를 사용하여야 하는데, 이 주파수를 최적 운용 주파수(OWF : Optimum Working Frequency)라 하며 MUF의 약 80% 정도가 된다. 우리나라는 정보통신부 산하 전파연구소가 MUF의 평균치를 예보하고 있으며 OWF는 MUF의 평균치의 15% 정도 낮은 주파수를 사용하는 것이 보통이다.

(3) 초단파 및 초고주파의 전파

초단파대, 즉 30 [MHz] 이상의 주파수대가 되면 지표파는 감쇠가 심하고 공간파는 E층, F층을 통과하여 외계로 나가기 때문에 통신을 할 수가 없고 직접파와 대지 반사파에 의한 통신이 된다. 또, 공중선을 지표에서 수파장 이상의 높이에 놓게 되므로 지표파는 고려할 필요가 없다.

초단파나 초고주파의 통신은 대류권의 전파전파를 이용하는 것이기 때문에 기상의 영향을 많이 받는다. 또, 그 통달거리는 직접파와 반사파에 의한 통신이므로 주로 가시거리에 한정된다. 그러나 전파의 회절 현상 및 대기에 의한 굴절, 만곡 때문에 가시거리 이상으로 전파될 수 있다.

(4) 전파 전파의 여러 현상

전파의 수신음이 매질의 상태에 따라 변화한다. 즉, 전리층의 이동에 의한 전계강도의 변동으로 페이딩이 생기며 야간에 전리층의 전자밀도상승으로 야간오차의 현상이 있으며 태양면의 폭발에 기인하는 델린저 현상, 자기람(Magnetic Storm) 등이 있다.

1) 페이딩 (Fading)

전리층의 불규칙한 변동 때문에 발생하는 현상으로 전파의 수신음이 수초에서 수분 간격으로 커졌다 작아졌다 하는 것을 페이딩이라 한다. 이 현상은 단파통신에 많이 나타나며 원인에 따라 다음과 같이 분류한다.

① 간섭성 페이딩

송신 측에서 발사된 전파가 서로 다른 통로를 거쳐 수신 측에 도달했을 때 두 전파의 위상차에 의한 간섭으로 생기는 현상으로, AVC 회로를 사용하거나 적당한 거리(200~300 [m])에 2개 이상의 수신 안테나를 설치하여 전파를 따로 수신한 후 그 출력을 합성하면 개선된다. 이것을 공간 다이버시티(Space Diversity)라고 한다.

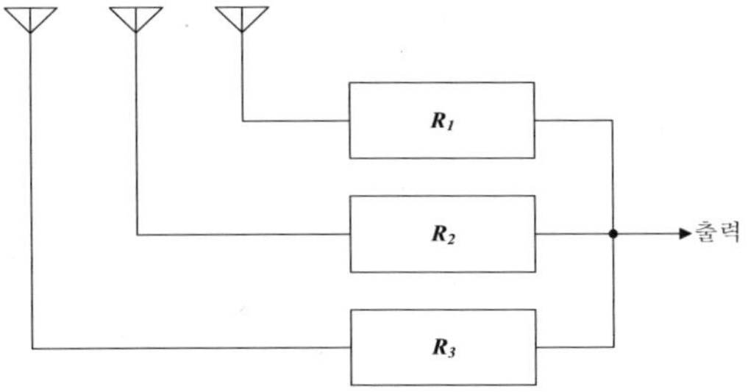

그림 5.5 공간 다이버시티 법

② 편파성 페이딩

전파가 전리층에서 반사할 때 그 편파면이 흩어져서 타원편파로 되어 지상에 도달하기 때문에 수신 안테나의 유도전압이 변동되면서 생기는 현상으로 대단히 불규칙적이며 주기는 짧다.

③ 흡수성 페이딩

전리층으로부터 제1종 및 제2종 감쇠를 받는데 이 감쇠량이 전리층의 불규칙한 변동 때문에 변동하는 현상을 흡수성 페이딩이라 한다.

④ 도약 페이딩

도약 거리 부근에서 전리층 전자밀도의 불규칙적인 변동에 의해 생기는 현상을 도약 페이딩이라 한다.

⑤ 선택성 페이딩

전리층이 급속히 상하좌우로 이동할 때 수신 대역 내의 주파수에 따라, 즉 반송파와 측대파에 미치는 영향이 다르기 때문에 생기는 현상을 말한다.

2) 델린저 현상

원거리의 단파통신이 주간에 갑자기 수 분 내지 수 시간에 걸쳐서 수신이 되지 않는 경우가 있다. 이것을 소실현상(Fade Out) 또는 연구한 사람의 이름을 따서 델린저 현상(Dellinger Phenomena)이라고 하며 태양 흑점 폭발과 관계가 깊다. 즉, 태양 활동이 왕성해지면 다량의 자외선이 방출되고 이 자외선은 E층과 D층의 전자밀도를 이상 증대시켜 단파대(1.5~20[MHz])의 감쇠를 크게 한다. 따라서 델린저 현상을 막기 위해서는 높은 주파수의 단파를 사용하거나 주간이 아닌 야간에 사용하는 것도 좋다.

3) 자기람(Magnetic Storm)

태양 흑점 폭발에 의해 방출된 대전입자가 지구에 가까워지면 지구자계 때문에 진로가 휘어지며 북극과 남극에 모여 지자기 교란을 일으키는 현상으로 수 시간 또는 수 일간 계속되는 경우가 있다. 이 자기람이 발생하면 델린저 현상도 생기는 경우가 많다.

5.3 무선통신기기

송신기란 고주파 에너지를 발생시켜 이것을 증폭하고 체배하여 원하는 주파수로 변조한 후 규정된 출력으로 만들어 공중선을 통해 방사시키는 장치를 말하며 변조 방법에 따라 AM송신기, FM송신기, SSB송신기 등으로 나눌 수 있다.

5.3.1 AM 송신기

그림 5.6은 AM 송신기의 구성도이다.

일반적으로 송신기를 구성하는 요소는 발진부, 증폭부, 변조부, 전원부로 구분되며 그 밖에 송신기 보호 장치, 보안 및 감시 장치 등이 있다.

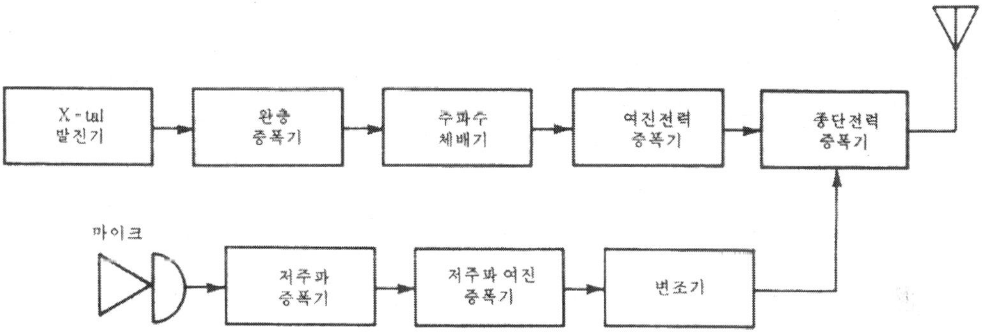

그림 5.6 AM 송신기

(1) 발진부

반송파를 발생시키는 부분으로 안정된 발진주파수를 얻기 위해 수정(X-tal) 발진 방식을 주로 사용한다. 그러나 수정 발진 방식은 L.C 발진기에 비해 발진주파수는 안정되나 수정이 온도변화에 민감하므로 항온조를 설치해야 하며 전원전압의 변화나 부하변동에 따라 발진부에 영향을 미칠 수 있다.

(2) 완충 증폭부

발진 회로가 다음 단의 증폭 회로와 너무 밀접하면 안정된 발진을 할 수 없다. 그러므로 발진기에 미치는 영향을 방지하고 다른 부분의 상태 여하에 불문하고 언제나 일정한 발진을 일으키기 위한 증폭기이다.

(3) 주파수 체배부

수정의 고유주파수는 두께에 반비례하므로 발진 주파수를 높이기 위해서는 두께를 얇게 해야 하지만 너무 얇으면 기계적 내력이 감소되어 곤란해진다.

X-tal 발진자의 최고 기본 주파수는 대략 10 [MHz] 정도이므로 높은 주파수를 필요로 하는 송신기에 있어서는 발진 출력을 증폭함과 동시에 C급 증폭을 한 후 제2고조파 또는 제3고조파를 빼냄으로써 주파수를 2배 또는 3배로 체배할 수 있다.

(4) 여진 전력 증폭부

큰 전력을 방사시키려면 큰 출력의 진공관이나 트랜지스터를 사용해야 하며 따라서 입력도 그에 따라 커야 하므로, 종단에 필요한 전력으로 증폭하기 위하여 여진(Exciter)하는 증폭기다.

(5) 종단 전력 증폭기

필요한 고주파 전력을 공중선에 공급하기 위하여 고주파 전력을 증폭하는 회로이며 보통 피변조기로 동작시킬 때가 많다.

(6) 저주파 증폭기

마이크로폰에서 얻어지는 음성 신호를 전기신호로 변환하여 증폭하는 회로이다.

(7) 저주파 여진 증폭기

저주파 증폭기에서 증폭된 음성 신호파를 다시 증폭하여 전력 증폭관을 여진하기 위한 증폭부이다.

(8) 변조부

저주파 전력 증폭기라고 하며 큰 전력의 반송파를 변조하기에 충분한 저주파 전력을 얻기 위한 회로이다.

(9) 송신기 보호 장치

송신기 동작이 정상 상태에서 벗어나거나 고장을 일으켰을 때 과전류가 흘러 기기를 파손시킬 수 있으므로 자동적으로 회로를 개방시켜 전원을 차단시키는 과부하 계전기와 개폐 스위치, 벼락으로부터 기기를 보호하는 피뢰침 등이 있다.

5.3.2 SSB 송신기

AM 송신기는 반송파, 상·하 측대파 등 셋을 포함한 전파를 발사하지만 단측파대(SSB : Single Side Band) 송신기는 상측대파 또는 하측대파 중 한쪽 측대파만의 전파를 발사한다. 따라서 SSB파는 DSB파에서 한쪽 측대파만을 사용하게 되므로 소비전력이 적고 대역폭이 좁으며 잡음이 적다는 이점이 있으나, 측대파를 분리하기 위해 다단 변조를 해야 되므로 구조가 복잡하고 높은 주파수 안정도를 필요로 하며 가격이 비싸다는 단점이 있다.

(1) SSB 송신기의 구조

그림 5.7은 SSB 송신기의 구성도이다.

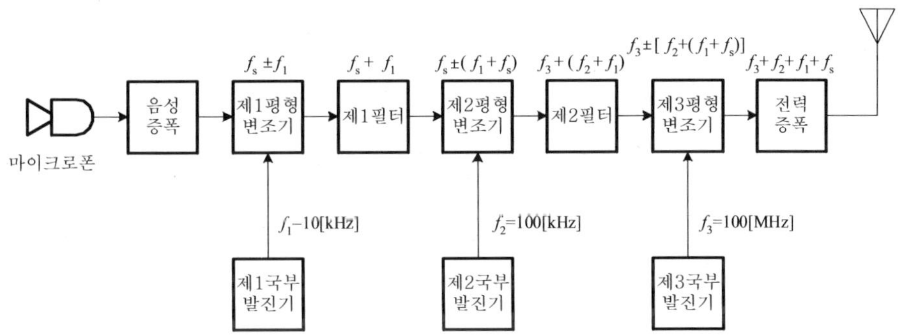

그림 5.7 SSB 송신기 구성도

(2) 동작 원리

① 구성도에서 제1평형 변조기에 음성 신호와 비교적 낮은 제1국부 반송파를 가하여 부반송파만을 제거한 출력을 얻는다. 제1대역 필터에서는 이 중의 어느 한 쪽 측대파만을 꺼내어($f_s + f_1$) 제2평형 변조기에 가한다.

② 제2국부 발진기는 더욱 높은 주파수를 발생시켜 변조기에 가한 후 제2필터에 같은 과정으로 단측파대 ($f_2 + (f_s + f_1)$)만을 꺼낸다.

③ 발사 주파수의 반송파에 해당하는 제3국부 발진기의 출력을 제3평형 변조기에 가하면 상·하 측대파가 출력에서 생기지만 한쪽의 측대파만을 동조회로에서 분리하고 증폭한 후 필요한 전력을 발사하게 된다.

(3) SSB 방식의 특징

SSB 방식은 DSB 방식에 비해 여러 가지 특징이 있다. 즉, 점유주파수 대역폭은 한쪽 측대파만을 사용하므로 DSB의 반이 되고 전파의 이용도 역시 2배 증가된다. 신호 대 잡음비 역시

DSB에 비해 절반이 된다(3 [dB] 낮아진다). SSB의 출력은 DSB의 3배이므로 $10\log_{10}3 \fallingdotseq 4.8$ [dB]가 되어 전력 면에서 4.8 [dB]의 개선도를 얻을 수 있다.

AM 수신기로는 반송파를 억압한 (J3E)SSB 신호를 수신할 수 없기 때문에 이를 가능케 하려면 SSB 신호에 반송파를 첨가해야 한다. 또 SSB 수신기에 있어서도 국부발진기를 잘 동기시키기 위해서는 송신 측에서 약간의 반송파를 첨가하여 전송할 필요가 있다.

5.3.3 FM 송신기

주파수 변조(FM)방식은 1922년 J.R Carson이 FM을 해석하였고 1939년 E.H Armstrong이 FM의 잡음 경감 효과를 제창하였다.

그 후 제2차 세계대전이 끝난 후 VHF대에 FM통신이 사용되었다. FM송신기 회로는 AM송신기와 다르나 근본적으로는 같다. 즉, 반송파를 만드는 발진기, 마이크와 저주파 증폭기 그리고 전력증폭부 등은 같다. 그러나 잡음을 줄이기 위한 프리엠퍼시스 회로는 필수적이다.

FM방식은 FM방송, TV의 음성신호, 마이크로웨이브 다중통신, FM 무선전화 등 많은 분야에 사용되며 비교적 근거리 통신수단으로 이용되고 있다.

(1) FM송신기의 구조

그림 5.8은 FM송신기의 구성도이다. FM송신기는 음성신호를 주파수 변조하여 송출하는 송신기로서 발진기, 주파수체배기, 전력증폭기 등은 AM의 경우와 같다.

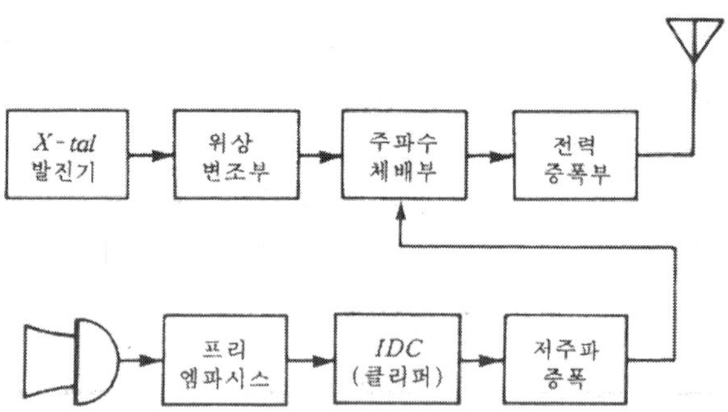

그림 5.8 FM송신기의 구성도

FM파를 만들기 위해서는 직접법과 간접법의 두 가지 방법이 있다. Varactor Diode를 이용하여 Varactor의 접합용량이 저주파 신호의 진폭변화에 따라 바뀌므로 발진 주파수가 변하게 되는 방식이 직접법이다.

이 방식은 비교적 간단하며 발진 주파수를 어느 정도 높게 해서 체배 단수를 절약할 수 있으나 반송파의 안정도가 나쁘므로 AFC회로가 필요하게 된다.

간접 FM방식은 수정발진기를 제어하는 방식으로 FM이 실제로는 $(2\pi ft+\theta)$에서 음성 신호에 따라 f를 변화시키는 각도 변조이므로 $2\pi ft$ 대신 θ를 변조시켜 만든 각도변조(PM)와 유사하므로 이것을 다시 90°shift시키면 FM과 같다는 사실을 E.H Armstrong이 발표하였고 이 방식을 간접 FM방식이라 한다.

(2) 동작 원리

① 음성신호를 소정의 시정수를 갖는 프리엠퍼시스 회로에서 주파수가 높은 성분을 강조하고 이것을 증폭하여 순시 편이 제어(IDC : Instantaneous Deviation Control) 회로에 가한다. IDC는 Clipper 회로로서 입력 신호가 일정한 진폭을 넘을 때는 진폭을 제한한다. 즉, 위상 피변조파에 있어서 주파수 편이 Δf가 규정치를 넘지 않도록 음성신호의 진폭을 주파수에 반비례하도록 일정하게 제한시키는 회로이다.

② 이 IDC회로를 거친 신호를 증폭하여 위상변조부에 가하고 이 곳에서 90°위상차를 내게 한 후 발생되는 FM파를 주파수 체배부를 거쳐 전력 증폭단에서 증폭한 후 공중선을 통해 방사한다.

③ 프리엠퍼시스(Pre-emphasis) 회로는 S/N비를 개선하는 회로로서, 사람의 음성은 개인차는 있지만 일반적인 에너지 분포는 400 [Hz] 정도의 성분이 가장 크고 2 [kHz] 이상이 되면 점차 적어진다. 이러한 음성 신호를 FM 변조하면 높은 주파수 성분에 의한 변조도는 낮아지기 때문에 수신 측에서 복조하면 높은 주파수 성분일수록 잡음이 커져 S/N비가 나빠진다. 그러므로 변조 전에 음성신호의 높은 주파수 부분을 크게 변조하면 수신 시에 S/N비가 개선된다.

5.4 수신기

5.4.1 AM 수신기

송신기에서 만들어진 변조파는 공중선을 통해 공간에 전파하고, 이 전파된 변조신호를 수신하여 가청주파수로 변환시키는 장치가 수신기이다.

초기에는 동조수신기(TRF : Tuned Radio Frequency)가 사용되었으나 지금은 슈퍼헤테로다인(Superheterodyne) 수신기가 사용되고 있다. 그림 5.9는 동조수신기의 구조이다.

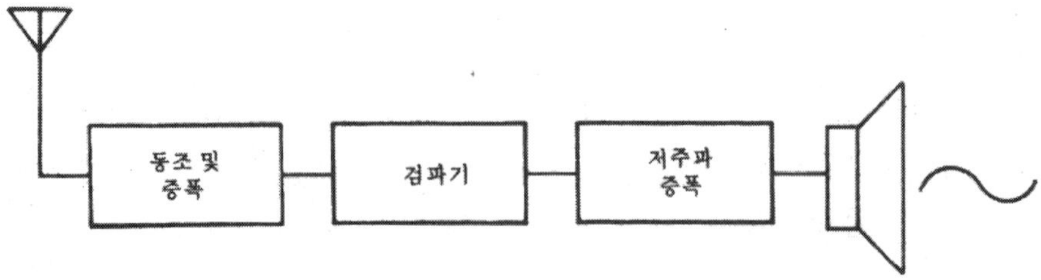

그림 5.9 동조수신기의 구조

(1) 슈퍼헤테로다인 수신기(Superheterodyne Receiver)의 구성과 원리

슈퍼헤테로다인 수신방식은 공중선 회로에 유기된 고주파 신호를 수신기 내의 국부 발진기에서 발생된 고주파 신호와 혼합, 검파하여 그 차인 중간 주파수(455 [kHz])로 바꾸어 증폭, 검파하여 수신하는 방식이다. 슈퍼헤테로다인 방식이 TRF 방식보다 우수한 것은 전파의 선택도를 높이기 위하여 동조회로를 많이 사용하고, 보다 약한 전파를 수신하기 위하여 검파하기 전에 충분히 증폭을 행하고 있다는 것이다.

고주파인 도래 전파의 주파수를 낮은 주파수로 바꾸어 증폭함으로써 감도를 높일 수 있고, 발진을 일으킬 염려가 적어 우수한 특성을 갖게 되므로 현재 라디오 외에도 업무용 수신기 등이 이 방식을 채용하고 있다. 그림 5.10은 슈퍼헤테로다인 수신기의 구성도이다.

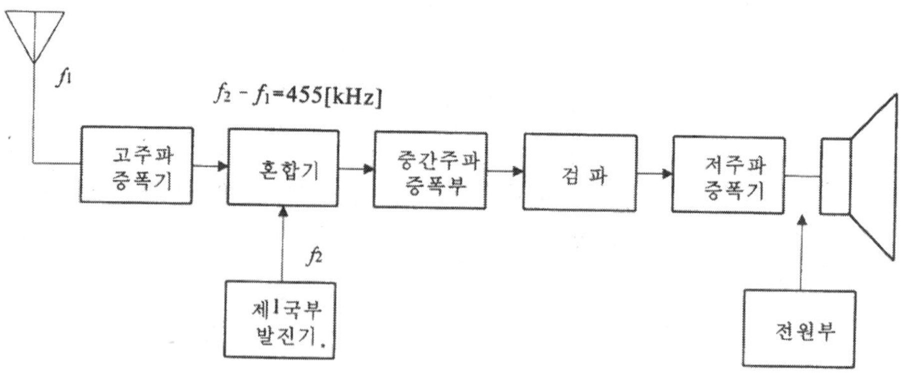

그림 5.10 슈퍼헤테로다인 수신기 구성도

1) 고주파 증폭부

수신기의 공중선 입력단자와 초단증폭기의 입력 측을 정하는 입력회로와 증폭회로로 구성되며 최저수신가능전파의 강도를 결정하는 중요한 부분이다.

2) 혼합기

주파수 혼합회로로서 고주파 증폭부에서 들어온 주파수와 국부발진기에서 발진된 주파수를 혼합하여 중간주파수를 만들어 낸다.

3) 중간주파 증폭부

중간주파수(455 [kHz])로 변환된 신호를 증폭하는 부분으로 선택도 및 증폭도의 절반을 담당한다. 중간주파수로 만들어 증폭하면 증폭을 크게 할 수 있고 발진할 염려가 없으며 인접 주파수에 대한 선택도를 좋게 할 수 있어 보통 2~3만의 전자결합 증폭회로를 사용한다.

4) 검파부 (복조부)

중간주파수에서 원신호인 가청주파수를 분리하는 회로이며 고주파에서 저주파를 추출(Detect)한다. Superheterodyne방식에서는 반도체다이오드를 사용한 직선검파기가 사용된다.

5) 전원부

각 회로소자들의 동작에 필요한 전력을 공급하는 부분이다.

(2) 슈퍼헤테로다인 수신기의 특징

1) 장점

① 수신기의 이득이 높다.
② 선택도가 높다.
③ 수신 주파수에 관계없이 수신감도와 선택도가 거의 일정하다.
④ 높은 충실도를 얻을 수 있다.

2) 단점

① 영상주파수 방해를 받을 수 있다.
② 회로가 복잡하고 조정이 어렵다.
③ 국부 발진기의 안정도가 고주파에서 저하된다.

5.4.2 SSB 수신기

SSB 수신기는 AM파의 복조와는 다르다. 이는 SSB 신호에는 오직 한쪽의 측대파만 있을 뿐 반송파와 다른 쪽의 측대파가 없기 때문이다. 그러므로 송신 측과 똑같은 반송파를 발진시켜 수신 측 측대파 신호와 다르게 혼합시킴으로써 진폭 변조파와 같은 음성 변조파를 만들어

검파하게 된다. 이 새로운 반송파를 동기반송파라고 하는데 송신 측의 반송파와 차이가 나면 파형이 일그러진다. 이것을 해결하기 위해 제1국부 발진회로에 병렬로 작은 콘덴서를 접속하는데 이것을 동기조정용 콘덴서라고 한다.

(1) 구성

그림 5.11은 SSB 수신기의 구성 예이다. 그림에서 보듯이 SSB Filter와 SSB 검파기가 다르며 국부 발진주파수를 송신 측과 일치시키기 위하여 사용하는 동기조정 회로(Speech Clarifier)가 있다는 점이 다르다. SSB 수신기의 복조는 SSB 송신기의 변조 방식의 역으로, 하측대파만을 뽑아내면 된다.

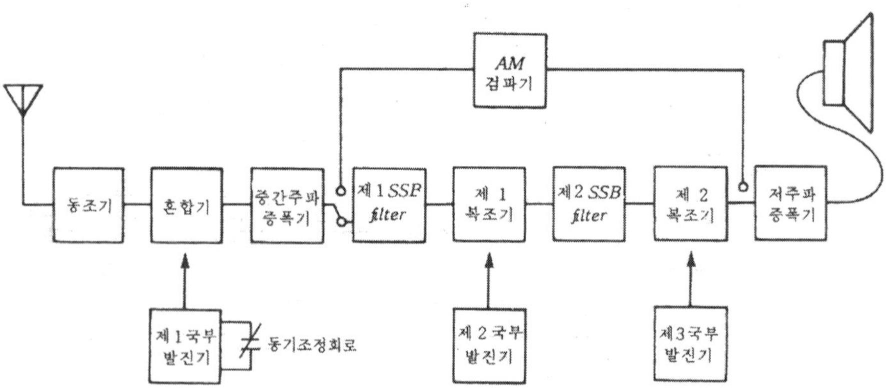

그림 5.11 SSB 수신기의 구성도

SSB 수신기의 보조회로는 AGC 회로, 잡음제어회로, 필요에 따라 AFC 회로 등이 사용된다.

(2) SSB 수신기의 특징

① SSB는 대부분 J3E(억압반송파)이므로 수신 측에는 반드시 반송파를 만드는 국부반송파 발진기가 있어야 한다.

② 반송파와 국부발진기의 발진주파수가 다르면 검파출력에 일그러짐(Distortion)이 생겨서 명료도를 저하시키므로 이들 두 주파수를 동기시키기 위해 동기조정회로(Speech Clarifier)나 자동주파수 조정회로(AFC)가 필요하다.

③ 수신기의 통과 대역폭이 1/2이므로 잡음 출력도 1/2이다.

④ 장치가 복잡하고 가격이 비싸다.

5.4.3 FM 수신기

FM 수신기를 AM 수신기와 비교해 보면 주파수 변환 및 중간 주파증폭기는 같으나 특수 회로인 리미터(진폭제한기)와 디엠퍼시스 회로 등이 다르다.

(1) FM 수신기의 구성

그림 5.12는 FM 수신기의 구성도이다. 일반적인 FM 수신기는 공중선에 연결된 동조회로, 중간주파 증폭기 등을 보면 슈퍼헤테로다인 수신기이나 다음 단의 리미터와 주파수 변별기, 디엠퍼시스 회로 등이 다르다.

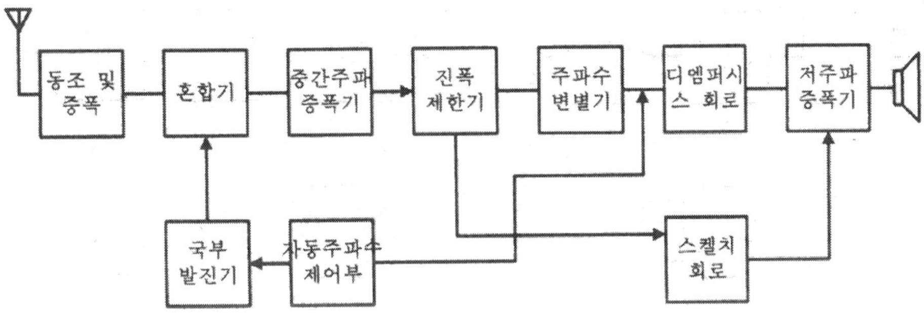

그림 5.12 FM 수신기의 구성도

(2) 동작원리

1) 진폭제한기(Limiter)

수신기에 입력되는 FM파에는 전파되어 오는 중간에 충격성 잡음이 유입되어 본래의 FM파 외에 AM성분이 포함되어 있으므로 이것을 그대로 복조하면 출력에 잡음이나 찌그러짐이 생긴다. 진폭성분(AM파)만을 제거하고 일정한 진폭이 된 FM파를 얻기 위해 사용한다.

2) 주파수 변별기(Discriminator)

FM파는 진폭이 일정하며 그 주파수가 신호에 따라 증감되어 있으므로 보통 검파기를 써서 복조해도 신호파를 얻지 못한다. 따라서 FM파의 주파수 변화를 진폭의 변화로 바꾸어 신호파를 뽑아내는 회로이며 포스터실리나 비검파 방식이 사용된다.

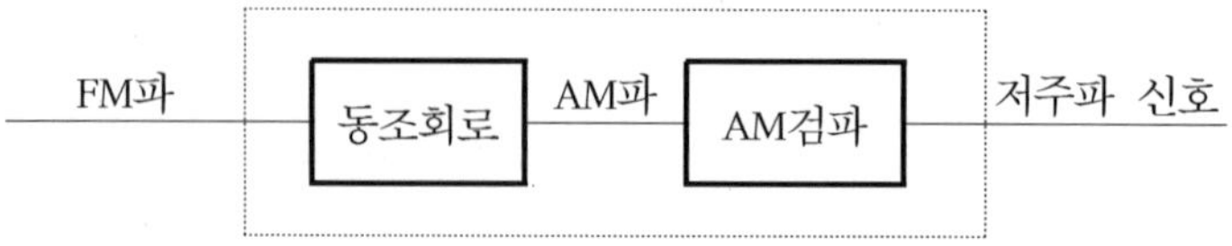

그림 5.13 주파수 변별기 구성도

3) 디엠퍼시스 회로(De-emphasis Circuit)

FM 통신 방식에서는 신호 주파수가 높을수록 S/N비가 낮아지므로 송신 측에서 변조신호 주파수에 대한 S / N비를 개선하기 위하여 변조 시 높은 신호파를 강조해서 송신한다. 그러므로 수신 측은 높은 신호를 억제하므로 원래의 신호를 충실히 재생할 수 있다. 이 회로가 디엠퍼시스 회로이다.

4) 스켈치 회로(Squelch Circuit)

FM수신기는 신호파가 도달되지 않을 때는 진폭제한기가 동작하지 못하므로 반송파가 들어오지 않을 경우 큰 잡음이 나오게 된다. 따라서 반송파가 없을 때는 잡음 전압을 이용하여 저주파 증폭기의 동작을 멈추게 하여 출력을 차단하게 하는 회로이다.

5) FM 수신기의 특징

① 수신주파수 대역폭이 넓다.
② 진폭제한 회로가 있어 S/N비가 개선된다.
③ 주파수 변별기로서 검파한다.
④ 수신 전계의 변동이 심한 이동 무선에 적합하다.
⑤ 디엠퍼시스 회로가 있다.

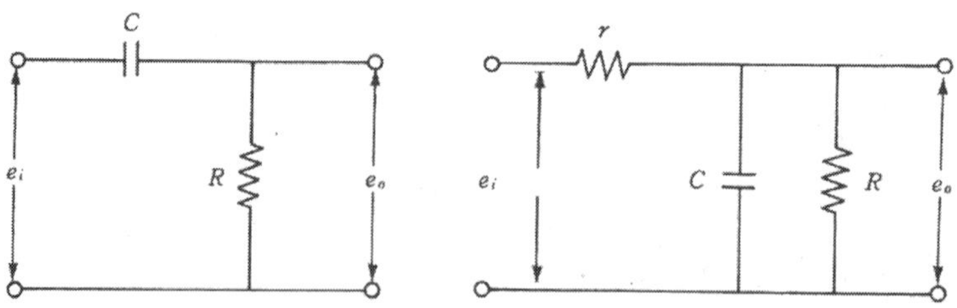

(a) 프리엠퍼시스 회로 (b) 디엠퍼시스 회로

그림 5.14 Emphasis 회로

연 습 문 제

5.1 전파 전파에 대해 설명하시오.

5.2 제1종 및 2종 감쇄에 대해 설명하시오.

5.3 전리층의 종류를 들고 설명하시오.

5.4 장, 중파의 전파에 대해 설명하시오.

5.5 AM 송신기의 구성도를 그리고 설명하시오.

5.6 SSB 송수신기에 대해 설명하시오.

5.7 FM 송수신기에 관해 설명하시오.

5.8 슈퍼헤테로다인 수신기의 구성도를 그리고 특성을 논하시오.

5.9 델린저 현상에 대해 설명하시오.

5.10 Fading에 대해 설명하시오.

5.11 스켈치회로에 대해 설명하시오.

5.12 주파수 변별기의 구성도를 그리고 설명하시오.

06 유선통신기기

6.1 전화기

전화는 인간의 대화 음성을 전기 신호로 변환하여 원거리에 떨어져 있는 상대방과 대화를 할 수 있도록 하는 것이다. 1876년에 최초로 발명한 자석식 전화기는 진동판으로 하여금 영구 자석의 자속을 변화시켜 음성 전류를 발생시키는 전자 유도 형태의 전화기였다. 전화기는 전화기를 교환기에 가입하여 상호 접속하는 교환 방식에 의해서 자석식 전화기, 공전식 전화기 및 자동식 전화기로 분류된다.

자석식 전화기와 공전식 전화기는 플러그와 잭을 이용한 접속 코드의 수동식 교환이며 자동식 전화기는 회전 스위치를 구동하기 위한 직류의 펄스 다이얼(DC Pulse Dial)을 부착한 자동 선택형의 전화기이다. 전자 교환기를 사용하는 가입 전화기는 기존의 직류 펄스형 다이얼과는 달리 여러 개의 저주파군과 고주파군을 조합하여 사용하는 MFC(Multi Frequency Code) 다이얼을 사용한다. MFC 다이얼은 직류 펄스의 회전 다이얼과 구별하여 푸시 버튼 다이얼(Push Button Dial)이라고 부르기도 한다. 교환기에 있어서의 자석식과 공전식의 의미는 전화기에 공급하는 통화전류의 공급형태에 의해서 국부 전지 이용 방식과 전화 교환국에 설비하는 공통 전지를 이용하는 공전식(Common Battery System)으로 구분한다.

6.1.1 음성 신호

전화기에서 음성 신호를 전기 신호로 변환하는 탄소 송화기(Carbon Transmitter)는 음성의 진동에 의해서 탄소분의 저항을 변화시키게 된다. 그러므로 송화 전류는 무음압시 편기 전류분 (I_o)과 음의 변화에 따른 $r\sin\omega t$(음파를 정현파라고 할 때)에 의한 음성 전류분(i)의 합으로 표현될 수 있다.

인간의 음성은 일종의 감폭 자유 진동파로서 강도와 주파수의 범위를 갖는다. 음성의 강도는 음압으로 표현된다. 그러나 음성은 불규칙하게 변동되므로 어느 장시간의 평균 실효 음압으로 하여금 기준 음압(2×10^{-4} [μbar])의 대수적 비율로 표시한다. 예를 들어 어느 장시간의 평균 실효 음압을 p [μbar]라고 하면 그 음성신호의 신호 레벨은 다음과 같이 표시한다.

$$\text{신호 레벨} = 20\log_{10}\frac{p}{2\times10^{-4}}\,[\text{dB}] \qquad \cdots\cdots (6.1)$$

음성 신호를 취급하는 전화 기술에서는 송신단과 수신단의 전력비를 데시벨(Decibel)이나 네퍼(Neper)의 단위 등으로 나타내어 사용한다. 예를 들어, 어느 전송계에 있어서의 송신단의 전력을 P1, 수신단의 전력을 P2라고 하면 다음과 같은 양의 음성을 전송한 것으로 나타난다.

$$N_{dB} = 10\log_{10}\frac{P_1}{P_2}[\mathrm{dB}] \qquad \cdots\cdots (6.2)$$

$$\alpha_n = \log_e \frac{I_1}{I_2}[\mathrm{dB}]$$

데시벨과 네퍼의 상관관계는 다음과 같이 나타낼 수 있다.

$N_{dB} = 8.686\ \alpha_n\ , \alpha_n = 0.115\ N_{dB}$ 이므로

$$1[\mathrm{N}] = 8.686[\mathrm{dB}] \qquad \cdots\cdots (6.3)$$

$$1[\mathrm{dB}] = 0.115[\mathrm{N}]$$

이 데시벨(dB)과 네퍼(N)의 양은 어느 전송단의 능률에 대한 수치일 뿐 통화의 양부를 결정하는 것이 아니므로 송화단의 전력을 일정하게 하기 위한 0레벨을 규정하고 이에 대한 차를 그 점의 레벨로 나타낸다. 0레벨의 기준은 구 전신 전화 자문위원회(CCITT : 현재 ITU)에서 규정한 것으로 0레벨의 기준 규정은 다음과 같다.

> "600 [Ω]의 저항을 가진 전원이 600 [Ω]의 저항을 가진 회선에 1 [mW]를 송출할 때를 0레벨로 한다."

이 0레벨을 기준한 전송계의 절대 단위는 다음과 같이 정의하며 단위는 [dBN]을 사용한다. 이 데시벨 및 네퍼의 단위는 통신 회로의 감쇠량(Attenuation), 이득(Gain), 왜곡 지수 및 잡음 지수 등으로 이용된다.

$$10\log_{10}\frac{P_2}{1[\mathrm{mW}]}[\mathrm{dBN}] \qquad \cdots\cdots (6.4)$$

음성의 주파수는 일반적으로 100 [Hz]~15,000 [Hz]에 분포한다. 그러나 통상적인 대화는 수백 내지 4,000 [Hz] 이내에서 이루어진다. 그러므로 전화 기술에서의 음성 주파수대(VFB : Voice Frequency Band)는 통화의 요해도를 해치지 않는 범위 내에서 300 [Hz]~3,400 [Hz]로 정하고 있다.

때때로 dB기준 레벨은 단축된 형태로 지시되고, 다른 예는 dBμV 와 dBV인데 이들은 각각 1마이크로 볼트와 비례하는 데시벨을 의미한다.

dBW는 1와트 기준

dBm는 1mW 단위의 전력 기준

dBmV는 1mV 단위의 전압 기준

dBuV는 1uV 단위의 전압기준

dBr는 dBm-dBm0(일례) 관계식 정의

TLP(Test Level point)는 특정 위치의 전력레벨 0 [TLP]를 기준으로 표시

기준이 되는 전력의 비율은 다음과 같이 표기할 수 있다.

SNR = S/N

SIR = S/I

6.1.2 전화기의 기능과 구성

음성에너지를 전기에너지로, 전기에너지를 음성에너지로 변환하는 장치인 전화기는 1876년 3월 A.G.Bell이 자석 전화기를 발명하였고, 1877년 Edison이 탄소송화기와 유도코일과 훅스위치형의 전화기를 발명하였다. 그 후 1881년 Huning이 탄소입자 송화기를 발명하였고 오늘날과 같은 전화기로 발전하였다.

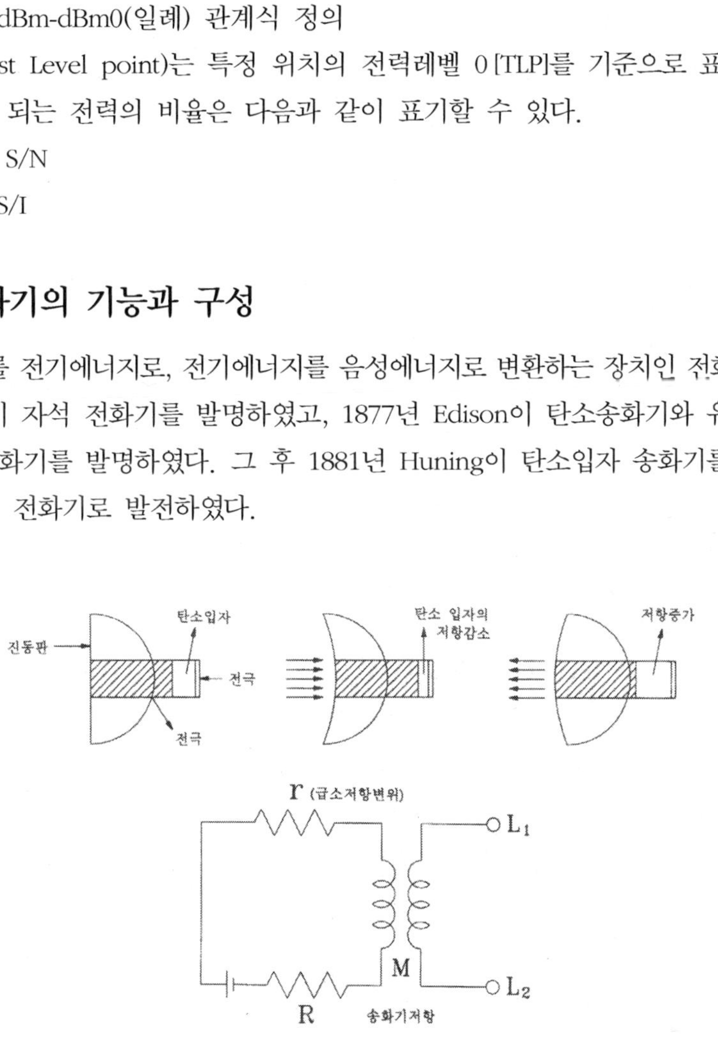

그림 6.1 음성-전기신호의 변환원리

전화기(Telephone Set)는 일반적으로 음성 신호를 송수신하는 송화기(Transmitter)와 수화기(Receiver)의 주 기능부품과 선택 신호를 발생시키는 다이얼로 구성된다. 전화기에서 송신기

는 음성-전기 변환 성능이 우수한 탄소형 송화기(Carbon Transmitter)를 사용하고 수화기는 영구자석을 이용하는 재래의 전자형 수화기(Electronic Receiver)를 사용한다.

전화기는 주 기능체인 송화기(Transmitter)와 수화기(Receiver)가 유도선륜(Induction Coil)으로 하여금 통화회로를 구성하게 되며 훅 스위치(Hook Switch), 벨(Bell), 자석 발전기(자석식에 한함) 등의 신호장치(Signalling System)를 사용하게 된다.

(1) 송화기(Transmitter)

전화의 송화기는 음성대역의 음파를 같은 주파수대의 전기신호로 교환하는 음성-전기 신호 교환장치이다.

최초 발명 당시의 송화기는 영구자석을 이용한 전자(電磁)형이었으나 근래에는 탄소형 송화기가 주류를 이룬다.

탄소형 송화기는 탄소 분자를 저항매체로 하여 음파에 의한 운동 에너지로 직접적인 저항 변화를 일으켜 신호를 변환하게 되는데 다른 어떤 매체보다도 변환능력이 월등하므로 최근에도 탄소형만을 사용한다.

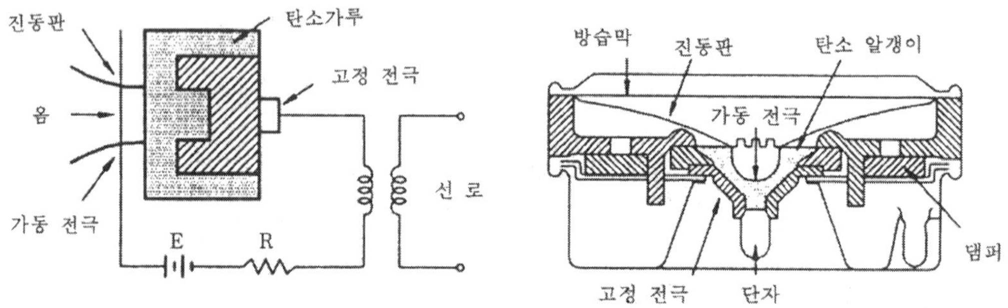

(a) 송화기의 원리　　(b) 송화기의 구조

그림 6.2 송화기의 구조와 원리

탄소형 송화기는 그림 6.2(a)와 같이 진동판, 탄소분 및 두 전극으로 구성되며 전기적으로 공급 전류를 가변저항(탄소)으로 하여금 변조하는 음성전류를 발생하는 것이다. 탄소분 송화기의 음파를 정형파라고 가정하고 탄소분의 진동에 의한 저항의 변화가 정현파형을 따른다고 가정하며, r을 가변 저항의 최대값으로 가정할 때 회로에 흐르는 전류는 다음 식과 같이 나타낼 수 있다.

$$I = \frac{E}{R - r\sin wt} = \frac{E}{R\left(1 - \frac{r}{R}\sin wt\right)} \quad \cdots\cdots (6.5)$$

$$= \frac{E}{R}\left(1 + \frac{r}{R}\sin wt + \frac{r^2}{R^2}\sin^2 wt + \cdots\cdots\right)$$

식 (6.5)에서 r/R이 작을수록 고조파의 영향을 적게 받는다는 것을 알 수 있다. 따라서 송신 전류도 같이 감소하게 된다. 회로에 순시 전류와 저항값을 각각 R_t, I 라고 하면

$$R_t = R - r\sin wt \quad \cdots\cdots (6.6)$$

$$I = I_0 + i$$

여기서 I_o는 정저항의 전류가 되고, i는 전류의 정상값과 순시값의 차가 되고

$$L\frac{di}{dt} + R_t I = E = RI_0 \quad \cdots\cdots (6.7)$$

$$L\frac{di}{dt} + Ri = (I_0 + i)r\sin wt$$

식(6.7)의 근사값을 구하기 위해서 I_0에 대하여 i의 변화가 매우 작으므로 일정하다고 가정하면

$$i = \frac{I_0 r\sin(wt - \theta)}{\sqrt{R^2 + w^2L^2} - r\sin(wt - \theta)} \quad \cdots\cdots (6.8)$$

식(6.8)과 같이 나타낼 수 있고 따라서 회로에 흐르는 전류 I는 다음 식(6.9)와 같이 나타낼 수 있다.

$$I = I_0 + i = I_0 + \frac{I_0 r\sin(wt - \theta)}{\sqrt{R^2 + w^2L^2} - r\sin(wt - \theta)} \quad \cdots\cdots (6.9)$$

식(6.9)에서와 같이 회로의 임피던스가 클수록, 또한 r이 작을수록 정형파의 영향이 작다는 것을 알 수 있다. 즉, 음파를 충실히 전송하기 위해서는 회로의 임피던스를 크게 하고 저항 변화를 작게 해주어야 한다.

송화기의 감도는

$$20\log_{10}\frac{\sqrt{W}}{P_f}$$

로 정의한다. 여기서 P_f는 자유 음장의 음압을 표시하고 W는 부하저항의 전력을 나타낸다. 송화기의 저항은 전류와 탄소분의 진동에 의해서 달라지고 사용연수에 따라서 증가하게 된다. 송화기의 동저항은 공급 전류 50 [mA], 주파수 300 [Hz]에서 20~60 [Ω] 정도이며 시간이 경과함에 따라 증가하여 170 [Ω]이 되면 사용할 수 없게 된다.

■ **송화기의 특성**

① **응고현상**

탄소가루가 기계에 고착되어 감소가 저하되는 현상으로 기계적 충격을 가함으로 회복될 수 있다.

② **호흡작용**

과대 전류로 탄소가루가 발열하여 저항이 증가되었다가 원상태로 회복되는 주기적 현상. 즉, 송화기에 과대전류가 흐르면 탄소입자가 충돌하여 뜨거워지고 입자 간에 작은 불꽃이 일어 탄소 잡음이 발생한다.

(2) 수화기 (Receiver)

송화기로 인해 음성신호가 전기신호가 되고 이 전환된 음성신호로 하여금 원래의 음성을 재생하는 수화기(Receiver)는 재생음의 크기가 사람의 귀에 밀착한 수화기의 카프라 내에서 수청하는 것이므로 제한적 음량의 재생장치로 만족한다.

일반적으로 전화의 수화기는 그림과 같은 영구자석형이 사용된다. 이 영구자석형 수화기는 진동판이 영구 자석에 의한 직류성 자속 B와 수신전류에 의한 교류 자속 b_0의 자속 변화에 의해서 진동된다.

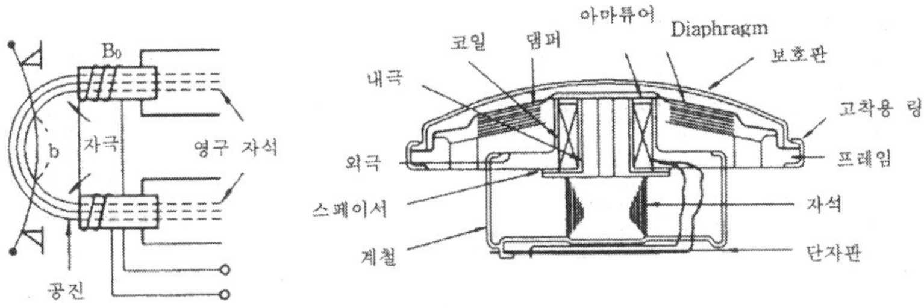

(a) 수화기의 원리　　　　(b) 수화기의 구조

그림 6.3 수화기의 구조와 원리

이 진동판의 진동력 F는 다음과 같은 수식으로 나타낼 수 있다.

$$F = K(B + b_0 \sin\omega t)^2 = K(B^2 + 2Bb_0 \sin\omega t + b_0 \sin^2 \omega t) \qquad \cdots\cdots (6.10)$$

$$= K\left(B^2 + 2Bb_0 \sin\omega t + \frac{{b_0}^2}{2} - {b_0}^2 \frac{\cos 2\omega t}{2}\right)$$

$$\cong K\left(B^2 + 2Bb_0 \sin\omega t + \frac{{b_0}^2}{2}\right)$$

이 식에서 첫 항의 B2이 영구자석에 의한 직류성 흡인력이며 두 번째 항의 $2Bb_0\sin\omega t$가 음성전류와 같은 주파수의 흡인력이 된다. 세 번째 항은 진동판에 의한 교류성 흡인력을 나타내며 네 번째 항의 2배의 주파수 성분을 가지게 된다. 따라서 수신 음성의 질을 좋게 하기 위해서는 영구 자석의 자속 밀도 B_0가 통화 전류에 의한 b보다 커야 한다. 또한 영구 자석을 사용하지 않으면 두 번째 항이 발생하지 않으므로 음성 전류의 2배의 주파수 성분을 가진 네 번째 항이 커지게 된다는 것을 알 수 있다.

수화기의 감도는

$$20\log_{10}\frac{P_f}{\sqrt{W}}$$

로 정의하며 P는 음압이 되고 W는 전기 단자로부터 유입되는 피상 전력이 된다.

1) 동작원리

①과 ②가 N극과 S극일 때와 ①과 ②가 S극과 N극일 때 진동판은 아마추어를 전자석에 On/Off한다.

L1에 양전압 L2에 음전압이 유기되면 전자석이 N, S극이 되므로 진동판을 앞으로 밀어내고 반대 전압이 유기되면 진동판을 앞으로 끌어당긴다.

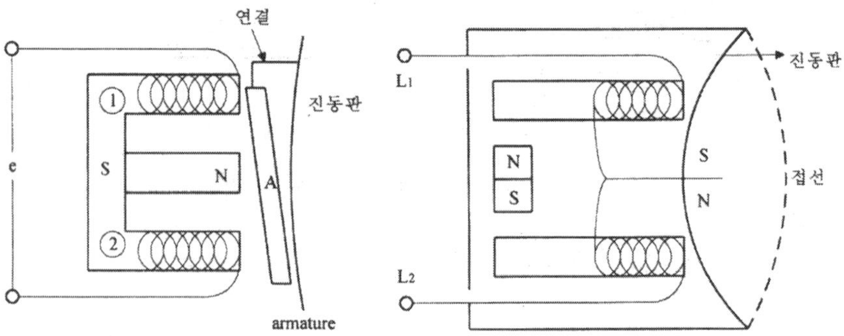

그림 6.4 전기/음성 변환원리

(3) 다이얼 (Dial)

자동교환기를 제어하는 다이얼은 직류펄스로서의 수열을 만드는 회전다이얼(펄스다이얼)과 다주파 신호를 이용하는 푸시버튼다이얼(MFC다이얼)로 구분된다.

회전다이얼은 재래의 단단식 자동교환기를 직접 제어하기 위한 직류 루프회로의 단속 펄스를 만드는 것이며 푸시버튼다이얼은 다 주파수 톤을 발신하는 전자교환기를 제어하는 것이다.

1) DP 방식

DC펄스 다이얼은 전화기의 직류 루프전류회로를 숫자만큼 단속하는 것이며 이 단속에 대한 세 가지의 조건이 기술적으로 규정되고 있다.

① 임펄스 속도

1초 동안 발생하는 임펄스의 속도이며, 통상 10 [impulse/sec]이고, 특수한 경우 20 [impulse/sec]이다.

② 임펄스 비

다이얼이 만드는 펄스에서 절단하는 시간과 연결하는 시간의 비를 임펄스 단속비라고 하며 아래의 그림과 같이 a를 메이크, b를 브레이크라고 할 때 a와 b의 비를 임펄스 비라고 한다. 예를 들어 a : b = 2 : 1일 때 a/(a+b)를 메이크율이라 하고 보통 33%가 된다. 30~36%의 허용범위를 가진다.

③ **미니멈 퍼즈** (Minimum Pause)

DC임펄스에서 하나의 펄스를 입력받은 후에 다음 임펄스를 받을 때까지의 최소 휴지 시간을 미니멈 퍼즈라고 하고 통상 0.65 [sec]를 사용한다.

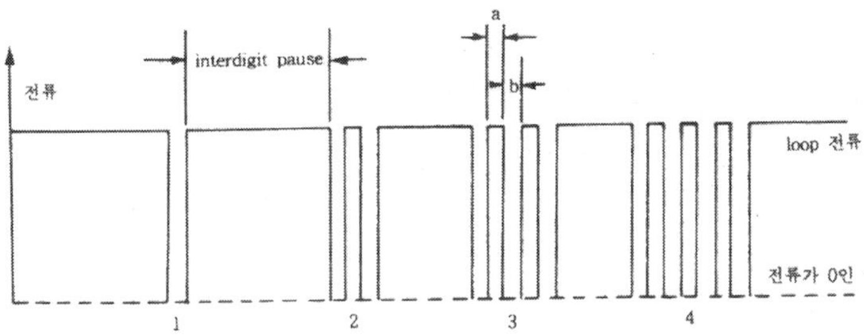

그림 6.5 다이얼 임펄스 열

2) 푸시 버튼 방식

푸시버튼다이얼(Push Button Dial)은 저역 주파수군 4개와 고역 주파수군 4개를 조합하여 8개 중 2개를 선택하여 숫자를 대신하는 다주파신호의 MFC(Multi-Frequency Code)다이얼을 의미한다. 이 중에서 고주파수군 주파수 1663 [Hz]는 일반 전화기에서는 사용하지 않는다.

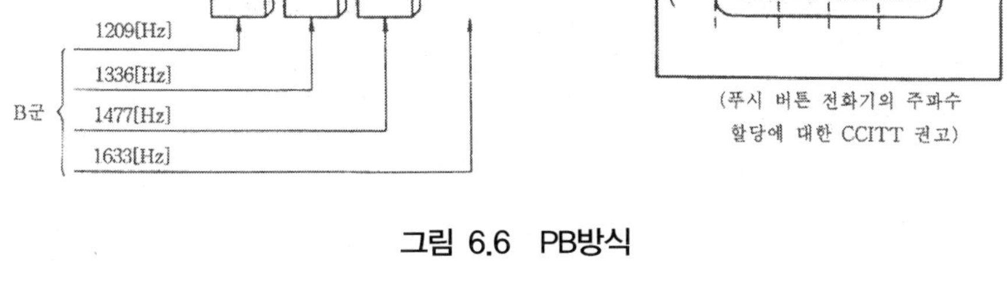

그림 6.6 PB방식

3) 코드리스 폰(Codeless Phone)

국선부분을 무선화한 것은 270 [MHz] 및 400 [MHz]의 주파수를 사용하며 송수신기를 무선화 한 것은 고정 장치와 거리 20 [m] 이내에서 통화가 가능하다. 그러나 1.6 [MHz] 및 4.9 [MHz]는 100 [m] 이내에서도 통화가 가능하다.

4) 키폰(Key Phone)

5선 이내의 국선이나 구내 교환기의 내선을 여러 대의 내선전화로 사용할 수 있는 전화기.

(4) 신호장치

전화기의 신호장치는 전화의 발신이나 착신에 대한 신호 즉, 일종의 제어신호를 취급하는 것이다. 이 제어신호계의 장치는 전화기의 종류에 따라 약간 다른 장치를 사용하게 된다.

1) 훅 스위치(Hook Switch)

전화기에 있어서의 훅 스위치는 전화기회선의 ON-OFF Switch이며 훅 스위치의 ON동작과 OFF동작은 호(Call)의 발생과 종료를 나타내는 일종의 지시신호를 말한다.

2) 벨(Bell)

벨은 호출 신호로서의 종명신호(Ringing Signal)에 의해서 종을 울리는 것이다. 전화에서의 종명신호전원은 신호 방식(Signalling System)을 전압 75~95 [V], 주파수 16~20 [Hz]로 규정하고 있다.

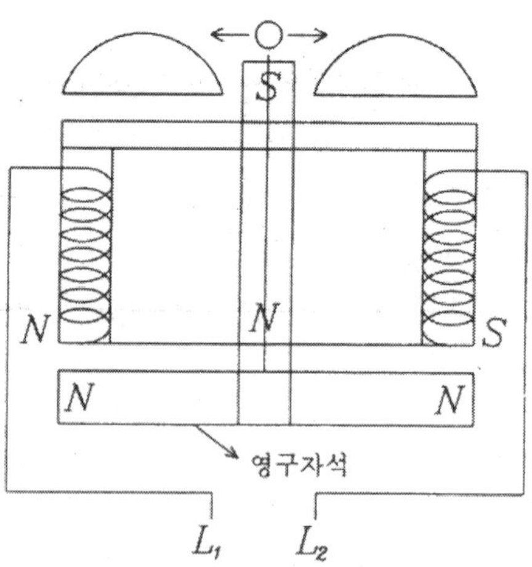

그림 6.7 전화 Bell의 원리

3) 자석발전기

자석식 교환방식에서는 공통전지를 사용하지 않기 때문에 호출할 때 자석식 전화기에 부착된 자석발전기를 수동으로 공명전원을 발생시키게 된다.

(5) 전화기 회선

전화기는 송수화기와 각종 신호 장치를 송신과 수신회로로 구성하여 주 기능인 음성-전기 및 전기-음성전환 즉, 음성신호의 송신과 수신을 하며 그 밖의 신호장치로 하여금 회로와 교환기를 제어한다.

전화기는 하나의 송수화기 세트로 하여금 송신과 수신을 할 뿐더러 회로 면에서도 송화회로와 수화회로가 혼합회로로서 동작하게 된다.

이와 같은 송신과 수신의 혼합회로는 자기의 송화음을 자기가 들을 수 없도록 측음 방지회로(Anti Side tone Circuit)를 사용하게 되는데 전화기 회로의 측음방지는 전화기 회로에 유도선륜(변성기)을 삽입하여 2차 선륜에 유도하는 유도기전력을 소멸 또는 증압 효과로 이용하는데 이를 수화 평형이라고 한다.

측음방지회로는 자석식 전화기인 경우 브리지 회로를 사용하고 공전식 전화기(자동식 포함)는 부스터(Booster)회로를 사용한다.

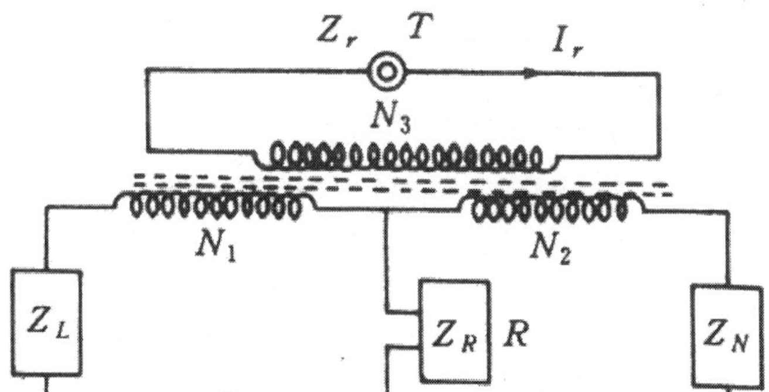

Z_L : 선로임피이던스
Z_N : 측음평형용 임피던스

그림 6.8 브리지 회로

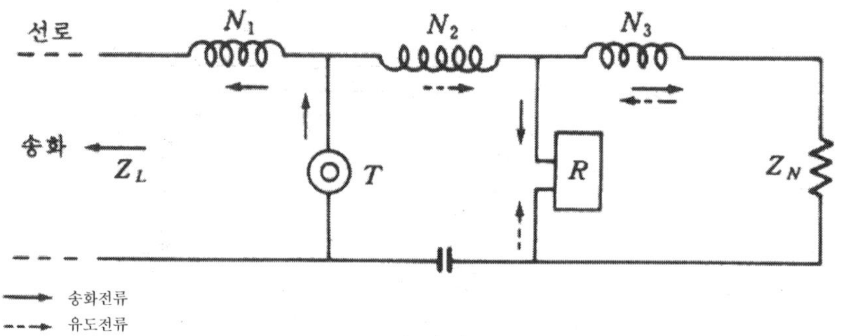

(송화시)

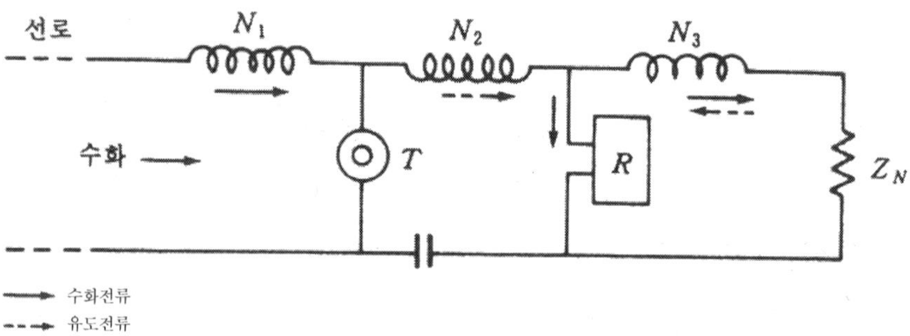

(수화시)

그림 6.9 부스터 회로

자석식의 브리지 회로는 수화회로와 송화회로를 국부적으로 분류하기 때문에 직류방지를 위한 콘덴서를 사용하지 않지만 부스터회로는 수화회로의 직류를 차단하기 위한 콘덴서를 이용한다.

전화기 회로는 통화회로의 전송효율을 나타내기 위한 송화감쇄량(b_T)과 수화감쇄량(b_R)을 사용한다. 또한 측음회로의 측음정도를 나타내는 데는 다음과 같은 측음감쇄량(b_S)이 사용된다.

$$b_S = 10\log_{10}\frac{P_{io}}{P_R}\ [\mathrm{dB}]$$

P_R : 송화자의 수화기에 누설되는 피상전력

P_{io}= 입출력 전력

6.2 전화 교환기

전기 통신에서 교환이라는 용어는 다수의 단말이 분포되어 있는 중앙 지점에서 필요한 회선을 접속하는 장치를 의미한다.

초기의 교환은 플러그와 잭(Plug and Jack)을 사용하는 수동식교환에서 유래되었으며 1889년 스트로저의 단단식(Step by Step) 자동교환기가 발명됨으로써 1900년대 전반 자동교환기의 전성기를 이루었다. 이 자동교환기는 회전형 스위치를 계단 형식으로 접속하는 기계적 자동 구동형이므로 나중에 개발한 전자교환기와 대응한 기계식 자동교환기라고 부른다.

기계식 자동교환기는 스트로저의 H형 교환기, A형 교환기, EMD형 교환기 및 크로스 바(Cross Bar)형 교환기 등 여러 가지의 형태가 사용된다. 특히 A형 교환기와 EMD형 교환기가 우리나라에서 주 기종으로 이용되었으며 크로스바형 교환기가 미국, 일본 및 스웨덴에서 주로 사용되었다. 그뿐 아니라 크로스바는 우리나라의 사설구내교환기(PBX : Private Branch Exchange)로 많이 사용한 일종의 부 기종이기도 하다.

실제의 통신선로를 물리적으로 접속하는 이들 교환기는 설비 시 공간적으로나 수량적으로 제한을 받으므로 수동 교환기의 경우 최대 500회선을 넘을 수가 없으며 자동식도 10000회선을 초과하지 않는 단위 기기를 만들었다. 그러므로 교환기는 최단의 단국(EO : End Office)과 단국을 집중하는 집중국(TC : Toll Center), 집중국을 집중하는 중심국(DC : District Center), 중심국을 집중하는 총괄국(RC : Regional Center)의 국 단위제를 운용한다.

이와 같은 국 단위제에는 단국(EO)이나 분국(LO : Local Office)에 구역 내의 가입자를 수용하는 가입자교환기(Subscriber Exchange or Switching System)을 운용하고 구역 간을 연결하는 중계교환기(Tandem Switching System)가 사용된다.

그러나 근래의 전자 교환기(ESS : Electronic Switching System)는 회선을 접속하는 교환의 원리나 회선을 취급하는 기능이 전혀 다른 형태로서 운용된다. 예를 들어 시분할 방식의 교환기일 경우 다중 전송로 상에서 논리적인 교환을 하는 것이다.

6.2.1 교환기의 기능과 종류

전화 교환기의 기본 기능은 상대적 통화를 요구하는 회선에 접속하는 것이다.

교환기능은 교환을 요구하는 회선의 발생 호로부터 번호의 선택과 피 호가입자의 호출 및 상호간에 통화를 할 수 있도록, 통화로 구성 및 통화로 선택을 해야 하는 것이다.

전화 교환은 이와 같은 교환기능을 교환원으로 하여금 수행하게 하는 수동교환과 다이얼로 하여금 선택 스위치를 자동 선택하게 하는 자동교환으로 구분하며 이들을 다시 전자식 수동교환, 공전식 수동교환 및 기계식 자동교환, 전자식 자동교환으로 분류한다.

- 교환기
  - 통화회로
    - 공간분할(SD) – 기계식 접전
      - EMD
      - X-bar (반전자식)
    - 시분할(TD) – 사용 중 – PAM → PCM(전전자식)
    - 주파수분할(FD) – 개발 중
  - 제어회로
    - 직접제어 – 각 교환기를 직접 선택하는 방식. 왜(歪)가 많아 근거리용.
    - 간접제어 – 보내온 부호를 축적하여 새로운 교환기를 통해 선택 동작하는 것.
    - 단독제어 – 스위치 제어 방식
  - 축적 프로그램 제어방식 : SPC (Stored Program Control System)

〈 교환기능에 따른 분류 〉

- 전화교환
  - 수동교환
    - 자석식
    - 공전식
  - 자동교환
    - 기계식
      - 회전 운동형 : Strowger식
      - 격자형 : EMD, X-bar
    - 전자식
      - 공간 분할 방식
      - 시분할 방식

〈 교환방식에 따른 분류 〉

전화 교환은 교환기에 가입된 가입자선 전화기와 교환기 간에 대화적 순서 기능을 이루는 것이므로 수동 교환은 가입자와 인간적 대화를 하는 것이며 자동 교환은 전화기와 교환기가 기계 대 기계의 기능을 수행하는 것이다

[교환기의 기본 기능]

기능	
(1) 가입자의 호 발생 (Hook-Off)	[발 호]
(2) 교환기의 응답	[포 착]
(3) 발호 회선의 보수	[입선 폐쇄]
(4) 번호 청구	[발신음송출]
(5) 다이얼 발신	[다이얼링]
(6) 숫자 선택 및 공선 선택	[스위칭]
(7) 착신회선의 보수	[출선 폐쇄]

(8) 호출 신호 송출 [신호 송출]
(9) 피 호출 가입자의 응답 [통화전류공급]
(10) 요금 계산 [미터링]
(11) 양 가입자의 통화 [통화 유지]
(12) 종화(Hook On) [복 구]

교환기는 위와 같은 기본적인 기능을 수행함에 있어 제어를 단계적 개별제어로 실행하는 직접제어와 스위치 회로망을 공통제어부분으로 하여금 제어하도록 하는 간접제어로 구분된다.

6.2.2 통화 스위치

(1) 공간 스위치(Space Switch)

공간 스위치 회로망은 기존의 크로스바형 교환기의 스위치 회로망을 리드계의 소형 스위치나 반도체 회로의 게이트 스위치로 대체한 것이다.

각 입력선과 출력선의 접속은 제어 장치에 의해서 동작하는 스위치의 개폐동작에 의해서 물리적인 통신로를 연결시켜 이루어지게 된다. 공간 스위치는 N×M의 매트릭스로서 통화로를 연속적으로 구성하는 계전기의 접점을 이용하는 것이다. 그러나 시분할 방식 스위치 회로망의 공간 스위치는 시분할 다중 입력의 채널을 고속 스위칭하는 것이다. 공간 스위치는 16×16을 증설 단위로 하여 수 십×수 십의 매트릭스를 이용한다. 공간 스위치는 1024 타임 슬롯 단위의 데이터를 바이트 단위로 병렬(Byte Parallel) 처리한다. 공간 스위치는 공간 스위치를 제어하는 통화 메모리의 제어 데이터에 의해 동작되며, 여러 개의 시간 스위치를 매트릭스로 결합함으로써 한 스트림 내의 시간 슬롯을 다른 스트림 내의 동일한 타임 슬롯으로 교환하게 된다.

그림 6.10은 공간 스위치의 구성과 n개의 입력선과 m개의 출력선을 가진 1단 공간 스위치를 나타낸 것이다.

1단 공간 스위치는 다음과 같은 단점을 가지고 있다.

· 스위치의 수가 입력선의 개수와 출력선의 개수를 곱한 만큼 증가하게 된다.
· 스위치의 손실에 따라서 특정한 입력선과 출력선의 접속을 방해하게 된다.
· 스위치의 사용 효율이 낮다.

이러한 단점을 보완하기 위해서 공간 분할 스위치는 보통 2단 또는 3단의 다단 공간 스위치를 이용하게 된다.

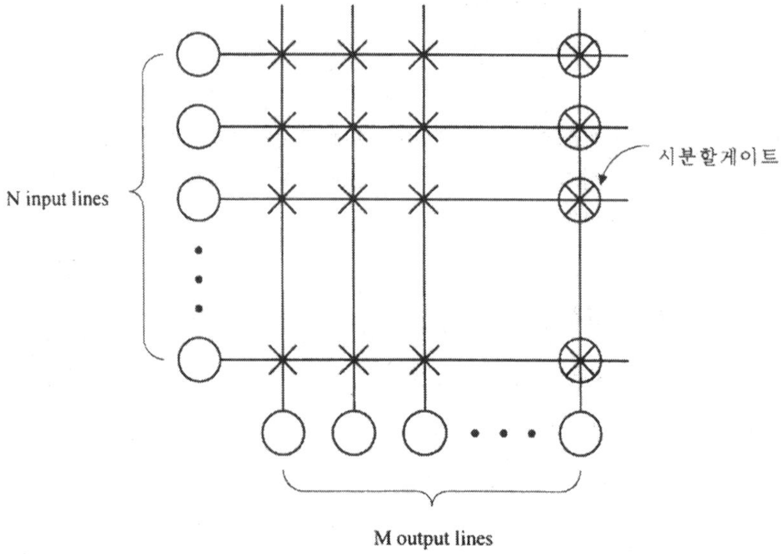

(a) 1단 공간 스위치

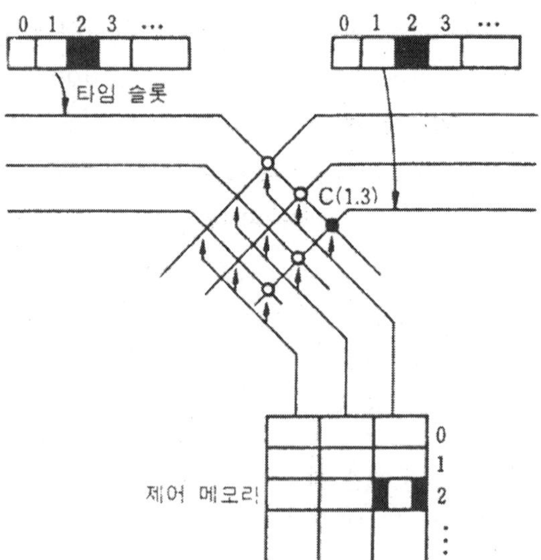

(b) 공간 스위치 구성

그림 6.10 1단 공간 스위치와 공간 스위치 구성

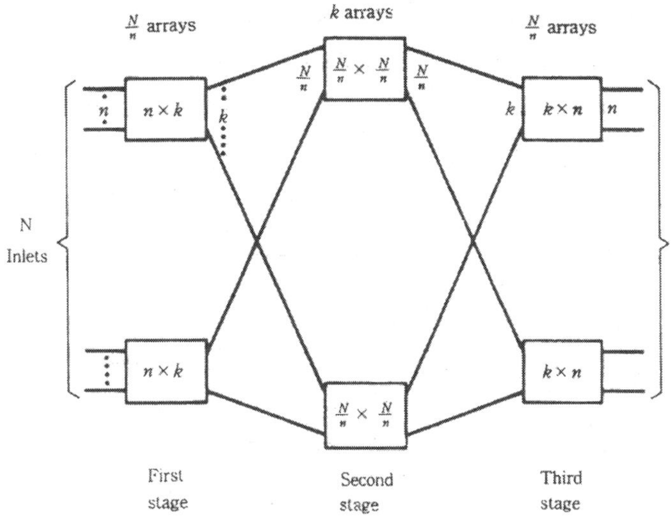

(a) 다단 공간 분할 스위치

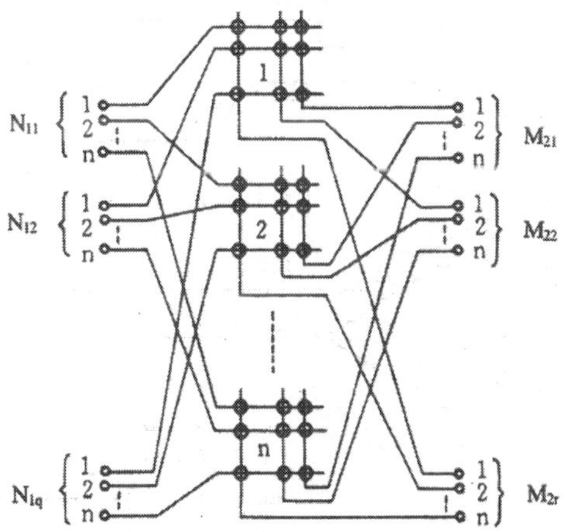

(b) 등가 회로

그림 6.11 다단 공간 분할 스위치와 등가회로

(2) 시간 스위치(Time Switch)

시간 스위치는 메모리에 데이터를 저장(Write-in)하고 읽어내는(Read-out) 과정을 통해 이루어진다. T-스위치라고 불리는 시간 스위치는 일종의 버퍼 메모리(Buffer Memory)로서 입력 데이터의 시간 슬롯의 위치를 변환시킨다. T-스위치의 동작 원리는 그림 6.12의 (b)와 같이 입력과 출력 간에 타임 슬롯의 순서를 변환하는 것이다. 시간 슬롯은 시간축의 한 부분이므로 시간 슬롯이 교환된다는 것은 어떤 데이터가 시간 축에서 위치를 바꾸는 것을 의미하며 지나간 시간 축으로 이동한다는 것은 불가능하므로 결국 데이터에 시간 지연이 발생할 수밖에 없다. 따라서 메모리의 사용이 필요하며 입력선을 통하여 들어오는 데이터 열은 메모리에 연속적으로 Write(쓰기)하여 그 Write된 데이터를 이동하고자 하는 시간 슬롯에 Read(읽기)시켜 보냄으로써 시간 슬롯 교환을 수행한다. 시 분할기의 용량은 메모리의 주소 용량과 동작속도에 따라 결정된다.

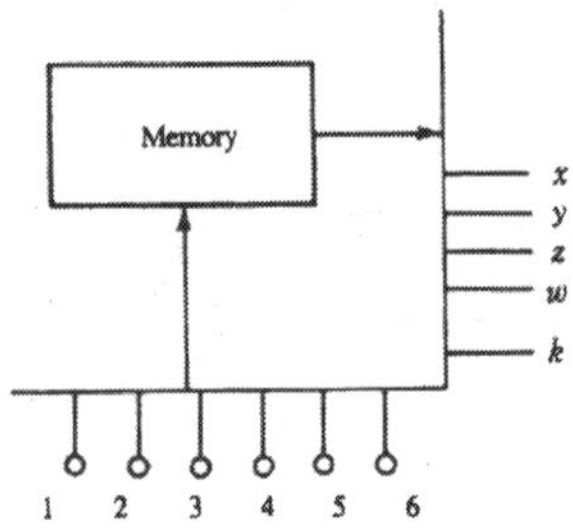

(a) 시간 스위치의 원리

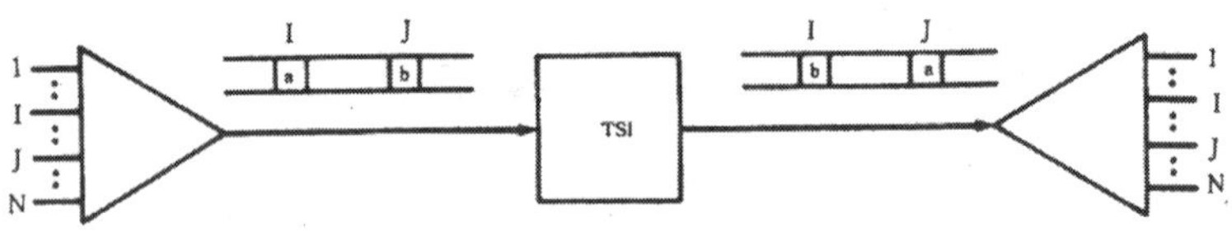

(b) TSI Operation

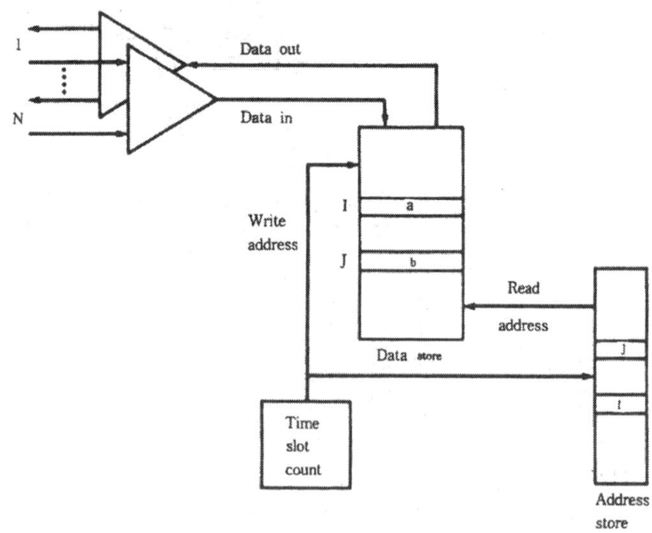

(c) TSI Mechanism

그림 6.12 시간 스위치

입력 선에서 시간 슬롯 교환을 수행하는 스위치로서 PCM 8비트를 기록할 수 있는 8비트×n 채널의 시간 메모리와 시간 스위치 용량에 의해서 결정되는 비트 수의 제어 메모리가 요구된다. 입력 데이터가 시간 메모리에 들어와 같은 시간에 Read(읽기)와 Write(쓰기)가 동시에 이루어진다면 시간 슬롯 교환은 이루어지지 않지만 다른 시간에 Read된다면 시간 슬롯 교환이 이루어진다. 음성 데이터의 Write(쓰기)는 연속적인 번지에 의해 이루어지고 Read(읽기)는 제어 메모리에 의해 무작위로 이루어지며 제어 메모리의 데이터는 프로세서에 의해 결정된다.

(3) PCM 스위치

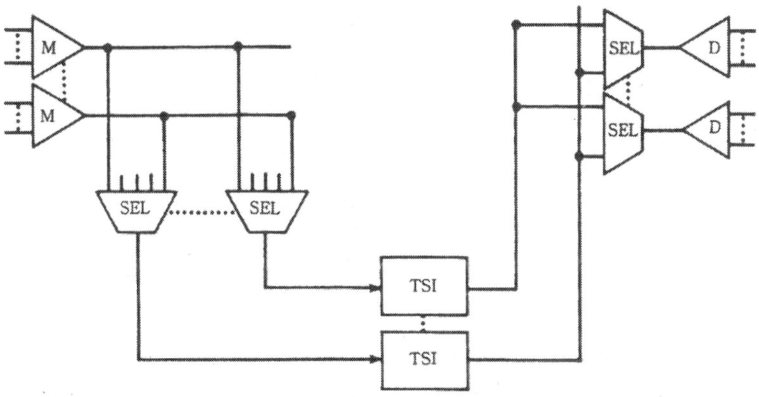

(a) Space-Time-Space Network

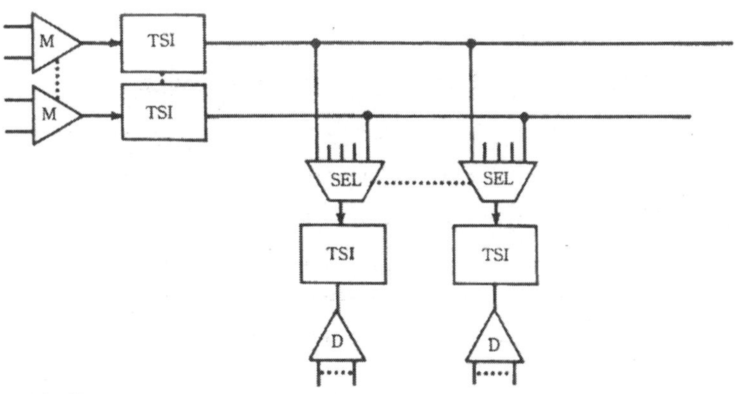

(b) Time-Space-Time Network

그림 6.13 PCM 스위치

시분할 방식 스위치 회로망의 T-스위치와 S-스위치 간을 연결하는 링크는 최소한 PCM 통신의 1차군이나 2차군을 대상으로 한다. E-1 PCM의 1차군 속도는 2.048 [Mb/s]이며 2차군 속도는 8.192 [Mb/s]이다. 1차군 속도에서의 타임 슬롯은 3.9 [μs]이며 2차군 속도에서의 타임 슬롯은 0.976 [μs]이므로 시간 스위치와 공간 스위치는 3.9 [μs]의 게이트 스위칭을 필요로 한다.

실제 교환기에서는 공간스위치와 시간스위치를 다단으로 구성하는 경우가 많다. T, T-S-T, S-T-S 등의 여러 가지 형태를 사용할 수 있으며 이 중에서도 T-S-T의 형태는 접속 선택할 수 있는 경로수가 증가하여 통화로망의 효율을 증대시킬 수 있고 음성회선 뿐만 아니라 디지털 회선 모두 다 수용이 쉽다는 이점을 가지고 있기 때문에 많이 사용되고 있다. T-S-T는 많은 가입자를 수용할 수 있지만 S-T-S는 교환국의 규모에 의해서 결정되므로 많은 가입자를 수용할 수는 없다. 따라서 T-S-T는 트래픽 처리특성이 S-T-S에 비해서 좋다. S-T-S는 트래픽 처리 특성은 떨어지지만 하드웨어의 경비가 높은 경우에 주로 사용된다.

6.2.3 신호 방식

전화기에서는 음성 신호 이외에 발호, 종화, 선택(다이얼) 및 종명(Ringing)등 통화에 필요한 신호를 취급하는 신호 방식(Signaling System)을 규정하고 있다.

교환기 사이의 상호 교환 조작 상 필요한 정보의 수신 형식을 신호 방식이라 하며 교환기의 종류 및 전송로의 종별에 따라서 각종 신호 방식이 사용된다. 신호 방식의 적용은 구간에 따라 가입자 선로 구간을 대상으로 하는 가입자 회선 신호 방식과 중계선 구간을 대상으로 하는 국간 중계선 신호 방식이 있다.

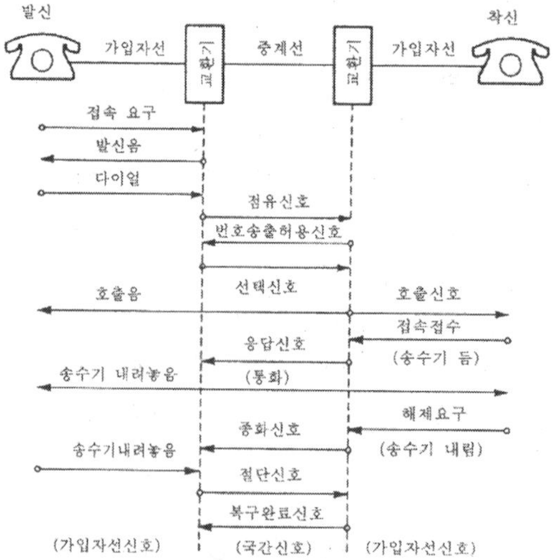

그림 6.14 전화의 접속 과정과 신호의 흐름

(1) 가입자회선 신호 방식(Subscriber Line Signaling)

가입자와 교환기 사이의 신호형식을 규정한 것으로 발호, 종화, 다이얼에 의한 선택신호 및 Ringing신호와 화중음신호 등을 말한다. 가입자의 전화기는 한 쌍의 구리선으로 연결되고 교환기로부터 - 48 [V]의 전압이 전화기의 링 선에, 0 [V]는 팁 선에 공급된다(팁과 링은 수동 교환대 연결용 코드의 끝부분인 플러그의 팁과 링에서 유래됨). 전화기의 상태는 교환기에 Hook-off 또는 점유 상태(Busy Condition)의 두 가지 상태를 검출하기 위한 전류 감지 소자가 내장되어 있어 가입자의 신호가 개방되었는지 루프가 구성되어 있는지를 점검할 수 있다.

(2) 국간 신호 방식

국간 신호 방식은 교환기와 교환기 사이의 신호에 대한 규정에 따라서 통화로 신호 방식과 공통선 신호 방식으로 구분된다. 통화로 신호 방식은 각 중계선의 제어신호를 음성신호와 같은 전송로를 이용하여 전송하는 기존의 사용방식이다. 통화로 신호 방식의 단점은 제어신호와 음성신호가 같이 전송되기 때문에 상호간섭현상이 발생할 수 있다는 점이다.

공통선 신호 방식은 축적 프로그램 제어방식의 전자 교환기에서 신호 정보를 집중 처리하는 특성에 의해 적용될 수 있다. 즉, 공통선 신호 방식은 각 중계선의 음성신호와 제어신호를 분리하여 전송하는 방식이다. 교환기와 교환기 사이에서 전송되는 신호로는 중계선로를 선택하는 선택신호, 상대국의 동작을 제어하는 제어신호, 응답이나 종화를 표시하는 표시신호 및 과금신호, 망 관리 신호, 원격제어신호 등이다. 즉, 통화회선과 분리된 별도의 신호회선을 보유하므로 신호정보의 신속한 처리, 풍부한 용량, 신규 가입 때의 융통성 등의 장점이 있어 종합정보통신망(ISDN)용 신호 방식이다.

현재 세계적으로 운용되고 있는 공통선 신호 방식은 아날로그 환경용인 ITU-T의 No.6 신호 방식과 디지털 환경용으로 64 [kbps]를 표준전송속도로 채택한 ITU-T의 No.7 신호 방식이 있다. 우리나라는 1992년 8월부터 No.7 신호 방식으로 전환되었다.

6.2.4 중계 방식

중계 방식은 제어 면에서 분류하며 직접 제어 방식과 간접 제어 방식으로 구분할 수 있고 제어장치의 사용면에서 분류하면 단독 제어 방식과 공통 제어 방식으로 구분할 수 있다.

(1) 직접 제어 방식

직접 제어 방식은 가입자로부터 들어오는 선택 신호에 의하여 각 스위치가 각 신호에 의해 각 단계의 직접 선택 동작을 수행하는 것이다. 기계식 자동교환기에서 가입자를 군-중군-소군으로 희망하는 가입자를 찾는 방식이며 그림 6.15는 46-0956번의 중계 방식을 나타냈다.

ex) 10,000(1군) → 1,000회선식×10개(10군)
→ 100회선식×10개(중군), 10회선식×10개(초군)로 분할.
ex) 6 숫자 방식(20－99는 국번) : 0000－9999까지 100만 가입자.

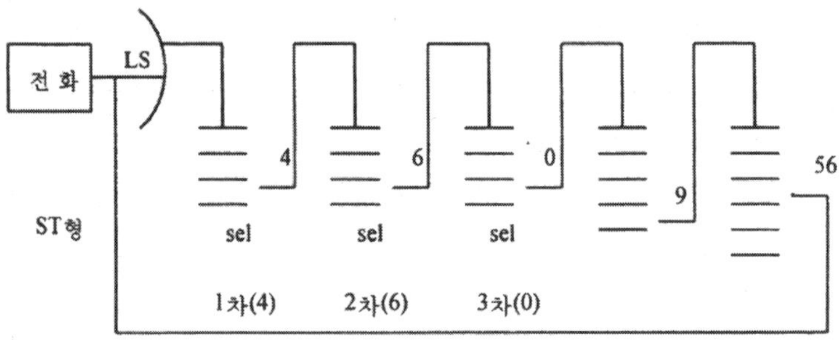

그림 6.15 직접제어방식

(2) 간접 제어 방식

축적 변환 장치를 이용하여 가입자로부터 들어오는 호를 일단 축적 변환장치에 축적한 후에 교환기에 대해서 선택 동작하기 좋은 부호로 변환하여 선택 동작을 수행한다.

(3) 단독 제어 방식

각 통화로마다 회선선택 전용 제어 장치를 두어 그 통화로에 호가 발생하면 회선을 선택하여 접속이 완료되고 통화가 이루어지는 동안에는 다른 동작을 하지 못하게 된다.

(4) 공통 제어 방식

교환기구의 접속 장치와 제어 장치가 분리되어 제어 장치는 많은 호의 접속에 공통적으로 사용되는 방식이다.

X-bar 방식의 경우 입선 n, 출선 m개를 격자형에 의해 통화 회로망을 구성하는 기본 SW 형태로서 n×m개의 대용량 SW를 구성한다.

(5) 축적 프로그램 제어 방식

축적 프로그램 제어 방식은 공통 제어 방식의 하나로 전자 교환기에 사용되는 방식이다.

메모리에 미리 순서를 정하여 기억시킨 프로그램의 명령에 의해서 모든 호 처리 및 유지 보수를 수행하는 방식이다.

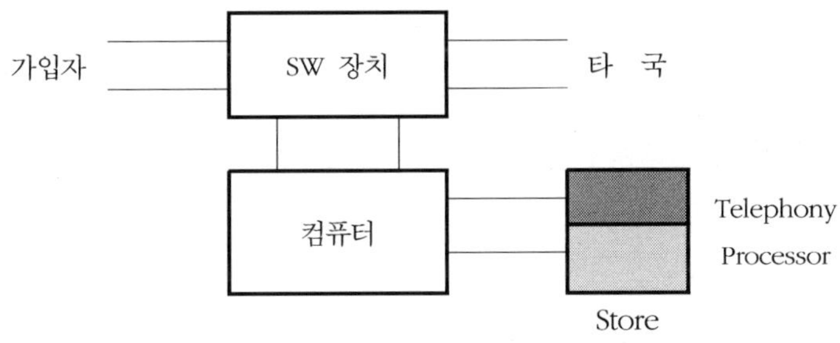

그림 6.16 SPC 구조도

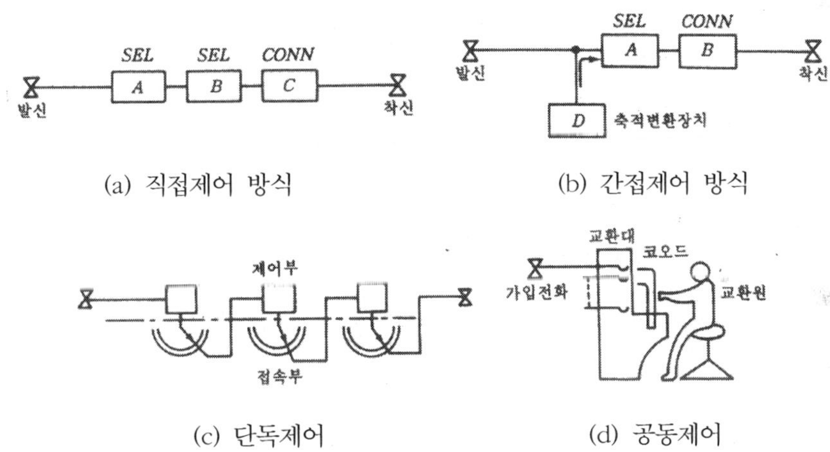

그림 6.17 중계 방식

(직접 제어 방식, 간접 제어 방식, 단독제어 방식, 공통제어 방식, SPC의 기능 블록 구성도)

6.3 전자 교환기

전자 교환기는 하드웨어 부분인 통화로망과 통화로 계 제어장치 및 주사장치로 구성된 통화로 계와 소프트웨어 부분인 중앙 제어 장치, 프로그램 기억 장치 및 호 기억 장치로 구성된 공통 제어 계, 그리고 가입자선, 중계선 장치 및 서비스 회로로 이루어진 입출력계로 구분할 수 있다.

(1) 스위치 회로망(Switching Network)

스위치 회로망은 매트릭스 형태로 구성되어 음성 전류와 각종 신호 전류를 전송시켜주는 기능을 수행한다. 가입자 선로 상호간, 가입자 선로와 중계선 간, 중계선 상호간의 접속과 특수 서비스회로를 가입자선에 연결시켜주는 기능을 수행한다.

통화로망은 LLN(Line Link Network)과 TLN(Trunk Link Network)로 구분하는데 자국 내의 호를 처리할 경우 LLN만을 이용하여 통화로를 구성하고 타국으로부터 들어오는 호나 타국으로 나가는 호에 대해서는 TLN과 LLN을 이용하여 통화로를 구성하게 된다. 여기서 Link란 통화망 구성을 위해 스위치를 결합하는 선이며 2단 이상 Link의 조합을 Frame이라 하고 Frame을 결합하는 선을 Junctor라 한다. 그러므로 Link 또는 Juncture를 통해 형성되는 접속로를 채널(Channel)이라 한다.

(2) 주사 장치(Scanner)

주사 장치는 가입자 회선의 감시뿐만 아니라 고장진단, 유지보수 등 필요한 시험을 위해서 교환 장치 내부의 전기적인 동작 상태를 주기적으로 감시하여 이 데이터를 중앙 처리 장치로 보내준다.

(3) 중앙 제어 장치(Central Controller)

중앙 제어 장치는 교환기 내의 모든 장치를 통제하고 각 장치로부터 들어오는 모든 명령을 해석하고 응답하는 기능을 수행한다.

(4) 영구 기억 장치(Permanent Memory)

이것은 대용량의 반영구 기억 장치로서 전자 교환 조직이 교환 동작순서에 따라서 동작해야 되는 일종의 교환 지침서라 할 수 있는 프로그램을 기억시키는 장치이다. 따라서 한번 기억시킨 데이터는 변경되지 않으므로 ROM(Read Only Memory)형 기억 장치여야 한다.

(5) 순간 기억 장치(Temporary Memory)

이것은 대용량 기억장치로서 기억된 내용이 자주 변하는 RWM(Read Write Memory)형이다. 이 기억 장치에 기억되는 것은 주로 호 처리에 관련된 것으로 통화 회로의 상태, 수신된 다이얼 디지트의 수, 송신된 다이얼 디지트의 수 및 고장 진단 결과 자료 등이다.

(6) 신호 분배기 (Signal Distributer)

이 장치는 중앙 제어 장치로부터 명령을 받아서 필요한 선로를 선택한 후 신호를 송신하여 지정된 회로의 개폐 소자를 동작 또는 복구시키는 장치이다.

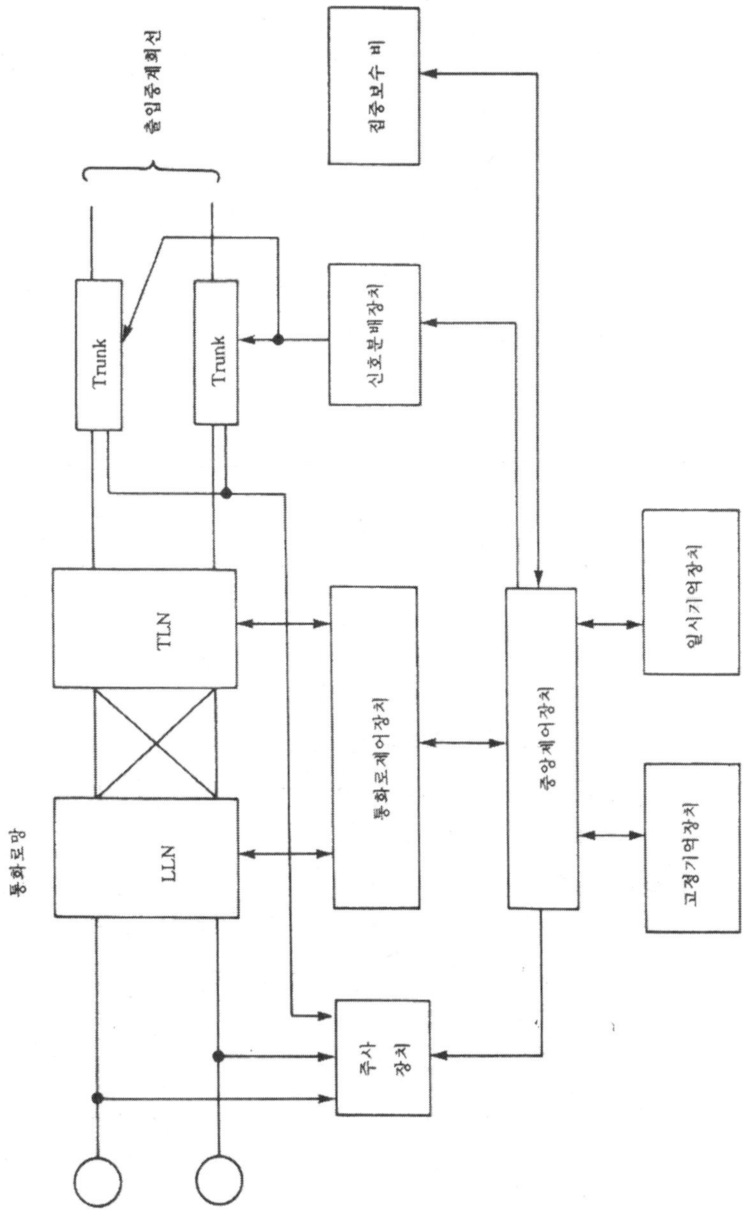

그림 6.18 전자 교환기의 구성

6.3.1 반전자 교환기

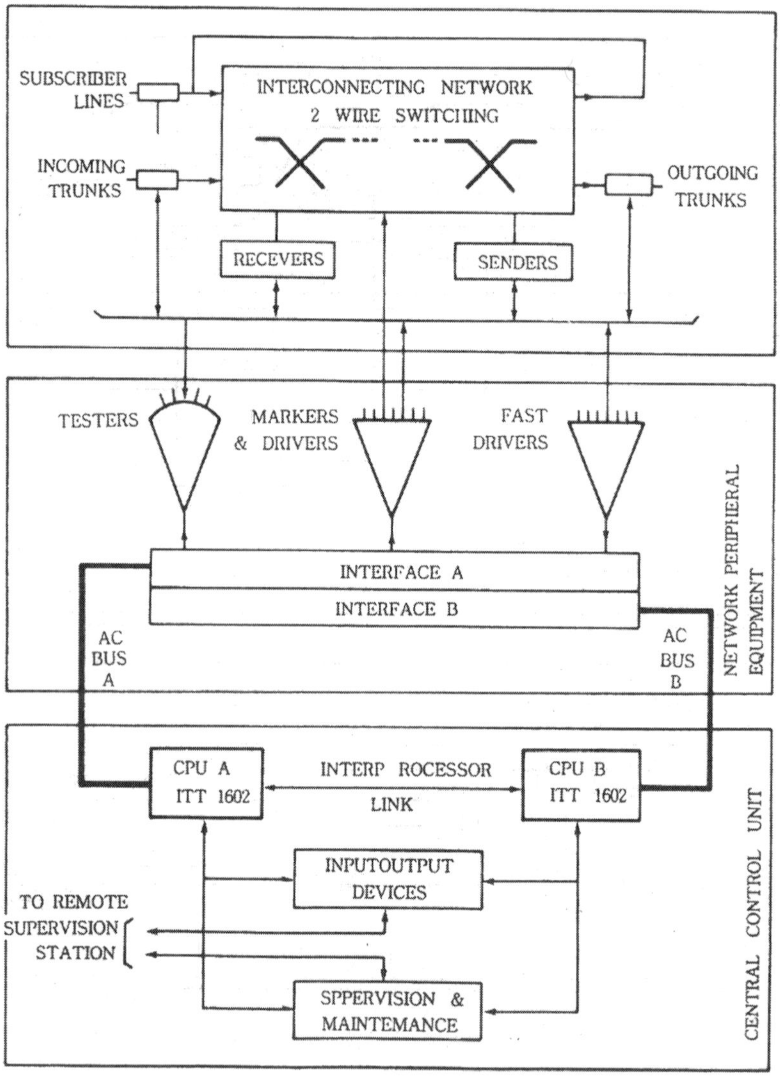

그림 6.19 M10 CN 시스템 구성도

(1) M10 CN

M10 CN은 유럽의 ITT계열이 개발한 전자교환기로서 리드 계전기를 통화로망으로 사용하며 ITT 1602 프로세서(16 bit)를 사용하여 축적 프로그램 제어 방식을 사용한다. 소프트웨어의 모듈화와 인쇄 회로 기판(PCB)을 이용한 플러그인(Plug In) 시스템이다.

M10 CN 교환기는 통화로망, 통화로 주변장치 및 중앙 제어 장치의 세 부분으로 구성되어

있고 통화로망은 통화용 회로망(Voice N)과 가입자망(SN), 중계용망(TN)으로 구성되며 통화로 주변 장치는 회선모듈 주변 장치와 신호모듈 주변 장치로 이루어진다. 중앙 제어 장치는 1602 마이크로프로세서 기억장치 및 입출력 제어 장치로 되어 있다.

M10 CN의 통화로망은 4×4 기본 스위치 회로망과 망 단말 회로로 구성되며 기본 회로망의 4×4 매트릭스 회로를 리드 계전기에 의해 개폐하게 된다. 통화로 주변 장치는 통화로 장치와 중앙 제어 장치간의 인터페이스에 해당한다. 통화로 주변장치는 크게 회선 모듈 주변 장치와 신호 모듈 주변장치로 나눠진다. 중앙 제어 장치는 두 개의 ITT 1602 프로세서를 사용하는 부하 분담 원리를 이용해서 동작하는데 이 방식은 하나의 프로세서가 교환기 전체의 부하를 처리하고 나머지 프로세서는 유지 관리를 위해서 사용된다. 프로세서와 통화로 제어 회로 및 신호 제어 회로간의 정보 교환은 2중화된 평행 버스 선을 사용한다.

M10 CN 시내 교환기의 용량은 1,000~30,000 가입자 회선까지 수용 가능하며, 62,000까지 확장할 수 있다. 교환은 ITT 1602 프로세서로 시행되는데 16bit 컴퓨터인 MSI 규모의 TTL과 ROM 등으로 구성되어있다.

(2) NO. 1A. ESS

대표적인 공간분할방식 전자교환기 NO.1A ESS는 SPC형으로 미국 Bell사 제품으로 고속성, 융통성 및 유지 보수가 쉽고 미리 정해진 프로그램에 따라 기능이 동작하며 시분할 제어 방식이다. 1979년에 우리나라에서 도입하여 사용하고 있으며 NO.1A ESS는 그림 6.20과 같이 주변계와 제어계로 구분하며 디지털 프로세서(1A Processor)의 프로그램 정보로 동작하는 것이다.

예를 들어 교환 운용에 필요한 제어 프로그램을 제네릭 프로그램과 논제네릭(Nongeneric)으로 구분함으로써 프로그램의 유지보수와 추가 등의 지원 작업을 쉽게 수행하고 있다.

데이터베이스는 파라미터 데이터(Parameter Data)와 트랜스레이션 데이터(Translation Data)로 구분하며 가입자에게 제공하는 서비스를 이미 계획된 파라미터 데이터로 쉽게 확정해 준다.

NO.1A ESS의 스위치 회로망은 감시 및 제어(Monitor and Control)부에 있는 주사 장치(Scanner)에 의해서 가입자 선, 정크터회로 및 중계선이 감시되며 펄스 분배기(Pulse Distributer)에 의해서 스위치 제어 장치(Network Controller)와 정크터회로 및 중계선이 제어된다. NO.1A ESS는 아래와 같이 7개의 중요 기능부로 구성되며 주변 장치 인터페이스 프로세서로서 각종 제어를 실현한다.

① 중앙 제어부 (CC, Central Controller)

② 프로그램 기억부 (PS, Program Store)

③ 호 기억부 (CS, Call Store)

④ 파일 기억부 (File Store)

⑤ 보조 데이터계 (ADS, Auxiliary Data System)

⑥ 입출력 정합부 (Input/Output Interface)

⑦ 주변계 정합부 (Peripheral System Interface)

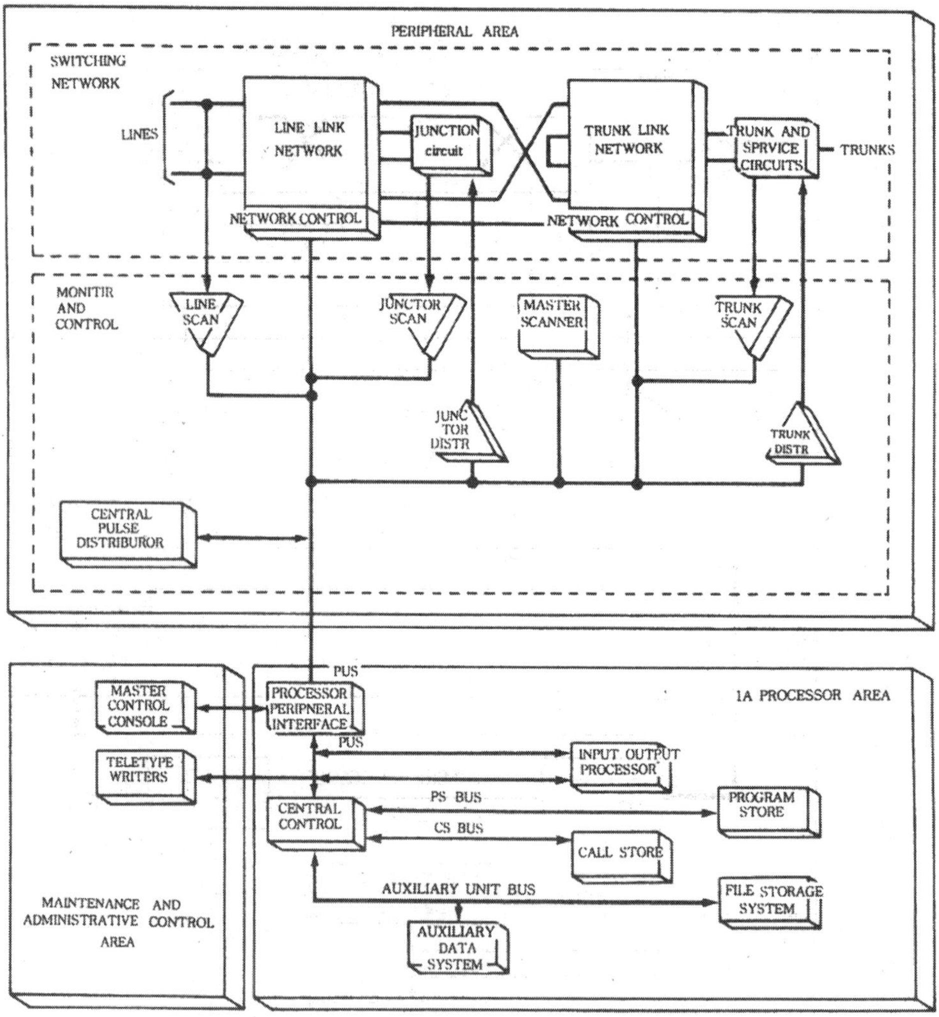

그림 6.20 NO.1A ESS의 구성

1) 램 리드 스위치

램 리드 스위치는 리드계의 파마로이 스위치로서 몸체에 감긴 2개의 권선으로 접속 및 복구를 제어하게 된다. 리드관 속에 있는 접점은 리드 내의 잔류 자기 물성에 의해서 동작 상태를 유지하는 자기 유지형 스위치로서 1차 권선과 2차 권선이 동시에 여기될 때 접점이 동작되며 한쪽에만 펄스를 가할 때 접점이 복구된다.

2) 페로드 센서

회선 사용 여부를 감시하는 주사 장치의 페로드 센서(Ferrod Sensor)는 자화성 물질인 페라이트 로드(Ferrite Rod)의 자화 여부를 검출하는 것이다. 페라이트 로드에는 통화선의 T, R선이 감겨있고 중앙 구멍에는 질의 권선(Interrogate Winding)과 독출 권선(Readout Winding)이 감겨있다.

주사 장치는 페로드 센서의 매트릭스의 16개 페로드 군을 한 번에 선택·문의한다. C, C로부터 주소가 지정된 입출력 데이터는 16bit/word로 응답된다.

6.3.2 전전자 교환기

(1) NO. 4 ESS

NO. 4 ESS는 완전 반도체 소자를 사용한 공간 분할 방식 및 시간 분할 방식의 디지털 교환기이다. NO. 4 ESS의 주제어 프로세서는 1A 프로세서를 사용하며 완전 자동화되어 1A 프로세서 내의 제네릭 프로그램과 국관련 데이터로 제어된다. 메모리는 반도체 프로그램 기억 장치와 호 기억 장치로 구성되어 700 [ns]의 사이클 타임으로 고속 동작한다.

소프트웨어는 모듈화 설계로 호 처리, 유지 보수 및 관리 프로그램이 800개 이상의 모듈로 구성되어 있다. 호 처리 프로그램은 국내 및 국제용으로서 시외, 시외-탠덤, 탠덤 상호간에 사용할 수 있는 특징이 있으며 유지 보수 프로그램의 기능이 대단히 광범위하여 자동 시스템 복구 및 자동 탐지 기능이 있다. 관리 프로그램은 중계선 증설 및 우회 시스템 상태보고, 회선망 감시, 중계선 유지 보수 및 기타 망 관리 기능을 가지고 있다.

(2) S-1240

S-1240은 미래의 정보 통신망에 대비하여 완전 디지털화 된 분산 제어방식을 이용한 전자 교환기로서 신뢰도 향상을 위해 대부분의 장치가 이중화 또는 삼중화되어 있다. 디지털 교환망은 단일 LSI 칩으로 구성되어 음성 및 데이터 전송, 통화로 선택, 마이크로컴퓨터와의 교신을 독립적으로 수행하고 있다. 또한 하드웨어 및 소프트웨어가 모듈화되어 있어 새로운 서비스를 추가하기 위한 장치 및 프로그램 변경 시 기존 시스템의 변화 없이 간단히 추가할 수 있다.

S-1240은 소량의 원격 가입자에서부터 시내, 탠덤 및 시외용까지 광범위한 용도로 사용할 수 있으며 10만 이상의 가입자나 6만회선 이상의 중계선을 수용할 수 있다.

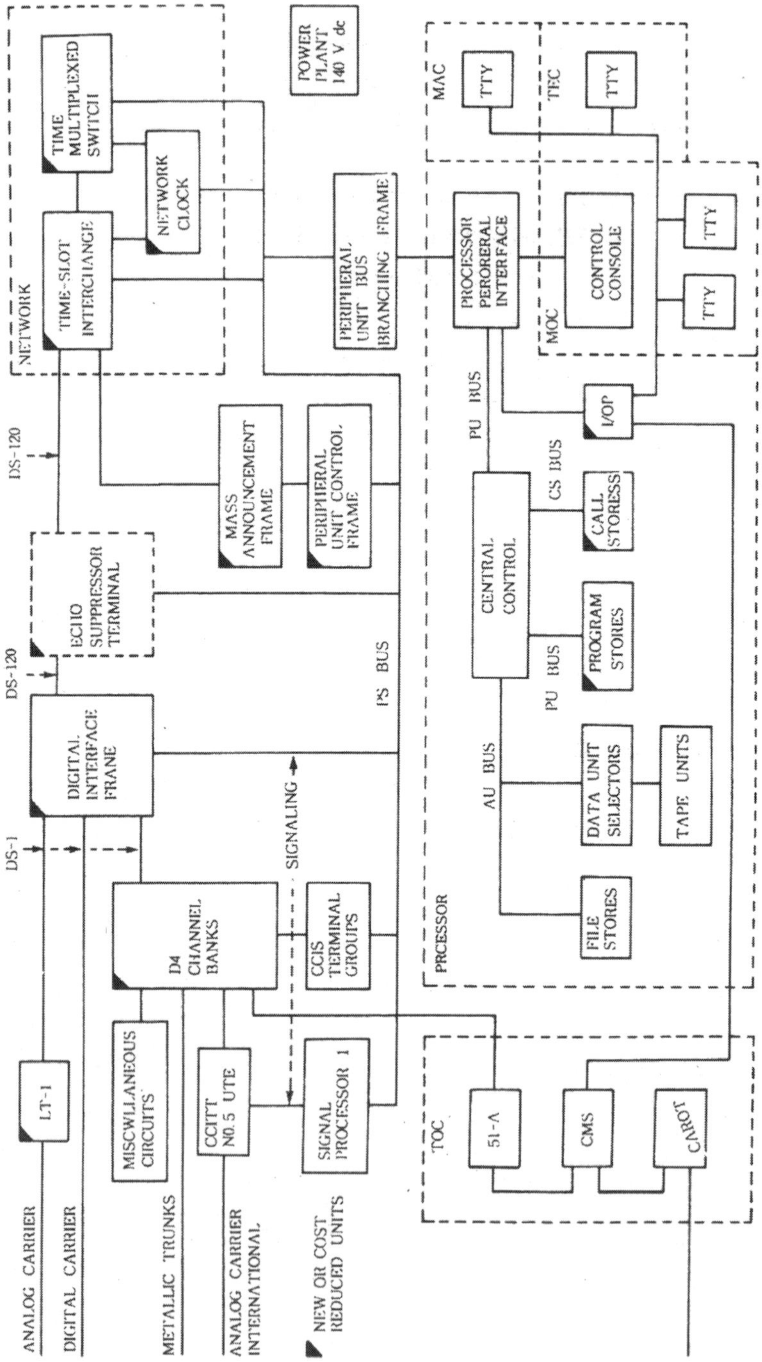

그림 6.21　NO. 4 ESS 기본 시스템 구성도

(3) AXE-10 ESS

AXE-10 ESS는 축적 프로그램 제어 방식을 이용한 전자 교환 시스템이다. AXE-10 ESS는 단국, 탠덤국, 중계국, 혼용국으로 사용가능하도록 설계되었으며 단국은 원격 가입자 정합 장치를 사용하여 분산 설치할 수 있도록 설계되었다.

제어 시스템은 1단계에서 중앙 처리 시스템간의 통신 시스템을 이용하여 같이 동작하는 최대 8쌍의 이중화된 중앙제어 장치들로 구성하고, 2단계에서 분산제어 방식의 여러 개의 작고 국부적인 이중화된 국부처리 시스템으로 구성하는 부분적인 2단계의 데이터 처리 시스템이다. 각각의 중앙처리 시스템은 병렬 동기 방식으로 동작되며 국부 프로세서는 분산처리가 가능하도록 설치한다.

데이터 처리 시스템을 분산함으로써 소용량 교환기에서 경제적이며 대용량 교환기도 충족시킬 수 있도록 설계되었다.

6.3.3 국산 전전자 교환기

(1) TDX-1 (Time Division Exchange)

TDX는 전자교환기의 국산화를 위한 국책과제인 시분할 교환기를 국내 기술진이 개발하고 1982년 시험개통식 때 붙인 이름이다.

초기의 TDX-1X는 362 가입자를 수용한 수 있는 농어촌용 교환기였으며, 그 후 TDX-1X의 문제점을 개선하고 시스템 구조 및 설계를 강화하여 1986년 나온 것이 TDX-1A이다. TDX-1A의 응용시스템으로 디지털 교환기능을 응용하여 최대 56 [Kbps] 데이터에 대한 회선교환 서비스를 개발하였고 자동 호 분배장치(Automatic Call Distribution), 일명 TDX-ACD에 이어 TDX-CPS 라고 명명된 TDX 집단 전화시스템으로 사용자 구내 교환 장치를 개발하였다. TDX-1A의 규모는 9600회선의 가입자를 수용할 수 있는 농어촌용으로, 범용 마이크로프로세서인 Z-80A를 사용한 분산 제어방식의 전자교환기이다.

TDX-1A를 보완하여 중소도시용 교환기로 TDX-1B를 개발하였는데 1B는 1A의 골격을 그대로 유지하면서 마이크로프로세서를 8bit에서 32bit로, 가입용량도 22, 528회선으로 각각 증대시켰다.

(2) TDX-10

1990년에 대도시형 디지털 교환기 TDX-10의 제작이 시작된 후 1991년에 설치하기 시작하였다. TDX-10은 기본적으로 10만 가입자 회선을 수용하는 초대형 교환기로 시내, 시외 탠덤용이며 음성 및 ISDN용 교환기를 목적으로 한다.

TDX-10은 일반 공중전화 교환망(PSTN)의 시내용(Local), 시내중계용(Local Tandem), 시내/시내 중계(Local/Local Tandem) 복합용, 시외(Toll)용, 시내중계 및 시외(Tandem/Toll) 등으로 종래의 국계위에 적합할 뿐만 아니라 공중이동통신망(PLMN) 및 데이터 통신망에도 적응할 수 있다. TDX-10의 주요한 특성은 분산처리 방식의 다중 프로세서를 채택하였으며 광범위한 지역 적용과 높은 가입용량은 물론 신뢰성을 위한 각 장치의 2중, 3중화와 데이터베이스 관리 시스템의 제공 등이다. 그림 6.22의 TDX-10의 시스템 계통도에서 보듯 TDX-10은 ASS(Access Switching Subsystem), INS(Interconnection Network Subsystem), CCS(Central Control Subsystem) 등 3개의 서브시스템으로 구성된다.

1) 접속 교환망 서브시스템 (ASS : Access Switching Subsystem)

ASS는 국(局)내의 가입자에 대한 호 처리 기능과 자체 운용보전 기능을 수행하므로 수평분산 구조를 가지며 아날로그 가입자의 회선 수는 최대 8128 회선으로 최대 12개의 ASS를 INS에 연결할 수 있다.

ASS는 자국(自局)내 가입자에 대한 접속기능은 ASS-S(Subscriber Line)가, 타국(他局)과의 중계(Trunk)업무는 ASS-T(Trunked Line)가 맡고 있다.

접속 교환망 서브시스템(ASS-S)의 구성요소는 다음과 같다.

① ASS–S

i) 정합교환프로세서(Access Switching Processor : ASP) : 트래픽제어 및 No.7 신호의 유지보수, ASS의 보전 및 운용관리 기능이 있으며 기타 서비스 등을 수행한다.

ii) ASMP(Access Switching Maintenance Processor) : 선로계통의 유지보수프로세서이며 ASS의 장애수집 및 입출력 시험기능이 있다.

iii) 아날로그 가입자 정합블록(Analog Subscriber Interface Block : ASI) : 아날로그 가입자와 교환기 사이의 정합기능을 수행한다.

iv) 타임스위치 블록(Time Switch and Link : TSL) : 타임슬롯 교환기능 및 집선기능이 있고 신호장치, 녹음안내, 회의통화 등과 가입자와 중계선 정합장치 사이의 연결기능을 수행한다.

v) 호출신호전류 발생 블록(Ring Generator Block : RG) : ASI 시험장비에게 - 48V DC 전류가 중첩된 20Hz 호출신호를 공급해주며 또한 Zero Crossing(zc) 신호를 공급하여 가입자회로의 Ring Relay를 제어하도록 하며 이중화 형태로 구성된다.

vi) 신호서비스 정합블록(Local Service Interface Block : LSI) : 호 접속 및 진행을 위해 사용되는 신호서비스기능을 제공하는 블록으로 R2 MFC 및 DTMF(Dual Tone Multi Frequency)신호와 연속성 시험음 및 가청 신호음을 송출·수신하는 기능이 있으며 녹음안내 방송도 제공한다.

vii) 통신제어기 블록(Control Interworking Block : CI) : 프로세서 간 통신망에 연결되는 모든 프로세서들 간의 메시지 통신이 가능하도록 프로세서 간 통신(IPC)노드를 제공한다.

② ASS–T

i) 음성 메시지 처리(Voice Message Handling : VMS) : 음성메시지를 녹음하거나 재생하고 유지보수를 위한 자체시험을 수행한다.

ii) E1 디지털 중계선(Digital CEPT1 Trunk Interface : DCI)

iii) T1 디지털 중계선(Digital T1 Interface : DTI)

iv) 회의 통화 블록(Conference Mixer Block : CMX) : 회의 통화 장치는 TDX-10에서 가입자 및 중계선 회선을 수용하고 있는 ASS 중 특정한 하나의 ASS내에 구현되며 3자 통화, 가로채기통화, 회의통화 기능을 제공한다.

2) 연결망 서브시스템 (INS : Interconnection Network Subsystem)

INS는 ASS 상호간 또는 ASS와 CCS 사이를 연결시켜 주는 공간 스위치(Space Switch) 기능 및 번호의 번역, 루프제이 등과 같은 집중기능을 수행한다.

스위치망은 T-S-T 스위치 구조를 가지며, 스페이스 스위치가 INS에 위치하고 타임스위치는 ASS에 구성되어 있다. 연결망 서브시스템의 구성요소의 기능은 다음과 같다.

① 연결망 제어 프로세서 (INP : Interconnection Network Processor)

동작/대기(Active/Standby)로 이중화되어 동작하고 스위치 채널 자원을 분배 및 회수하며, 스위치 네트워크의 장애 검출 및 복구처리 기능과 Block/Unblock 등의 상태관리와 관련된 감사기능을 수행한다.

② 번호 번역 프로세서 (NTP : Number Translation Processor)

호 처리 기능 가운데에서 주로 번호 번역기능과 루팅기능을 하는데, 번호 번역기능은 코드제한, 국번 번역, 착신번 번역, 발신번 번역이며, 루팅기능은 망 관리 기능과 연동하여 루트에 대한 호의 제한이나 착신자원에 대한 보호적 조치와 확장조치를 수행하는 기능과 가입자선이나 중계선이 어느 액세스 스위칭 프로세서에 속하는지를 결정하는 기능이다.

③ 중앙 데이터 링크 블록 (CDL : Central Data Link Block)

CDL 블록은 INS내에 수용되어 NES 블록과 동기되어 INS의 Space 스위치 블록과 ASS 내에 있는 TSL 블록을 연결하는 광 링크를 구성하며 INS의 IPC Node를 다른 서브시스템 INS의 IPC와 연결하기 위한 통신경로를 제공한다.

④ **연결망 유지보수 정합프로세서** (INMP : Interconnection Network Maintenance Processor)
INS 서브시스템 내 장애를 수집하여 상위프로세서인 CCMP에 보고하는 기능이 있다.

⑤ **망 동기 블록** (NES : Network Synchronization Block)
망 동기 장치의 제어 및 운용기능을 담당한다.

3) 공통제어 서브시스템 (CCS : Central Control Subsystem)

CCS는 시스템의 총괄적인 운용 및 보전 기능을 수행하는 서브시스템으로 시스템의 측정, 과금, 통계 및 보전기능과 기억장치의 제어관리, 타 시스템과의 연결기능 등을 수행한다.

① **운용 관리 프로세서** (OMP : Operation and Maintenance Processor)
관리 및 유지보수 기능의 집중성, 용이성, 효율성, 신뢰성 등을 기하기 위하여 시스템 유지보수, 시험관리 등의 유지보수기능과 망 관리, 과금, 통계, 데이터베이스 관리 등의 운용관리 기능을 수행하며 필요한 경우 분산제어 장치로 관련 M&A 기능수행을 요구할 수 있다.

② **입출력 제어 프로세서** (MMP : Man Machine Processor)
운용자와 시스템 또는 운용센터와 시스템간의 대화를 담당하는 프로세서.

③ **중앙제어 유지보수 프로세서** (CCMP : Central Control Maintenance Subsystem)
CCS 내의 모든 장애를 수집하며 경보 패널을 구동하는 기능을 수행한다.

④ **경보 패널** (AP : Alarm Panel)
경보 패널로 시스템내의 비상시 경보를 울린다.

4) TDX-10의 특징 및 제원

① **시스템 제원**

i) 수용가입자 회선 수 : 최대 100,000회선 (중계선 수가 30,000인 경우)
ii) 수용중계선 회선 수 : 최대 60,000회선
iii) 통화량 처리용량 : 최대 26,000어랑 (Erl)
iv) 호 처리 용량 : 1,200,000 BHCA
v) 접선비 : 2:1－8:1

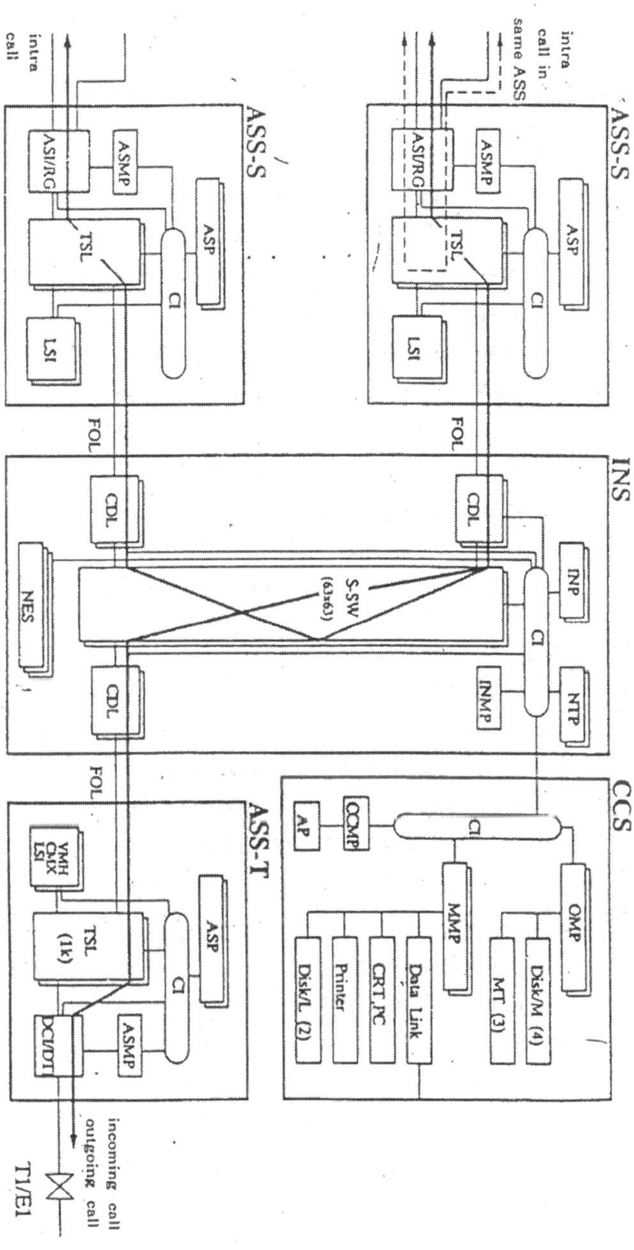

그림 6.22 TDX-10 시스템 계통도

② 통화로망

i) T-S-T 스위치망

ii) S-스위치 용량 : 65,536 Time Slots (1,024×64)

③ **제어방식**

i) MC 68030 마이크로프로세서를 사용하는 다중프로세서 구조

ii) 상, 하위 프로세서의 2단계 제어계통구조

iii) 기능분산제어

④ **중계선 정합**

i) 1.544 [Mbps]의 T1 전송로

ii) 2.048 [Mbps]의 E1 전송로

(3) TDX-10 개량형 교환기(TDX-10A)

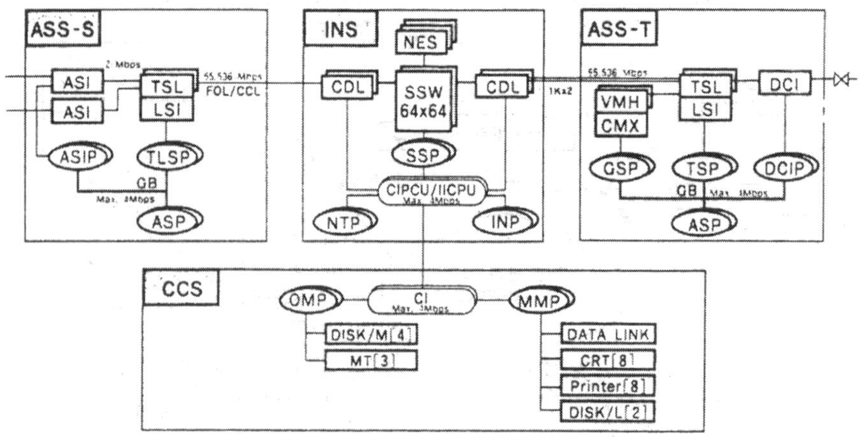

그림 6.23 TDX-10A 교환기

TDX-10 개량형 교환기는 기존의 TDX-10 교환기와의 호환성 및 증설성을 유지하면서 경제성과 기술성을 제고하고 TDX-10의 문제점을 해소하기 위해 개발하였다.

개량형 교환기는 그림 6.23과 같이 중앙 제어 서브시스템(CCS), 연결망 제어 서브시스템(INS), 접속 교환 시 서브시스템(ASS) 등 3개 서브시스템 구조로서 기존의 TDX-10 교환기의 기본 구조를 그대로 유지하고 있으나, 가입자 중계선 등을 접속하는 ASS나 서브시스템 내에서는 프로세서 간 통신방식 개선, 경보 체계 변경, 프로세서의 통합 등으로 구조적인 변경이 많이 이루어졌다.

6.4 공중전화망 (PSTN : Public Switching Telephone Network)

공중전화망은 가장 보급률이 높은 전기 통신망(Telecommunication Network)으로 지구의 오지에도 공중 통신망, 즉 전화가 설치되어있다. 우리나라 전화망에는 약 200만 이상의 전화가 가입되어 있으며 상대방의 전화번호를 누르면 약 10초 이내에 접속할 수 있다.

각 가정의 전화기는 2상의 동선을 통해 전화국의 가입자선 교환기와 연결되어 있으며 전화국은 다른 전화국들과 연결되어 있는데 이 전송로를 국간 전송로라 한다. 교환기는 가입자를 중심으로 설치된 것을 시내 교환기(Local Switch)라 하며 교환기와 교환기 사이를 중계하는 것을 시외 중계용 교환기(Toll Switch)라 부른다.

그림 6.24는 공중전화를 이용한 계위 통신망의 구성도이다.

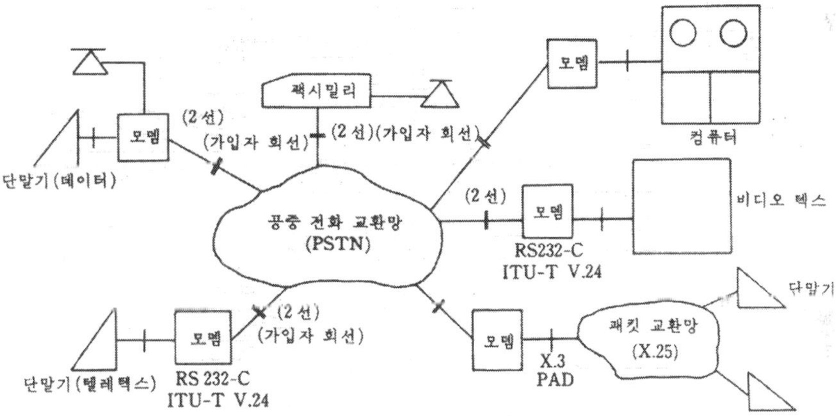

그림 6.24 공중전화 회선을 이용한 통신망의 구성 형태

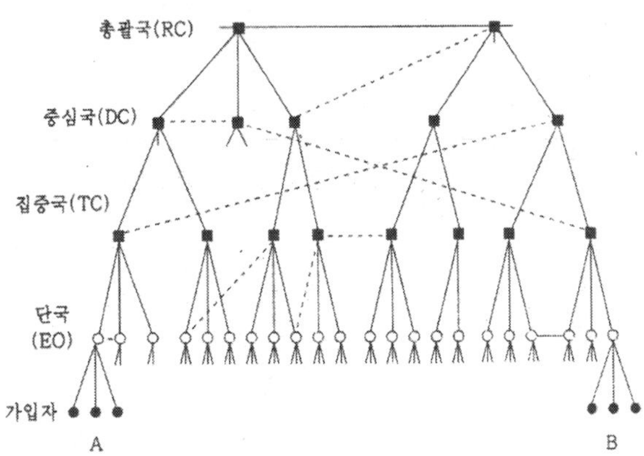

그림 6.25 공중전화망의 계층구조

대규모 통신망은 몇 계위의 계층 구조로 구성되며 그림 6.25는 통신망의 계층 구조를 보여준다. 그림에서 가입자에서 가까운 쪽부터 단국(End Office : EO), 집중국(Toll Center : TC), 중심국(District Center : DC), 총괄국(Regional Center : RC) 등이 있으며, 우리나라의 경우 5개의 총괄국이 있다.

6.5 ADSL (Asymmetric Digital Subscriber Line : 비대칭 디지털 가입자 선로)

6.5.1 개요

최근 멀티미디어 기술의 발전은 멀티미디어 서비스에 대한 가입자들의 욕구를 자극시켰고 가입자망에 대한 연구 및 개발을 촉진시켰다. 이는 가입자망이 진화하는 계기를 마련해 주었고 비대칭 디지털 가입자망이 출현하는 계기가 되었다. ADSL(Asymmetric Digital Subscriber Line)은 기존 전화선을 통해 일반 음성통화는 물론 문자와 영상 등 데이터 통신을 고속으로 이용할 수 있는 기술로 송신과 수신 속도 차이 때문에 비대칭형이라는 수식어가 붙었다. ADSL은 1980년대 미국의 Bellcor에서 VOD(Video on Demand) 서비스를 위한 기술로 개발되었으나, 인터넷의 활성화에 힘입어 현재 새로이 대두되고 있는 고속 회선 가입자 수용 기술이다.

음성, 데이터통신 등에 대한 가입자의 증대와 이에 따른 속도의 욕구 등 급변하는 통신환경은 서비스 제공업체로 하여금 자신의 수용능력에 한계를 느끼게 하여, 기존의 시설로는 이에 대처하기가 어렵고 새로운 대안으로 광케이블이 등장하게 되나 광케이블 통신망의 구축은 고비용, 장기간의 구축 기간 등의 이유로 실시가 늦어진 상태다. 따라서 이의 대안으로 기존의 2선식 전화망을 이용한 고속 가입자 수용기술인 ADSL이 새롭게 등장하여 단기간에 많은 가입자를 획득하고 있다.

기존의 간단한 아날로그 음성 서비스의 수준을 넘어서, 기존 고속 통신을 방해하고 있던 고비용의 전용 T1 라인 이외의 보다 저렴한 서비스를 이용하여 고품질의 음성 서비스, 고속의 데이터 서비스, VOD, 화상회의 서비스가 요구되고 있다.

많은 가입자의 댁내 혹은 소규모의 기업 내에 설치된 가입자 회선은 구리 2선식의 전화망이다. 이를 이용한 기존 모뎀은 가입자의 데이터 신호를 아날로그 형태로 바꾸어 POTS(Plain Old Telephone Service)라인을 통해 전송하는 기술로 변조 및 압축 기술의 발전에 힘입어 56 [Kbps]까지의 전송속도를 보장하나 불행히도 현재 많은 컴퓨터 네트워크에서 각광받고 있는 멀티미디어 애플리케이션은 56 [Kbps]의 속도로는 사용이 불가능하다. 이것이 가입자 회선의 제한요소로 등장하고 있다.

가입자 요구에 맞는 멀티미디어용 광대역 서비스를 제공하는 방법은 가입자 댁내까지 광케이블 망을 구축하는 것이다. 그러나 이런 광대역 광케이블 망에 예상되는 모든 장비가 가입자에게 제공되기까지는 장기간이 소요될 것이고 막대한 비용이 투자되어야 하므로 그 실현에는 다소 시간이 필요하다. 따라서 현재의 시설을 활용하여 보다 고속의 인터넷을 이용한 다양한 서비스를 제공하기 위해서는 새로운 기술의 개발이 필요하였다.

현재 가입자 댁내까지 구성되어 있는 동선 케이블을 활용현황은 일반적으로 그 전송 능력의 극히 일부(1 [MHz] 중 3.4 [kHz])만을 사용하고 있다. 따라서 현재의 시설을 최대한 활용하기 위해 전송 능력을 최대로 활용하면 멀티미디어 서비스를 수용하기에 충분하고, 점진적인 기술 발전에 따라 경제성도 높일 수 있다. 그러므로 현재의 동선을 이용한 고속 데이터 통신을 가능하게 하는 기술이 ADSL이다.

ADSL은 전송거리 및 장비에 따라 다소 차이가 있기는 하나 전화국에서 가입자까지의 하향속도는 1.5 [Mbps]에서 8 [Mbps]까지이고, 가입자에서 전화국까지의 상향속도는 16 [Kbps]에서 1 [Mbps]까지를 지원한다. ADSL은 전송속도의 고속성 및 비대칭 특성으로 가입자 댁내, 소규모 기업에 영화, 전화, 비디오 카탈로그, LAN 접속, VOD 및 고속 인터넷 접속 등에 유용한 솔루션을 제공함으로써 전화 사업자, 인터넷 사업자 및 부가서비스 사업자에게 지속적인 시장을 제공할 수 있을 것이다.

6.5.2 xDSL

(1) 개요

급변하는 통신환경은 통신서비스 제공업체로 하여금 자신의 수용능력에 한계를 느끼게 하여, 광케이블을 이용한 광대역 통신망을 구축하게 하였다. 그러나 가입자 댁내까지의 광케이블 통신망의 구축은 경제적, 시간적 이유로 인해 많은 어려움을 겪고 있다. 따라서 광가입자망 대신 기존의 전화선을 사용하여 고속의 통신을 제공하는 xDSL(꼬임쌍선을 이용한 가입자망)기술이 시장성을 가지게 되었고 이미 국내에서도 상용서비스가 진행 중에 있다. xDSL은 일반 전화망의 주파수 대역 중 비 사용 중인 상위대역을 이용하여, 기존의 POST 사용을 보장하면서 고속의 데이터 전송을 제공하는 새로운 전송 기술이다.

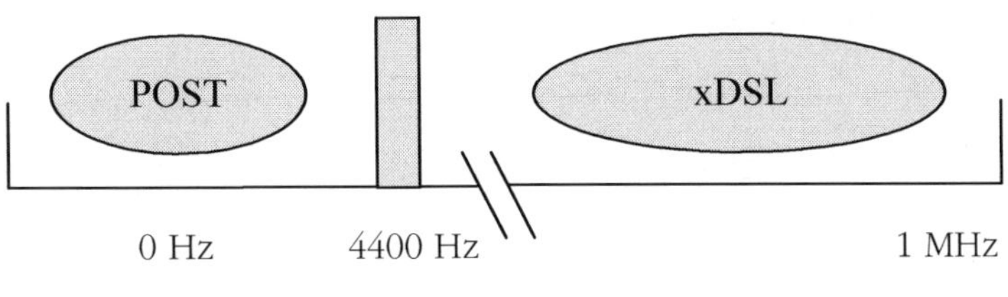

그림 6.26 ADSL의 원리

아날로그 신호에 얼마나 빠른 속도의 디지털 신호를 실어 보낼 수 있느냐는 기본적으로 아날로그 신호의 주파수 대역폭(전송능력)과 변조방식에 의하여 결정된다.

xDSL기술은 전화선의 문제점인 좁은 대역폭의 문제를 해결하기 위하여 전화선의 아날로그 대역폭을 확대하여 사용하는 방법으로 디지털 전송속도를 높인다. 전화선을 사용하는 모뎀의 경우 약 56 [kbps] 정도의 전송속도에 그치는 것은 주파수를 4 [kHz] 이하로 제한하고 있기 때문이다. 현재 33.6 [kbps] 모뎀에서는 244 [Hz]~3674 [Hz]의 주파수를, 56 [kbps] 모뎀에서는 200 [Hz]~3880 [Hz]의 주파수 대역을 사용한다. 전화선로는 이론적으로 음성대역폭인 4 [kHz] 보다 넓은 대역폭의 아날로그 신호를 전송할 수 있다. 그러나 전송속도를 높일수록 전송할 수 있는 거리가 짧아지며, 선로의 품질이 좋아야 한다. 때문에 전송거리와 전송속도 응용분야 등에 따라 다양한 전송속도 및 전송방식의 기술이 개발되고 있는 것이다.

xDSL은 여러 유형의 DSL 기술의 총괄적 명칭으로 ADSL, SDSL, HDSL RADSL, VDSL, IDSL이 있으며 기존의 전화선을 이용하여 VOD(Video on Demand), 고속 인터넷 접속, 원격교육, 비디오폰 등 고속 멀티미디어 서비스를 제공한다.

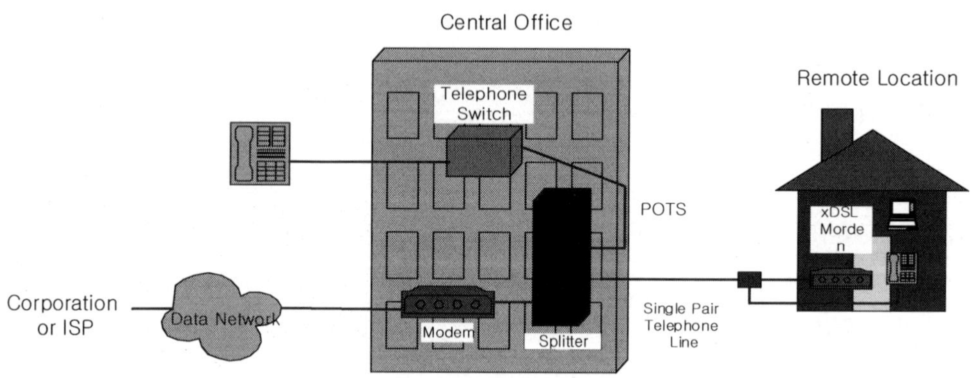

그림 6.27 일반적 xDSL의 구현

(2) xDSL 모뎀과 전화 모뎀

xDSL 모뎀이 전화선로를 사용하므로 기존의 전화모뎀과 동일한 것으로 생각하기 쉽다. 그러나 xDSL 모뎀은 기존 전화모뎀과는 사용하는 기술과 망 구성이 다르다.

기존의 전화 모뎀은 전화선로 및 전화망(PSTN)의 기능 및 특성을 그대로 이용하면서 단지 전화음성 대신 디지털 신호를 음성신호와 동일한 아날로그 신호로 변환하여 보내고 받는 기능이지만, xDSL 기술은 전화선의 양 끝(가입자 측과 전화국 측)에 xDSL 모뎀을 연결하여 전화신호의 주파수대역과 다른 주파수대역의 통신채널을 형성하고, 이 채널을 통하여 고속 데이터를 송수신하게 된다.

전화 모뎀을 통한 데이터통신과 xDSL 모뎀을 이용한 데이터통신망의 구성한 예를 그림 6.28에 도시하였다.

먼저 (가)의 구성도는 T1/E1 방식으로 TP(Twisted Pair)를 이용, Repeater(중계기)로 전송구간을 확장하여 사용한 예이며, (나)의 구성도는 HDSL 방식으로 TP를 4선을 이용하여 양방향 통신을 하는 것이다. (다)의 구성도는 ADSL방식으로 TP 2선식을 이용하여 단방향 통신을 하는 것이며, (라)의 구성도는 VDSL방식으로 광케이블(Optical Fiber)을 이용하여 광대역 전송을 행하는 것으로 이 경우 155 [Mbps] 이상의 전송속도를 유지한다.

VDSL의 경우에는 가입자 댁내 근처에 광케이블 및 소형 광 교환기가 설치되어 있어야 한다.

따라서 전화모뎀의 경우처럼 가입자 xDSL 모뎀을 구입하기만 하면 당장 서비스를 받을 수 있는 것이 아니라 xDSL을 통한 서비스는 가입자가 속한 전화국 및 지역에 통신망사업자가 xDSL망을 구축한 경우에만 서비스를 받을 수 있으므로 통신망 사업자가 상용 서비스를 위해 망을 구축해야한다.

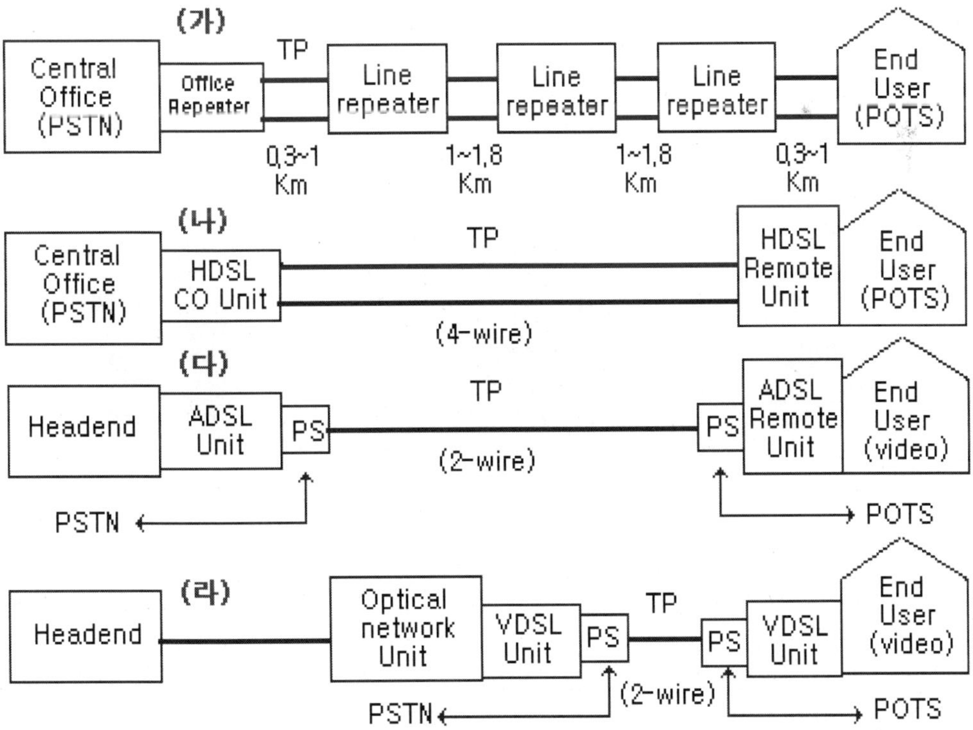

그림 6.28 일반적인 xDSL 망의 구성

(3) xDSL의 종류 및 응용분야

표 6.1 xDSL의 종류 및 응용분야

명칭	의미	전송속도	전송모드	응용분야
DSL	Digital Subscriber Line	160 [Kbps]	Duplex	ISDN 서비스 음성 및 데이터 통신
HDSL	High-bit-rate Digital Subscriber Line	1.544 [Mbps] 2.048 [Mbps]	Duplex Duplex	T1/E1 서비스 WAN, LAN 접속
SDSL	Single-line Digital Subscriber Line	1.544 [Mbps] 2.048 [Mbps]	Duplex Duplex	HDSL 동등 서비스 대칭형 서비스
ADSL	Asymmetric Digital Subscriber Line	1.5 to 8 [Mbps] 16 to 640 [Kbps]	Down Up	인터넷 접속, VOD, 멀티미디어, 원격교육 등
VDSL	Very-high-bit-rate Digital Subscriber Line	13 to 52 [Mbps] 1.5 to 2.3 [Mbps]	Down Up	ADSL 동등 서비스 HDTV

xDSL의 종류 및 응용분야는 표 6.1과 같으며 이에 대한 설명은 다음과 같다.

1) HDSL (High-Bit-Rate Digital Subscriber Line)

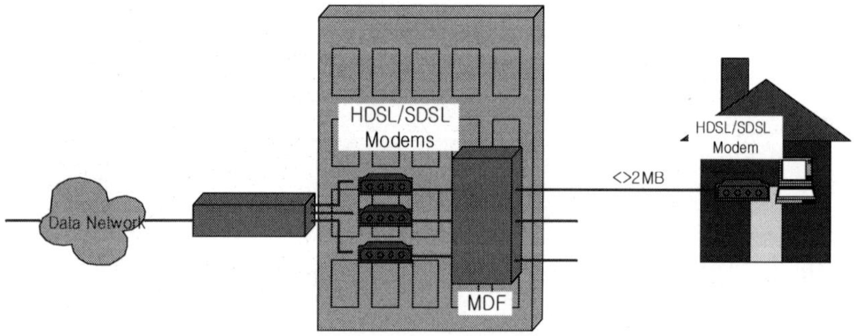

그림 6.29 HDSL의 구조

HDSL은 기존의 구리 2선을 이용하여 Full Duplex T1 혹은 E1의 전송속도를 제공함으로써 LAN 연결, 화상회의 등의 서비스에 응용되며, 가격효율 및 구현시간이 우수하여 기존의 T1/E1과 광케이블을 대체할 수 있는 시스템이다.

2) SDSL (Symmetric Digital Subscriber Line)

SDSL은 대칭형의 데이터 전송 속도를 요하는 서비스에 적합한 기술로 160 [Kbps]에서 2.048 [Mbps]의 전송속도를 제공할 수 있다.

3) VDSL (Very-High-Bit-Rate Digital Subscriber Line)

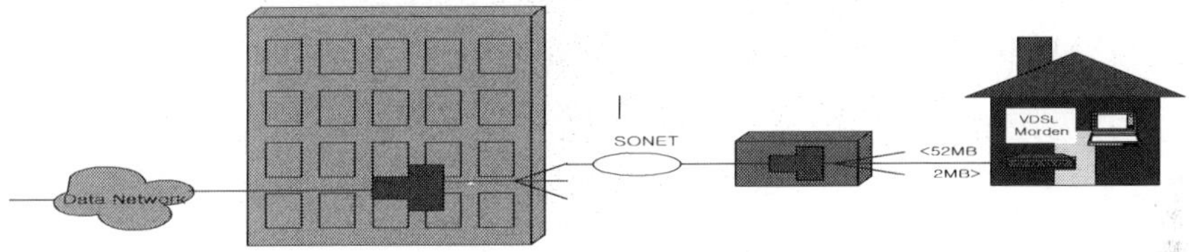

그림 6.30 VSDL 시스템의 구성도

초고속의 전송속도를 제공하는 기술로 최대 300 [m]의 거리에서 51 [Mbps]의 전송속도를 제공한다.

4) ADSL (Asymmetric Digital Subscriber Line)

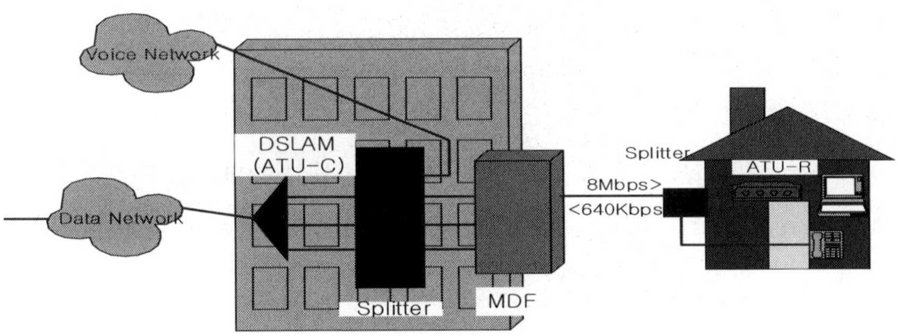

그림 6.31 ADSL의 구조

ADSL은 1.5 [Mbps]에서 8.192 [Mbps]의 하향속도를 가입자에게 제공하며 16 [kbps]에서 1.088 [Mbps]의 상향속도를 전화국 측에 제공한다. 또한 데이터 통신 서비스와 음성 서비스를 동시에 제공한다. 따라서 ADSL을 이용하여 전화선을 가진 모든 사용자에게 Interactive 멀티미디어 서비스를 제공할 수 있다.

서비스 제공자의 관점에서 ADSL은 전화선 양단에 놓이는 모뎀과 같은 기술이다. ADSL은 정보를 포함하고 있는 디지털 정보원간의 인터페이스를 제공하고, 아날로그 모뎀과 같은 통신 채널을 제공한다. 그러나 가장 큰 차이는 속도이다.

5) RADSL (Rate Adaptive Asymmetric Digital Subscriber Line)

RADSL은 ADSL의 변형으로 이점은 유연성이다. RADSL은 서비스 제공자가 DSL 링크의 대역폭을 애플리케이션의 요구 및 회선의 조건에 맞게 조정하게 한다.

6.5.3 ADSL

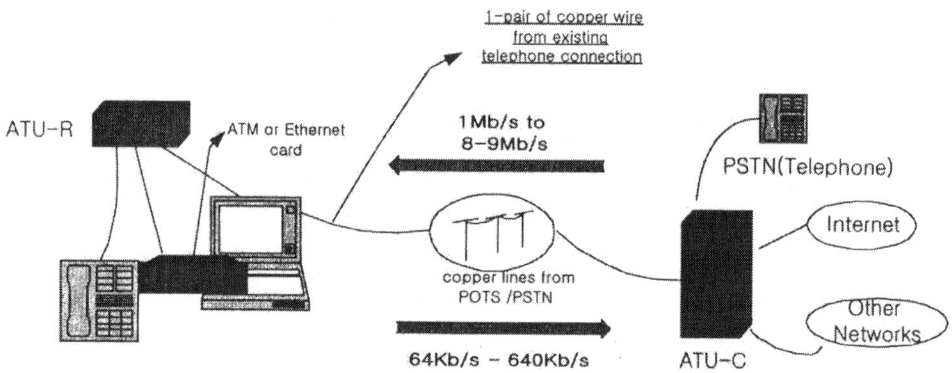

그림 6.32 ADSL 서비스 구조

ADSL(Asymmetric Digital Subscriber Line)이란 기존 2선식 전화망을 이용하여 네트워크에서 가입자에게 고속의 다운스트림 데이터 채널과 저속의 업스트림 데이터 채널을 제공하며, 동시에 기존의 음성 서비스를 제공하는 기술이다.

1) ADSL의 전송 속도

ADSL은 전화국에서 가입자로의 하향 속도 1.544 [Mbps]~8 [Mbps], 가입자에서 전화국으로의 상향 속도 16 [kbps]~640 [kbps]를 지원하며, 보다 고속의 전송 속도 개발을 위한 노력이 진행 중이다. 데이터 전송 속도는 전화국에서 가입자까지의 거리, 사용되는 전화선의 종류, 사용되는 ADSL 장비의 종류에 따라 다르다.

예를 들면, 동영상의 경우 약 1.5~3.0 [Mbps]의 하향 전송 속도를 요구하지만 64 [kbps]

이하의 상향 속도로 MPEG 영상을 선택할 수 있다. 현재 전화선을 사용하여 서비스를 제공하는 제품의 최고 속도는 하향의 경우 최소 1.544/2.048 [Mbps], 상향의 경우 16 [kbps]이고, 최대속도는 상향의 경우 9 [Mbps], 하향의 경우 640 [Kbps] 정도이다. ADSL의 사용주파수는 POTS 주파수 대역보다 상위에서 운영되며, ADSL 모뎀 고장 시에도 POTS는 서비스에 지장 없이 이루어지도록 독립적으로 설계되어있다.

표 6.2 ADSL 전송속도

하향속도	거리	선 굵기
1.5 또는 2 Mbp/s	5.5 km	0.5 mm
1.5 또는 2 Mbp/s	4.6 km	0.4 mm
6.1 Mbp/s	3.7 km	0.5 mm
6.1 Mbp/s	2.7 km	0.4 mm

(2) 음성 통신의 동시 사용

전형적인 아날로그 음성 대역 모뎀은 전화 서비스와 같은 0~4 [kHz] 주파수 대역을 사용하므로 음성과 데이터의 동시 사용이 불가능하다.

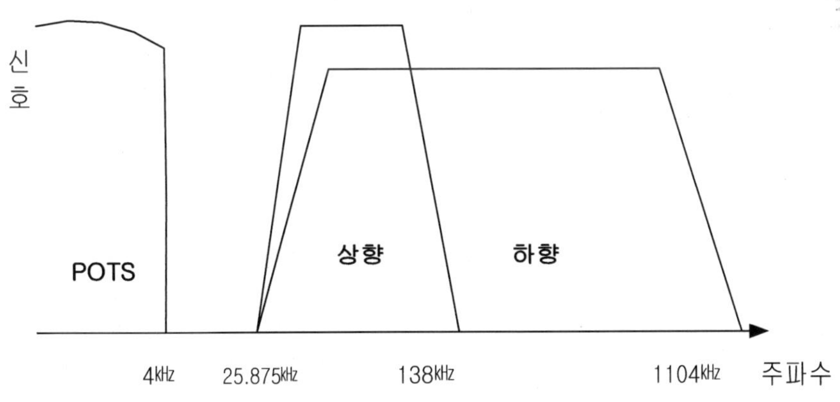

그림 6.33 ADSL의 사용 주파수대

그러나 ADSL은 음성과 다른 주파수 대역(25.875 [kHz]~1.104 [kHz])에서 동작하므로 기존의 전화 서비스와 ADSL 데이터 서비스를 동시에 사용할 수 있다. 또한 하향 시에도 음성전화 서비스는 계속된다.

(3) 비대칭 (Asymmetric)

ADSL은 하향 속도와 상향 속도가 다르며, 이 속도는 전화국에서 가입자까지의 거리에 따라 그 제공 속도가 다르다. 이는 웹 브라우징, 멀티미디어 클립의 다운로딩과 같이, 네트워크에서 가입자로의 데이터 흐름이 가입자에서 네트워크로의 데이터 흐름보다 큰 경우에 효율적이다.

(4) ADSL 서비스

ADSL의 서비스는 표 6.3과 같다.

표 6.3 ADSL의 서비스

서비스	내 용
고속 인터넷 인트라넷 접속	ADSL의 비대칭형 속도는 인터넷 접속, 웹 브라우징, 그래픽 파일의 다운로딩 등에 적합
고속 VLAN접속	기존 전화망을 이용하는 장점으로, 원격지 사무실에서 중앙 네트워크로의 접속 시 가격적 측면에서 경쟁력
원격 LAN 접속	재택근무자가 회사 네트워크와의 접속 시 가격 효율적인 솔루션 제공
대용량 파일 전송	네트워크를 통한 대용량의 파일 다운로드 등을 자주 하는 소프트웨어 개발자 등에 유용
화상 회의	ADSL 인터넷상 화상회의에 가격 효율적인 솔루션 제공

(5) ADSL 가입자 이점

ADSL의 가입자 이점은 표 6.4와 같다.

표 6.4 ADSL 가입자의 이점

이점	내 용
고속접속	ADSL의 다운스트림 속도 1.5 [Mbps]는 128K ISDN의 약 12배의 속도
Dedicated 접속	음성과 데이터 신호가 분리되어, 음성 통신 중에도 데이터 신호는 Dedicated 접속된다.
가격	기존의 전화선을 이용함으로써 구축비용 저렴
신뢰성	가입자를 인터넷과 LAM/N에 접속하는 효과적인 솔루션

(6) 가입자 환경(PC)

가입자의 PC환경은 표 6.5와 같다.

표 6.5 가입자 PC 환경

구분	최소사양	권장사양
서비스	인터넷 서비스	VOD & TV 생방송
CPU	486 DX2 이상	Pentium급 133MHz 이상
메모리	16MB	32MB 이상
비디오 메모리	2MB	4MB 이상
인터페이스 카드	Ethernet 카드 (PCI 혹은 ISA 타입) ATM25M 카드 (PCI 타입)	Ethernet 카드 (PCI 타입) ATM25M 카드 (PCI 타입)
O/S	Window 95 Window 98	Window 98
네트워크 드라이버	NDIS, ODI 등 ATM 드라이버	NDIS, ODI 등 ATM 드라이버
응용프로그램	Browser	Browser
	Plug in	Plug in
사용 프로토콜	TCP/UDP/IP	TCP/IP
코딩방식	-	VOD : MPEG 1 (1.8M)

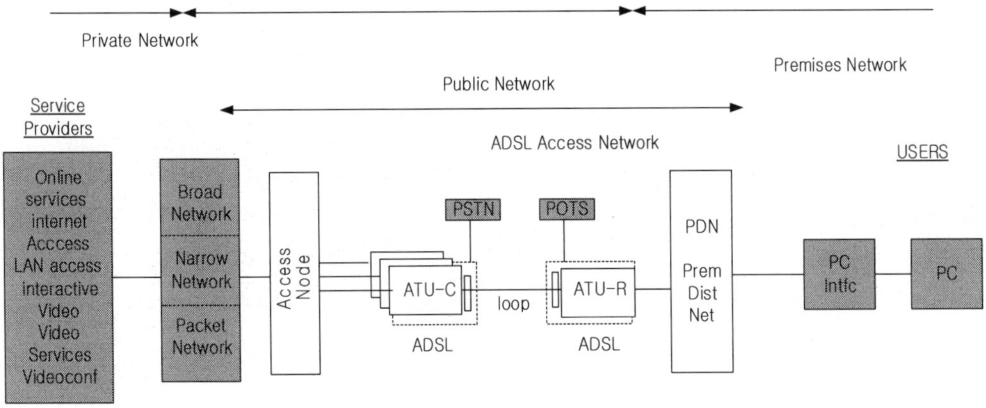

그림 6.34 ADSL의 네트워크

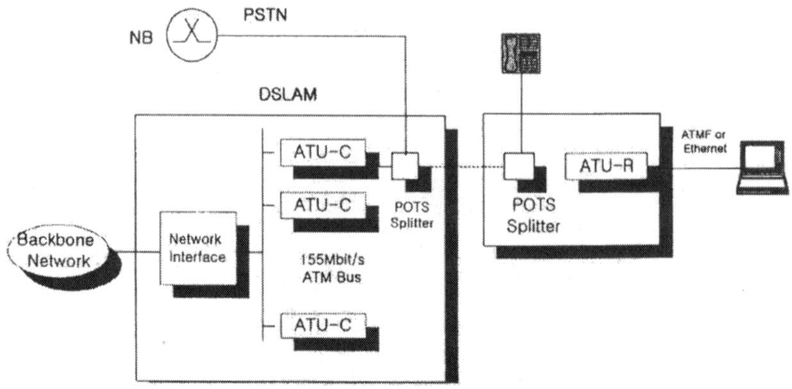

그림 6.35 ADSL의 시스템 구성

6.5.4 ADSL 주요 전송기술

(1) 반향 제거 기술

반향 제거 기술은 같은 대역폭을 사용하는 2개의 송수신 신호를 1개의 선로를 통하여 통신하고자 할 경우에 사용되는 주요 기술 중의 하나이다. 반향이 발생되는 주요 원인은 하이브리드 임피던스와 선로임피던스의 부정합, Bridge Tap, 이종 심선의 접속 등이 있다. 송신 신호가 수신 측으로 누설되어 수신 신호에 혼합되면 반향 제거기는 송신 신호 성분이 누설되는 경로의 전달함수를 예측하여 반향 성분을 제거하게 된다.

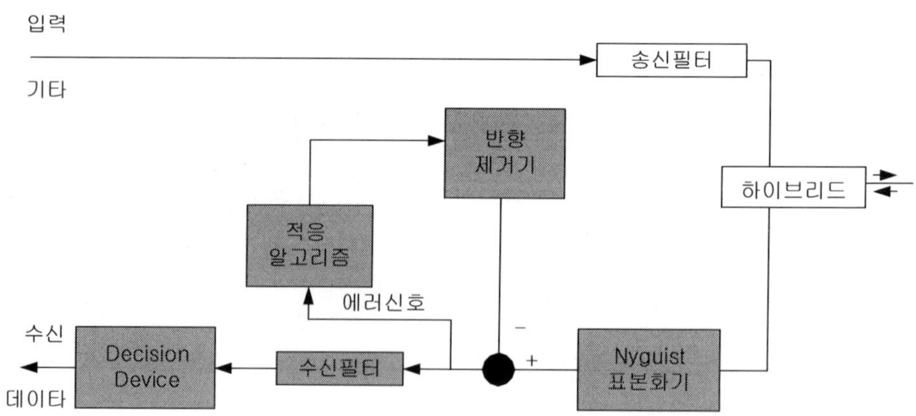

그림 6.36 반향 제거 회로

(2) 자동 등화 기술

신호는 통신로를 통하여 전송되는 동안 진폭 및 위상 왜곡을 받게 되며 이러한 왜곡된 신호를 보상하기 위하여 사용되는 기술이 등화 기술이다. 최근 디지털 신호 처리 기술의 발달에 힘입어 디지털 영역에서 처리될 수 있으며 LE(Line Equalizer) 또는 DFE(Decision Feedback Equalizer) 등이 이러한 목적으로 사용되고 있다. 이들 등화기는 FIR형의 디지털 필터가 사용되며 필터의 계수는 선로의 상태에 따라 자동 조절된다. 최근에는 전송이득을 높이기 위하여 수신 측과 연동하여 송신 측에 미리 부호화된 신호를 전송하는 방식도 검토하고 있다.

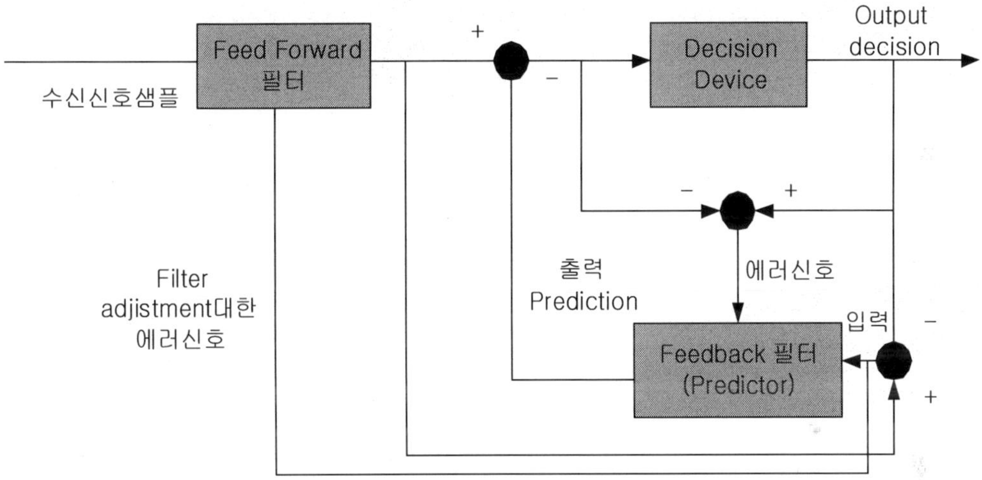

그림 6.37 등화 회로(Equalizer)

(3) 변조(Modulation)

주파수 대역을 바꾸는 데는 Passband 변복조 기술이 유용하게 사용될 수 있다. 많이 사용되는 변복조방법으로 CAP(Carrierless Amplitude/Phase Modulation)과 DMT(Discrete Multi Tone)방식이 있다.

CAP 방식은 QAM(Quadrature Amplitude Modulation) 방식과 관계가 많다.

QAM 방식은 두 개의 신로(Sine/Cosine)를 혼합하여 아날로그 신호로 묶어서 만드는 신호이다. 그러나 DMT 방식은 디지털 신로를 두 개 만들어 혼합하여 DAC(Digital Analog Convert-tor)를 통하여 신호가 변환되어 전송된다. 이러한 전송방식은 QAM에 비해 구성이 효율적이며 가격적인 면에서도 융통성이 있다.

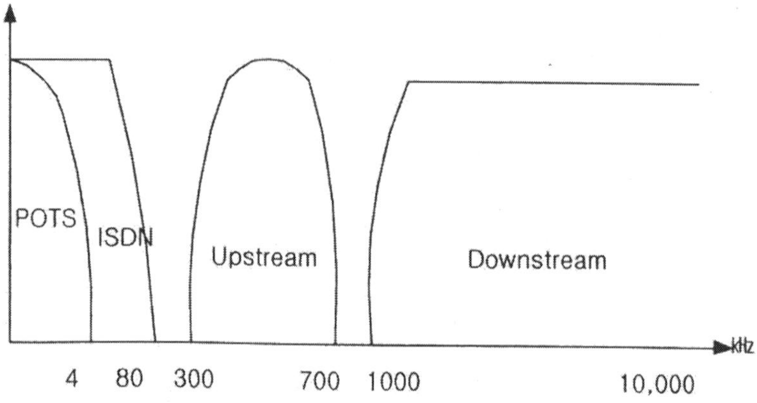

그림 6.38 주파수 대역

DMT 방식은 OFDM(Orthogonal Frequency Multiplexer : Coded OFDM) 방식과 관계가 많다. OFDM은 유럽에서 적용되는 DAB(Digital Audio Broadcast)로 소리 및 멀티미디어의 품질로 전송하는 방식이다. DMT는 많은 Narrow-band 반송자를 이용하여 병렬식으로 전송하는 것이다.

1) CAP (Carrierless AM/PM) 방식

QAM(Quadrature Amplitude Modulation)에서 유래한 일종의 싱글 캐리어 변조방식이다.

즉, QAM의 기술은 캐리어의 진폭과 위상을 동시에 이동시키면서 2진수를 표현하는 것이며, 주로 고속 전송에서 사용된다. 이는 하나의 신호 변화에 2진수 2, 4, 8비트를 그룹으로 표현함으로써 전송효율을 높인다.

보내고자 하는 정보를 2개의 Baseband 신호로 나눈 뒤 In-phase와 Quadrature-phase 신호로 Modulation해서 두 신호의 차이 신호를 전송선으로 보내는 방식으로, 이 방식은 2B1Q와 같은 대역폭을 사용하더라도 2B1Q보다 2배의 신호 전송 속도를 가진다.

주파수 대역이 적절히 설정되었을 경우 선로상의 임펄스 잡음 및 기존 서비스와의 간섭을 최소화할 수 있도록 주파수 배치를 자유롭게 할 수 있다는 장점이 있다.

2) DMT (Discrete Multi Tone) 방식

일종의 MCM(Multi Carrier Modulation) 방식으로 채널 스펙트럼을 여러 개의 부 채널(주파수 대역)로 나누고 각 부 채널을 하나의 QAM 시스템으로 만들어 전송하는 방식, 즉 사용 주파수 대역을 FFT(Fast Fourier Transform)을 이용하여 여러 개의 부 주파수대역으로 분할하고 각 부 주파수대역별로 각각 데이터를 변조하여 전송하는 방식이다.

이 방식은 각 부 주파수 대역별로 변조신호의 심볼율을 변경할 수 있어 가입자 선로에서 발생하는 임펄스잡음 및 기타 잡음에 대하여 유리한 특성을 가지며, 4 [kHz]의 대역폭을 가진 256개의 서브채널이 존재하며 각각 자신의 전송 Frequency를 가진다.

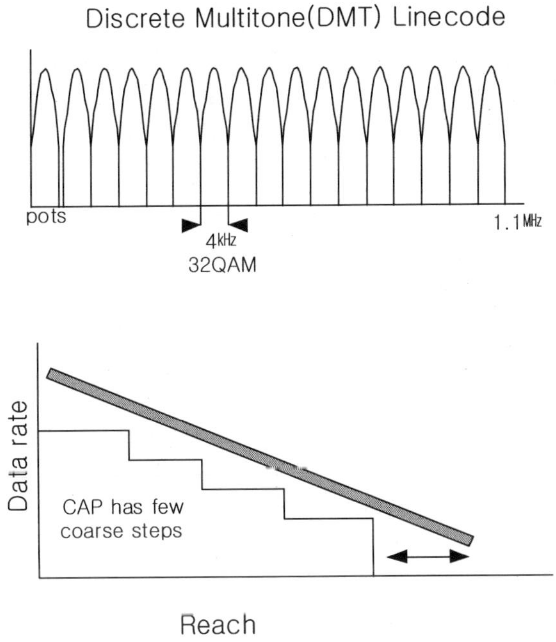

그림 6.39 QAM 변조

6.5.5 ADSL 서비스 유형

ADSL 유닛과 Set Top 장치가 ADSL 구축비용의 대부분을 차지하지만 ADSL을 이용하여 제공하는 서비스의 수준에 따라 가격차이가 발생한다. ADSL로 제공 가능한 영상서비스는 단순 분배형 서비스, VOD 서비스, 대화형 VOD 서비스가 있다.

(1) 단순 분배형 서비스

단순 분배형 서비스를 제공하기 위해서는 전화국에 비교적 저렴한 영상서버와 ADSL 전송장치가 필요하다. 압축된 신호는 가입자에게 프로그램을 교환해 주는 원격 교환 장치에 전달된다. 가입자 측에서는 교환기에서 전달된 압축신호를 복원하기 위한 Set Top 장치가 필요하다.

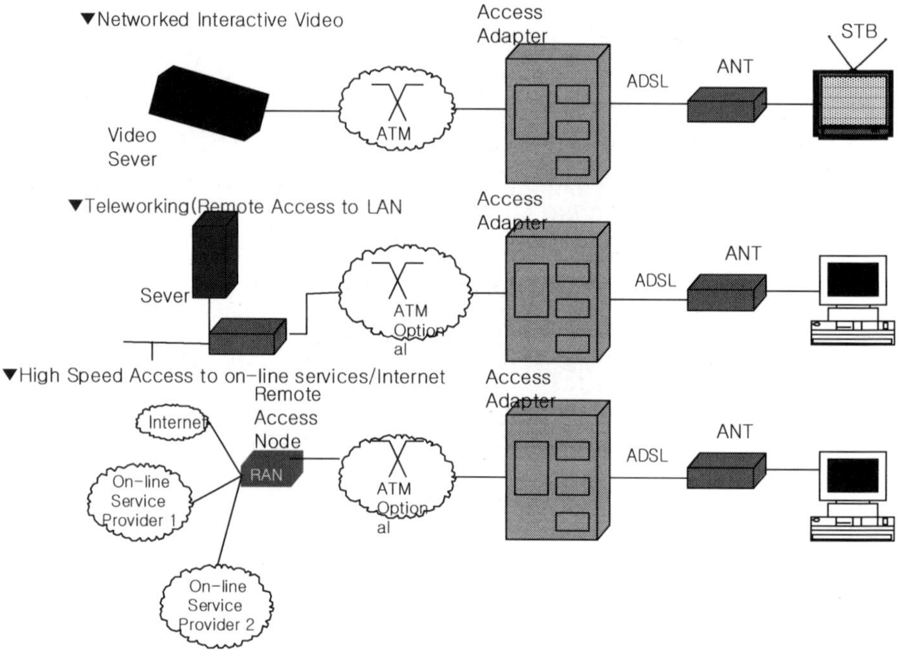

그림 6.40 ADSL의 서비스 유형

(2) VOD 서비스

기본적으로 단순 분배형 서비스를 제공하기 위한 구조와 동일하다. 다만 VOD에 발생한 프로그램을 가입자에게 제공하기 위해 영상서버와 교환 장치에 여분의 메모리가 필요한데 외장형 및 내장형으로 구축된다. VOD 기능을 추가하기 위해서는 영상서버가 디지털 화 되어야 하나 아직까지는 기술의 성숙도가 낮아 가격이 비싼 편이다.

(3) 대화형 VOD 서비스

대화형 VOD 서비스를 제공하기 위해서는 축적된 신호 처리를 위한 디지털 영상서버기능을 교화기에 부가하거나 중앙의 디지털 영상서버에 액세스하기 위해 PSTN 회선에 광대역 접속기능을 부가하여야 한다. 현재의 영상서버의 가격을 고려할 경우 전자의 구현비용은 매우 비쌀 것으로 예측된다. 후자의 경우에는 많은 가입자들이 장기간에 걸쳐 ADSL 서비스를 이용할 경우 기존의 전화서비스와 간섭현상을 발생시키거나 예기치 못한 문제가 발생할 소지가 있다. VOD 시장이 ADSL의 주요 목표시장이지만 이외에도 원격교육, 원격진료, Telecommuting 등의 서비스를 제공할 예정이며 최근에는 인터넷 접속 및 비디오 게임 등을 ADSL 서비스에 포함시키려 하고 있다.

(4) 서비스 적용 방안

가) 인터넷 고속 접속 및 재택근무	나) VOD (Video On Demand)
다) 원격교육	라) 시내 교통상황 실시간 안내
마) 비디오 폰	바) 실시간 인터넷 방송
사) TV쇼핑	아) 주문형 정보 데이터 서비스
자) 온라인 게임	차) 가상 도시
카) 생활 정보 서비스	타) 기상 정보
파) 실황중계	

6.6 인터넷 전화

회선 교환 방식의 음성 통신망 외에 최근에는 인터넷이라는 패킷 방식의 통신망이 전 세계를 연결하고 있으며, 이 통신망을 통해 전 세계 어디든지 전자우편을 보내고 웹이란 도구를 통해 다양한 정보를 검색하고 있다.

인터넷망은 음성통신망처럼 트래픽 관리가 잘 되지 못해 연결이 안 되는 수도 있고, 통신 중에 절단이 되거나 트래픽에 따라 정보를 송수신하는 데 시간이 많이 걸리는 등 일관된 성능을 제공하지는 못하지만, 가장 중요한 점은 비용이 들지 않는다는 것이다.

이 패킷 방식의 통신망을 이용해서 음성을 패킷화해서 보낼 수만 있다면 무료로 음성 전화를 할 수 있겠다는 생각이 인터넷 전화가 나타난 배경이다.

1995년 미국의 벤처 기업인 보컬테크(Vocal Tech)가 퍼스널컴퓨터(PC)에 접속하는 마이크와 스피커를 통해 통화하는 시스템을 개발한 다음부터 보급되었다.

인터넷을 통한 개인용 컴퓨터(PC) 사용자 상호 간의 실시간 음성 대화로, 인터넷 폰이라고도 한다. PC에 마이크나 스피커를 연결하고 인터넷 전화용 소프트웨어를 장착하여 전화와 같이 통화할 수 있다. 인터넷 전화는 전화라기보다는 음성 교환 방식의 채트라고 하는 것이 정확한 표현이다. 인터넷 전화용 소프트웨어로는 미국 보컬테크(Vocal Tech)사의 인터넷폰(Internet Phone), 프리텔(Free-Tel)사의 프리텔+(FreeTel+) 등이 유명하다. 인터넷을 요금이 저렴한 장거리 전화망과 같이 사용하는 디지폰(Digiphone)이라는 소프트웨어도 있다. 인터넷 전화의 품질은 회선 용량에 따라 다르지만 전화에 비해 품질이 낮다. 인터넷 전화 사용자는 인터넷 정보 제공자(ISP)의 서버에 접속하는 접속료와 시내 전화 요금만 지불하고 장거리나 국제 통화를 할 수 있으므로 인터넷 전화가 전화 사업자의 수익을 위협하는 존재가 될 것을 경계하고 있다. 국내에서는 PC 사용자 간의 인터넷 전화 또는 일반 전화 간, 국제 전화 간의 인터넷 통화가 이루어진다.

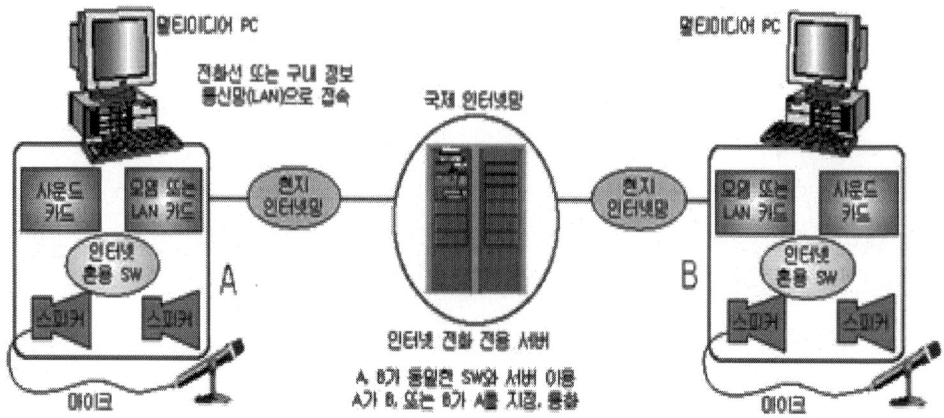

그림 6.41 인터넷 전화의 구성

6.6.1 컴퓨터와 전화의 결합

(1) 컴퓨터/전화 통합(CTI : Computer Telephony Integration) 개요

컴퓨터 기술의 보급에 따라 많은 업무가 사람의 손에서 컴퓨터를 이용한 자동 시스템으로 이전되었는데 전화와 컴퓨터의 결합은 그 좋은 예이다. 전화선을 컴퓨터에 연결해 놓으면 사람이 직접 받지 않고도 안내, 조회, 예약, 음성메시지 남기기 등 각종 업무를 마치 사람이 처리하는 것과 같이 할 수 있다. 서비스산업의 발달과 더불어 텔레마케팅 등 고객서비스가 매우 중요해지고 있어 콜 센터가 필수적인 요소로 등장하고 있다. 초기의 콜 센터는 사람이 앉아서 직접 전화를 받았으나 통화량이 증가하면서 최근에는 콜 센터로 전화를 걸면 미리 녹음된 음성이 나오고 안내에 따라 번호를 누름으로써 시나리오에 따라 업무를 처리하도록 자동화되고 있다. 여기에 사용되는 기술이 바로 컴퓨터-전화 통합기술(CTI)이다. CTI는 컴퓨터를 통해 전화시스템을 효율적으로 제어하고(Call Control) 컴퓨터의 정보처리 기능을 결합함으로써 콜 센터, 음성사서함(VMS : Voice Mail System), 무인 자동응대(ARS : Automatic Response System), 팩스 송수신, 통합메시지 시스템(UMS : Unified Messaging System) 등과 같이 다양하고 자동화된 서비스를 제공할 수 있는 기술 및 시스템을 말한다.

(2) CTI의 주요기술

컴퓨터와 전화망의 결합을 위해서는 우선 전화망 접속장치와 통화를 연결해 주는 호 처리(Call Processing) 기능과 통화 중 숫자 입력과 송수신을 해주는 DTMF(Dual Tone Multi Frequency) 기능이 필요하다. 또한 자동화된 음성안내를 위한 ARS, 데이터베이스 등 컴퓨터

자원과 연계하여 이용자의 입력에 따라 즉각적으로 정보처리를 제공하는 IVR(Interactive Voice Response) 기능과 보다 편리하고 자연스러운 업무처리를 위한 음성처리 기술이 활용된다. 그밖에 컴퓨터 하드웨어 및 소프트웨어 기술이 접목되어 전화 또는 컴퓨터 이용자에게 자동화된 음성-데이터 통합 서비스를 제공하게 된다. 음성처리 기술에는 사람의 음성을 인식하여 처리하기 위한 음성인식(Voice Recognition) 기술, 데이터로 존재하는 내용을 음성으로 만들어 들려주는 음성합성(TTS : Text to Speech), 음성을 데이터 형태로 보관하기 위한 음성 압축 및 복원기술 등이 포함되며, 특히 화자인증(Speaker Verification) 기술은 사람마다 가진 음성의 특징을 찾아내어 특정인임을 확인할 수 있게 해준다.

(3) CTI 응용분야

호 처리 자동화 분야의 예로써, 콜 센터(그림 6.42)는 걸려온 전화에 대한 처리의 일부 또는 전부를 사람의 개입 없이 자동화하여 고객과 상담원에게 매우 편리하고 신속하게 업무를 처리할 수 있는 환경을 제공한다. 여기에 고객정보와 마케팅정보, 그리고 정보처리 시스템이 점차 통합되고 있으며 기업들은 주문접수 처리의 자동화, 고객서비스의 강화, 마케팅 지원, 차별화된 고객관리를 위해 텔레마케팅시스템 구축에 박차를 가하고 있다.

정보처리 분야의 응용으로 Audiotex는 미리 녹음된 음성정보를 제공해 주는 것으로 이용자는 전화기의 숫자를 눌러 메뉴를 선택할 수 있으며 음성정보서비스(700서비스)가 이에 속한다. Fax on Demand (FOD)는 이용자가 메뉴에 따라 요구한 특정 정보를 FAX로 제공해주는 서비스이며 IVR 시스템은 전화를 건 고객의 숫자입력에 따라 필요한 데이터를 즉각 찾아내어 처리해 주는 것으로 잔액조회, 계좌이체 등이 이에 포함된다.

또 하나의 응용 예는 메시지 서비스인데, 음성메일(Voice Mail)은 수신자가 전화를 받을 수 없는 상황에서 음성 메시지를 녹음해 두고 나중에 조회할 수 있는 기능으로 이동전화에서 널리 쓰이고 있으며, 업무영역에서 많이 활용되는 Fax 서비스에는 주문이나 등록 양식의 자동수신, 동일한 내용을 여러 사람에게 전달하는 팩스 동보, 제품정보의 브로드캐스팅 등이 포함된다. 전자메일(E-Mail) 읽어주기는 메일을 확인할 수 있는 PC환경이 없을 때 이를 음성으로 변환하여 전화로 들을 수 있는 것으로 TTS(Text to Speech) 기술이 이용된다. 현재는 전자메일, 음성메일, 팩스메일을 통합하고 메일 도착 즉시 이동전화의 문자메시지 기능을 통해 알려주는 메시지 통보(SMS : Short Messaging Service) 기능을 추가하여 하나의 메일박스로 처리해 주는 통합 메시징 서비스 (UMS)가 출현하여 개인형 메시징 서비스 분야에서 각광을 받고 있다.

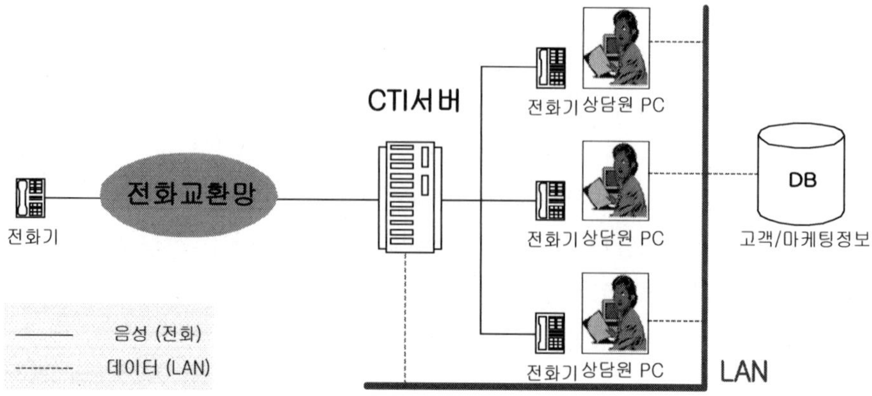

그림 6.42 CTI 콜 센터의 구성

6.6.2 인터넷 전화의 종류

100년의 역사를 가진 전화가 인터넷 기술의 빠른 발전으로 위협받고 있다. 전화는 전화교환기의 회선연결 기술에 의존해왔으나 인터넷전화의 등장으로 기술적인 도전에 직면한 것이다. 전화는 두 대의 전화기 사이의 회선을 독점한 상태로 1.544Mbps 전송대역폭을 사용하여 통화를 제공하는 반면에 인터넷전화는 2Mbps의 음성신호를 압축한 다음 인터넷망의 데이터 전송형태인 패킷으로 잘게 쪼개어 전송하며 이를 수신하는 쪽에서 여러 개의 패킷을 모은 뒤 압축을 풀어 다시 1.544Mbps의 음성으로 들려주는 기술을 사용한다. 즉 하나의 통화가 발생시키는 트래픽을 대폭 줄였을 뿐만 아니라 하나의 회선으로도 여러 사람의 음성이 패킷 형태로 동시에 전송될 수 있으므로 회선을 독점하지 않는 두 가지 장점을 통해 원가를 절감할 수 있다. 이렇듯 인터넷기술을 이용하여 통화를 가능하게 하는 기술 또는 시스템을 인터넷 텔레포니라 하며, 인터넷을 통해 음성통화를 제공한다는 의미에서 VoIP(Voice over Internet Protocol)라고도 한다.

6.6.3 인터넷 텔레포니 기술

인터넷 기술을 이용해 통화를 한다는 것은 통신서비스 및 통신망 구조에 있어 혁신적인 변화를 의미하는데 첫 번째로는 전화시스템이 회선교환(Circuit switching : 실제 선을 연결시켜 주는 방식) 구조에서 패킷교환(Packet Switching : 디지털방식의 신호교환방식) 구조로 바뀔 수 있음을 의미하며, 두 번째로는 전화망과 데이터통신망이 하나로 통합될 수 있다는 점이다. 예를 들면 현재의 사무실에는 음성통화를 위한 전화선과 데이터통신을 위한 LAN이 따로 설치되고 있으나, 향후에는 LAN 하나에 PC와 전화기가 동시에 연결될 수 있는 것이다. 또한 통화를 위한 호 처리와 음성전송(Media Transmission)이 모두 패킷 데이터로 처리되므로 통합메시징,

다자간 컨퍼런싱, 다양한 정보의 실시간 응용, 원클릭 전화 연결 등 현재로서는 구현이 어려운 서비스들이 실현 가능하다.

인터넷전화는 VoIP 게이트웨이와 게이트키퍼, VoIP 단말기로 구성된다. VoIP 게이트키퍼는 VoIP 단말기 간의 통화 연결을 위해 발신 단말기가 유효 가입자인지를 확인하고 상대방 단말기가 연결 가능한지를 검증한 후 통화를 연결하기 위해 필요한 정보를 발신 단말기에게 알려줌으로써 발신 단말기와 수신 단말기가 통화를 할 수 있도록 해준다. VoIP 게이트웨이는 전화망과 인터넷망을 상호 연결하여 기존의 전화기와 VoIP 단말기 간에 호 처리 절차를 대행하여 주며, 전화망에서 생성된 음성신호를 압축하고 인터넷망에서 전송 가능한 패킷 형태로 재구성하여 상대방 단말기에게 전송해 주는 기능을 담당한다. 물론 역방향의 음성 전송 시에도 같은 기능을 제공한다. 음성압축 및 복원 방식에는 여러 가지 표준안이 있으나 64Kbps의 전화 음성신호를 5.6/6.3Kbps로 압축하는 G.723.1과 8Kbps로 처리하는 G.729.A 표준이 세계적으로 널리 사용된다.

인터넷전화는 발신 단말기와 수신 단말기의 종류에 따라 Web to Web, Web to Phone, Phone to Web, Phone to Phone로 나뉜다. 여기서 Phone이란 팩스 기기를 포함한 기존의 전화기를 말하며 PC란 VoIP 기능을 갖는 인터넷 컴퓨터를 의미한다. 현재의 인터넷폰 서비스는 대부분이 Phone to Phone과 PC to Phone 형태인데, Phone to Phone의 경우에 이용자는 기존의 전화기를 통해 통화를 하지만 회선이 연결되는 경로가 전화단말기-전화교환기-VoIP 게이트웨이-인터넷망-VoIP 게이트웨이-전화교환기-전화단말기의 형태이며, PC to Phone은 PC에서 발신하여 일반전화와 통화하는 경우로 회선 연결 경로는 PC-인터넷망-VoIP 게이트웨이-전화교환기-전화단말기가 된다.

현재 VoIP, Internet Telephony, IP Telephony 및 VoX 등의 용어들이 혼용되어 사용되고 있는 인터넷 전화는 각 용어들마다 다소 차이가 있다. 세계적인 시장조사 기관인 IDC에서는 각 용어를 다음과 같이 정의하고 있다.

(1) VoIP

인터넷의 IP프로토콜을 사용하여 음성을 전송하는 기술을 일컫는다. 음성신호를 디지털 신호로 변화한 후 음성패킷으로 구성하여 IP네트워크를 통해 수신자까지 전달하는 것을 의미하며 웹 투 웹(Web to Web)서비스를 포함한다.

(2) Internet Telephony

IP 네트워크와 공중전화망이 연동되어 음성서비스를 제공하는 것이며, 웹 투 폰(Web to Phone), Click to Talk, UMS(통합메시지서비스) 등의 서비스를 포함한다.

(3) IP Telephony

VoIP와 Internet Telephony의 전체를 포함한 음성서비스를 말하며, 저렴한 음성서비스를 제공하기 위해서 IP네트워크를 이용하며 필요에 따라 기존통신망과 연동되어 서비스를 제공한다.

(4) VoX

인터넷전화를 포함할 뿐 아니라 음성과 데이터를 전송할 수 있는 ATM, 광대역, xDSL, Optic, FR 등과 같은 다양한 네트워크를 이용하여 음성서비스를 제공하는 것을 말한다.

6.6.4 서비스 종류

인터넷전화 서비스는 크게 4가지로 나눌 수 있다. 웹 투 웹(Web to Web), 웹 투 폰(Web to Phone), 폰 투 웹(Phone to Web), 폰 투 폰(Phone to Phone) 등이다.

(1) 웹 투 웹(Web To Web)

WEB TO WEB 통화구성도

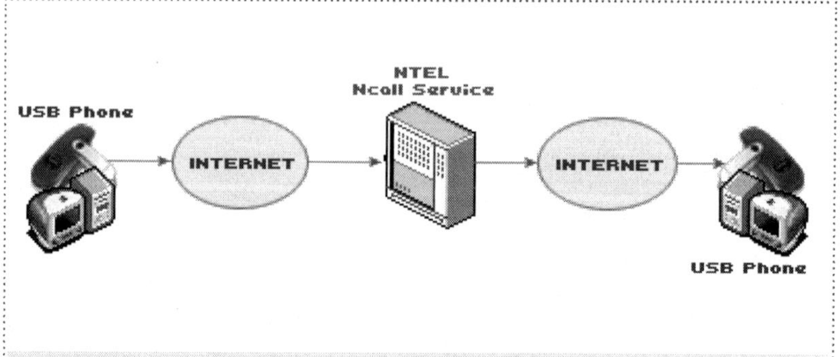

*송수신자 쌍방이 H.323을 지원하는 인터넷폰(H/W,S/W)을 이용하여 쌍방향통화(무료)

웹에서 웹으로 통화하는 것을 뜻하는데 이는 공중전화망(PSTN)을 거치는 경우와 그렇지 않은 경우로 나눌 수 있다. 공중전화망을 거치는 경우는 Gateway와 같은 통신 장비를 2개 이상 거쳐서 통화가 이루어지고, 그렇지 않은 경우는 Call을 인식하여 수신자에게 신호를 보내는 Gatekeeper와 같은 소프트웨어를 거쳐 인터넷상에서 곧바로 전화가 가능하다.

(2) Web To Phone

웹에서 일반전화나 이동전화로 음성통화를 하는 경우를 뜻하는데, 이는 반드시 공중전화망(PSTN)을 거쳐야만 한다. 이는 서비스업체의 Gateway라는 VoIP장비를 통해 공중전화망으로 Call을 보내고 각 교환기를 거쳐 일반전화나 이동전화로 연결하게 된다. 이는 전화요금이 송신자부담원칙으로 되어있어 이용요금을 대폭 절약할 수 있다는 장점이 있다.

WEB TO PHONE 통화구성도

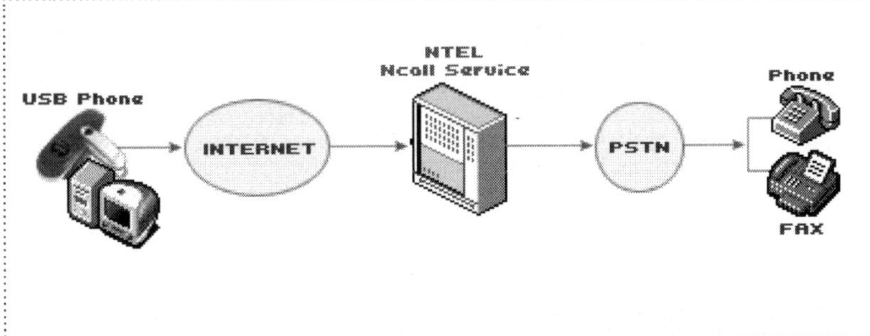

* 송신자가 H.323을 지원하는 인터넷폰(S/W, H/W)을 이용하여 엔텔의 인터넷 Gateway를 경유하여 일반전화망(PSTN: Public Switched Telephone Network)을 통해 통화연결(유료). 수신측은 핸드폰도 무관.

(3) Phonc To Wcb

위의 웹 투 폰과 정반대의 flow를 거치는데, 아직은 서비스되지 않지만 조만간 서비스가 이루어질 것으로 예상하고 있다. 이 경우는 인터넷 전화번호 체계가 공중전화망에서 인식 가능해야한다.

PHONE TO WEB 통화구성도

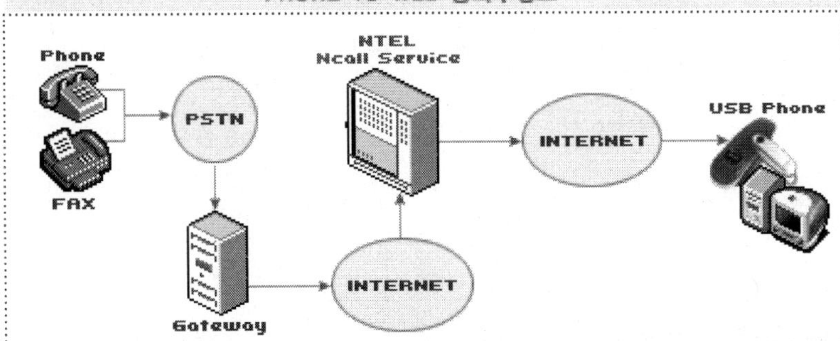

* 송신자가 PSTN을 거쳐 인터넷 Gateway를 경유하여 수신측의 H.323을 지원하는 PC의 인터넷폰 S/W, H/W를 구동하여 일반전화와 PC간 통화연결(유료). 송신측은 핸드폰도 무관.

(4) Phone To Phone

일반전화나 이동전화 상호간 통화 시 공중전화망만을 이용하는 경우를 제외하고 인터넷을 경유하여 통화가 이루어지는 경우에는 Gateway장비를 2번 이상 거쳐서 나가게 된다. 상호 Gateway와 일반전화를 사용하여 일반전화와 똑같이 사용하지만 내부적으로는 공중전화망과 인터넷망을 연동하여 운용되며, Gateway의 역할이 필수적이다.

PHONE TO PHONE 통화구성도(본지사간 통화시)

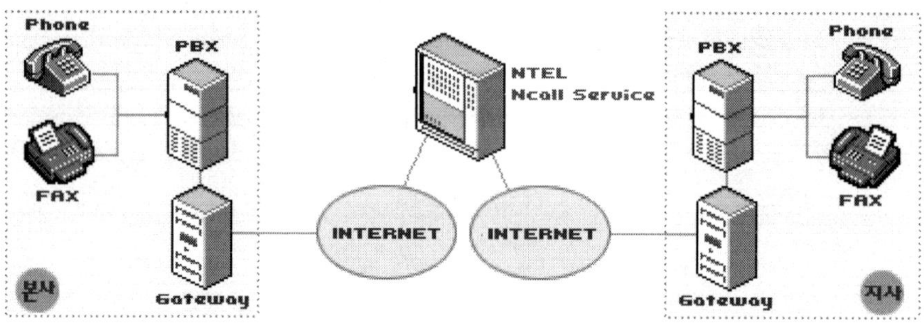

*송신자의 쌍방이 모두 Gateway를 경유하여 통화(무료)

PHONE TO PHONE 통화구성도(VoIP이용한 일반통화시)

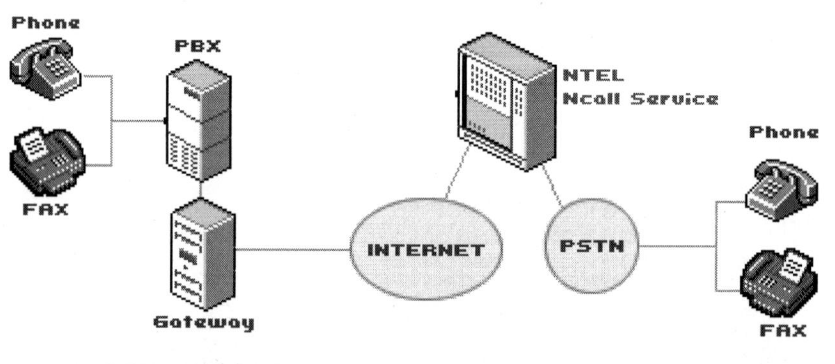

*송신자의 게이트웨이를 경유하여 인터넷을 통해 PSTN으로 접속하여 일반전화와 통화연결(유료), 수신측은 핸드폰도 무관.

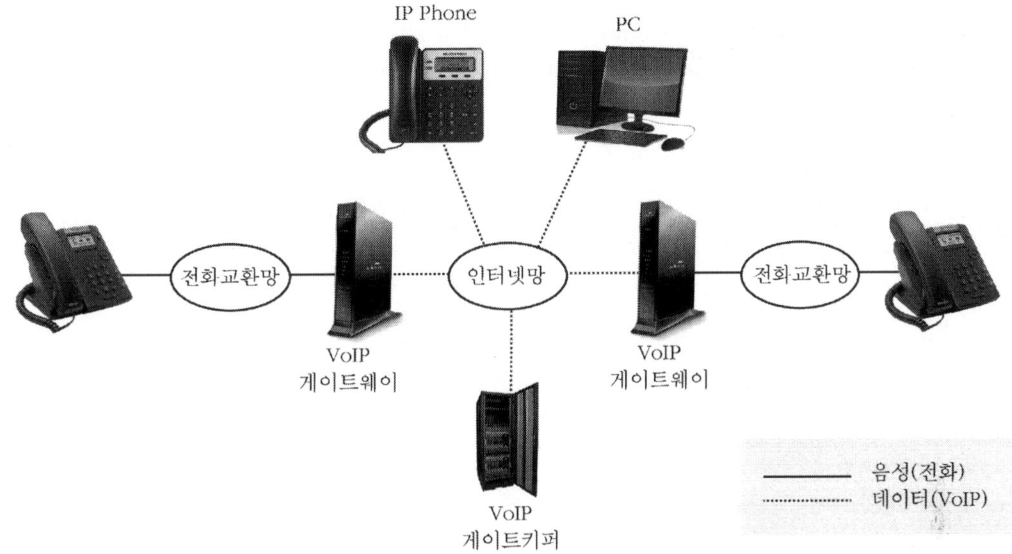

그림 6.43 인터넷 전화 시스템

6.6.5 관련 기술

궁극적인 목표는 PSTN과 같은 수준의 음성 품질을 얻는 것이지만 이것은 쉽지 않다. 이것은 주로 인터넷이 가지고 있는 Bandwidth 제한과 Packet loss에서 기인하고 있다. 인터넷에서의 과부하는 전송지연과 Packet loss로 이어지기 쉽다. 또 인터넷은 음성신호를 싣고 있는 패킷들이 서로 분리된 여러 개의 경로를 통해 전송되기 때문에 Packet loss의 가능성이 더 높을 수밖에 없다. 이러한 음성 품질과 신뢰도는 음성부호화, 압축, 전송 및 복구기술 등과 관련된다.

음성부호화 기술은 현재 PCM, ADPCM, GSM, LPC 등 다양한 기술이 개발되어 있다. 실시간 데이터 전송을 위한 표준 패킷 형식인 RTP(Realtime Transport Protocol)는 오디오, 비디오 등의 실시간 데이터를 멀티캐스트나 유니캐스트로 전송하는데 적합하며, Packet loss, Jitter 등은 Sequence Number나 Time Stamp에 의해 재조립될 수 있다. RTCP는 RTP 제어 프로토콜로 세션 안의 수신자에게 제어 패킷을 주기적으로 전송하고 QoS 모니터링을 수행한다. 또 VoIP나 영상회의 등에서는 손실된 패킷의 제어 및 복구기술이 중요한데 여기에는 재전송을 기반으로 하는 ARQ(Automatic Repeat Request)와 원래의 정보에다 잉여정보를 전송해주는 것을 기반으로 하는 FEC(Forward Error Correction) 등이 있다.

연 습 문 제

6.1 탄소 송화기의 원리를 간략하게 기술하시오.

6.2 교환기의 기본 기능을 분류하시오.

6.3 자동 교환기의 종류와 각각의 특징을 설명하시오.

6.4 기존의 크로스바형 교환기의 스위치 회로망을 리드계의 스위치나 반도체 회로의 게이트 스위치로 대체한 스위치의 형태는?

6.5 타임스위치와 PCM스위치의 차이를 설명하시오.

6.6 신호 방식의 종류를 나열하시오.

6.7 중계 방식을 직접 제어 방식과 간접 제어 방식으로 나누는 기준은?

6.8 전자 교환기를 구성하는 장치 중에서 가장 기본이 되는 장치 6가지를 기술하시오.

6.9 9600 가입자를 수용할 수 있는 소형의 디지털 교환기로서 중소 도시를 세분화하여 기능을 수행하는 교환기는?

6.10 TDX-10의 3가지 서브시스템에 대해 설명하시오.

6.11 TDX-10의 특징 및 제원에 대해 쓰시오.

6.12 ASS의 기능에 대해 설명하시오.

6.13 ADSL의 원리에 대해 설명하시오.

6.14 ADSL과 VSDL의 차이점을 설명하시오.

6.15 인터넷 전화서비스의 종류를 설명하시오.

07 무선이동통신

인간의 생활을 보다 편리하고 윤택하게 하려는 노력으로 인해 문화의 비약적인 발전이 있었으며, 새로운 첨단 기술의 발전은 정치, 경제, 사회, 문화의 각 영역에서 인간의 환경을 변화시키고 있다. 통신은 격리된 지역 간의 의사전달의 필요성을 충족시키며 발전하여 1901년 마르코니의 무선 통신에 의한 대서양 횡단의 역사적 실현을 경험한 이래 100년의 역사 동안 획기적으로 변화하였다. 그 중 대표적인 예로 이동통신을 들 수 있다. 80년대 초에 대중화된 이동통신은 인간의 욕구를 생활하는 환경에서 이동하면서 구현할 수 있으며, 이동성에 필요한 무선통신을 가장 적합하고 효율적으로 사용하고 있다.

이동통신은 전파를 이용하는 무선통신으로서 인간의 지속적인 생활 영역의 확대 욕구와 시간과 공간의 제약을 극복할 수 있는 통신 수단의 욕구에 부응하여 교통과 커뮤니케이션이 결합된 새로운 통신영역으로 급속하게 발전하고 있다.

이러한 발전 요인은 공공성과 현장성 및 용도의 다양성 등으로 차량전화, 휴대용전화(Hand phone), 코드 없는 전화기(Cordless Telephone), 주파수공용 통신(Trunked Radio System), 무선호출(Paging), 항공통신, 선박통신, 위성통신(Satellite Communication) 등 다양한 서비스 제공과 기술개발 및 단말기의 소량 · 경량화와 가격인하 등이 요인이며 수요가 급증하고 있다.

그림 7.1은 서비스 관점에서 이동통신을 분류한 것이다.

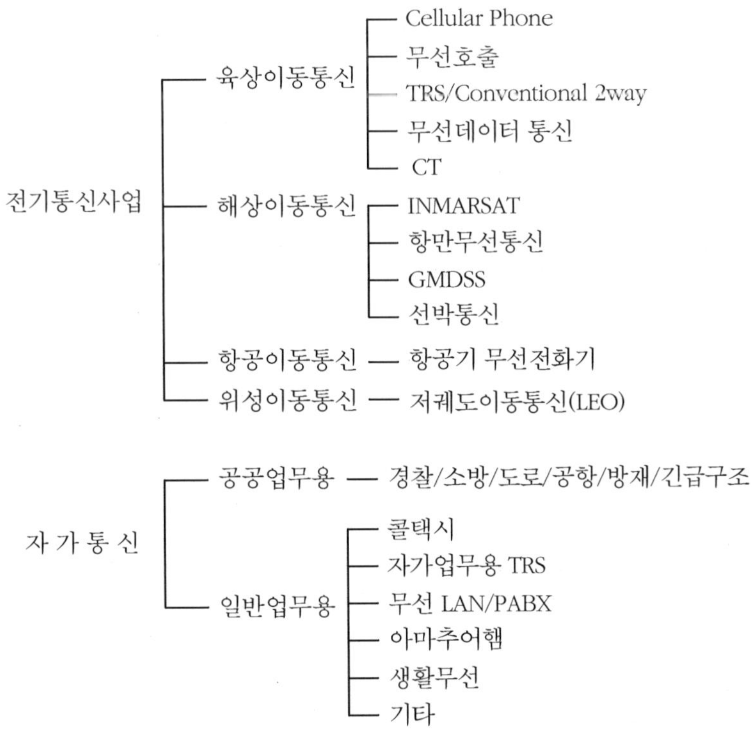

그림 7.1 업무분야별 통신서비스에 의한 이동통신의 분류

이동통신용 주파수 할당은 현재 극초단파(UHF)대역에서 사용하고 있으며 추후 mm 주파수 대역으로 확대될 것이다.

표 7.1 통신사업별 주파수 할당

<table>
<tr><th colspan="2"></th><th>주파수할당 (MHz)</th><th>채널할당</th><th>비 고</th></tr>
<tr><td rowspan="3">Analog Cellular</td><td>AMPS</td><td>824~849
869~894</td><td>30Khz</td><td>FDMA(FM변조) 북미</td></tr>
<tr><td>TACS</td><td>890~915
935~960</td><td>25Khz/1000ch</td><td>FM변조 모토로라</td></tr>
<tr><td>NTT</td><td>870~885
925~940</td><td>25Khz/600ch</td><td>FM변조 일본</td></tr>
<tr><td rowspan="4">Digital Cellular</td><td>AMPS</td><td>824~849
869~894</td><td>30Khz</td><td>FDMA (IS-54)</td></tr>
<tr><td>TACS</td><td>890~915
935~960</td><td>200Khz</td><td>FDMA</td></tr>
<tr><td>IS-95</td><td>824~849
869~894</td><td>1.25MHz</td><td>TDMA, CDMA</td></tr>
<tr><td>WCDMA</td><td>1,942~1,977
2,132~2,167</td><td>5.0Mhz</td><td>TDMA</td></tr>
<tr><td colspan="2" rowspan="2">GSM</td><td>890~915
935~960</td><td>200Khz</td><td>TDMA</td></tr>
<tr><td>1,850~1,910
1,930~1,990</td><td>200Khz</td><td>PCN
(DCS 1800, DCS 1900)</td></tr>
<tr><td colspan="2" rowspan="2">PCS</td><td>1,750~1,780
1,840~1,870</td><td>1.25MHz</td><td>IS-95</td></tr>
<tr><td>1,850~1,910
1,930~1,990</td><td>1.25MHz</td><td>PCS 1900</td></tr>
<tr><td colspan="2">무선호출</td><td>162~169.2
322~328.6</td><td>53
264</td><td>국내</td></tr>
<tr><td colspan="2">TRS</td><td>806~821
851~866</td><td>400ch</td><td>국내</td></tr>
<tr><td colspan="2">(이동)무선데이터</td><td>896~898
936~938</td><td>-</td><td>국내</td></tr>
<tr><td colspan="2">CT-2</td><td>910~914</td><td>40ch</td><td>ISM대역</td></tr>
<tr><td colspan="2">DECT</td><td>910~914</td><td>120ch</td><td>유럽형 디지털 CT</td></tr>
<tr><td rowspan="2">IMT-2000</td><td>CDMA 2000</td><td>1,800~2,000
2,100~2,200</td><td>5MHz</td><td>IS - 95기반</td></tr>
<tr><td>WCDMA</td><td>1,942~1,977
2,132~2,167</td><td>5.0Mhz</td><td>CDMA, GSM기반</td></tr>
<tr><td>IMT-2020</td><td>OFDMA</td><td>2,800</td><td>-</td><td>MR</td></tr>
</table>

7.1 이동통신

육상이동통신은 일반적으로 공중시스템과 자가시스템으로 구분할 수 있다. 공중시스템은 일반가입 전화망에 접속된 통신으로서 휴대폰, 자동차전화, 코드 없는 전화(CT), 무선호출 등이 있으며, 자가시스템은 공공 업무용과 특정 영업 간의 자가 통신을 통칭하며 경찰, 소방, 도로, 공항, 방재, 긴급구조용과 TRS 및 무전기 등이 있다.

7.1.1 휴대전화 (Cellular Phone)

고도의 정보화 사회로 빠르게 변모하고 있는 현재의 추세는 삶의 구조변혁과 가정과 사회생활 패턴의 지능화, 다양화, 개인화되고 있는 상황에서 통신의 개인화를 추구하는 개인 통신서비스가 정보통신 매체로 등장하게 될 것이다. 휴대용 전화기는 초기에 차량용 전화기가 주종으로서 수동교환식에서 주파수 재사용을 위한 지능형 셀룰러 시스템이 대표적인 예이다. Hand off나 Roaming기능을 첨가한 자동교환시스템으로 80년대 초부터 실행되었다.

이 시스템은 무선채널을 통하여 이동 중인 가입자와 정보를 주고받는 통신시스템이므로 대부분의 통화가 공중통신망(PSTN)을 통하여 이루어지며 차량전화 통신망의 구조는 PSTN과 밀접한 관계가 있다.

또한 통화권은 반경 5~10 [km]내외 소무선 구역(Cell)으로 세분되고 각 Cell마다 저출력 무선기지국을 설치하여 인접 무선국과의 상호간섭을 받지 않도록 하였다.

그러므로 인접하지 않은 무선국은 같은 주파수의 통화 회선을 동시에 사용 가능하므로 통화량을 대폭 늘릴 수 있다는 장점이 있다.

그리고 통화중인 차량전화가 통화권을 지나 다른 무선국 권내로 진입하면 차량 자동교환기가 무선으로 원격 제어되는 데이터 신호에 의해 통화가 걸려 있지 않은 다른 통신회선에 연결시키므로 Cell이 바뀌어도 계속 통화를 할 수 있도록 되어있다.

그러나 여러 개의 Cell을 다시 세분화하여 주파수대역을 증가하지 않고도 통화량을 증가시킬 수 있게 한 Cellular System은 주파수의 재사용량은 높으나 동일 주파수 간에 간섭현상이 나타나서 통화품질의 저하요인이 된다.

그림 7.2는 Cellular System의 기본구조이며 셀룰러 스위치에서 공중전화망으로 연결된다.

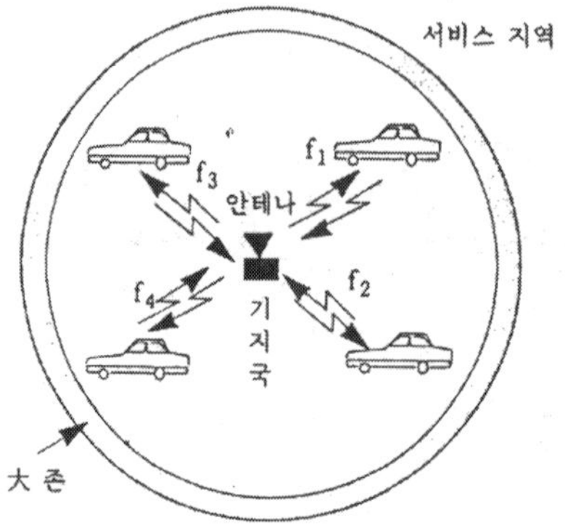

(a) 대역존의 구성

(b) 소역존의 구성

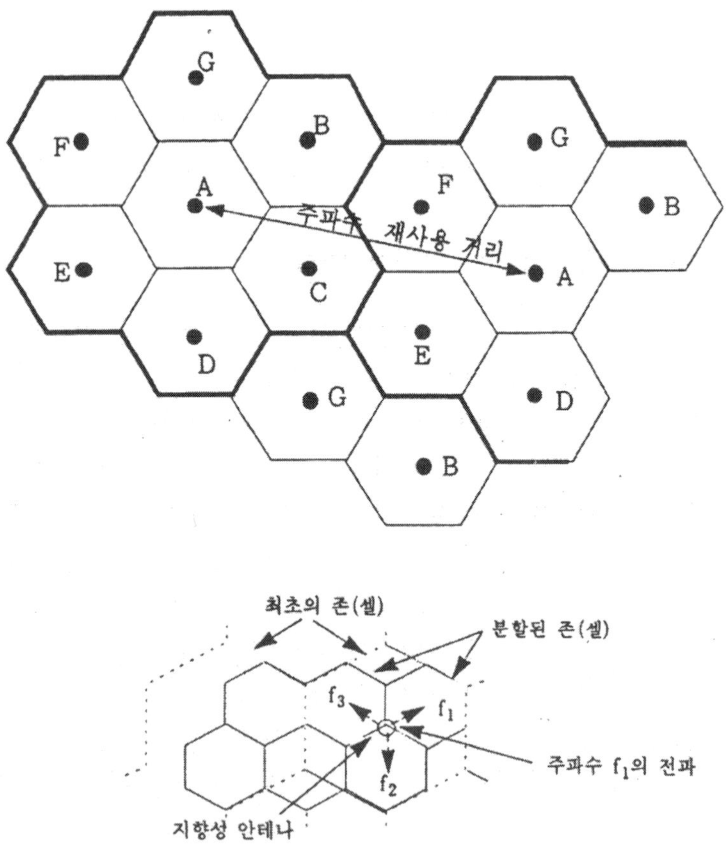

(c) 셀의 기본개념 및 존(셀)의 분할

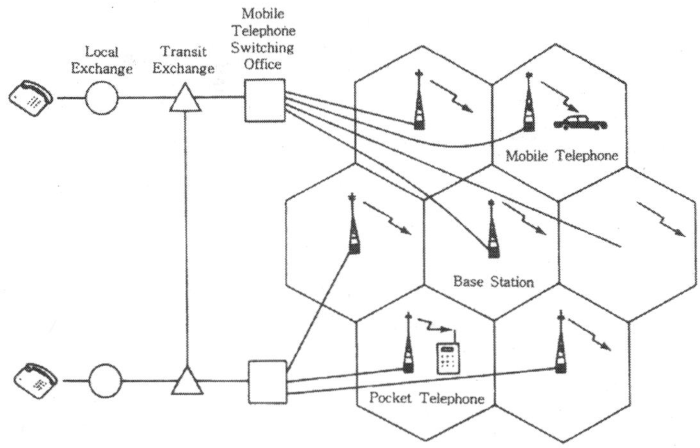

(d) 시스템 구성도

그림 7.2 휴대용전화기의 존(zone)과 시스템(Cellular System) 구성

(1) 셀 (Cell)

이동전화 기지국이 가장 양호하게 이동전화의 호(call)를 처리할 수 있는 구역을 의미하며 다수의 셀이 하나로 연결되어 전체가 하나의 이동전화 통화권을 만든다는 뜻에서 셀룰러 시스템(Cellular System)이라 한다.

(2) 핸드오프 (Hand Off)

통화 중 채널 전환(Hand off)이라고도 하며 통화 중에 통화가 단절되지 않고 자동적으로 셀과 셀을 오가면서 통화를 할 수 있는 기능이다. 셀룰러시스템에서는 인접한 셀에서 다른 주파수가 할당되므로 이동 중인 단말기가 통화를 하면서 인접한 다른 기지국으로 갈 때에 주파수가 달라진다. 따라서 인접한 셀로 이동하면 통화가 끊어질 수밖에 없다. 이러한 통화 단절을 해결하여 계속해서 통화가 가능하도록 새로운 주파수의 채널로 자동 전환하여 연결해 주는 것을 핸드오프라 한다.

(3) 로밍 (Roaming : 자동위치등록)

이동전화의 가입자가 계약 당시에 번호를 부여받으며 최초로 등록한 교환국을 홈 교환국(Home Switch Office)이라 하며 홈 교환국은 자기 가입자에 대한 정보를 홈 가입자 위치 등록기(Home Location Register : HLR)라는 데이터베이스에 저장한다. 그런데 이동전화 가입자가 자기의 홈 교환국 지역(Home Area)을 떠나서 이동하여도 계속해서 서비스를 받을 수 있는데 이런 기능을 로밍이라 한다.

즉, 이동국이 홈 교환 지역을 벗어나서 다른 교환국 지역으로 들어가면 이동국은 그 지역의 교환국과 신호 교신을 통하여 자동적으로 등록하게 되고, 타 교환국은 자기 지역으로 들어온 이동국의 위치정보를 홈 교환국으로 통보하고 홈 교환국으로부터 이동국에 대한 각종 정보를 제공받아 방문자 위치 등록기(Visitor Location Register : VLR)에 저장한다. 또 홈 교환국은 다른 교환국으로부터 통보받은 이동국의 위치정보를 HLR에 기록하므로 모든 이동국에 대한 위치를 파악하게 되고 따라서 이동국의 신호의 착발신 시간이 단축될 수 있다.

국내 이동통신은 1984년 Cellular(소무선 구역 분할)방식 서비스 개시 이래 현재까지 미국의 Motorola사와 AT & T사의 교환기를 사용한 미국의 아날로그 AMPS(Advanced Mobile Phone System)방식으로 업무를 제공 중이나 일부 단말기를 제외한 이동 통신기술 전반에 걸쳐 국내 기술개발은 미비한 상태이다. 이에 따라 정부는 1989년부터 1994년까지 장기적인 이동통신 기술개발계획을 세워 한국전자통신연구소를 중심으로 교환 장치, 단말기 등을 개발키로 하고 막대한 물량의 인원과 연구비를 지원하였다. 포항제철의 신세기 이동통신(주)을 제2이동통신 사업체로 선정하여 디지털 방식인 CDMA방식으로 연구 · 개발하여 1996년 4월 상용화하였으며 아날로그 통신에서 디지털 통신시대로의 전환에 대비, 디지털 이동통신의 핵심 부품개발에 많은 노력을 기울이고 있다.

(4) 주파수 재사용 및 할당 현황

주파수 재사용의 개념이란 셀 반경이 R인 기지국 A에서 주파수 f_1을 사용하여 서비스를 제공하면서 동시에 D만큼 떨어진 다른 기지국에서도 같은 주파수 f_1을 재사용할 수 있다. 이와 같이 한 번 사용한 주파수의 채널을 일정거리만큼 떨어진 거리에서 몇 번이고 재사용할 수 있다는 것이 셀룰러 이동전화의 특징이다. 그러나 가입자가 일정거리만큼 떨어진 지점에서 같은 주파수로 동시에 통화할 수도 있어 스펙트럼 효율을 극대화 할 수 있기 때문에 수용용량은 증대시켜 주지만 시스템이 적절하게 설계되지 않으면 간섭이 발생하여 통화품질이 저하된다. 이때 동시 사용으로 인해 발생하는 간섭을 동일 채널간섭(Co-channel Interference)이라 하며 주파수 재사용 시 중요한 요소이다. 그림 7.3은 셀 반경과 재사용 거리의 비(R/D)를 나타내었다. 만약 사용 주파수 대역폭이 10 [MHz]이면 총 채널 수는 333개이고 이때 주파수 재사용 계수가 K이면 한 기지국에 할당할 수 있는 평균 채널 수는 $N=333/K$이지만 실제로 설계할 때에는 각 기지국의 통화량에 따라 조정되어야 한다. 이 경우 주파수 재사용 계수 KK가 4, 7, 12 및 19의 경우 재사용거리 D는 $3.6R$부터 $4.6R$, $6.0R$, $7.6R$가 된다. 주파수 재사용거리 D는 다음 식으로 결정된다.

$$D=\sqrt{3}\,K\cdot R$$

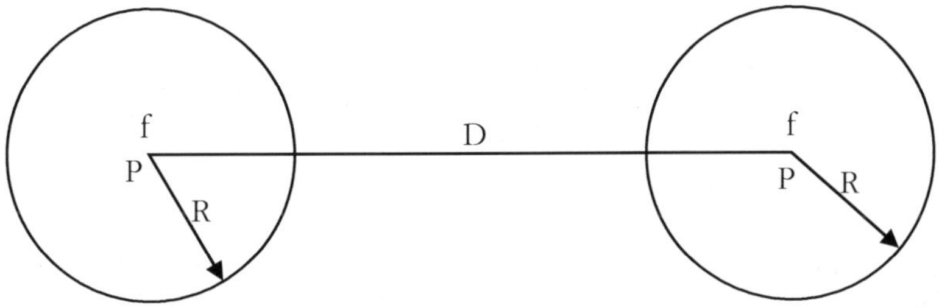

그림 7.3 셀 반경과 재사용거리

이동전화 사업자에 대한 주파수 분할의 경우, 기지국 송신단과 수신단의 이격거리는 45 [MHz]이고 전체 대역폭은 25 [MHz]이다. 각 사용자가 사용하는 채널 대역폭은 30 [kHz]이다. 미국의 경우와 같이 우리나라도 복점정책에 의해 주파수 대역은 A, B 시스템으로 분류되며, 그림 7.4와 같다.

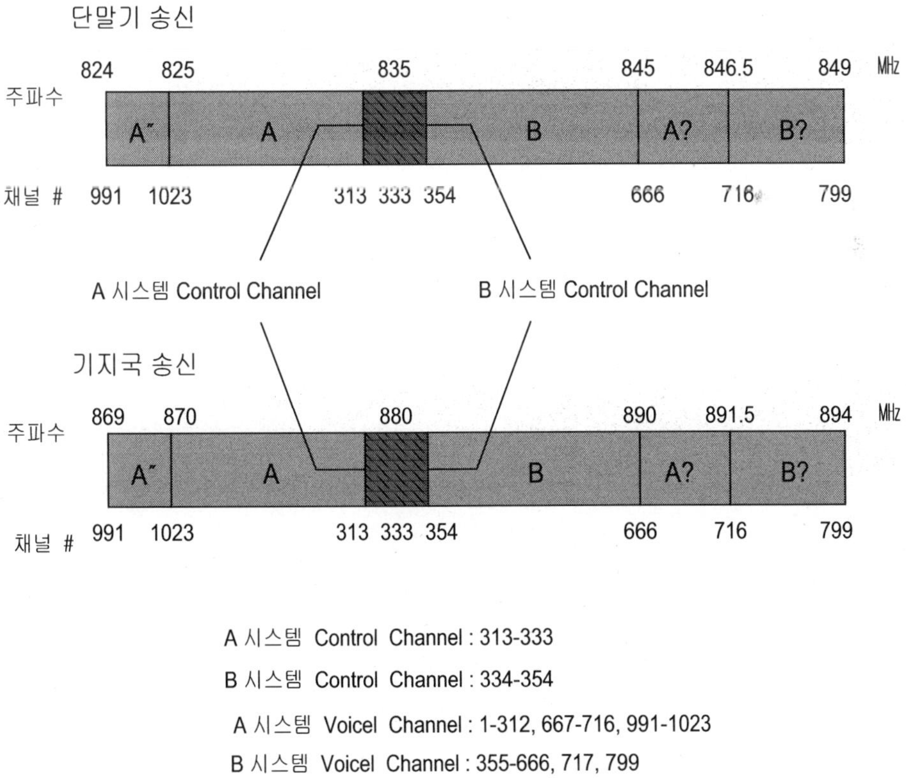

그림 7.4 주파수 할당 현황

(5) 셀룰러 단말기

이동전화 시스템에 가입된 휴대용 단말기는 무선 송수신기 및 안테나와 제어장치로 구성되며 그림 7.5와 같다.

단말기의 최대 출력은 3 [W]이며, 기지국의 통제에 따라 0~7단계까지 가변된다.

이러한 출력가변 기술로 인해 제어 채널과 음성 채널의 출력은 기지국의 메시지에 의해 일정범위 내에서 가변되도록 제한할 수 있다.

1) 무선 송수신기

① 중간 주파수 부분 : 여파기(Filter), 중간주파 증폭기, 국부발진기, 혼합기 등으로 구성되며, 중간 주파수는 45 [MHz]에서 455 [kHz]로 변환된다.

② 공통회로 부분 : 송신 및 수신 하이브리드 회로와 압축기, 신장기 등으로 구성되어 있다.

③ 출력 증폭기 : 275.000~281.67 [MHz]대역의 주파수를 3체배하여 825~845 [MHz]대역의 주파수로 변환시킨 후 증폭한다.

④ 송수신 분리기 : 단일 안테나에 의해 송신(825~845 [MHz])과 수신(870~890 [MHz]) 주파수로 분리시킨다.

⑤ 주파수 합성기 : 송신변조기, VCO, 디지털합성기로 구성되어 있다.

2) 제어장치

조정스위치, 표시램프, 다이얼용 키패드(Keypad)와 송수신기 인터페이스 회로 등으로 구성된다.

3) 안테나

안테나는 단말기의 송신주파수 대역(825~845 [MHz])의 중심주파수인 835 [MHz]에 동조되며, 송수신 겸용의 무지향성 안테나로 헬리컬 형태와 다이폴의 조합형이다.

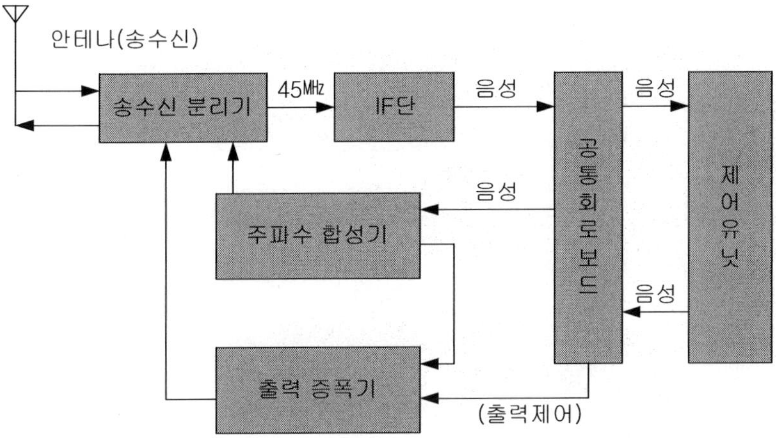

그림 7.5 이동전화 단말기의 구성도

(6) 무선기지국

그림 7.6은 무선 기지국의 구성도이다.

기지국(Base Station)은 단말기와 이동전화 교환국을 연결하는 기능이 있으며, 교환기와 기지국을 연결하는 유선망과 단말기를 연결하는 무선망 및 무선 송수신기, 안테나, 제어장치, 전원장치 등으로 구성되어 있다.

① Voice Radio

기지국과 단말기를 무선망으로 연결하여 음성통화 내용을 송·수신한다.

② Set up Radio

단말기 착신 통화 시 호출에 대한 응답과 단말기 발신 시 이동전화 교환기로의 호(call) 접속을 담당한다.

③ Locate Radio

단말기가 다른 기지국으로 통화채널전환이 필요할 때 신호 전계강도를 측정하여 교환기로 보고하여 교환기로 하여금 다른 기지국의 신호 전계강도와 비교하여 적절한 기지국으로 통화채널전환을 가능케 한다.

④ **송수신 안테나**

기지국에 사용되는 안테나는 기지국의 특성에 따라 지향성 내지는 무지향성 안테나를 사용하며, 수신안테나는 공간 다이버시티 방식으로 2개의 안테나로 구성된다.

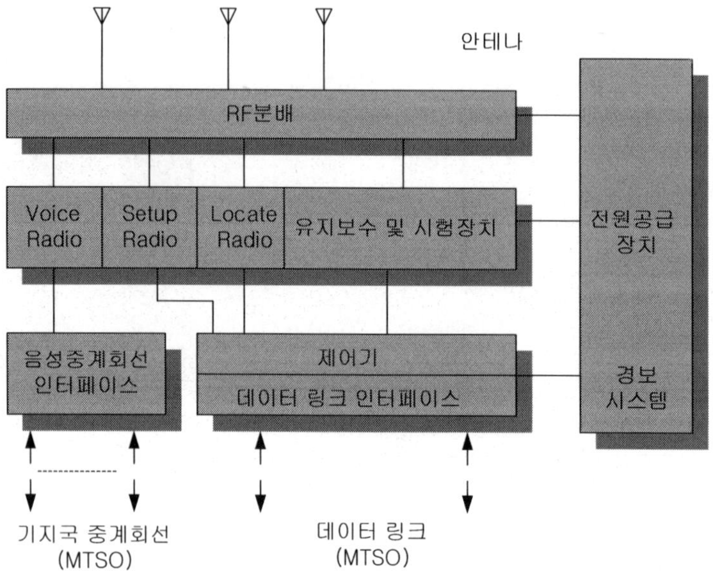

그림 7.6 기지국 구성도 (APX-1000 System)

7.1.2 PCS

최근에는 이동전화의 형태가 차량용보다는 개인 휴대용으로 급속한 발전을 보이고 있으며, 국내 신장율은 초기 10배 이상으로 4가구당 1대 꼴이며 정보화 사회로 접어든 2000년대에는 개인당 1대씩 보유할 것으로 예상된다. 세계적으로도 급성장한 이 분야의 서비스를 충족하기 위해 셀룰러 방식의 세분화된 마이크로 셀룰러방식(셀 범위 1∼5 [km])을 사용한 PCS(Personal Communication Service)가 소개되고 있으나 이에 대한 발전 방향과 활용수단 및 서비스규격의 통일 등이 명확하게 결정되지 않아 각국의 형편에 맞추어 운영 및 검토하는 상태다. 국내에서는 1998년부터 상용서비스를 개시하였다. PCS는 개인이 고유번호를 가지고 언제, 어디서나, 누구에게나 통화할 수 있고 필요한 정보를 교환할 수 있는 통신수단이다. 이 기능으로 음성통화, 데이터통신, 영상/화상의 멀티미디어 기능을 제공할 수 있으며 우리나라를 비롯한 몇몇 국가에서 CDMA 방식으로 상용 서비스를 하고 있다.

PCS 시스템의 운영은 PCX를 중심으로 RPC, VLR, HLR, PSTN / ISDN과 인터페이스하여 음성 및 데이터신호를 유·무선으로 송수신하며, 운영시스템은 그림 7.7과 같다.

이 통신망에 사용되는 시스템 중 개인통신교환기(PCX : PCs eXchange)는 ISDN가입자를 포함하여 유무선 가입자를 공동으로 수용할 수 있도록 무선 접속 기능을 추가하여 기본서비스, 이동가입자의 착발신 호의 처리, 위치 등록 절차 및 핸드오버 절차 처리, 데이터와 음성정보의 호환, 짧은 메시지 서비스(SMS)제공, 기존 회로망과의 호환 기능을 담당한다.

VLR(Vister Location Register) 기능은 가입자의 정보를 일시적으로 저장하는 데이터베이스로서 휴대용 단말기의 초기 위치 등록과 위치변경 시 교환기 번호 및 TPSI(Temporary Portable Set Identify)를 HLR로 전달하는 기능을 담당하고, 인증 및 암호화를 위한 데이터의 저장과 착발신 신호처리를 위한 가입자 정보 제공을 위한 PCX 내부 시스템이다.

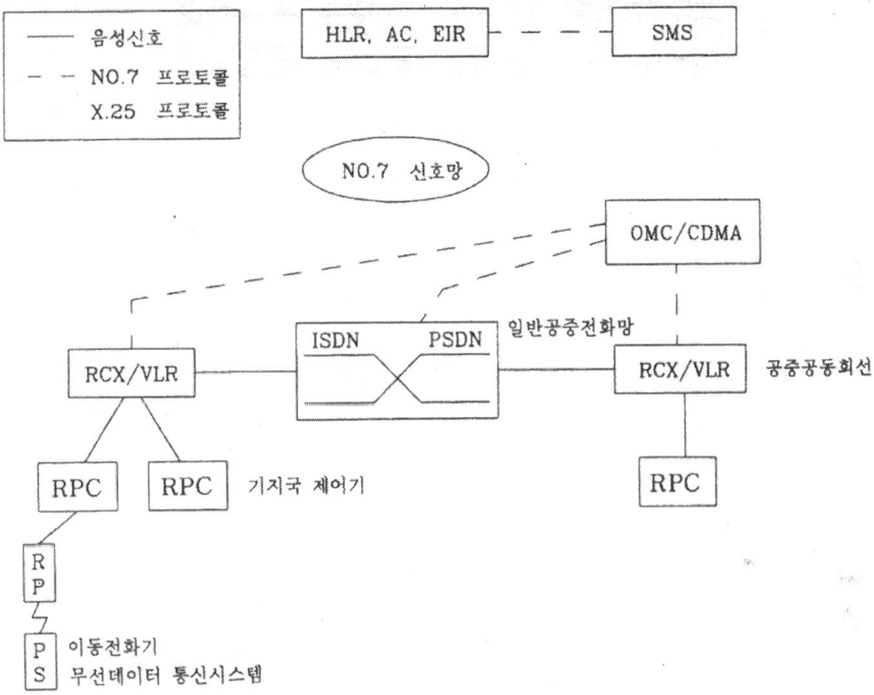

그림 7.7 PCS 통신망의 구성

기지국(RP : Radio Port)과 기지국제어장치(RPC : Radio Port Controller)는 셀룰러시스템의 망 구성을 위해 기지국이 증가함에 따라 이에 따른 경제성을 고려하여 기능을 단순화하여 일종의 접속기능과 간단한 접속기능을 담당한다. 또한 해당 기지국의 운용 프로토콜인 LAPD를 사용하여 유지보수하고, 독립적인 무선채널의 채널할당과 핸드오버 관리를 담당한다.

이 외에 가입자 정보처리장치는 가입자의 이동상황과 루틴을 제공하는 등 개인통신서비스를 위한 가입자 정보처리를 담당하고, 기능상 HLR(Home Location Register), AC(Authentication Center), EIR(Equipment Identify Register), SMS(Subscriber Management System) 등이 있다. 국내의 PCS 전송방식으로 CDMA를 지정하고 있으며 세계적으로는 표준기술 운영이 아직 이루어지지 않은 상태이다.

표 7.2 PCS의 발전방향

현재	발전방향
광역 Cell	M-cell, P-cell 또는 Zone화 기술
음성위주통신	Multimedia 통신
이동성보장 전용 신호망	이동성 보장처리
협대역 교환 / 전송	광대역 ATM 교환 / 전송
독립적인 망 운영의 체계	종합적인 망 관리체계
	지능화된 통신 서비스, 다양한 서비스 제공

7.2 TRS

7.2.1 개요

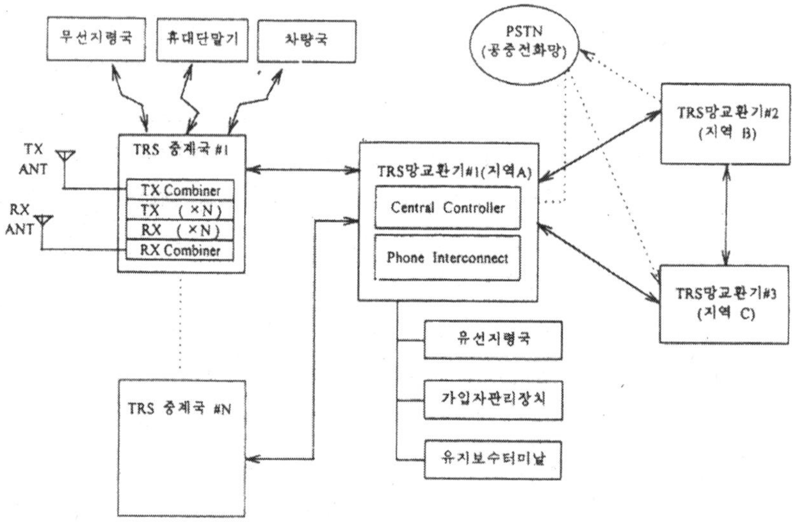

그림 7.8 TRS망의 기본 구성도

주파수 공용 방식(Trunked Radio System)은 주파수의 효율성을 높이기 위해 여러 개의 주파수를 다수의 가입자가 공동으로 이용하는 무선통신 방식이다. 즉 수개의 채널을 공유하고 자동적인 스위칭을 사용하여 모든 시스템 사용자가 미사용중인 채널에 접속할 수 있어 최소 대기시간으로 통화할 수 있는 무선통신 방식이다.

이 방식은 무전기의 단점, 이용주파수, 서비스 내용의 한계성, 혼신잡음의 과다 등의 품질의 단점을 개선하고자 출현하였다. 즉 가입자들이 트렁크선을 공유하는 것으로 n개의 라디오 채널이 있다면 1개의 모니터링 채널과 n-1개의 음성채널을 사용하여 통신하는 방식이다.

중계소의 설치와 서비스 구역을 비교하면 셀룰러 전화의 경우 저지대에 다수의 중계소를 설치하여 동일한 주파수를 재사용하고 낮은 송신출력으로 소구역 서비스를 제공하여 주파수 효율을 높이는 반면 TRS는 고지대에 중계소를 설치하여 가능한 단일 중계소에 의한 높은 송신출력으로 최대한의 광역 서비스를 제공하여 가입자 및 주파수의 이용 효율을 증대시키는 장점이 있다. 또한 셀룰러 방식은 일반가입자의 전화 기능으로 사용되고 그룹 통신망의 구성은 없지만 어떤 특정 목적을 위해서는 여러 사용자들이 그룹을 형성하여 통화할 수 있다.

표 7.3 유사통신과 TRS의 비교

구 분	TRS	셀룰러	무전기
서비스 영역	20~30 [km]	3~10 [km]	5~10 [km]
통화방식	단복신 혼용	복신	단신
통화품질	양호	양호	불량
통화종류	소그룹 통신 개별통신 부가서비스	개별통신 부가서비스	단방향 통신
통화방법	PTT / 다이얼	다이얼	PTT
접 속 율	높음	가장 높음	낮음
통화보안	양호	양호	불량
사용주파수	806~821 [MHz] 851~866 [MHz]	824~849 [MHz] 869~894 [MHz]	150 [MHz] 200 / 400 [MHz]

TRS 방식의 장비구성은 단말기(Subscriber Units), 중계기(Repeaters), 망 교환기(Manager Terminals), 공중 전화망 연결기(Telephone Interconnect Terminals) 등이 있다.

국내 TRS는 공중용과 자가망 및 간이용으로 구분하여 이용하고 있으며 현재까지 서비스 활용은 미약하나 공중용의 경우 2000년에는 120만 가입자, 현재는 거의 사용하지 못하고 있다. 공중망의 경우 일반제조업체, 물류이송업체, 사고처리 업무, 긴급통신용으로 많은 가입이 있을 것이며, 자가망의 경우 행정기관이나 정부투자기관 및 사기업 단체가 이용했다.

TRS 서비스의 증대를 예상하는 요인으로는 첫째, 통신기능 서비스 부분에서 기능과 서비스의 다양성과 일반 전화망과의 접속 용이성 및 통신가능 범위의 확대 등을 들 수 있다. 둘째, 통신서비스의 응용성에서 업무에 대한 통신기능의 접합성과 활용의 용이성 및 업무 효율화에 대한 기여도가 높다고 볼 수 있다. 셋째, 통신성능 면에서 통화의 접속율이 좋고 통화품질이 우수하며 호의 즉시성이 가능하다. 넷째, 통신비용 면에서 초기 설비투자 비용이 저렴하고 기존의 일반 전화교환기와 접속이 가능하여 유지 관리비가 간단하며, 접속료가 저렴한 것도 특징이다.

응용 분야로 TRS 간이 무전기를 들 수 있다. 주파수 N 채널을 공용하여 채널을 자동 선택하여 통화가 이루어지며, 이동 통제국이 필요 없고, 단말기 상호간의 통신이 가능하다. 국내에서는 422−423.99 [MHz]간 160개 채널을 공유하고 주파수 채널대역은 12.5 [kHz]이다.

광역 TRS는 이동단말기들에게 광범위한 이동성을 부여하기 위해 다수개의 지역망 TRS를 연결하여 운영하는 구조로서 망 관리와 TRS통신망 운영제어 센터와 광역 정보기억장치 및 지역망 TRS로 구성된다. 각 중계국은 TRS 교환기를 통해 TRS 통신망 운용제어센터와 접속되어 제어된 명령에 따른 모든 중계국의 통신서비스가 제공된다. 광역 TRS 정보기억장치는 각 지역망 TRS 내의 교환기를 제어하여 모든 이동단말기에 위치 이동에 따른 선택적 통신서비스와 서비스 등급을 부여한다. 광역망 TRS는 지역적 특성에 따라 전체 망 교환기 간의 선로선택이 가능해야 하는데 이 때 특정회선이 고장인 경우 다른 경로를 통해 망 교환기의 접속이 가능해야 한다.

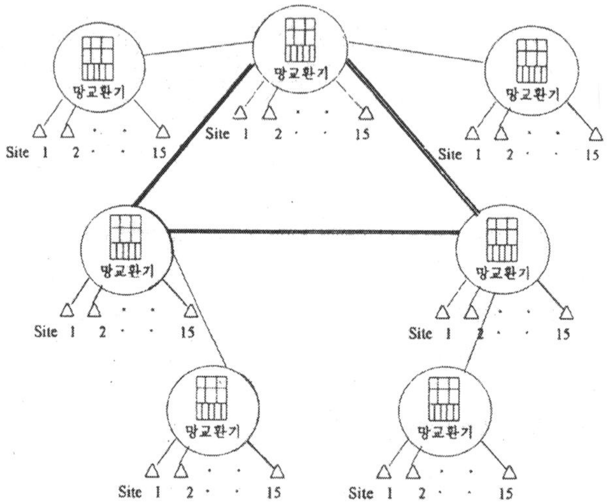

그림 7.9 광역 TRS의 구조

7.2.2 주파수 재사용

간단한 일차원 TRS의 경우 그림 7.10에서 지역 F1의 반경 R의 영역에서 가입자가 통화 중에 있고 또 같은 주파수가 거리 D만큼 떨어진 곳에서 같은 주파수를 재사용할 수 있다. 이때 인접채널간섭 감쇠율을 α라 하면 다음과 같이 구할 수 있다.

$$\alpha = \frac{D}{R}$$

D : 주파수 재사용 거리

R : 셀 반지름

$$D = R[6 \times (C/I)]^{\frac{1}{4}}$$

C/I : 반송파대 간섭 비

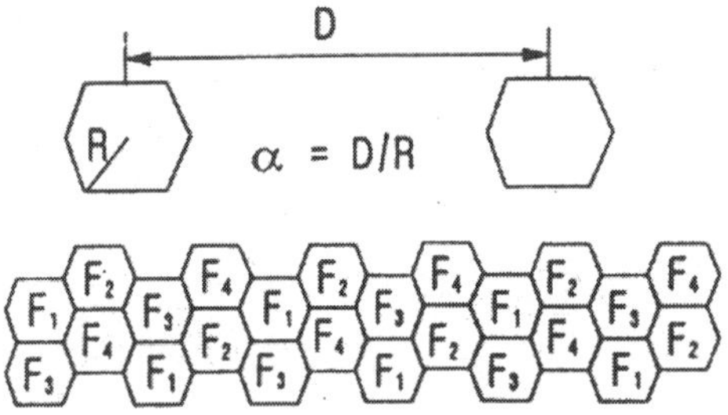

그림 7.10 주파수 재사용을 위한 셀의 배치

사용영역의 분리는 인접채널간섭(Co-Channel Interference)을 피할 수 있기 때문이다. 즉 같은 주파수를 사용하는 사용사가 같은 시간에 두 개의 나른 영역에 있을 수 있기 때문이며 대역통과필터(BPF)로는 같은 주파수에 대한 인접채널간섭을 막을 수 없기 때문에, 지역적으로 분리시킴으로 간섭을 감소시킬 수 있다.

7.2.3 무선데이터통신 + Wibro

무선데이터통신의 미래 이동통신 기능 중 하나로서 PDA(Personal Digital Assistant)는 기기를 사용하여 전자메일로 왕래할 수 있으며, 음성통신이나 무선호출을 받을 수 있어 일정한 정보 관리나 주소록 등 간단한 메모가 가능하도록 한 통신 서비스 기능이다. 현재 사용되는 컴퓨터와 무선 송수신기기의 결합된 형태로 추후 컴퓨터 보다 훨씬 간편한 조작으로 프로그램된 특정 기능만을 이용할 수 있는 사용자 편리형 서비스 기능이 된다.

현재는 컴퓨터에 모뎀을 이용하여 일반 전화선을 사용한 송수신 통신이 가능하지만 회선이 없이 무선네트워크로 데이터 정보교환을 할 수 있는 서비스이다. 이용 용도로는 사람이나 차량의 정보 검색 및 등록이 가능하고, 이동판매점이나 열차, 택시 안에서 승객의 신용카드 조회 및 증권이나 영업활동 중 정보의 검색과 주문 및 양도 등이 있다. 즉, 현장에서 고객 서비스가 가능하며, 어디서나 필요한 데이터가 전송될 수 있으므로 업무의 효율성이 증대되고,

원격검침과 차량 배치의 자동화가 가능하여 업무의 비용절감에 따른 생산성 향상이 기대되며, 기밀이 필요한 정보에 대한 향상된 보안성을 제공하게 된다. 그러나 이러한 통신 방식의 서비스 성장의 저해 요인으로는 향후 확실한 기술의 사용에 대한 확신 부족과 무선 데이터의 정확한 기준이 없으며, 적당한 크기와 가격 및 기능을 갖춘 단말기 공급의 부족, 전체적인 통합 기술의 미비 등이 있다.

전용 데이터통신 방식은 패킷 전용 무선데이터통신과 셀룰러 데이터통신으로 구분된다. 패킷 전용 무선데이터통신은 전송하고자 하는 정보를 일정한 크기의 작은 단위로 패킷화하고 순차적으로 전송하여 여러 명의 사용자가 공유할 수 있어 회선 방식과 같이 호설정이 필요 없는 신속한 응답처리가 가능한 방식으로, IBM과 모토로라사의 공동방식인 ARDIS방식과 스웨덴전화에서 개발하여 유럽과 미국의 일부에서 사용되는 RAM Mobile Data방식이 있다.

표 7.4 무선데이터 통신방식의 비교

	CDPD	ARDIS	RAM Mobile Data
전송속도 (유효전송속도)	19.2 [kbps] (11 [kbps])	19.2 [kbps] (8 [kbps])	8 [kbps] (4 [kbps])
통신프로토콜	CDPD 채널-A	RD-LAP	Extended Mobile
패킷크기	116 [byte]	256 [byte]	512 [byte]
기지국수(미국)	2,000개	1,300개	840개
상용서비스 개시	1994. 6.	1990. 4.	1986. 9.
장비개발	AT & T	Motorola	Ericsson
사용주파수	AMPS 전대역	806~825 [MHz]	896~901 [MHz]
대역폭	30 [kHz]	25 [kHz]	12.5 [kHz]
단말기출력	0.6W/3W	4W	4W
변조방식	GMSK	4-FSK	GMSK
채널접속	FDMA / SDMA	FDMA / SDMA	FDSK / Dynamic S-Aloha

셀룰러 데이터통신의 대표적인 것으로 CDPD(Cellular Digital Packet Data) 방식은 이동전화 채널 중 음성이 사용하지 않는 빈 채널을 이용하여 패킷 데이터를 전송하고 전송 중 채널이 음성을 사용하고자 할 경우 음성 호에 우선권을 주어 다른 채널로 옮겨 데이터 전송을 계속하게 하는 방식이다. 이 방식은 기존의 셀룰러 기술을 공유할 수 있으므로 동일한 단말기로 음성과 데이터를 받으며 능률적으로 통신 서비스를 제공할 수 있고 전송속도도 지금까지의 기술 중

최고의 속도(19.2 [Kbps])로 세계 공통의 서비스가 가능한 방식이다. 이외의 셀룰러 시스템에는 셀룰러 모뎀을 사용하는 회선교환 방식이 있다.

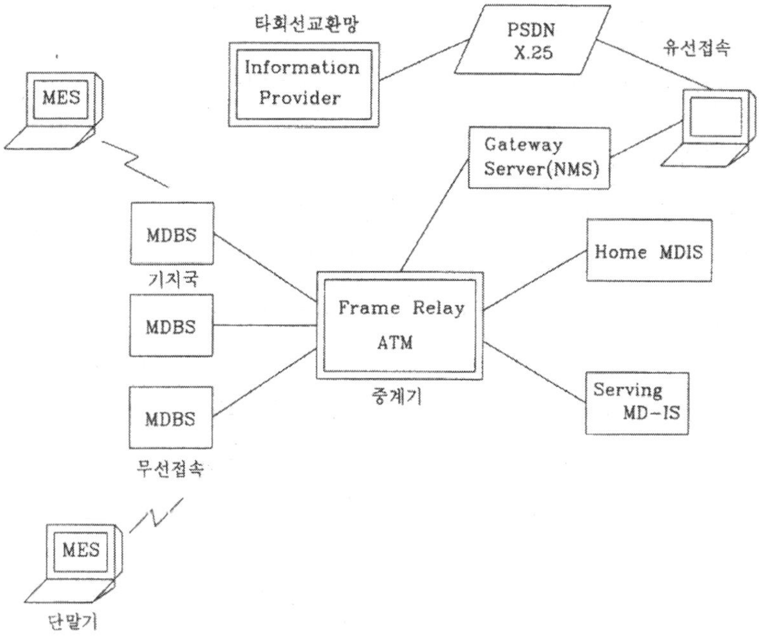

그림 7.11 CDPD(Cellular Digital Packet Data)망의 구성

이들 방식은 스마트폰의 발전으로 기능이 융합되어 데이터통신의 한 방법인 LTE-A방식으로 발전하고 있다.

7.3 저궤도 위성을 이용한 이동 통신

언제(Anytime) 어디서(Anywhere) 누구와(Anyone)도 정보(Any Information)를 공유하고 싶은 인간의 통신 이용 욕구는 제한된 지형과 지상의 기지국으로는 만족할 수 없어 저궤도 위성을 이용한 개인통신서비스(Global Mobile Personal Communication System : GMPCS)의 시대로 가고 있다. GMPCS는 저궤도(Low Earth Obit : LEO), 중궤도(Intermediate Circular Orbit : ICO) 또는 타원 궤도(Elliptical Orbits) 등 비 정지궤도(Non-Geostationary Orbits)에서 9.6 [kbit/sec] 이상의 전송속도로 소형 이동 단말 및 다른 단말기에 실시간(Real Time) 음성(Voice) 통신, FAX 등의 데이터 링크(Link)를 구성하는 Big LEOS(Low Earth Orbiting Satellite)

시스템으로 ITU 3차 규제연구회(Regulatory Colloquium No.3)에서 사용된 용어이며 현재 GMPCS와 Big LEOS는 혼용해서 사용되고 있다. 원래의 Big LEOS는 저궤도 위성을 이용하는 1GHz대 이상의 주파수를 사용하는 경우를 일컬었다.

GMPCS의 기술적 범주는 비 정지궤도 위성을 이용한 이동통신시스템이지만 ITU는 비 정지궤도뿐만 아니라 정지궤도 위성을 이용한 이동통신 시스템까지 포함하려 한다.

GMPCS의 개념은 위성을 통해 기존 휴대전화의 국가 간 장벽을 허물고 전 세계를 하나의 통화권으로 묶어 전 세계적으로 표준화된 규약을 바탕으로 이동전화 서비스를 제공하는 시스템을 의미하며 음성전화와 무선호출, 데이터통신, 무선측위서비스를 제공할 예정이다. 현재 Big LEOS 사업에는 Iridium, Global star, Project21, Odyssey, Teledesic 등이 있다.

7.3.1 이리듐 (IRIDIUM)

이리듐 사업(Iridium Plane)은 미국의 모토로라사의 주도하에 독일, 일본, 중국, 러시아, 한국 등 16개 사업자가 컨소시엄을 구성하고 있으며 우리나라는 한국이동통신(KMT)이 참가하고 있다.

처음 이 사업은 1990년 6월 지상 760 [km]에 총 77개의 소형 통신위성을 발사하여 전 세계적인 이동통신서비스 전개하는 것으로 원자번호 77인 이리듐의 원소에서 원자핵 둘레를 77개의 전자가 돌고 있는 모습에서 따온 명칭이었다. 그 후 계획을 수정하여 고도 약 780 [km]에 6개의 북극과 남극을 통과하는 극궤도에 11기씩, 합계 66기의 통신위성(무게 약 690 [kg])을 배치하기로 하고 1996년 12월 첫 위성을 발사하여 1998년도부터 상용서비스를 하였으며 2005년까지 총 42억 달러를 투자하여 전 세계에 음성전화, 무선데이터, 팩스, 무선호출(paging) 등의 이동통신서비스를 제공하였다. 궤도에 발사된 위성은 전후좌우의 위성과 위성, 지구국 간의 통신이 연결되므로 지구의 어디에서든 자유롭게 통신을 할 수 있게 된다. 그림 7.12는 이리듐 시스템의 구조 및 서비스를 나타낸다.

사용되는 전파의 주파수는 위성과 이동단말기 사이는 L-band [1.6GHz], 위성간의 통신 및 위성과 지상관문국(Gate way) 간에는 20~30 [GHz]대의 Ka-band를 사용한다. 주파수의 이용효율을 높이기 위해 셀룰러 전화와 같이 지구를 일정한 셀(Cell)로 분할한 Small Zone(소지역) 방식으로 구성하고 시분할 다원접속(TDMA) 방식을 사용한다. 이 경우 1개의 위성이 직경 500~600 [km]의 셀 48개, 직경 4000 [km]의 범위를 담당하게 된다. 지구상에는 15~20개 지역에 지상관문국을 설치하여 이동단말기의 위치를 항상 등록해 둔다.

이리듐은 정지궤도가 아닌 극궤도를 사용하므로 고위도 지역에도 별 문제가 없으며 정지위성의 고도보다 약 1/46 정도 낮은 관계로 지연시간이 짧아 소통에 어려움이 없으며 손실이 작아 단말기의 소형화가 용이하며 위성의 발사 비용이 저렴해지는 등의 장점이 있다.

1998년까지 66개 및 예비 위성 7개 등 전 위성을 발사하며 월 기본료 50달러, 1분에 5달러의 비용이 예상된다.

국내 이동통신 표준방식인 CDMA가 아닌 TDMA 방식을 사용하므로 국내 이동통신 시스템과의 호환성이 주목되고 있으나 다른 교환시스템을 통한 프로토콜의 변환으로 접속은 무난하다.

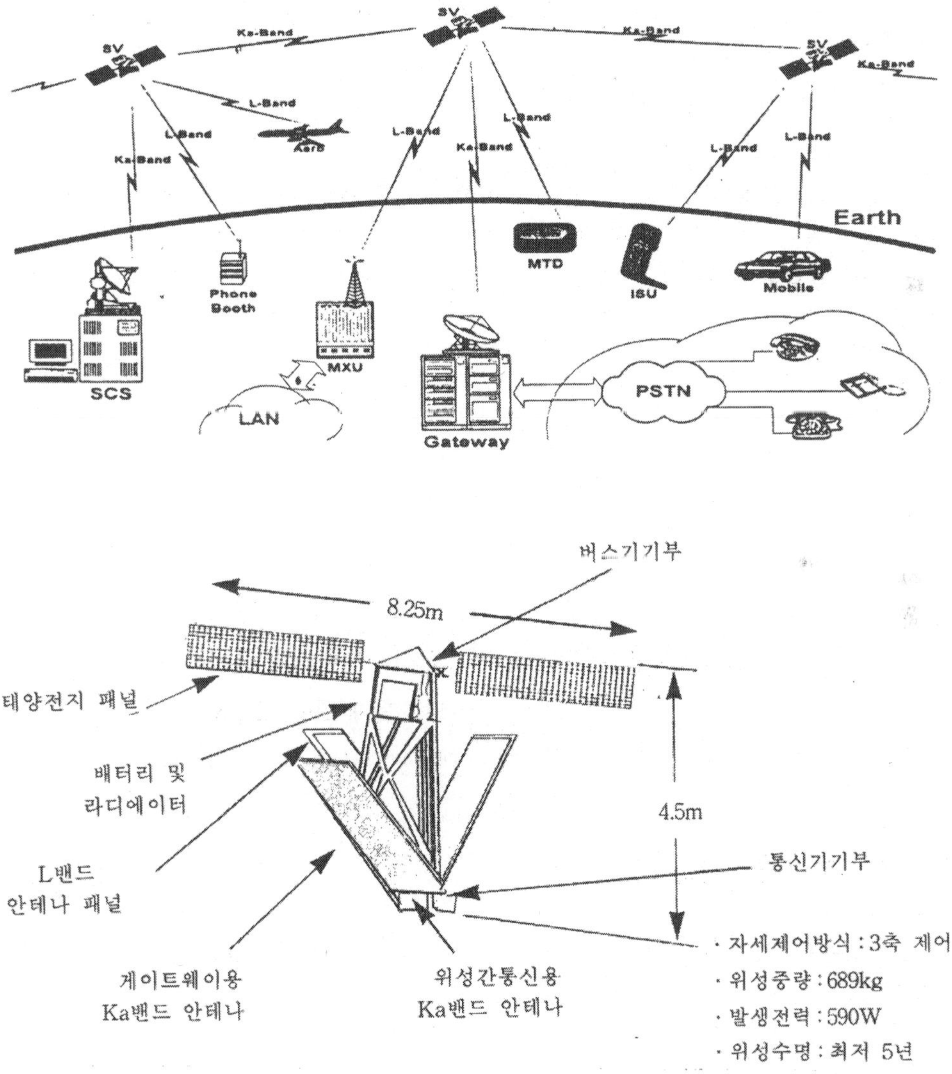

그림 7.12 이리듐 시스템 및 위성의 구조

표 7.5 이리듐 시스템 제원

항 목		제 원
궤도	- 궤도 형태 - 평균 운항 주기	86.4°의 경사각을 가진 원형 극궤도 100.13분
위성체	- 수명 / 질량 - 탑재 안테나 - User용 빔 크기(직경)	5년 / 715Kg User용 3개 / Feeder 링크용 4개 / 위성용 4개 600Km (Min), 대략 한반도 크기
통신방식	- 변 복조 방식 - 다중 접속 방식	QPSK TDMA
사용주파수 및 링크여유도	- User 링크 - Feeder 링크 - 위성간 링크 - 링크 여유도	상 / 하향 1610－1626.5MHz 상 / 하향 29.1-29.3 / 19.4-19.6GHz 23.18－23.38GHz 16dB (Voice), 35dB (Paging)
제공서비스	- 서비스 대상 - 서비스 종류	이동 중인 개인, 차량, 항공기, 선박 기본음성 서비스 및 부가 서비스 (4.8kbps) 단방향 Paging 및 Messageing 서비스 (2.4kbps) Fax 등의 데이터 서비스
용량	- User 링크 - 관문국 Feeder 링크	236 채널 / 빔, 400 채널 / 안테나 Feeder 링크 당 960 음성 채널

7.3.2 글로벌스타 (GLOBAL STAR)

미국의 위성체 제작사인 Loral사와 통신장비 제조업체인 Qualcomm를 주축으로 모두 12개의 사업자가 컨소시엄을 구성하여 총 18억 달러를 투자하여 지상 1414 [km] 상공에 48기의 위성을 쏘아 올려 전 세계에 음성 전화, 무선데이터, 무선 측위 등의 서비스를 제공할 계획이며 1997년 후반기부터 위성을 발사하여 1998년 3월 32개의 위성으로 서비스를 개시하였고 추후 16개의 위성을 추가 발사할 예정이다.

글로벌스타는 전 세계를 균일하게 담당하는 이리듐과는 달리 궤도를 양극에서 어느 정도 경사시킴으로 인구가 많은 대륙을 중점적으로 커버할 계획이며 위성 간 링크를 구성하지 않고 기존의 공중전화망(PSTN)을 최대한 이용하는 경제적인 시스템을 계획하고 있다. 우리나라는 현대와 데이콤이 합작하여 6.38% 지분으로 참여하고 있다.

글로벌 시스템의 가장 큰 특징은 셀룰러 시스템, 이동통신시스템, 공중전화망과의 접속이 가능하며 위치 측정 서비스도 가능하다는 것이다. 그림 7.13은 글로벌스타의 위성 시스템과 지상 시스템간의 관계를 보여 준다.

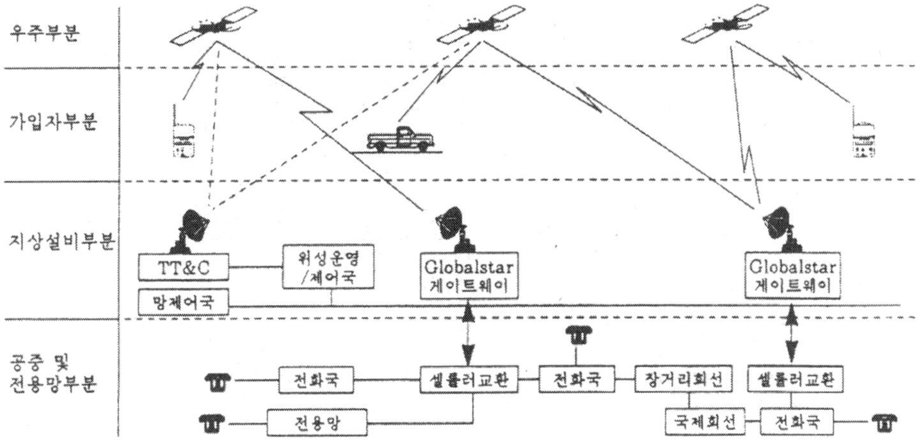

그림 7.13 Global Star의 개요

그림에서 보듯이 크게 4개 부분으로 나뉘는데 첫째는 중량 250kg, 수명 7.5년 3축 제어방식의 통신 위성으로 구성된 우주 부분과 둘째는 위성과 직접 연결되는 이동단말기를 나타내는 데이터 부분, 셋째는 통신 위성의 운용 및 제어를 담당하는 제어국과 지상을 연결하는 관문국으로 구성된 지상 설비부분, 넷째는 공중망을 통하여 기지국에 연결되는 공중 미 전용망 부분으로 구성된다.

위성에는 통신용 중계기인 트랜스폰더를 탑재하며 통신용 안테나는 위성본체에 고정된 안테나이다.

글로벌스타 시스템의 단말은 휴대용, 이동용, 공중전화형 등 3종류가 사용될 것이며 각 단말에는 패스 다이버시티(Pass Diversity)용인 RAKE 수신기가 사용된다. 패스 다이버시티 방식이란 3개의 동일한 주파수를 출력하여 수신기에서 이것을 합성하고 출력하여 각 단말기의 코드와 일치하면 통신이 성립된다. 이 방식으로 하나의 패스가 건물 등 장애물에 의해 일시적으로 차단되어도 다른 패스가 정상적으로 수신할 수 있으면 회선은 끊어지지 않는다. 이러한 다이버시티 기능으로 글로벌스타는 TDMA 방식인 타 시스템에 비해 가동률이 매우 높을 것으로 예상된다. 휴대형 단말기의 가격은 700달러 선이며 통신료는 위성부분이 분당 33센트로 예정되어 있다.

7.3.3 프로젝트21 (Project 21)

프로젝트21은 국제 해사위성기구(INMARSAT)가 추진하는 이동위성통신사업으로 총 30억 달러를 투자하여 지상 13035 [km] 상공에 10기의 위성(예비위성 2기)을 쏘아 올리고 전 세계에

약 200개의 관문국을 설치하여 2000년도 말경 휴대용 단말기로 지구전역에 음성전화, 컴퓨터 통신, 팩시밀리와 위성을 통한 위치확인서비스(GPS) 등 통합서비스를 제공하였다. 프로젝트21의 특징은 다른 사업들이 저궤도 위성을 택하고 있는데 반해 중원형 궤도(Intermediate Circular Orbit : ICO)를 이용한다는 점이다. 또한 3개의 ICO 궤도면에 각 4기씩 총 12기를 배치하여 전송지연의 감소와 안정적 서비스를 제공할 예정이다.

중궤도는 서서히 회전하기 때문에 통화 중에 위성간의 호 절체가 적어 저궤도 위성을 이용한 서비스보다 상당히 긴 통화가 가능할 것으로 보이며 국내에서는 INMARSAT 회원국인 한국통신이 삼성전자, 신세기통신과 컨소시엄을 구성하여 6%의 지분으로 참여하고 있다.

서비스 요금은 기본료 400달러와 분당 2달러의 도수료를 예상하며 단말기 가격은 1000달러이며 서비스 연도는 2000년이다.

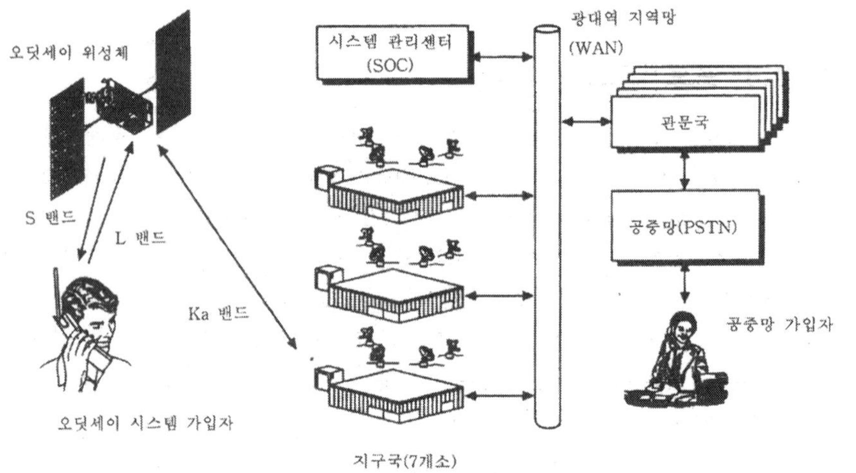

자료제공 : 텔레콤 12-2

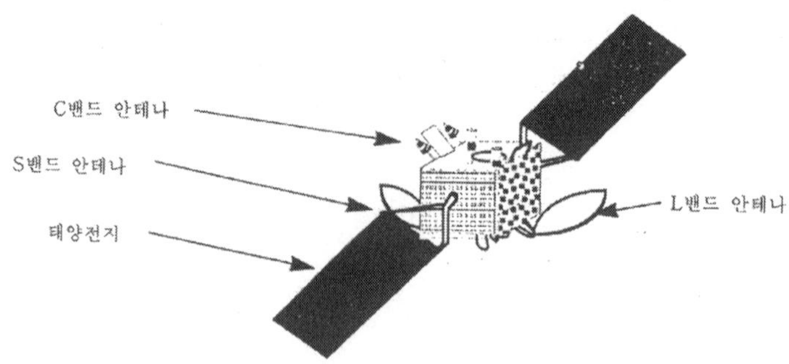

그림 7.14 오딧세이 시스템의 개요 및 위성구조

7.3.4 오딧세이

미국의 TRW사의 계획으로 이동전화와 위치 측정서비스를 주 내용으로 하는 오딧세이 프로젝트는 지구상공 10,354 [km]에 궤도 경사각이 56°인 3개의 원궤도에 각 4기씩 총 12기의 위성을 발사하여 세계 주요 9개 지역을 커버하는 이동통신망을 구축할 계획이며 위성의 기능을 최대한 단순화하고 경제성이 높은 19552 [kg] 규모의 중형위성으로 시스템을 구성해 놓았다.

7.3.5 텔레데식 (Teledesic)

텔레데식은 1994년 미국의 Microsoft사와 이동전화업체인 Mc-Caw Cellular사가 합작, 설립하여 만든 저궤도 위성 이동통신시스템 계획으로 공식적인 명칭은 "레오세트-1"(LEOSAT-1)이다. 다른 저궤도위성 사업자가 음성전화서비스에 초점이 맞추어져 있는데 반해 레오세트-1은 컴퓨터 이용자를 위한 데이터통신 및 광대역 멀티미디어 서비스를 제공하고자 한다.

LEOSAT-1 시스템은 지상 700 [km] 높이에 840기의 위성을 배치하여 초고속 정보통신망을 구축하려는 것으로 비 정지궤도상에 고정 위성업무를 수행하는 시스템이다. 사용주파수는 18.8~19.3 [GHz], 28.7~29.1 [GHz]를 확보하였으며, 비동기 전송방식(ATM)의 고속 패킷망이 구축될 경우 LEOSAT-1은 여타 Big-LEO 시스템과는 비교도 안 될 정도의 막강한 데이터 전송력을 보유할 것으로 전망된다.

7.3.6 오브콤 (Obrcomm)

Obrcomm 시스템의 네트워크 구성은 그림 7.15에 도시하였다. 이 시스템은 세계적인 양방향 데이터통신 서비스 제공을 목적으로 하며, 국제간은 물론이고 국내통신을 대상으로 한 서비스도 이루어지게 된다. 주파수는 WARC-92에서 LEO에 할당한 VHF대와 UHF대를 사용하며, 통신방식은 위성-단말 간에는 FDMA, 지상국-위성 간에는 TDMA 방식을 사용하고 있다. 각 서비스 지역 내의 게이트웨이국은 네트워크 제어센터(Network Control Center : NCC)와 전용선으로 접속된다. 이동체의 위치정보는 이동체 단말의 VHF와 UHF 양주파수의 토플러 편이를 이동하여 이루어진다. 또한 Obrcomm 위성은 GPS 수신기를 탑재하고 있으며, GPS 수신기를 중심으로 궤도상에서의 위성 위치를 결정함으로써 시스템의 측위 정도를 설정하게 된다.

제안 당시의 Obrcomm 시스템은 785 km의 고도에 총 20기(3경사궤도면에 18기, 극 궤도면에 2기)의 위성을 운영할 계획이었으나 1993년에 26기로 조정되었다가 최근엔 775km의 고도에 있는 6궤도면(2극궤도면)에 총 36기의 위성을 운영하는 것으로 조정되었다. Obrcomm 시스템에 대한 기본적인 파라미터는 표 7.7에 정리하였다.

각 위성 당 처리능력은 60,000 messages/hour이며, FDMA 변조방식을 적용하고 있다. 더욱

이 업링크 채널을 검색하여 현재 미사용중인 주파수에 가입자의 트래픽을 개발하여 보다 많은 가입자의 수용이 가능하게 하였다.

데이터통신용 휴대 단말의 사양은 중량 30g 이하, 전송속도 : 송신(단말-지상국) 2,400bps, 수신(지상국-단말) 4,800bps, DPSK변조, 주파수 : 송신 148~150.5MHz, 수신 137~138MHz, 출력 5~8W, 호이시부형 안테나를 사용한다.

Obrcomm은 1992년 9월에 FCC로부터 실험면허를 인가받았으며, 1995년 4월 3일에 2기의 실험위성을 발사하여 1,000개의 수신 단말을 미국 내 네트워크 제어센터의 2개 중계국과 접속하여 시스템 운영, 시장 개척 등을 실험하고 있다. 특히, 지난 5월 25일 실시된 Panasonic 퍼스널 커뮤니케이터를 이용한 메시지 송수신 실험이 성공적으로 마무리됨으로써 전 세계를 대상으로 한 상용 서비스의 가능성을 타진하였다.

표 7.6 주요 저궤도 위성통신 사업의 추진 개요

시스템명	출자기업	유형	위성고도(km)	위성수	궤도	투자액(달러)	제공서비스	서비스개시시기	진전현황	주요사항
Iridium	Motorola	Big	780	66	6(극)	34억	음성 데이터	'98년	FCC 면허 취득 '96년 위성 발사	분당 3달러 2001년까지 180만
GlobalStar	Qual-comm/Loral	Big	1,414	48	8	16억		'98년 중반	FCC 면허 취득	CDMA 접속
Odyssey	TRW	Big	10,350	12	3(극)	25억		'98년 4/4분기		
Teledesic	Gates/McCaw/Kinship	Big	700	840	21 (극)	90억	음성 데이터 비디오			ATM 접속
Project 21	Inmarsat	Big	10,350	12	2	26억		'99년	'98년 위성 발사	휴대형 단말
Aires	Constellation Communication	Big	2,000	48	8	17억		'97년 4/4분기	FCC 면허 기각	
Obrcomm	Orbital science	Little	785	26	6	1억 6,000만	메시지 무선호출		위성 2기 운영 중	
Starsys	Starsys	Little	1,300	24	8	2억	데이터 위치정보			
Vitasat	VITA	Little	970	2	2		의료 교육			
LEOSAT	Leosat	Little	970	18	3		데이터			

※ 자료제공 : 주간기술동향 96-30

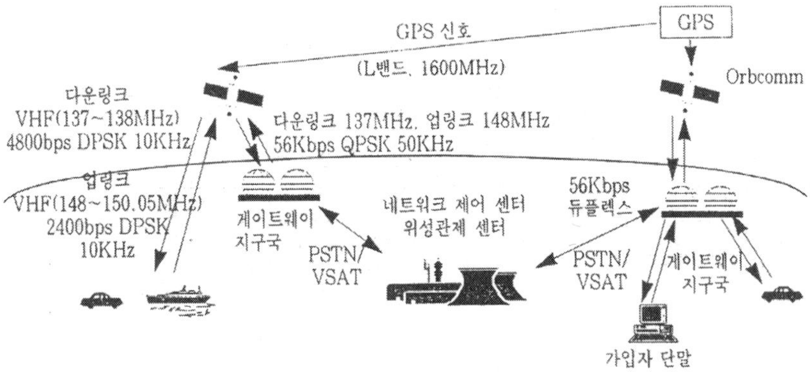

그림 7.15 Obrcomm 시스템 네트워크 구성

표 7.7 Obrcomm 시스템 개요

위성	● 질량 : 41kg	● 1차 전력 EOL : 235W
	● 편파 : 원형	● 안정화법 : 3축 중력 기울기
	● 발사시기 : 1995년	● 수명 : 4년
궤도 파라미터	● 위성 수	● 고도 : 775km
	● 궤도 주기 : 100분	
사용 스펙트럼	● 업링크 : 148－149.9MHz	
	● 다운링크 : 137－138MHz	
	● 다중액세스방법 : FDMA	

7.4 이동통신의 발전 방향

현재 통신의 발전은 정보화 사회의 필수 수단인 정보기기와 방식의 발전을 유도하고 있으며 이것은 상호보완적으로 향후 21세기 산업의 근간을 이루게 될 것이다. 인류가 지금까지 이뤄온 통신 기술은 20세기 후반에 들어 획기적으로 발전할 것이라 보고 있으며 앞으로의 발전도 예측하기 어려운 획기적인 발전 방향을 갖게 될 것이다.

또한 이동통신 분야의 발전은 전체의 통신 기술을 주도하게 될 것이며 유선과 무선의 분리 개념도 앞으로는 유무선 겸용의 개념을 지향하게 될 것이다. 이전에 이동통신의 개념은 음성전화가 주종을 이루었지만 데이터통신과 병행되는 화상, 음성, 페이징, 데이터가 종합정보망(ISDN)에 공유할 수 있는 IMT-2000이 될 것이다. 즉 이동전화기나 무선호출기 및 데이터통신기기가 합쳐진 단말기가 도래할 것이며 21세기에는 셀룰러폰과 PCS 기능이 합쳐진 종합통신망

시스템이 육해공 어디서나 통신 가능한 통신망시스템으로 자리 잡게 될 것이다. 통신방식도 아날로그전송방식에서 디지털전송방식인 CDMA와 TDMA방식으로 발전하게 될 것이다.

국내 기술도 이전의 기술도입 수준에서 새로운 신기술을 단독 개발하거나 공동 개발하고, 충분한 국내 통신시장을 확보하며, 기술 이전(수출)을 감당할 수 있는 여력을 배양함으로서 21세기에는 선진 정보화 사회를 이룰 수 있는 능력을 충분히 갖게 될 것이다.

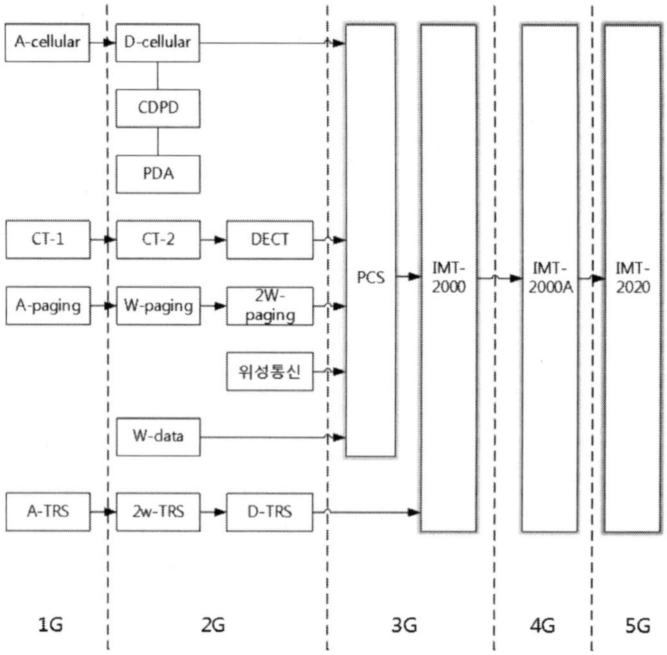

그림 7.16 이동통신의 발전 추세 전망

7.4.1 IMT-2020

(1) 개요

1978년 ITU의 CCIR에서 향후의 공중육상이동통신을 단일 표준으로 만들기 위한 연구 과제로 ITU-R 39/8이 채택되면서, 이 연구의 제목은 Future Public Land Mobile Telecommunication Systems(미래공중육상이동통신)로서 앞 글자를 따라 FPLMTS(플림스)로 부르게 되었으나 이에 관한 본격적인 표준화 작업은 2000년에 도입되며 2000 [MHz]의 주파수 대역 사용을 고려하여 IMT-2000(International Mobile Telecommunication 2000)으로 불린다.

그러나 10여년이 지났지만 표준화에 대한 성과는 미비하며 전 세계적이라기보다 아시아, 유럽, 미주지역 등 지역별 표준화가 보다 더 현실적이라는 의견도 나오고 있다.

이후 2008년 ITU(International Telecommunication Union : 국제전기통신연합)는 4G 이동통신 규격을 정의하면서, 저속 이동 시 1Gbps, 고속 이동 시 100Mbps의 속도로 데이터를 전송할 수 있어야 한다고 규정했으며, 2015년 ITU는 5G는 28GHz의 초고대역 주파수를 사용하고, 2000년대 상용화한 3G 통신 방식인 'IMT-2000'을 계승하여 2020년 상용화를 목표로 삼는 모바일 국제 표준으로 정하였다.

현재 사용되는 IMT-2000의 권고안 특징은 다음과 같다.

첫째, 시스템 설계의 경우 전 세계적으로 높은 공통성(Commonality)을 보장해야 하며,

둘째, IMT-2000내의 서비스와 고정망의 서비스간의 호환성(Compatibility)을 유지하며,

셋째, 고품질의 서비스를 제공하며,

넷째, 하나의 단말기로 전 세계 로밍 구현 등이다.

IMT-2000이 2000년경에 도입되어 기존의 제2세대 디지털 시스템과 차별화되지 않으면 성공하기 어렵다고 판단한 ITU 회의에서는 IMT-2000이 기존 시스템과 차별화되기 위해서는 다음과 같은 특징과 기능을 지녀야한다고 정의하였다.

- 고속 데이터 처리기능
- 음성분야의 높은 서비스 품질 유지
- 세계적인 표준화와 Roaming
- 멀티미디어 지원
- 시장 확보를 위한 저가격 서비스
- 전 세계적인 공통의 주파수 대역
- 보안성 향상 및 유연성(Flexibility)

(2) IMT-2000 권고안

표 7.8 IMT-2000 권고안

	연구 주제	ITU-R		ITU-T	
		연구반	권고안 수	연구반	권고안 수
1	General	TG 8/1	5	SG-13	1
2	Service Consideration	TG 8/1	1	SG-1	7
3	Charging and Accounting Consideration			SG-3	1
4	Switching and Signalling	TG 8/1	1	SG-11	28
5	Network Operation and Management	TG 8/1	2	SG-2, 4, 12, 13, 15	47
6	Ratio System Consideration	TG 8/1	15	SG-13	2
예정된 총 권고안 수		24		86	

IMT-2000 권고안은 표 7.8과 같이 ITU-R과 ITU-T에서 작성한 것으로 9개의 작업반이 편성되어 현재도 권고안에 대한 초안을 작성중이며 우리나라도 참여하여 일부 초안 작성의 책임을 맡고 있다.

이상과 같은 IMT-2000의 특징은 다음 4가지로 요약할 수 있다.

① 세계적인 고도의 공통성을 가진 구조

② IMT-2000 내부적 및 고정망과의 호환성

③ 고품질

④ 세계적으로 로밍(Roaming)이 가능한 휴대용 단말기의 사용

이러한 특징에 의한 IMT-2000 서비스는 그림 7.17과 같이 제공될 예정이다.

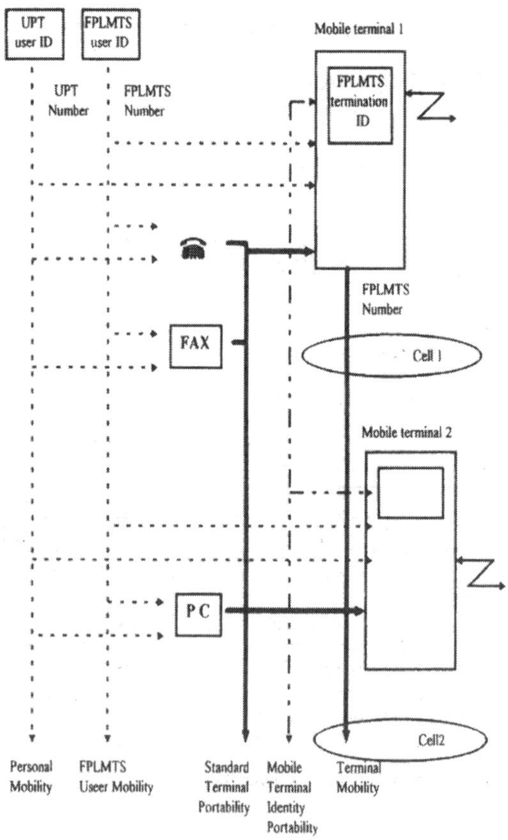

그림 7.17 IMT-2000의 이동성

(3) IMT-2000 주파수

1992년 세계무선주관청회의(WARC)에서 1.8 [GHz]~2.2 [GHz]대역의 230 [MHz]를 전 세계 공통 주파수 대역으로 할당하였으며, 지상용과 위성용으로 구분하였다. 지상용은 170 [MHz]로 FDD(Frequemcy Division Duplex) 방식의 상하 각각 60 [MHz]씩 1200 [MHz]와 TDD(Time Devision Duplex)용 50 [MHz]이고 위성용은 60 [MHz]로 상하 각각 30 [MHz]를 할당하였다.

그러나 전 세계적인 이동통신 가입자의 폭발적인 증가와 인터넷의 수효 확산으로 IMT-2000용 주파수 대역의 추가분배가 요구되어 1999년 ITU-R의 회의에서 의견을 수렴하고 이듬해 2000년 5월 WARC 회의에서 추가로 160 [MHz] 주파수 대역을 지정하기로 결의하였다.

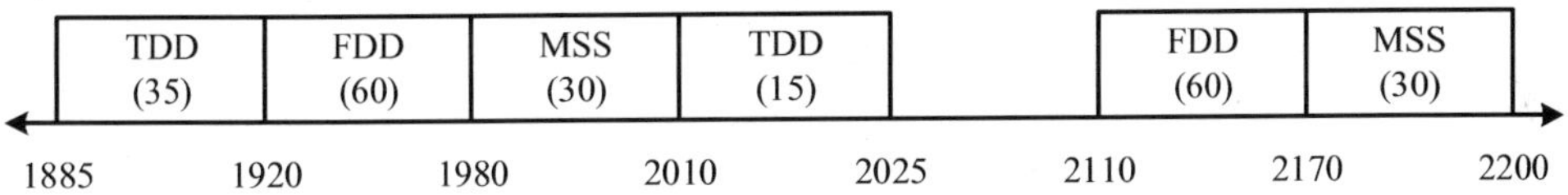

그림 7.18 IMT-2000의 주파수대역 (WARC-92회의)

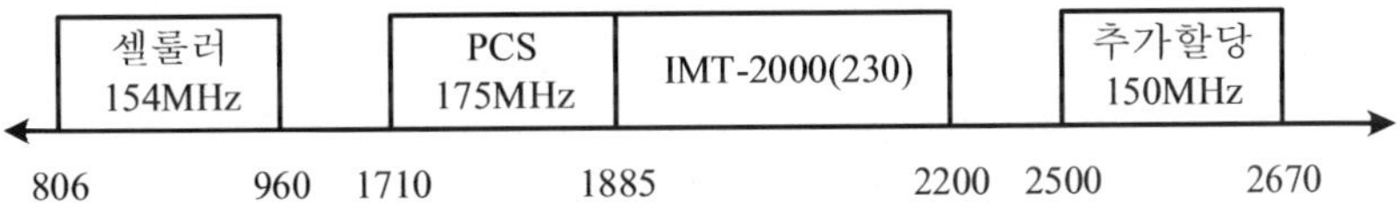

그림 7.19 WARC-2000에서 추가 주파수 할당 대역

(4) 기존 시스템과의 차이점

기존의 Cellular 및 PCS와 비교하면 우선 사용주파수 대역에서 IMT-2000을 전 세계적인 로밍을 위해 공통 주파수대역인 2000 [MHz]대를 사용하며, 데이터의 전송속도를 결정짓는 채널당 대역폭은 PCS가 1.23 [MHz]이지만 IMT-2000은 5 [HMz]~20 [MHz]로 멀티미디어 서비스가 가능한 광대역이다. 전송속도 역시 기존의 14.4 [kbps]이지만 IMT-2000은 최고 2 [Mbps]로 음성, 데이터와 동화상까지 가능하다.

또 기존의 2.5세대 이동전화와의 호환성도 제공되어야 할 것이며 Big LEOS(GMPCS)는 물론 WLL이나 B-WLL등과도 호환이 이루어지도록 해야 할 것이다.

(5) 동기식과 비동기식

국제적인 IMT-2000 기술표준화는 북미방식과 유럽방식으로 분리되었다가 기술방식의 단일 표준화를 위해 3GPP와 3GDD를 중심으로 진행되었으나 단일 규격 외 표준화는 결렬되어 북미(CDMA2000)와 유럽(W-CDMA)방식, 즉 동기식과 비동기식으로 복수 표준안이 결정되었다. 동기식은 미국이 우주공간에 띄운 GPS 위성을 통해 시간대를 맞춘 후 기지국 장비 등을 통해 음성이나 데이터를 전달해 주는 방식이며, 비동기식은 기지국이나 중계국의 통신장비를 통해 데이터를 주고받는 방식이다.

현재 동기식은 20%, 비동기식은 80%의 이동전화 가입자를 확보하고 있어 GSM방식을 기술로 하는 비동기식이 유리한 입장이므로 우리나라는 1동 2비, 즉 동기식 1개 회사와 비동기식 2개의 통신 사업자를 선정하였다.

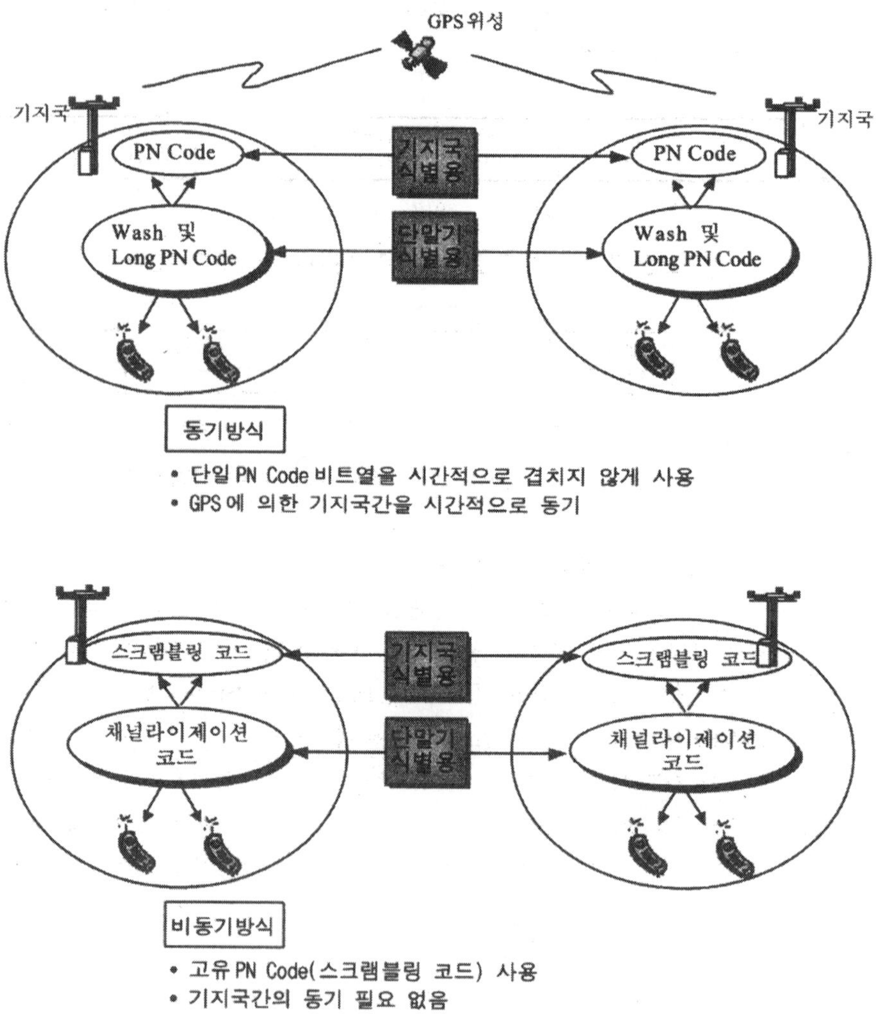

그림 7.20 동기식과 비동기식의 차이점

(6) IMT-2000 서비스

기술적인 면과 서비스적인 면이 있는데 기술적인 면은 다음과 같다

· 고속이동시 : 144 [Kbps]까지의 음성, 데이터, 영상
· 저속이동시 : 384 [Kbps]까지의 음성, 데이터, 영상
· 고정위치 : 2 [Mbps]까지의 음성, 데이터, 영상

서비스적인 측면으로 보면 다음과 같은 서비스를 지원한다.

1) 사이버 채팅

21C IMT-2000의 최고 인기 서비스로 자리 잡을 것으로 전망된다. IMT-2000 단말기를 통하여 상대방의 얼굴을 직접 보면서 온라인상으로 채팅을 할 수 있으며, 이로 인해 이성 교제의 새로운 패턴을 주도하게 될 것이며, 채팅문화의 패러다임을 완전히 바꿔놓는 등 전화를 거는 당사자 사이에도 많은 변화가 예상된다.

2) 교통정보

주요 도로마다 설치되어 있는 무인 카메라를 IMT-2000과 접속하여 운전자가 보고 싶어 하는 도로의 교통상황을 실시간으로 보여줌으로써 원활한 교통소통의 일익을 맡게 된다.

3) 무인감시

원격지에 떨어진 가족, 특히 놀이시설에 있는 어린 자녀의 모습을 원하는 시간에 원하는 곳에서 확인할 수 있으며, 또한 집안에 무인감시 시스템을 설치하여 외출 시 무단 침입자의 침입여부를 원격지에서 감시할 수 있다.

4) TV시청

빅 스포츠, 뉴스, 일기예보 등 주요 TV 프로그램을 IMT-2000 단말기를 통하여 시청 가능하다. 해외출장 시 국내 뉴스를 실시간으로 시청할 수도 있다.

5) 카메라 기능

IMT-2000 단말기에 소형카메라를 장착하여 촬영한 사진을 단말기 자체 및 이동통신사의 서버에 저장한다. 교통사고 현장 촬영 및 영상 메시지 전송 등에 활용이 가능하게 된다.

6) 전자상거래

인터넷 접속으로 Web상에서 상품을 검색하고 구매하던 기존의 패턴에서 단말기로 보면서 원스톱 쇼핑이 가능하며 사이버 쇼핑몰을 통한 접속도 가능해진다.

7) 원격진료

응급처치가 필요할 경우 IMT-2000 단말기를 이용하여 병원 담당의사에게 위급 상황을 영상으로 보여주고 현장에서 적절한 응급조치를 받을 수 있다.

8) 사이버 정치

출마자의 얼굴, 약력, 정치공약 등을 IMT-2000 단말기를 통하여 시청한 후, 단말기를 통하여 투표한다. 투표 후 투표자들의 성별, 나이, 주민등록번호 등이 중앙 컴퓨터로 보내져 투표율, 당선자 등이 종합 집계될 수 있다.

9) 모닝콜

자신이 가장 좋아하는 연예인의 동영상 화면과 음성을 다운로드 받아 모닝콜 기능에 저장시키고 아침마다 그 연예인이 아침잠을 깨워주는 효과를 유발할 수 있다.

10) 사이버 펜팔

해외에 있는 외국친구와 영상펜팔을 함으로써, 친구도 사귀고 외국어 실력도 향상시킬 수 있다.

11) 외국어 학습

IMT-2000 단말기를 통하여 장소와 시간에 구애받지 않고 외국어 강사와 일대일 영상 어학학습을 시도하여 외국어학습이 가능하다.

12) 신용카드

신용카드의 모든 정보를 IMT-2000 단말기에 입력한 후, 단말기를 신용카드처럼 사용하고 단말기에 개인 사진 및 지문을 입력하여 타인의 도용을 방지토록 할 수 있다.

13) 위치추적

위치추적에 관해서는 다양한 기술이 개발 중에 있으나, IMT-2000을 이용한다면 단순히 고객이 있는 지도상의 위치뿐만 아니라 주변현장까지 볼 수 있다는 장점이 있다.

14) 영상편지

기존 e-mail을 대체할 서비스로써, 적절한 영상을 미리 녹화한 후, 이를 전송할 수 있다. 예를 들어 출장 중인 남편에게 아내와 자녀들이 영상편지를 전송할 수 있다.

15) 전자명함

IMT-2000 단말기에 자신의 개인정보 및 회사정보 등을 입력한 후, 신상정보를 단말기로 주고받는 기능으로, 명함을 따로 보관하는 번거로움이 사라지게 된다.

16) LCD 광고

IMT-2000 단말기 상에 배너 광고를 띄워놓는 기능으로, 고객의 연령별, 직업별, 성별 데이터 베이스를 이용하여 특정 제품 광고를 특정인에게만 전송할 수도 있다.

17) 생체인식

IMT-2000 단말기 상에 지문인식, 음성인식, 홍채인식 등 생체인식을 통하여 특정인에게만 사용할 수 있는 권리를 부여한다.

7.4.2 이동통신기술 규격

(1) 1G 통신 규격

1G 이동통신 방식은 음성통신의 '아날로그 통신'이었다. 즉, 음성을 그대로 전송하는 방식이기 때문에 전송하는 양이 컸을 뿐 전송속도의 한계도 있었으며, 사용자가 많이 몰릴 경우 주파수 채널이 부족해 아예 통화가 되지 않는 경우도 발생하는 등 문제점이 많았던 초기 단계의 이동통신기술이다. 국내에서는 1G 이동통신으로 1988년부터 1996년까지 사용되었다.

(2) 2G 통신 규격

2G 이동통신 방식은 기존 아날로그 방식인 1G 이동통신의 단점을 개선해 음성을 디지털 신호로 변환해 전송하는 '디지털 통신'이다. 통신 방식이 디지털로 전환됨에 따라 1G 이동통신 방식보다 적은 데이터양으로 SNR이 향상된 깨끗한 품질의 통화를 할 수 있었다. 데이터 전송속도는 14.4~64 Kbps이고, 1996년 국내에 도입된 이래 현재까지 사용되고 있다. 대체로 휴대폰 번호 앞자리가 01X(011,016,017 등)이 되는 것으로 2G 이동통신 규격이다. 이동통신 기술규격은 유럽연합이 주장하는 GSM(Global System for Mobile communications)과 북미지역에서 주장하는 CDMA(Code Division Multiple Access)로 나뉜다. 전 세계적으로는 GSM을 더 많이 사용하지만, 국내는 세계 최초로 CDMA방식을 상용 이동통신 기술로 채택했다.

(3) 3G 통신 규격

3G 이동통신 규격은 2002년 12월부터 상용화되어 아직까지 보편적으로 사용되고 있다. 처음에는 'IMT-2000(International Mobile Telecommunication 2000)'이라고 명명되었던 프로젝트로 진행되어, 2000년부터 1,800~2,200MHz 주파수 대역을 전 세계 공통으로 적용하려 했으나 제대로 시행되지는 않았다. 초기에는 통합 방식을 기대했지만 유럽식 GSM은 WCDMA을 주장하고, 미국식 CDMA는 CDMA 2000으로 각각 나뉘어 발전하게 되었다. 3G 이동통신 규격의 전송속도는 144K~2.4Mbps로 실시간으로 동영상과 정지화상 등을 전송할 수 있을 만큼 전송속도를 향상하게 되었다. 이후 3G 이동통신은 각자의 방식대로 지속적인 발전을 거듭했다. 미국식 CDMA 2000은 CDMA 2000 EV-DO, 리비전(Rev.) A/B 등으로, 유럽식 WCDMA는 HSPA(HSDPA/HSUPA), HSPA+ 등으로 발전하며 데이터 전송속도가 향상되었다. 전 세계적으로 보면 WCDMA 방식이 70%이상 차지하고 있으며, 현재 국내에는 SK텔레콤과 KT가 HSPA, HSPA+ 방식으로, LG U+는 CDMA 2000 EV-DO 리비전 A 방식으로 서비스하고 있다.

표 7.9 이동통신 방식의 발전과정

	IG	2G	3G	4G	5G
접속방식	GSM (아날로그)	GSM CDMA	WCDMA IMT-2000	IMT- Advanced	IMT-2020
전송속도	-	14.4~ 64Kbps	144K~ 2Mbps	100M~ 1Gbps	100M~ 20Gbps
전송형태	음성	음성/문자	음성/문자/ 동영상	멀티미디어 전송	UHD동영상
영상전송 (800MB)	불가	6hrs	10mins	85secs	10secs
기타	아날로그전화 800MHz	SMS문자전송 1.8GHz	비디오영상 1.9GHz	LTE A전송 2.4GHz	IoT전송 28GHz

(4) 4G 통신 규격

2008년 ITU(International Telecommunication Union, 국제 전기통신 연합)은 4세대 이동통신 규격을 정의하면서, 저속 이동 시 1Gbps, 고속 이동 시 100Mbps의 속도로 데이터를 전송할 수 있어야 한다고 규정했다. 이에 따르면 초기 국내 및 해외에 적용된 LTE, 와이브로는 엄밀히 말해 4세대 이동통신 규격이라 할 수 없었으며, 당시 ITU는 4세대 이동통신 규격의 선정 후보로 LTE를 개선한 LTE-Advanced(이하 LTE-A)와 와이브로를 개선한 와이브로-에볼루션

(Wibro-Evolution, 와이맥스2)을 언급한 바 있다. 정확하게 LTE와 와이브로는 'pre 4G'로, 진정한 4G 규격은 각각 발전한 LTE-Advanced와 와이브로-에볼루션(와이맥스2)으로 보는 것이 대체적인 견해였다. 그런데, 2010년 12월 ITU에서 LTE와 와이브로, 다른 진화한 3G망(HSPA+) 등도 4G라고 부를 수 있다고 공표하면서 다소 명확한 세대 구분은 할 수 없었다. 따라서 전 세계 이동통신사는 LTE를 포함한 3.9세대 규격의 이동통신을 '4G'라고 불렀다. 다만, LTE와 와이브로는 기존 3G 규격에 비해 기술적으로 상당히 발전한 규격인 점은 분명하다.

그림 5.15 5G 이동통신기술

(5) 5G 통신 규격

지난 2015년 ITU에서 5G는 28GHz의 초고대역 주파수를 사용하고 2000년대 상용화한 3G 통신 방식인 'IMT-2000'을 계승해서 2020년 상용화를 목표로 삼는 모바일 국제 표준으로 정하였다. 5G는 최대 다운로드 속도가 20Gbps, 최저 다운로드 속도는 100Mbps인 이동통신 기술이다. 또한 1㎢ 반경 안의 100만개 기기에 사물인터넷(IoT) 서비스를 제공할 수 있고, 시속 500㎞ 고속열차에서도 자유로운 통신이 가능해야 한다.

5G 다운로드 속도는 현재 이동통신 속도인 300Mbps에 비해 70배 이상 빠르고, 일반 LTE에 비해선 280배 빠른 수준이다. 이것은 1GB 영화 한 편을 10초 안에 내려 받을 수 있는 속도다. 5G에서는 센티미터파(3GHz~30GHz), 밀리미터파(30GHz~300GHz)의 높은 주파수 대역에서 수백 MHz 이상의 광대역 폭을 이용해 데이터를 고속으로 전송할 수 있다. 이렇게 초고주파 영역에서 광대역 폭으로 신호를 전송하면, 기존 이동통신 기술보다 더 빠르게 신호를 전송할 수 있어 사물인터넷(IoT)에서 요구하는 초고속 데이터 전송이 가능하게 되어 AR(증강현실), VR(가상현실), MR(혼합현실=AR+VR)을 활용한 서비스를 계획하고 있다.

그 외에도 5G에는 혁신적인 이동통신 신호처리 기술 등이 적용된다. 기존 3G에서는 음성신호의 품질을 보장하기 위해 디지털 신호를 코드 기반 대역확산 CDMA 방식을 사용했다. 4G에서는 높은 전송속도 확보를 위해 상대적으로 SNR 성능이 우수한 직교 주파수 다중분할접속(OFDMA) 방식을 사용했다. 그러나 5G에서는 직교 주파수 다중분할접속 방식과 전력 및 코드분할다중접속(CDMA) 방식을 추가하는 식의 새로운 이동통신 신호처리 기술(New Radio Access Technology : NRAT) 방식 도입을 검토하고 있다.

7.5 코드분할다원접속 (CDMA)

7.5.1 코드분할 다원접속의 개념

지금까지 통신에서의 주 테마는 '어떻게 하면 정확한 정보를 송수신 서비스할 수 있는가?'였다. 즉 외부로부터의 방해를 받지 않는 통신시스템의 개발이다. 이러한 통신시스템에 전송되는 신호의 기저대역인 주파수 대역폭이 넓거나 다른 대역과의 혼신으로 통신 품질이 떨어지지 않게 하며, 많은 채널을 사용자가 할당받을 수 있는 가능성이 주요 관심사였다. 디지털통신은 넓은 주파수 대역폭을 필요로 하지만 아날로그통신에 비해 훨씬 좋은 서비스 제공과 보다 신뢰성 있는 통신이 가능하다.

1940년대 Shannon은 주파수대역에서 채널에서 수용할 수 있는 데이터 용량을 다음과 같이 유도하였다.

$$C = W \times \ln\left(1 + \frac{P}{N}\right)[\text{bit/sec}]$$

여기서 C는 채널용량, W는 주파수대역폭(Hz), P는 신호전력(watt), N은 잡음전력(watt)이다. 이 식의 채널용량은 최대 전송률을 나타내며 더 높은 전송률을 요구할 경우 오류가 더 많이 발생하여 허용 전송률 C보다 작게 전송해야 한다. 즉 최대 전송률을 증진하기 위해서는 신호전력을 증가시키든지 주파수대역폭을 증가시켜야 한다. 그러나 전력을 높일 경우 무선통신에는 잡음 영향이 증가하여 주파수대역폭을 증가시키는 기술에 관심을 갖게 되었다. 이러한 기술은 확산대역 통신방식이라 하고, 1940년 개발되어 1950년대 이후 군용으로 사용하다 최근에는 다원화방식중 하나로 응용하여 사용되고 있는데 이것을 코드분할다원화(CDMA : Code Division Multiple Access)방식이라 한다.

7.5.2 확산대역

확산대역기법은 변조의 일종으로 전송신호의 대역폭을 잡음과 유사한 신호의 대역폭으로 넓게 확산시켜 전송신호의 전력을 동일하게 유지하면서 전력밀도를 아주 낮게 만든다. 일반적으로 확산된 신호의 대역폭과 정보신호의 대역폭의 비를 처리이득이라 하며 수십 dB가 된다. 송신 시 정보신호를 확산시키기 위해 정보신호와 독립된 확산부호가 사용되며 수신기에서는 확산부호와 동기 된 부호를 이용하여 수신신호를 역 확산시켜 정보신호를 검출한다.

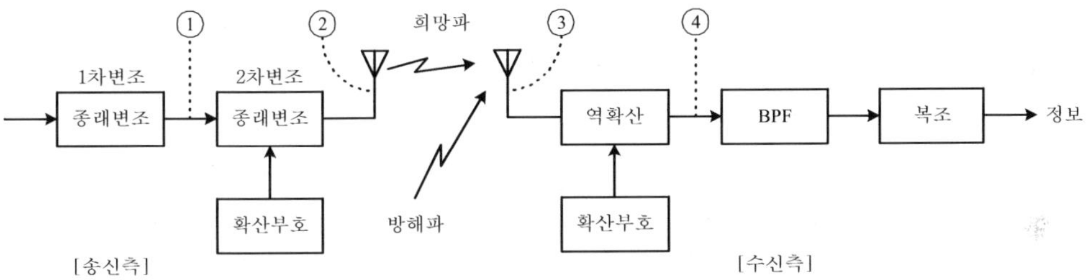

(a) 스펙트럼 확산(SS) 통신의 시스템 구성

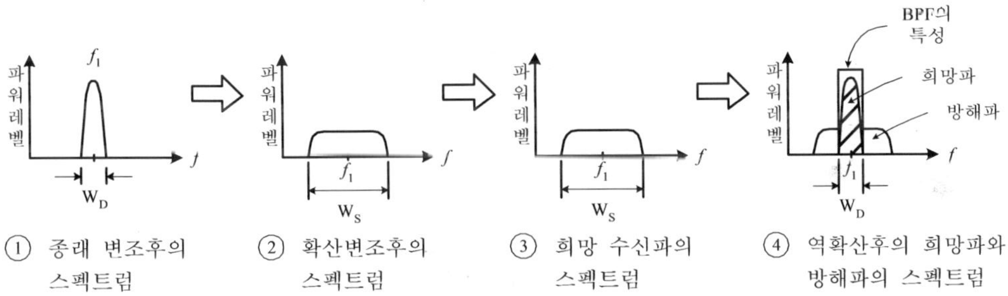

(b) 확산, 역 확산에서의 스펙트럼 변화

그림 7.21 스펙트럼 확산의 원리

이 방법의 특징은 다음과 같다.

① 전송주파수대역을 확산하여 신호전력을 다른 잡음전력에 비해 훨씬 낮출 경우 외부 이용자가 신호의 존재유무를 확인할 수 없다.

② 외부 이용자가 신호 존재를 인지하더라도 할당된 부호를 모르면 정확한 신호 재생이 불가능하다.

③ 수신기에 도달하는 외부 방해신호는 확산부호에 의해 전력레벨이 확산되어 낮아지고 원하는 신호는 역 확산되어 높은 수신 전력레벨을 유지하여 방해신호와의 전력비가 상대적으로 커진다.

④ 각 이용자가 각자의 확산부호를 사용하므로 단원접속이 가능하다. 각 이용자는 이 부호를 사용하여 정보신호를 확산시키고 확산된 모든 신호는 동시에 송신되어 각 수신기에서 더해진 복합신호로 수신한다. 이 때 확산부호는 원하는 정보신호만을 검출하게 된다.

⑤ 페이딩 현상이 일어나는 주파수 대역에 비해 전송신호가 넓게 확산되어 페이딩 영향을 감소시킬 수 있다. 페이딩이 존재하는 부분에서는 약간의 전력손실이 발생하나 대부분 신호전력을 유지한다.

7.5.3 확산부호

확산부호로 사용되는 PN(Pseudo Noise)부호는 완전 랜덤 신호가 이상적이지만, 수신 측에서 동일부호가 필요하기 때문에 어떤 주기를 가진 난수코드이다.

부호의 종류에는 몇 가지가 있지만, 대표적인 것으로 M 계열 부호를 예로 들 수 있다. 이 부호는 시프트 레지스터와 귀환회로(EX-OR)로 구성되는 아주 간단한 회로로 실현할 수 있어 많이 사용되고 있다.

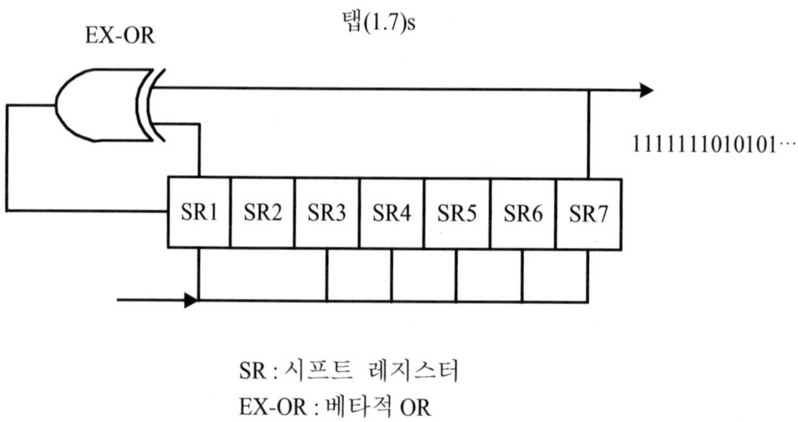

그림 7.22 M 계열 부호 발생기

7.5.4 확산대역기법의 종류

확산대역 기법으로는 직접시퀀스(DS), 주파수도약(FH), 시간도약(TH), 하이브리드 방법이 있다. 이들 방법 중 가장 많이 사용하는 기법으로는 직접시퀀스와 주파수 도약법이 있다.

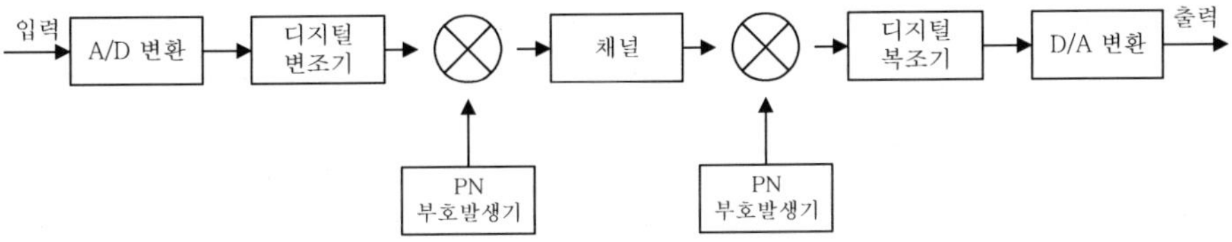

그림 7.23 직접 시퀀스를 이용한 송신

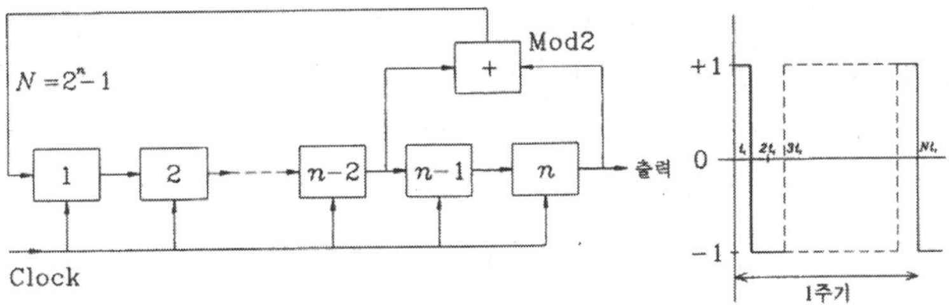

(a) PN 시퀀스의 주기

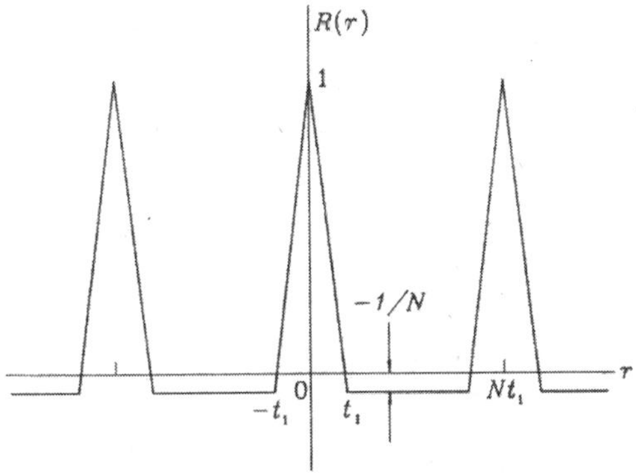

(b) PN 시퀀스의 자기 상관함수

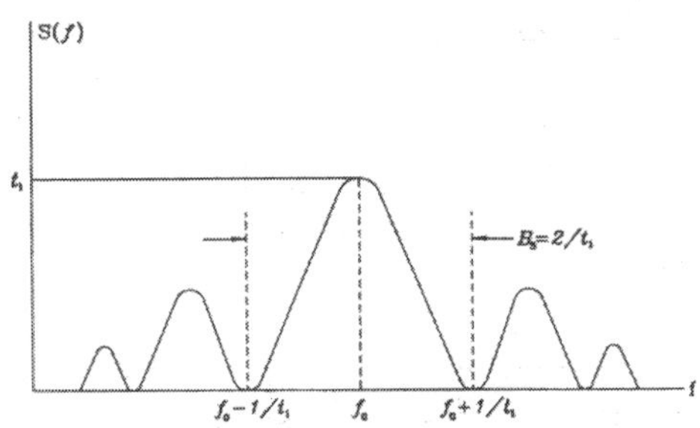

(c) 신호의 전력밀도

그림 7.24 PN 시퀀스의 주기와 자기 상관함수 및 확산된 신호의 전력밀도 스펙트럼

(1) 직접시퀀스(Direct Sequence)

이 기법은 원하는 정보신호에 의사 잡음(PN : Pseudo Noise)을 합쳐 변조하여 주파수 대역을 확산시키는 방법이다. 그림 7.25는 PN 발생기에서 나오는 잡음을 인위적으로 순차 주기를 주고, 정보신호 대역을 확산시키는 단계를 표시한 것이다. 이 PN 발생기는 쉬프트레지스터를 사용하여 순차적으로 발생시키는데 레지스터가 n단이면 주기는 $N = 2n - 1$이 된다. 쉬프트레지스터를 이용하여 순차적으로 발생시킨 의사 잡음의 상관함수는 최대치 1이 되며 주기 N이 커지면 0에 가까워진다.

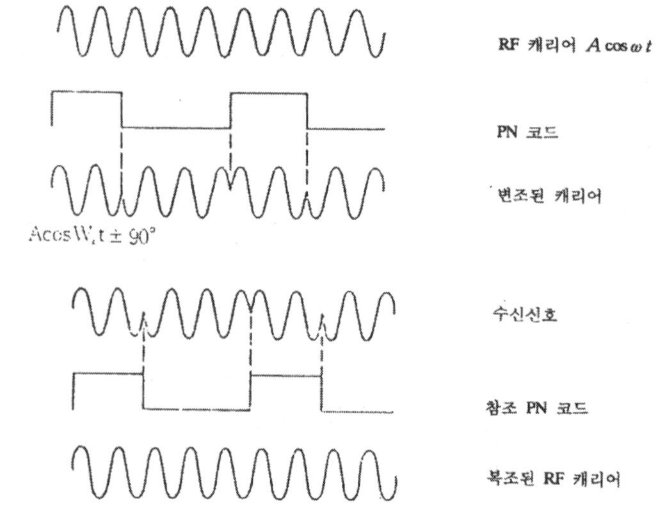

그림 7.25 PN시퀀스에 의한 반송파의 변복조(D-PSK)

그림 7.24 (a), (b), (c)는 PN 발생 주기와 자기 상관함수를 나타낸 것으로 자기 상관함수의 펄스폭 t_1은 주파수 대역폭 B_s에 반비례하여 $2/t_1$의 관계를 갖게 된다.

(2) 주파수도약(Frequency Hopping)

주파수 도약기법은 직접시퀀스법과 다르게 변조된 신호의 반송주파수를 주기적으로 변화시켜 전송신호의 주파수 대역을 확산시킨다. 이와 같이 반송주파수가 변화하는 것을 도약(Hopping)이라 하며 도약 주파수는 도약패턴에 의해 결정된다. 하나의 비트를 여러 개의 도약주파수로 변화시키는 것을 빠른 FH 방식이라 하며 하드웨어 장비가 많이 들지만 우수한 성능을 갖는다. 여러 개의 비트를 한데 모아 하나의 도약주파수로 변화시키는 것을 느린 FH 방식이라고 하며 주파수 간격을 조절(Interleaving)하여 방해신호의 영향을 감소시킬 수 있다.

FH기법의 송수신블럭도는 그림 7.26에 표시한 바와 같다. 디지털 변조기를 통과한 정보신호는 주파수합성기에서 발생된 도약 주파수에 의해 주파수영역에서 위치가 도약주파수의 지속시간과 도약주파수의 수에 비례하여 증가하며 주기적으로 변화한다. PN시퀀스에 의한 주파수 도약의 변화는 수신 시 송신기에서 발생한 주파수 도약의 패턴을 사용함으로써 원래의 신호를 검출할 수 있다.

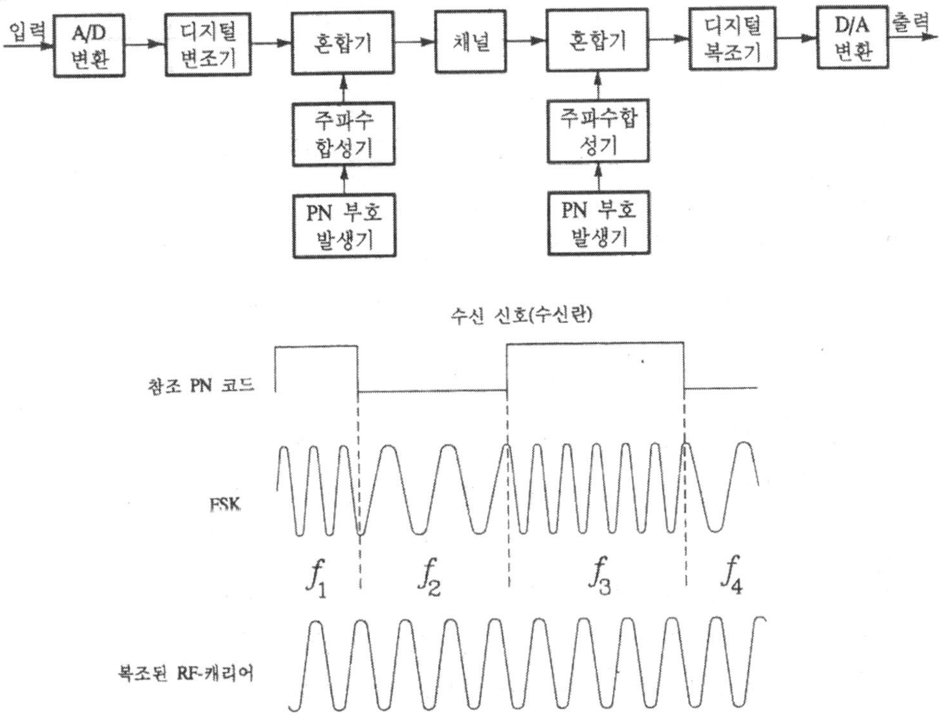

그림 7.26 주파수도약을 이용한 송신

(3) 시간도약(Time Hopping) 기법

시간도약기법은 펄스변조의 일종이며 PN시퀀스는 송수신 출력을 On, Off 시키는데 사용된다. 그림 7.27은 TH기법의 블럭도이며 주파수도약기법과는 PN 시퀀스에 반송주파수를 변화시키거나 송신신호의 시간슬롯을 On, Off 하는 데 차이가 있다. 즉 한 프레임에 여러 개의 시간슬롯을 만들고 이 시간슬롯에 신호전력의 유무를 PN시퀀스에 의해 결정한다.

프레임 내에 있는 시간슬롯을 많이 만들수록 전송대역폭은 확산하게 된다. 이 기법은 TDMA에서 상호간섭 신호의 영향을 감소시키는데 사용될 수 있으며 송수신간의 정확한 비트 동기가 필요하다. 이 기법은 주로 FH과 같이 사용하여 하이브리드 기법으로 사용되기도 한다.

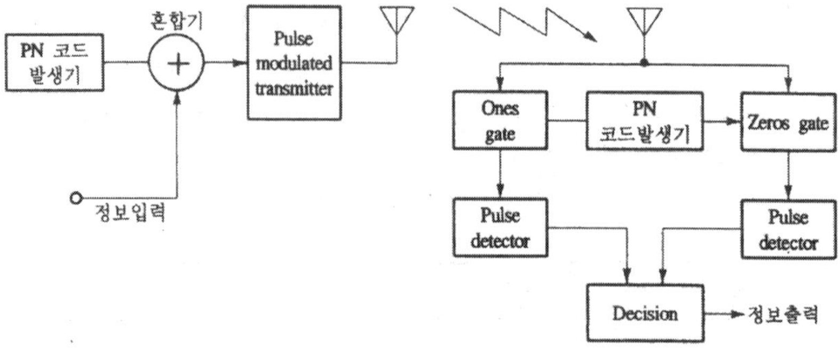

그림 7.27 시간도약을 이용한 송수신

7.5.5 이동통신 분야의 응용

확산대역 기법의 응용분야로 가장 많은 부분의 실용화가 이루어진 영역이 코드분할 다원접속(CDMA)이다. 다원접속 방법으로는 주파수분할과 시간분할이 보편적으로 사용되어 왔으나 이들 방식은 이용자의 채널수가 증가하면서 채널 할당에 따른 주파수와 시간의 재조정이 필요하게 되었다. CDMA는 확산부호를 이용하여 동일 주파수대역을 이용하는 여러 이용자를 하나의 채널로 수용할 수 있다. 즉, 각 이용자가 고유의 부호 순차주기를 할당받아 구분된 통신을 가능하게 하는 것이다.

이동통신에서 CDMA는 주파수 효율적 이용을 고려하여 최적의 서비스를 감당할 수 있고, 기존의 FM을 이용한 방식에 비해 모든 가입자가 동일한 주파수 대역을 사용하고 서로 다른 고유의 확산부호를 이용하여 효율성을 극대화시킨 방식이다.

지역을 여러 개의 셀로 구분하고 이동 무선서비스를 제공하는 경우 각 셀에 기지국이 중앙통제국의 조정에 의해 이용자들의 통화를 연결시켜 주며, 인접 셀 간의 주파수 재사용이 가능하게 된다. 셀이 많을수록 서비스지역이 좁아져서 기지국과 사용자간의 송수신 전력을 낮출 수 있으며 할당된 모든 주파수는 간섭신호를 크게 줄여 좋은 통신 서비스가 가능하게 된다. 각 이용자가 사용하는 확산부호는 간섭신호가 거의 없는 상호 상관함수 값이 아주 낮은 경우가 된다.

미국 퀄컴(Qualcomm)사에서 고안한 이 방식은 현재 아날로그방식에서 사용하는 30 [kHz] 주파수대역에 비해 훨씬 광대역인 1.25 [MHz]를 전송대역으로 사용하고, 아날로그 FM방식에 비해 채널 수용능력이 20배 정도 향상될 수 있다. 이 방식은 확산부호에 의해 결정되며 DS기법에서는 가입자들 간의 수신전력 레벨의 차이로 인한 원근문제가 발생한다. 그러나 각 이용자의 수신 전력을 동일하게 하는 전력통제가 있으면 이러한 문제는 해결될 수 있다. FH기법을 이용하면 주파수도약 패턴에 의해 성능이 결정되며, 동일한 주파수도약을 둘 이상의 이용자가 사용하게 되면 충돌이 발생한다. 그러나 이러한 문제는 오류정정부호를 채널에서 사용하여 해결할 수 있다.

그러므로 이 방식의 장점은 다수의 이용자가 동시에 원하는 서비스를 제공받을 수 있고 많은 가입자 수용이 가능하며, 신호의 송수신 시 여러 경로를 통하게 됨으로써 발생하는 다경로 페이딩(Fading)에 다른 방식들보다 훨씬 강하다는 것이다. 이외에도 무선통신망 구성에서 낮은 전력으로 동작하는 긴급구조/경보 체제의 구축이 가능하여 중앙국에서는 모든 안전시스템에 연결된 경보시스템을 이용하여 경찰서나 소방서에 연결되며, 발신국의 고유부호의 확인으로 정확한 위치를 파악할 수 있을 것이다.

7.5.6 직교 주파수 분할 다중(Orthogonal Frequency Division Multiplexing)

디지털 방송을 지상파로 보내기 위해 변조하는 방식 중의 하나로 유럽에서 널리 쓰인다. 직교 주파수 분할 다중(OFDM)은 하나의 정보를 여러 개의 반송파(캐리어)로 분할하고, 분할된 반송파 간의 간격을 최소화하기 위해 직교성을 부가하여 다중화해 전송하는 방법을 말한다. OFDM 방식을 이해하는 데 가장 중요한 것은 단일 캐리어 방식과 OFDM 방식의 시간 · 주파수축 위에서 그림과 스펙트럼을 이해하는 것이다. 단일 캐리어 방식은 하나의 캐리어가 주파수 대역을 넓게 차지하지만, 캐리어의 전송 시간은 짧다. 반면 OFDM 방식은 여러 개의 서브캐리어로 구성되어 있으며, 하나의 서브캐리어는 주파수 대역이 좁은 대신 전송 시간이 길다.

OFDM은 멀티캐리어 변조 방식의 일종으로, 멀티패스(Multipath) 및 이동 수신 환경에서 우수한 성능을 발휘한다. 이 때문에 지상파 디지털TV 및 디지털 음성방송에 적합한 변조 방식으로 주목을 받고 있다. OFDM은 주로 통신 분야에서 연구가 진행되어 왔으나, EBU가 제안한 디지털 음성방송 시스템의 변조 방식으로 채택되면서 방송 분야에서도 연구개발이 되었다.

7.6 근거리 무선이동통신 기술

근거리 무선통신기술이 최근 들어 급속도로 부각되고 있다. 이는 정보통신기술이 발전하면서 사용들이 유선의 불편함을 인식하게 됨에 따라 이들의 욕구를 충족시켜주기 위해 업체들이 앞 다투어 무선 서비스를 제공하고 나섰기 때문이다.

근거리 무선통신이란 전파를 정보의 전송 매체로 이용해서 가까운 거리에 있는 각종 정보처리 기기들 간에 정보를 교환하게 하는 통신을 말한다.

지금까지의 근거리 통신은 통신기기들 간에 선으로 연결된 유선통신이었다. 하지만 이동성,

설치 및 확장의 용이성 등 무선만의 장점으로 인해, 최근 원거리에 이어서 근거리마저도 무선통신이 유선통신의 자리를 꿰차고 들어선 상태다.

근거리 무선통신에 사용되는 기술 중에서

- 컴퓨터를 활용해 네트워크에 접속하는 분야인 무선랜
- 이동전화 단말기에 장착해 주변의 정보 기기들과 정보를 교환하는 분야인 블루투스(Bluetooth)
- 적외선을 활용한 가까운 거리의 정보 기기들 간의 데이터 교환 분야인 IrDA
- 가정용 전화기와 PC를 중심으로 가정용 전자제품간의 정보 교환을 통한 홈오토메이션 분야인 HomeRF 등이 각광받고 있다.

7.6.1 무선 랜

무선 랜은 LAN(Local Area Network) 기반(Backbone)망과 단말기 사이를 전파(Radio Frequency)를 이용해 전송하는 시스템이다.

유선 랜이 설치되기 어려운 장소에 도입되기 시작한 무선 랜은 처음엔 많은 초기 투자비용과 느린 속도로 인해 널리 이용되지 못했었다. 그러나 IEEE 802.11b 표준의 무선 랜 제품이 11 [Mbps]의 유선 랜과 동일한 속도를 제공하고 NIC(Network Interface Card)의 값이 100달러 정도로 저렴해지면서 무선 랜 시장은 1999년을 기점으로 폭발적으로 성장하였다.

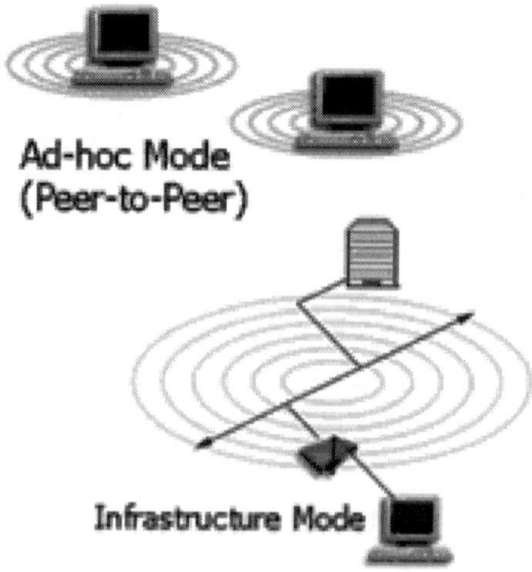

그림 7.28 무선 LAN 시스템

최근 들어 2.4 [GHz] 대역에서 서비스를 제공하던 무선 랜은 더욱 빠른 전송속도를 위해 5 [GHz] 대역에서도 개발됨으로써 최대 54 [Mbps]의 속도를 내는 표준도 개발 중이며, 2~3년 내 시장에 선보일 전망이다.

무선 랜이 이처럼 폭발적으로 성장할 수 있었던 가장 큰 이유는 사무실, 병원, 학교, 은행, 공항, 카페 등 다양한 형태의 공간에서 자유자재로 활용이 가능하고 기존 유선 기반 망에 연결해 사용할 수 있기 때문이다. 또 허브나 케이블링이 추가로 필요하지 않아 비용을 절감할 수 있고 로밍 기능이 있어 이동시에도 업무를 볼 수 있다는 것도 큰 매력으로 작용했다.

하지만 무선 랜 서비스가 더욱 확대되기 위해서는 보안해야 될 점도 산재해 있다.

우선 2.4 [GHz] 대역(ISM band) 사용으로 인한 블루투스 등 다른 무선통신 기술과의 간섭(Interference)문제를 해결해야 한다. 현재 많은 단체나 기업에서 가장 많이 고려하고 있는 부분이다. 현재 무선 랜은 기술적으로 높은 주파수 대역으로 고용량 호가 진행 중이고 차세대 무선 랜은 5 [GHz] 대의 OFDM 방식을 사용할 것으로 확실시되고 있다. 또 802.11a와 HiperLAN2 등 두 표준간의 대결이 아닌 서로의 특성들을 인정해 병합하는 쪽으로 진행될 것으로 예상된다. 현재 자가 망 위주의 서비스에서 통신 사업자들이 참여해 네트워크를 구축하고 요금을 부과하는 형태의 서비스가 국내에도 도입될 것으로 보인다.

7.6.2 블루투스

블루투스는 작고, 저렴한 가격, 적은 전력소모로 휴대폰, 노트북, PDA 등과 같은 휴대용 장치, 가정용 전자제품, PC 주변 장치들을 근거리에서 무선으로 연결하는 무선 인터페이스 규격이다.

2,400~2,480 [GHz] 대역의 ISM(Industrial Scientific Medical) 대역을 사용하는 블루투스는 1 [MHz] 간격으로 79채널을 사용한다. 전송방식은 다른 기기와의 간섭을 없애기 위해서 대역확산(Spread Spectrum) 방식의 일종인 주파수도약(Frequency Hopping) 방식을 사용한다.

블루투스는 말 그대로 파란 이빨이란 뜻으로 10세기에 덴마크와 노르웨이를 통일했던 바이킹 지도자인 덴마크의 왕 헤럴드 블러턴드(Harald Blatand)의 별명이다.

무선인터페이스 기술에 이 같은 별명을 붙인 것은 블루투스가 서로 다른 기기들을 선이 없이 연결하겠다는 뜻과 경쟁관계에 있는 통신표준을 제치고 세계시장을 장악하겠다는 뜻이 담겨져 있다.

블루투스 기술의 특징은 무선접속방식의 글로벌 무선 표준을 따른다는 이점과 별도의 무선 라이선스가 2.4 [GHz]의 ISM(Industrial Scientific Medical)대역의 근거리통신(10~100m)용 네트워크라는 점이다. 블루투스의 간략한 스펙은 표 7.10과 같다.

표 7.10 블루투스의 간략한 스펙

구 분	값
사용 주파수 [GHz]	2.4~2.4835
변조방식	FSK, 주파수 호핑
최대 전송속도 [bps]	데이터 : 721K(Async), 음성 : 1M(sync)
망 구성	8기기
사용거리/출력 [meter/mW]	(10/1), (100/100)

(1) 블루투스 애플리케이션

기본적으로 블루투스 무선기술은 그림 7.29와 같은 케이블을 제거하고 장치들의 연결성을 없앤다는 장점을 지니고 있으며 그림 7.30에서 보는 것처럼 적용분야는 매우 다양하다.

분야별로는 오디오, 개인 에리어 네트워킹 PDA synchronization, OBEX 파일 전송과 오브젝트 푸시, 무선팩스, 무선 시리얼 포트 등에 응용될 수 있으며, 제품별 유형으로는 셀룰러 폰, 데스크 탑 PCM 노트북을 비롯해 폰 헤드셋, PCMCIA / 컴팩트 플래시 카드, USB 동글, 프린터 서버, 네트워크 액세스 포인트, PSTN접속점 등에 적용된다.

그림 7.29 케이블이 얽혀 있는 PC

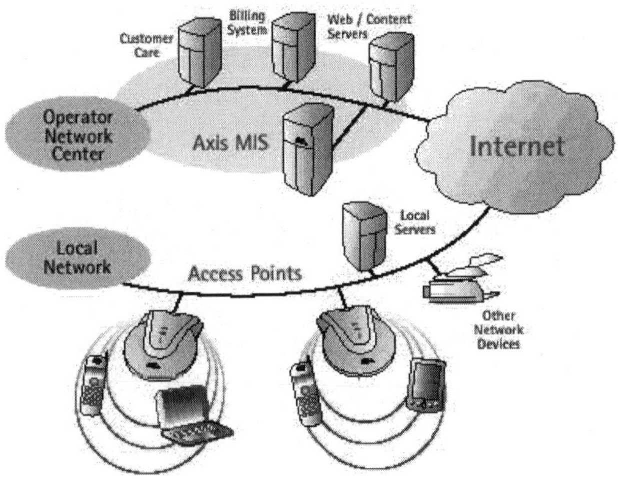

그림 7.30 블루투스 응용

① 개인 Ad-hoc 네트워크

기반 구조 지원 없이 국간, 점간 바로 통신할 수 있는 기술로 이미 20여 년 동안 산발적으로 개발되어 있으며, 지난 70년대 초 'Mobile Packet Radio'라는 무선 기반의 망이 개발되어 다양한 무선 물리계층 시스템들에 적용되었다.

Ad-hoc 망 기술은 이동 노드들만의 독자적 시스템 운용, 적용을 가능하게 했다.

현재 블루투스가 이러한 개인 Ad-hoc 네트워크의 중심에 왔다고 할 수 있다. 이 분야의 애플리케이션은 다음과 같다.

· 무선파일 전송
· 전자 명함 교환
· 비디오 프로젝터 또는 프린터 공용 사용
· 셀룰러 폰과 노트북간의 동기 네트워크 구성 등

② The Three In One Phone

이 기술은 외부에서 이동전화기로 사용하는 단말기를 가정/사무실에서 무선전화기로 사용 가능케 하는 서비스이다. VoIP 음성 서비스에 비해 확보된 독립 채널을 사용함으로써 보다 경쟁력 있는 고품질 음성 서비스를 제공하는 서비스이다.

③ Remote Photos

사진, 우편엽서 등을 전송하며 일반적인 이메일처럼 비영리 목적으로 사용 가능하다. 의사, 기술자 등 특수 계통에서 일하는 사람에게는 리모트 온라인 지원과 같이 영업적으로 운영이 가능하다. 블루투스 사용자 응용 및 효과는 표 7.11과 같다.

표 7.11 블루투스 사용자 응용 및 효과

사용자 응용	효 과
인터넷브리지	인터넷 접속 가능한 휴대전화기와 무선 네트워크가 되므로 언제 어디서나 노트북으로도 인터넷 접속가능
3-in-1 phone	사무실에서는 내선전화, 댁내에서는 무선전화, 밖에서는 휴대전화가 되는 3-in-1 전화
신속한 데이터 교환	회의 도중, 연결 케이블 없이도 곧바로 데이터를 교환
Cordless Desktop	마우스, 키보드, 프린터, 스캐너 등의 각종 컴퓨터 주변기기들이 무선으로 연결되므로 컴퓨터 주변의 복잡한 전선들이 없어지고 기기의 이동성 및 사용 편리성이 증대
노트북전화	유선전화와 무선 네트워크로 노트북에 헤드셋을 연결하여 휴대전화 없이도 사용 가능함

(2) 블루투스 기초망 구성

① 피코넷

소형 LAN이라 부를 수 있으며 이는 Ad-hoc망에 근거한다. 피코넷(Piconet)은 통신할 수 있을 정도로 물리적으로 가깝고 정해진 방법으로 정보를 교환할 수 있는 임의의 블루투스 가능 장치의 집합이다.

피코넷은 하나의 마스터와 이 마스터에 대하여 항상 슬레이브로 작동하는 일곱 개까지의 장치로 구성된다. 모든 슬레이브는 마스터의 타이밍을 채택하고 마스터의 접속 코드(마스터 장치 주소로부터 만들어짐)를 포함한 어떤 메시지에 대해 응답하는 것이다. 물론 네트워크 서비스를 제공하는 프로파일을 찾은 「서비스 발견(Service Discovery)」을 사용함으로써 가능해진다.

② 스캐터넷

스캐터넷(Scatternet)은 피코넷의 결합으로 한 피코넷의 슬레이브가 다른 피코넷의 마스터가 되는 것이다. 블루투스는 피코넷 당 슬레이브가 7개로 제한되기 때문에 물리적 처리영역을 더 넓게 하거나 8개 이상의 장치를 링크하기 위해서는 피코넷을 함께 링크하는 것이 바람직하다. 이는 TDM에 기초를 둔 마스터 장치 스위칭 역할로 가능하다.

③ 물리적 링크

블루투스는 크게 두 가지 방법의 링크를 지원하는데 무선전화와 무선 헤드셋 등에 대한 SOC 링크와 무선전화와 개인 휴대용 컴퓨터간의 ACL 링크가 그것이다.

· SCO : Synchronous Connection Oriented Link

이 방법은 음성을 전송하기 위해 블루투스가 사용하는 링크로서 지정된 타임 슬롯을 사용한다. 64 [kb/s]의 전송속도로 한 번에 세 개의 전 이중(Full Duplex)음성링크를 가질 수 있고 음성과 데이터를 혼합해 전송할 수도 있다. 이들 음성 채널은 GSM과 같은 현대 이동 셀룰러 폰으로부터 기대되는 양질의 오디오 통신을 가능하게 해주지만 음악 감상을 할 정도의 양질의 음성 전송에는 적합하지 않다. 음악 전송을 지원하는 대체 방법으로 오디오 전송용 ACL 채널을 사용한다.

음악 CD급 오디오는 1141.2 [kb/s]의 데이터 전송율이 필요하다. MP3와 같은 데이터 압축 기술을 사용하면 비트율을 약 128 [kb/s]로 줄일 수 있어 오디오의 전송 상 지연시간이 유지되는 한 거의 생음악에 가까운 양질의 CD급 오디오를 전송할 수 있다.

· ACL : Asynchronous Connectionless Link

ACL 데이터 패킷은 72비트 접속 코드, 54비트 패킷 헤더와 페이로드에 16비트 CRC코드가 더해져서 구성된다. 전송될 데이터양에 따라 여러 가지 형태의 패킷이 있다.

가장 긴 데이터 페이로드를 전송하는 패킷은 DH5 패킷으로 이것은 5개의 슬롯을 차지한다. DH5 패킷은 339byte 또는 2712비트의 데이터를 전송할 수 있다.

따라서 2712비트의 정보를 전송하려면 2858비트가 무선으로 보내진다.

DH5 패킷은 슬롯을 5개까지 사용하고 최소 응답 길이는 한 슬롯이다. 따라서 한 방향으로 보내는 베이스 밴드 데이터 최대 전송율은 723.2 [kb/s]이다. 이 경우 한 방향으로는 5슬롯 패킷이 보내지고 다른 방향으로 보내진 1슬롯 패킷은 57.6 [kb/s]만 전송하게 되므로 5슬롯 패킷을 보내는 방향의 데이터 전송율이 더 높은 비대칭 링크가 된다.

(3) 블루투스 프로파일

5슬롯의 패킷을 양방향으로 똑같이 전송하며, 데이터 전송율은 1 [Mb/s]의 무선 방송 데이터 전송율보다 크게 감소되어 433.9 [kb/s]가 된다.

지금까지 블루투스에 대한 시장전망과 망 구성에 대해서 알아보았다. 점차 시장 영역이 높아질 것으로 전망되고 있는 블루투스는 기타 유사한 무선기술과 독특한 차이를 보이고 있다.

블루투스의 단면을 간단히 정리해 보면 다음과 같다.

· 오브젝트 푸시 : 블루투스 장치 간 오브젝트 전송
· Syncronization : 블루투스 장치 간 데이터 동기
· 파일전송
· 헤드셋 : 헤드셋과 셀폰 간의 연결
· 무선전화기 : 가정에서 무선전화기를 대체
· 인터콤
· 다이얼 업 네트워킹 : PC 듀얼 업 네트워킹 모뎀
· 팩스 : 블루투스 장치(셀폰)으로부터 팩스를 받는다.
· LAN : 블루투스 AP를 이용, 블루투스 장치를 LAN과 연결

이상으로 블루투스에 대한 전반적인 개념정의와 시장동향을 알아보았다. 아직 완전히 표준 정립이 되지 않고 보완되고 있는 기술이지만 시장성장성은 그 어떤 무선 인터페이스 기술에 비해 많은 유용성을 제공하고 있다.

7.6.3 Home RF

Home RF는 실내에서의 음성과 데이터 통신을 위한 통합된 무선기기의 개발과 프린터 PC 무선전화기 무선 헤드셋 등 실내에서 사용할 수 있는 통신기기 및 정보기기의 통합을 목표로 하고 있는 근거리 무선 통신기술이다.

원래 Home RF는

· PC, 주변기기, 무선전화, 디스플레이패드 등 정보 및 전자기기간의 음성 및 데이터 통신을 위한 무선 홈 네트워크 구축
· 휴대용 디스플레이장비에 의한 집안 혹은 집 근처에서 인터넷 접속
· 음성 명령에 의한 가정 내 전자장비 제어 등에 적용될 것으로 관심을 모았다.

하지만 무선 랜이나 블루투스에 기술표준에서 밀려 개발이 지연되고 있어 상용화가 거의 이뤄지지 않고 있는 실정이다. 이에 따라 현재 국내 업체 중 Home RF 제품을 개발, 생산하는 곳이 없을 지경이다. 해외에서 인텔이 지난해 3월 가정에서 다수 PC간의 무선접속이 가능한 애니포인트(Anypoint) 제품을 내놨고 컴팩이 지난해 5월 가정에서의 무선인터넷 솔루션이라 칭하는 i-PAQ(symphonu-HRF)을 출시했을 뿐이다.

이런 시장상황으로 인해 10 Mbps급 Home RF(WBH)가 개발됐지만 시장성은 불투명한 상태다. 한편 Home RF 표준으로는 SWAP(Share Wireless Access Protocol)이 사용되고 있다.

7.6.4 IrDA

Irda(Infrared Data Association)는 원래 전자기기간에 적외선을 이용해 데이터를 주고받을 수 있는 통신표준을 이끌어 내기 위해 1993년에 설립된 비영리 단체였다. 하지만 최근 들어선 케이블 없이 적외선으로 데이터를 전송하는 기술을 통칭하는 용어로 사용되고 잇다.

IrDA는 경쟁 관계에 잇는 블루투스나 Home RF에 비해 가격이 저렴하고 다른 표준들과 애플리케이션 호환성이 있어 상호 간섭이나 다른 기기를 오작동시킬 우려가 거의 없다는 것이 가장 큰 장점이다.

특히 블루투스와 IrDA는 데이터 전송 프로토콜이 OBEX(Object Exchange Protocol)로 동일하다. 하지만 'Line of Sight' 거리에서 1m 정도밖에 지원하지 못하고 20도의 좁은 각도 내에서만 연결이 가능하다는 것이 큰 문제점으로 지적되고 있다. 향후 IrDA는 일단 보장된 거리에선 안정적이고 신뢰도가 높아 차세대 통신기술로 이용이 기대된다.

하지만 적외선의 특성상 저 용량, 단거리의 무선통신기술에 주로 이용될 것으로 예상된다.

한편 IrDA도 다른 근거리 무선통신기술과 마찬가지로 다음 버전의 개발시기가 기술발전에 큰 영향을 미칠 전망이다.

현재 16 [Mbps] 차세대 IrDA가 개발 중이며, IBM과 hp는 1.152 [Mbps] 및 4 [Mbps] 속도를 지원하는 기술을 제안하고 모토로라는 10 [Mbps]급 통신방식을 제안한 상태다.

7.6.5 향후 무선이동통신기술의 전망

무선 랜은 블루투스 기술이 성숙화되기 전까지 근거리 무선통신 시장을 주도하며 발전해 나갈 전망이다. 현재 근거리 무선통신시장 주도권을 잡은 무선 랜은 향후 고용량화, 사용자용 서비스, IMT-2000과 연계 및 대처 등 다른 근거리 무선통신기술과 차별화된 서비스로 더욱 확대 발전될 전망이다.

블루투스는 이동전화에 탑재할 수 있고 저가라는 장점 때문에 우리생활의 일부로 다가올 것이다. 하지만 기술개발 속도와 상용화시기가 시장 활성화를 위해 시급히 해결돼야 할 문제다.

초기에는 유선을 대체하는 수준에서 단계적으로 적용범위가 확대될 것으로 예상은 되고 있지만 기업용으로 사용하기엔 속도가 느리고 범위가 제한돼 무선 랜을 대체하지 못할 것으로 예상된다.

IrDA는 블루투스나 Home RF와 활용분야가 유사해 자칫 사장될 위기에 놓였었다. 다행히도 블루투스 개술개발이 지연됨으로써, IrDA 최대 특성인 초저가와 성숙된 기술과 인프라를 무기로 나름대로의 시장을 구축할 수 있을 것으로 예상된다.

Home RF는 전송용량이 10 [Mbps]로 확대되는 등 기술개발을 지속하고 있으나, 다른 기술과의 서비스 특성이 비슷하고 표준 경쟁에서 무선 랜, 블루투스 등에 밀리고 있어 기술 자체적으로는 발전하기 어려울 것으로 보인다.

관련 전문가는 "근거리 무선통신 시장은 전체적으로 무선 랜과 블루투스가 공존해 이 시장을 이끌어 나가고 초저가인 IrDA가 초단거리에서 적은 양의 데이터 전송에 사용될 것"이라고 조심스럽게 예측했다.

하지만 변수는 도사리고 있다. Home RF, IrDA의 다음 기술 개발 시기 및 성과, UWB(Ultra Wide Band)등의 신기술 출현 및 채택, 이익 집단의 다툼이나 국가 간의 표준싸움 등 향후 여러 경쟁변수에 의해 크게 변화될 수 있다는 것이다.

이런 시장 전망에서도 한 가지 분명한 것은 근거리 무선통신기술은 기술 방식의 차이를 떠나, 공통적으로 장소를 불문한 가까운 거리에서 네트워킹 구성이 가능하다는 점에서 IMT-2000등 원거리 통신에 비해 특화된 조건으로 새로운 시장을 형성할 것이라는 점이다.

7.6.6 LMCS (Local Multipoint Communication System)

20 [GHz]이상 전파대역의 M/W를 이용하여 고속 디지털 데이터를 가정이나 사무실에 무선으로 양방향 전송하는 시스템으로 저렴한 설치비용, 신속한 망구축 등의 장점이 있다. LMCS의 주요 부분은 기지국과 가입자 장치가 있으며 기지국에서는 인터넷, 전화, 화상 등이 복합되어 있는 수 [Mbps]에 이르는 초고속 데이터 서비스를 제공하고 수 [km]까지 떨어져 있는 가입자 장치를 이용하여 무선으로 제공받게 된다.

7.6.7 SDR (Software Defined Radio)

SDR(Software Defined Radio) 기술은 모바일 소프트웨어 네트워크 기술의 주요 부분이라고 할 수 있다.

이 SDR은 CDMA 기술이 적으로부터의 도청을 회피하기 위한 수단으로 개발되었던 미 군사기술에서 유래된 것처럼 걸프전 당시 미군이 겪은 어려움 때문에 그 개념과 기초적인 개발이 시작되었다. 걸프전 당시 미군은 육, 해, 공군 및 유럽의 연합군과 합동 작전을 하는 데에 있어 각기 서로 다른 무전기와 서로 다른 주파수를 사용하고 있는 육해공군의 통합적인 작전 지휘에 애로가 많았다. 육군을 부를 때 육군용 무전기를 써야 하고 해군에 연락 할 때는 다시 해군용 무전기를 사용해야 하고 다시 공군에는 공군용 무전기를 사용해야 하는 불편 때문에 통합 무전기에 대한 필요성을 절실히 느끼게 되었다고 한다.

걸프전 후 미국은 통합 무선통신 단말기에 대한 연구를 본격적으로 시작했는데, 육해공군의 무전기를 하나의 단말기로 합치는데 있어 물리적으로 합치면 부피도 커지고 불필요한 기능 때문에 전지의 소모도 많아지는 단점이 있어 소프트웨어와 하드웨어적인 면을 적절히 조합하여 다기능, 소형화하는 방안에 착안하였다.

즉, PC와 같은 개념을 도입하게 되었는데, PC는 CPU, 하드디스크, 메모리 등 최소한의 하드웨어로 구성한 다음 실제 기능은 윈도우나 리눅스와 같은 운영체제 등 주로 소프트웨어로 구성해 워드 프로세싱, DB 검색에서부터 DVD 플레이어 기능까지 못하는 것이 없을 정도로 다양한 기능을 해내고 있는 점에 착안하였다.

따라서 무선 통신을 위해서 필요한 최소한의 기능만을 하드웨어로 구성하고 최대한의 기능을 소프트웨어적으로 처리하도록 하는 것이다. 예를 들어 이동 무선 전화, 무선 인터넷, 무선 LAN 등은 각각 다른 주파수와 각각 다른 기술 방식과 표준을 사용하고 있지만 모두 무선기기로서 필수 불가결하게 공통적인 요소가 있다. 안테나, RF/IF 처리 부분, A/D, D/A 컨버터 부분, 배터리 등이 그 예이다. 이와 같이 공통적인 요소들에선 다양한 통신 방식을 수용하도록 하고 니머지 고유의 기능은 소프트웨어를 로딩시켜 사용하게 하는 것이다

PC에서 마치 워드 프로세싱을 위해 한글, 표 계산을 위해 마이크로 소프트 엑셀 등의 프로그램을 불러 사용하다가 프로그램을 닫고 다른 기능을 위해 다른 프로그램을 불러서 사용하는 방식과 마찬가지이다.

SDR은 이같이 고정된 하드웨어의 부분을 줄이기 위해 A/D 변환기의 부분을 RF영역까지 최대한으로 올려 가능한 앞쪽에서 디지털화 한 다음 디지털 신호 처리(DSP) 기법으로 원하는 기능을 소프트웨어적으로 로딩시켜 처리하도록 하며, 멀티 밴드 멀티 모드를 쉽게 구현 할 수 있을 것이다.

이러한 발상은 혁신적이고 매우 매력적이다. 그러나 이것을 실제로 구현시키기에는 아직도 많은 기술 개발이 필요하다. 그래서 미국에서도 이 SDR은 일부 군사용 통신 기기에만 적용되고 있는 형편이다. 이전에 우리가 CDMA나 ADSL등의 기술에서 연구 개발 초기에 먼저 연구를 하였던 것처럼 국가적 차원에서 집중적으로 연구를 한다면 좋은 결과를 얻을 수 있을 것이다.

표 7.12 근거리 무선통신기술 주요특성 비교

<table>
<tr><th></th><th colspan="5">무선랜</th><th colspan="2">블루투스</th><th>Home RF</th><th colspan="2">IrDA</th></tr>
<tr><td>대역</td><td>802.11</td><td>802.11b</td><td>802.11g</td><td>802.11a</td><td>Hiper LAN2</td><td>BT ver 1.0</td><td>BT ver 2.0</td><td>SWAP 1.2</td><td>IrDA 1.1</td><td>Next Gen</td></tr>
<tr><td></td><td colspan="3">2.4 GHz</td><td colspan="2">5 GHz</td><td>2.4 GHz</td><td></td><td>2.4 GHz</td><td colspan="2">적외선</td></tr>
<tr><td>속도
(Mbps)</td><td>2</td><td>11</td><td>22~54</td><td colspan="2">54</td><td>1~2</td><td>10</td><td>1~2</td><td>4</td><td>16</td></tr>
<tr><td>범위</td><td colspan="4">100m(실내고정용)</td><td>150m</td><td>10m</td><td></td><td>50m</td><td>1m</td><td>10m</td></tr>
<tr><td>트래픽</td><td colspan="5">데이터</td><td>음성데이터</td><td></td><td>음성데이터</td><td colspan="2">데이터</td></tr>
<tr><td>서비스 년도</td><td colspan="3">현재</td><td colspan="2">개발 중
(2003년 예상)</td><td>현재</td><td>2002 예정</td><td>현재</td><td>현재</td><td></td></tr>
<tr><td>가격
(달러/년도)</td><td colspan="2">25/2001</td><td></td><td colspan="2">500/카드
3,000/AP</td><td>10/2001
5/2004
(목표)</td><td>10/2002
(목표)</td><td>30/1999</td><td colspan="2">2</td></tr>
<tr><td>선도 기업</td><td colspan="3">쓰리콤, 애플,
로슨트,
시스코, 소니, 델</td><td>인텔,
시스코</td><td>알카텔,
루슨트,
에릭슨</td><td colspan="2">에릭슨, 노키아</td><td>인텔,
모토로라,
hp 등</td><td colspan="2">hp,
IBM,
Sharp</td></tr>
<tr><td>국내 기업</td><td colspan="3">삼성전기
삼보정보통신
시스윌
효성데이터시스템</td><td>삼성
전기</td><td>802.11b
업체</td><td>삼성전기</td><td>삼성전기
LG이노텍
삼성전자
LG전자
현대전자</td><td>없음</td><td colspan="2">삼성전자,
LG반도체,
광전자반도체
와이드링크</td></tr>
<tr><td rowspan="3">협력 단체</td><td colspan="3" rowspan="2">IEEE802.11, WECA,
WLAN,
OFDM Forum</td><td rowspan="2">IEE
802.11
MMAC</td><td rowspan="2">ERSIMRAN
HiperLAN2
Global
Forum</td><td colspan="2">Bluetooth SIG</td><td>Home RF
Working Group</td><td colspan="2" rowspan="3">IrDA</td></tr>
<tr><td>IEEE
802.15.1</td><td>IEE
802.15
Radio2
SG</td><td rowspan="2"></td></tr>
<tr><td colspan="3">TTA 산하
무선 랜 연구반</td><td colspan="2">5 GHz 대역
주파수이용연구
전담반</td><td colspan="2">블루투스 포럼
RAPA 산하 블루투스
산업협의회
전자부품연구회
산한 블루투스연구회</td></tr>
</table>

7.7 무선 가입자망(WLL : Wireless Local Loop)

7.7.1 서론

정보화 사회로 진입하면서 정보의 종류 및 양도 급격히 다양해지고 증가하는 추세이다. 이러한 요구를 만족시키기 위한 각국의 연구 개발은 ATM 기술을 기반으로 한 초고속 정보통신망을 구축하는 것이 중요한 과제가 되고 있다. 그러나 기간망의 경우 초고속으로 구축하는데 어려움이 없으나 가입자망까지 초고속으로 구축하는 데는 막대한 비용과 시간이 소요되고 있다. 최근 무선기술이 비약적으로 발전함에 따라 이들 가입자망을 무선으로 대체하는 기술 중의 하나가 무선가입자망이다.

WLL 기술은 1940~50년대 원거리지역 유선통신의 임시 해결 방편으로 등장한 Rural Radio Link가 고비용, 고전력 조건, 시스템의 신뢰도 및 효율적인 면에서의 문제점 등으로 인해 발전되지 못하다가, 1970년대 들어 RF(Radio Frequency) 기술의 발달로 Subscriber Radio가 등장한 후 1980년대 후반에 반도체 및 디지털 무선통신 기술의 발달로 주파수 효율, 무선채널 품질, 가입자당 구축비용 등 이전의 문제점이 해결되면서부터 본격적으로 개발되기 시작하였다.

WLL이 다시금 통신업계의 관심을 끌게 된 주요 요인은 크게 다섯 가지로 분류할 수 있다. 우선 ▲시스템 구축 측면에서 볼 때 전화국과 일반가입자간의 유선 선로를 가설해야 하는 기존의 유선망에 비해 가입자선로 구축이 용이하고 서비스 개시 기간이 단축되며 ▲서비스 지속성 측면에서 볼 때 유선가입자망이 천재지변 등으로 인해 손상되는 경우에 대비한 비상용 가입자회선으로 이용 가능하다. ▲서비스 제공 측면에서 볼 때 POTS(Plain Old Telephone Service), 데이터, ISDN 등 다양한 서비스 요구에 따라 융통성 있는 서비스 제공이 가능하며 ▲소요 비용 측면에서 볼 때 거리에 무관하게 설치비용이 일정하여 투자비가 절감되며 투자비 회수가 빠르다는 점과 ▲망의 확장성 측면에서 볼 때 가입자 통화량의 증가에 따른 망의 확장이 신속하게 이루어질 수 있다는 점 등을 들 수 있다.

이러한 점들로 인해 WLL은 신규 시내전화사업자나 신규 통신사업자가 조기에 가입자망을 구축하고자 할 경우 가입자망으로서 가장 유력시되고 있으며 특히 유선통신망 기반구조가 빈약한 개발도상국의 통신 하부구조로 각광을 받고 있다.

WLL 시스템은 1990년대에 들어서 CDMA 방식의 무선접속규격을 사용한 Narrow Band CDMA 시스템과 Wide Band CDMA 시스템이 개발되었으며, 전 세계적으로 기존 통신망이 고도화, 초고속화, 광대역화, 멀티미디어화 됨으로써 이에 따른 가입자의 욕구를 충족시키기 위해 음성, 데이터, 영상 등의 멀티미디어 서비스를 24~28 [GHz]의 밀리미터파를 사용하여 광대역, 초고속으로 전송하는 양방향 Broad Band WLL 시스템 개발이 진행되었다.

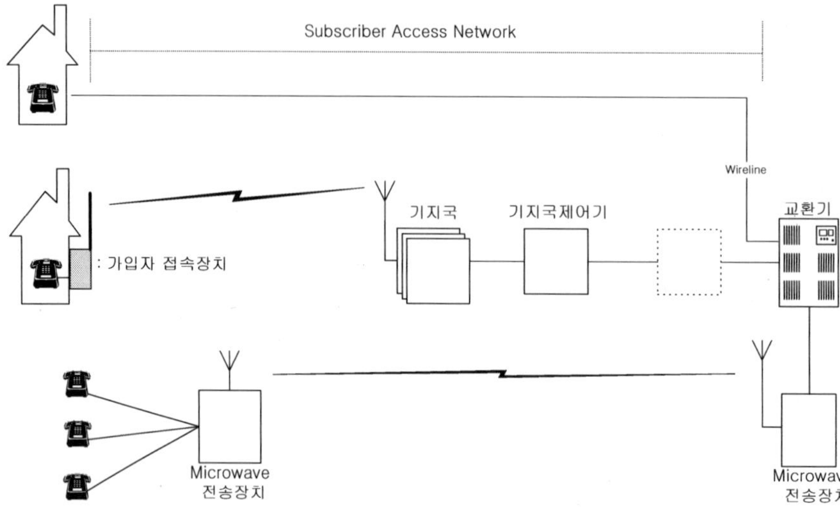

그림 7.31 WLL 시스템의 구조

7.7.2 WLL 기술 개요

WLL은 기존의 유선 가입망이 교환기와 개개인의 가입자를 유선가입자선로를 이용하여 연결하던 것과는 달리 각 가입자들에 대해 무선으로 가입자선로를 제공하는 기술이다. 이 기술은 가입자의 입장에서는 기존의 유선가입자망이 음성대역 데이터 전송속도가 64 [kbps]까지로 협대역의 한계성이 있지만 디지털 무선가입자망은 모뎀의 필요 없이 64 [kbps]급 이상의 고속 디지털 데이터 서비스를 제공할 수 있다는 장점이 있고, 서비스 공급자의 입장에서는 설치비용을 절감할 수 있고 설치 기간을 단축할 수 있으며 WLL 시스템을 이용한 POTS, 데이터, ISDN BRI(Basic Rate Interface) 등 다양한 부가 서비스 등을 기대할 수 있다.

WLL은 기술적 측면에서 구분할 경우 WLL 전용 기술, 셀룰러 기술, 코드리스 기술 등으로 나뉜다. 이중에서 셀룰러 기술이 WLL을 실현하는 가장 유력한 방안으로 대두되고 있다. 셀룰러 기술을 응용한 Narrow-band CDMA WLL 시스템은 휴대전화와 동일한 망을 공동으로 사용할 수 있으며 전송손실이 휴대전화에 비해 훨씬 작아 같은 출력의 장비라도 전파의 도달거리가 멀어질 수 있으므로 결과적으로 동일 출력으로 넓은 지역에 대해 서비스가 가능하여 기지국의 수를 줄일 수 있게 된다. 또한 다중경로 페이딩에 의해 발생할 수 있는 여러 가지 기술적인 장애가 상대적으로 적어 수신국에서의 혼신도 줄일 수 있어 무선채널품질이 우수하며 동일 주파수를 일정 구역 내 재사용할 수 있는 수가 증가하게 된다.

셀룰러 시스템은 아날로그 방식과 디지털 방식으로 구분할 수 있다. 아날로그 셀룰러시스템은 다중 접속 방식으로써 주파수대역별로 채널을 할당하는 FDMA 방식만을 사용할 수 있지만 디지털 셀룰러시스템은 FDMA 방식과 시간별로 채널을 구분하여 할당하는 TDMA 방식, 코드로 동일 주파수대역을 구분하여 채널을 할당하는 CDMA 방식 중 어느 방식이나 사용이 가능하다. FDMA 디지털시스템과 TDMA 디지털시스템은 FDMA 아날로그시스템에 비해 3~5배의 용량을 갖고 있지만 CDMA 시스템은 15~20배의 용량을 갖는다.

WLL은 무선채널을 통신매체로 이용한다는 관점에서 이동통신망과 유사한 특성을 가지지만 이동성이 없으므로 WLL망의 전파환경이 이동통신망의 전파환경보다는 훨씬 양호하다는 장점이 있고 이외에도 이동 통신망과 비교했을 때 다음과 같은 특징이 있다.

첫째, 이동통신망의 전파환경은 안테나의 높이가 주변 건물보다 낮은 위치에 존재하게 되고 이로 인해 비 가시거리(Non Line Of Sight) 환경이 되어 주변 건물에 의한 직진파의 차단, 반사, 회절로 전파경로손실이 40 [dB/decade] 정도이나, WLL망의 전파환경은 단말기의 안테나를 건물 옥상과 같이 높은 곳에 설치할 수 있으므로 가시경로(Line Of Sight) 환경이 확보되어 전파경로손실이 20 [dB/decade] 정도로 작아 동일한 송신전력으로 보다 넓은 지역을 서비스할 수 있다.

둘째, WLL망의 전파환경은 점 대 점 방식의 고정통신이기 때문에 점 대 이동국 방식의 이동 통신망의 전파환경보다 다중경로로 인한 페이딩 현상이 훨씬 적다는 점이다. 30 [kHz] 채널대역폭을 사용하는 이동통신의 전파환경 아래에서 요구되는 Eb/No는 18 [dB]이나, 동일한 채널대역폭을 사용하는 WLL망의 전파환경에서 요구되는 Eb/No는 대략 14 [dB] 정도만 요구되어 저전력 송신장치의 구현이 가능하다.

셋째, WLL망은 고정 무선 통신망이므로 핸드오프가 발생하지 않는다. 따라서 이동 통신망에서 호 단절 없는 통신서비스를 위해 필요한 여분의 핸드오프용 무선채널의 확보가 WLL망에서는 필요 없게 되며, 이 여분의 무선채널을 일반 호용으로 사용할 수 있어 무선채널의 효율증가 및 가입자 수용 용량의 증가 효과를 얻을 수 있다. 또한, 각 건물과 기지국간의 무선 링크는 특정한 가입자에게 간섭을 줄이기 위한 방향으로 구축할 수도 있으며, 설치된 후에 가입자가 너무 많이 증가한다거나 또는 셀 분할을 하는 경우가 아니면 무선링크는 변화가 없기 때문에 WLL망의 설계는 이동 통신망보다는 훨씬 간단하다.

넷째, WLL망은 고정 무선통신이기 때문에 순/역방향 링크에 방향성 안테나를 사용하여 개개인의 가입자에게 미치는 동일채널 간섭영향을 줄일 수 있으며 이로 인해 주파수 재사용 거리를 줄일 수 있다. 주파수 재사용 거리의 감소는 단위 면적당 가입자 수용 용량의 증가를 가져온다.

Narrow-band CDMA WLL 시스템과 Wide-band CDMA WLL 시스템이 이동통신망이나 기존의 유선가입자망에 비해 많은 장점을 지니고 있는 반면에, 향후 일반화되리라 예상되는 광대역, 초고속 멀티미디어 서비스 전송에는 미흡하여 현재 24~28 [MHz]의 밀리미터파 대역을 사용하여 음성, 영상, 데이터 등의 멀티미디어 서비스를 광대역, 초고속으로 전송하는 B-WLL

(Broadband-WLL) 시스템 개발이 활발히 진행되고 있다. B-WLL에서 현재 고려되고 있는 주요 서비스는 영상전화, 영상회의, 고속 디지털 전용회선, 주문형 비디오(VOD), 인터넷 서비스, 홈쇼핑, 원격교육, 원격진료 등의 멀티미디어 서비스이며, 현재 유럽, 미국, 캐나다 등에서는 MMDS(Multichannel Microwave Distribution System), LMDS(Local Multipoint Distribution System), LMCS(Local Multipoint Communication System) 등의 시스템으로 광대역, 초고속 멀티미디어 서비스를 위한 실험이 활발히 이루어지고 있다. 이 기술이 실용화될 경우 광케이블을 이용하는 유선 멀티미디어 서비스보다 시스템 설치와 운용이 용이하여 가입자들이 저렴한 비용으로 서비스를 제공받을 것으로 예상된다.

7.7.3 국내외 기술 현황

(1) CDMA 방식의 WLL 시스템

표 7.13 CDMA 방식을 사용하는 WLL 시스템 비교

방식/항목	Narrow band-CDMA		Wide band-CDMA		
제조업체	Qualcomm	Motorola	IDC	DSC Com.	Lucent Tech
시스템명	QCTel	WiLL	CDMALink	AIRSPAN	AirLoop
무선접속방식	IS-95CDMA	IS-95CDMA	B-DS/CDMA	B-DS/CDMA	B-DS/CDMA
Carrier 대역폭	1.23 MHz	1.23 MHz	7/10/10.5/ 14/15	3.5 MHz	5/10 MHz
듀플렉스 방식	FDD	FDD	FDD	FDD	FDD
사용주파수대	800MHz 대역	800/1900MHz	1.7/1.8/ 2.0-2.7 GHz	2.3-2.5 GHz 3-4 GHz	2.3-2.5 GHz 3.3-3.5 GHz
변조방식 (F/R)	QPSK/OQPSK	QPSK/OQPSK	QPSK/QPSK	QPSK/QPSK	QPSK/QPSK
Transcoder	IS-95A Vocoder (8k/13kbps)	IS-95A Vocoder (8k/13kbps)	64KPCM 32KADPCM	64KPCM	64KPCM 32KADPCM 16K LD-CELP (option)
음성대역 데이터속도	G3FAX (14.4Kbps)	G3FAX (14.4Kbps)	G3FAX (28.8kbps)		G3FAX (19.2kbps)
ISDN Service	불가능	불가능	B+D, 2B+D	B+D, 2B+D	B+D, 2B+D
전력제어	가능	가능	가능	가능	가능
채널부호화	Convolution (K=9)	Convolution (K=9)	Convolution (K=7)	Convolution	Convolution (K=7)

CDMA 방식의 무선접속규격을 사용하는 시스템은 Narrow-band CDMA(IS-95) 방식과 Wide-band CDMA 방식으로 나눌 수 있다. Narrow-band CDMA 방식을 사용하는 대표적인 WLL 시스템은 1.23 [MHz]의 주파수대역폭을 사용하는 기존의 IS-95 CDMA 무선접속규격의 퀄컴 QCTel과 모토로라가 개발한 WLL 시스템으로 두 시스템의 공통점은 IS-95 CDMA 무선접속규격을 그대로 적용하여 개발한 시스템이라는 점이다.

한편, Wide-band CDMA방식을 이용하는 대표적인 WLL 시스템은 인터디지털, 지멘스 및 삼성전자가 공동 개발 중인 CDMA Link 시스템, 그리고 DSC가 개발한 Air Span 시스템, 루슨트 테크놀로지의 Air Loop 시스템 등이다.

표 7.13에서는 이들 두 가지 CDMA 방식을 사용하는 시스템들을 비교하였으며, 이 시스템들의 가장 큰 차이점은 주파수대역폭, 음성대역 데이터 속도 및 ISDN BRI(2B+D) 서비스 제공 가능여부에 있다.

(2) Broadband WLL 시스템

전 세계적으로 기존 통신망이 고도화, 초고속화, 광대역화, 멀티미디어화 됨으로써 이에 따른 가입자의 욕구를 충족시키기 위해 음성, 데이터, 영상 등의 멀티미디어서비스를 24~28 [GHz]의 밀리미터파를 사용하여 광대역, 초고속으로 전송하는 양방향 Broadband WLL 시스템 개발이 활발히 진행되고 있다.

정보통신부에서는 광대역 초고속 무선가입자시스템을 위하여 정보통신부 공고 제 1997-49 호에서 24.25~27.5 [GHz]로 20 [GHz] 대역폭의 가입자회선용 주파수를 분배하였으며, 또한 40 [GHz] 대역을 대용량 가입자회선으로 사용하기 위하여 연구용 주파수로 할당하였다.

국내에서는 몇몇 대기업 및 중소기업을 중심으로 10 [GHz] 이하 주파수대역의 서비스를 위한 CATV, DBS 및 MMDS 관련 수신기의 생산과 관련된 기술 개발을 수행해 상당한 수준에 도달해 있으나, 24~28 [GHz] 밴드의 주파수대역 송수신 핵심부품인 가변속 디지털 부호 복호 기술, 광대역 고속 디지털 변복조, 밀리미터 대역 소자 및 요소 부품기술, 이종망간의 물리적 접속 및 수송계층 호 처리 및 망 연동 기술 등에 관한 자체 기술력 및 시스템 통합 기반 기술은 아직 미흡하다. 또한 단방향 아날로그 LMDS 서비스의 상용화를 위하여 금호텔레콤 및 한국이동통신이 국책지원을 바탕으로 시범서비스를 하고 있는 중이고, 데이콤에서는 '97년 4월에 양방향 LMDS를 위해 필수적인 기술인 QPSK 변조기를 사용한 디지털 단방향 LMDS 시스템을 개발 완료하였고, 2 [Mbps]급 이상 디지털 양방향 무선 시스템을 개발 중이며 6 [Mbps]급 이상의 광대역 무선 시스템 개발도 추진할 예정이다.

전 세계적으로 24~28 [GHz] 주파수대역의 광대역 초고속 양방향 Broadband WLL 시스템 개발은 미국, 캐나다, 일본을 중심으로 일부 선진국에서 활발히 추진되고 있다.

7.7.4 WLL 시스템

WLL 시스템은 일반적으로 가입자접속장치(RIU : Radio Interface Unit), 기지국(RP : Radio Port), 기지국제어기(RPC : Radio Port Controller), 기지국운용장치(RPOM : Radio Port Operation& Maintenance Center) 등으로 구성된다. WLL 시스템의 각 장치별 구조도와 기능을 살펴보면 다음과 같다.

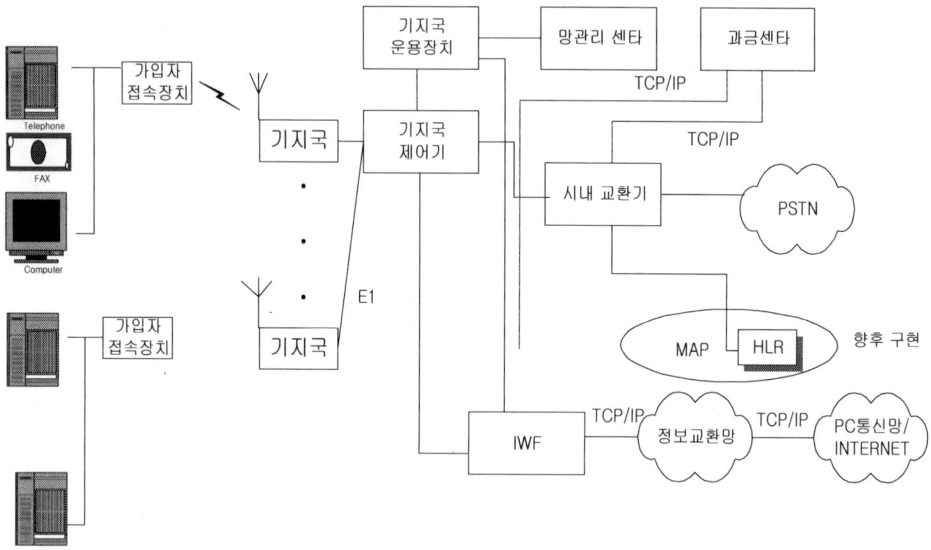

그림 7.32 WLL 시스템의 구성도

(1) 가입자접속장치 (RIU)

가입자접속장치는 크게 RF 처리부, 디지털 처리부, 인터페이스부로 나뉜다. RF 처리부는 수신장치, 송신장치 및 이득제어장치, 주파수 합성기 등으로 구성된다. 디지털 처리부는 프로세스부와 Transcoder부, CDMA 변복조부로 구성되며 인터페이스부는 SLIC, SIO, ISDN BRI(2B+D)부로 구성된다.

가입자접속장치를 구성하는 주요 모듈별 기능은 아래와 같다.

가. RF 처리부

수신된 RF 대역의 CDMA 신호를 기저대역으로 변환하는 수신기능과 반대로 기저대역의 CDMA 신호를 RF 대역의 신호로 변환하는 송신기능을 수행하며 그 외 출력조정 및 수신신호의 진폭을 일정하게 유지하는 이득제어기능과 주파수 및 기준 클럭 펄스를 발생시키는 시간 및 주파수 합성기 기능이 있다.

나. 디지털 처리부

가입자접속장치의 전반적 제어기능과 음성 부호화/복호화 기능 및 채널 부호화/복호화 기능 그리고 CDMA 변복조 기능, 전력제어 기능, 호 처리 및 인증기능이 있다.

(2) 기지국(RP)

기지국은 기지국 제어기와 가입자접속장치 사이에 위치하여 가입자 접속장치와는 무선으로 기지국제어기와는 유선 즉 E1이나 HDSL로 접속하는 장치이다. 이 장치는 자원관리(무선 및 유선채널) 무선신호의 변조 및 복조, 전력제어, 가입자접속장치 및 기지국제어기와의 연결을 위한 프로토콜의 변환기능과 운용 및 유지보수기능을 수행한다.

기지국의 기기 및 장비는 안테나, 송신기 및 수신기 전력증폭기, 채널카드 등과 기지국제어기와 인터페이스를 위한 하드웨어로 구성되어 있다.

(3) 기지국제어기(RPC)

기지국제어기는 교환기와 기지국 사이에 위치하여 착/발 신호처리 시 유무선 링크를 제어하며 전반적인 관리기능을 수행한다. 또한 RCP 내의 셀 간 이동시 자동위치등록기능과 PCM 신호변환 기능을 하는 Transcoder 기능, 스위칭기능(Time Switching), WLL 교환기와 기지국 정합모듈, 데이터통신 정합장치 정합모듈 등으로 구성된다.

Transcoder 기능이란, PCM 신호변환 및 역변환 기능과 지연 및 반향신호를 제거하는 기능이 있으며 순방향/역방향 전력제어 기능을 말한다.

(4) 기지국 운용 장치(RPOM)

기지국 운용 장치는 사용자인터페이스방식을 그래픽출력방식으로 장애관리, 구성관리, 성능관리 등 데이터를 출력하여 운용자가 시스템의 편리한 운용 및 유지보수를 할 수 있도록 하는 기능을 담당한다.

전 세계적으로 유선망의 확장 한계성으로 인하여 다양한 방식의 무선망에 대한 연구들이 활발히 이루어지고 있으며, 전자통신관련 장비 및 부품의 발전으로 인해 경제성 있는 시스템 구현이 가능하게 됨으로써 무선을 이용한 통신시스템이 상당히 발전하고 있다. 특히 국내통신 시장의 개방이 임박한 현시점에서 WLL 시스템은 단기간에 망구축이 가능하고 음성서비스 이외에 고속 디지털데이터 서비스나 ISDN BRI 서비스 등을 제공함으로써 기존의 유선전화 서비스와 비교해서 품질 면에서 동등하고 서비스 면에서는 다양한 서비스를 제공할 수 있어 기존 유선망 가입자들의 기호를 만족시킬 수 있을 것이다.

이러한 품질과 서비스의 다양성 이외에도 WLL 시스템은 사고로 인한 유선가입자선로의 장애발생시 적절한 조치에 많은 시간과 비용이 소요되는 산악지역이나 유선전화망 설치 시 과도한 설치비용이 소요되는 도심지역 등 다양한 분야에 활용될 수 있을 뿐만 아니라 비상용 우회 가입자선로로도 이용이 가능하고 투자비 회수가 빠르며 서비스 개시 기간이 단축되는 등 많은 장점을 지닌 무선통신 시스템이다.

이러한 WLL 시스템은 신규통신사업자가 조기에 가입자망을 구축하고자 할 경우 가입자망으로써 가장 주목받고 있으며, 통신서비스에 대한 가입자의 요구가 초고속화, 고도화, 멀티미디어화 됨으로써 향후에는 24~28 [GHz]의 밀리미터파 대역을 사용하여 음성, 데이터, 영상 등의 멀티미디어 서비스를 광대역, 초고속으로 전송하는 B-WLL로 발전하게 될 것이다. 이를 위해 통신신호처리 및 하부시스템 설계, 시스템구성 및 연동기반기술, 밀리미터대역 핵심소자 및 부품 설계, 밀리미터파의 전파환경 연구 등에 보다 많은 노력과 시간을 투자해야 할 것이다.

7.8 초고속 무선통신 기술 (UWB)

7.8.1 개요

UWB는 차세대 근거리 무선통신 기술의 하나로 최근 부상하고 있는 대용량 디지털 콘텐츠 전송에 최적의 기술로 평가받고 있으며, 정부는 UWB 주파수로 3.1~4.95GHz를 확정하였다.

UWB 기술을 이용하면 약 10m 거리 내에서 최대 전송 속도 480Mbps로 대용량 데이터를 빠르게 전송할 수 있다. 특히 최근에는 인텔, 프리스케일, 도시바 등이 UWB 기술을 자사의 칩에 적극 채택하고 있어 UWB 대역 조기 확정은 수출에 기폭제가 될 것으로 예상된다.

동영상 시대를 맞아 짧은 시간에 대용량 데이터를 전송할 수 있는 '울트라 와이드 밴드(Ultra Wide Band : UWB)'가 기존의 블루투스를 제치고 유력한 근거리 무선 전송기술로 부상할 것으로 보인다.

UWB는 현재 널리 사용되는 근거리 무선전송기술인 블루투스(1Mbps)보다 전송속도가 200배나 빠르다. 따라서 휴대폰에 저장된 2시간 분량의 영화를 10m 이내에 있는 다른 사람의 휴대폰으로 10여초 만에 전송할 수 있고, 캠코더로 찍은 동영상을 선을 연결하지 않고도 디지털 TV로 볼 수 있으며 UWB칩이 들어간 USB는 PC에 꽂지 않아도 PC로부터 데이터를 다운로드 받거나 업로드 할 수 있다.

근거리 무선통신의 계속적인 수요 창출에 따른 전파자원을 보다 더 효율적으로 사용할 수 있는 신기술 개발이 전 세계적으로 활발히 진행되고 있는 시점에서 주파수를 가장 효율적으로 사용할 수 있는 유력한 후보로 UWB(Ultra Wide Band) 무선기술이 적극적으로 검토되고 있다. 미국의 경우 UWB 무선기술의 허가를 위한 심도 있는 검토가 다년간 이루어져 최근에 FCC에서 제한적 범위의 주파수 사용허가가 이루어졌고 ITU-R에서도 Study Group 1에 전담반을 구성, 비중 있는 사안으로 다루고 있다.

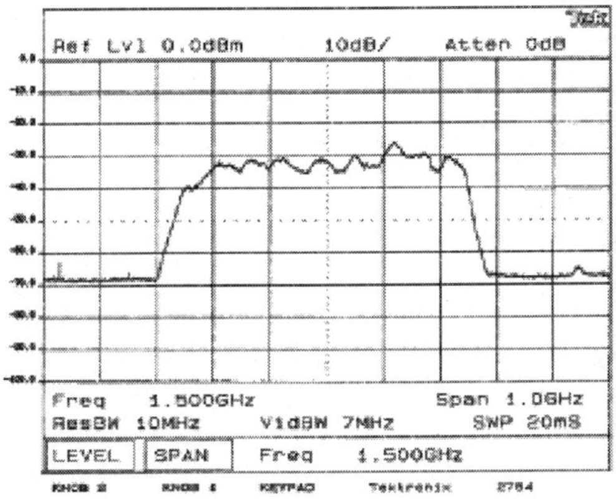

그림 7.33 UWB 신호의 파형

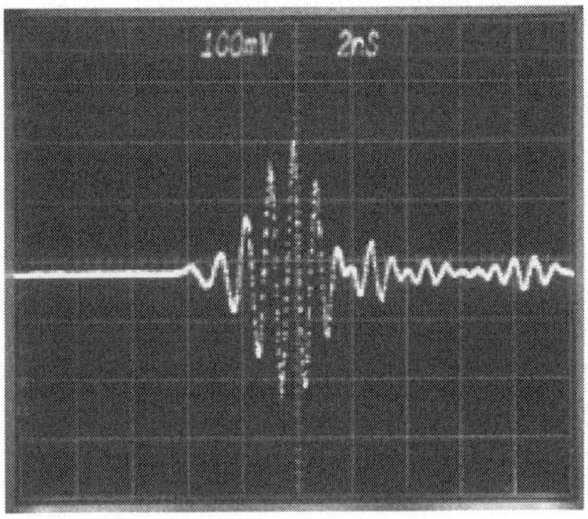

그림 7.34 UWB 신호의 주파수 스펙트럼

일반적으로 무선통신은 신호 또는 데이터를 허가된 특정주파수(반송파)로 변조하여 일정 대역폭과 레벨로 변환시켜 공간상으로 방출하게 된다. 이때 다른 대역에서 사용하는 무선통신 기기들과의 간섭이나 상호 영향이 미치지 않게 하기 위하여 요구하는 기준 즉 신호세기, 대역폭, 불요 방사조건 등을 만족시켜야 한다. UWB 통신 방식은 그림 7.36과 같이 극히 짧은 펄스신호를 사용하는 통신기술로서, 데이터 신호를 일정 시퀀스를 갖는 기저대역의 임펄스 신호로 변조시킨 다음 전파규격이 제시하는 레벨보다 낮은 세기로 전송을 하는 방식이다. 따라서 그림 7.37과 같이 사용 주파수 대역폭이 중심주파수의 25% 이상을 점유하는 매우 넓은 주파수 대역을 사용하여 많은 양의 정보를 송수신할 수 있다.

UWB는 광대역으로 신호가 분포되므로 근거리 통신망에 적합하며, 광대역으로 분포된 에너지를 수신하여 검출하므로 협대역 통신신호에 의한 간섭에 대하여 내성이 매우 좋은 편이다. 또한 펄스폭이 매우 좁고 Duty cycle이 1% 이하로 작아 다중 전파경로에 의한 신호의 퍼짐이나 중첩현상을 피할 수 있고 확산대역을 크게 하므로 장애물이 많은 장소에서도 페이딩에 강하다. 그리고 대부분의 회로를 디지털로 구현할 수 있어서 회로가 간단하고 반송파를 사용하지 않으므로 송수신기의 소비전력이 적다는 장점이 있다. 그러나 UWB 시스템은 대부분 펄스위치 변조방식을 사용하는 것이 고려되고 있기 때문에 송수신에 매우 정확한 시간 동기가 요구되며, 광대역 주파수 특성이 우수한 특수 안테나를 사용하여야 한다. 또한 넓은 대역에 걸쳐 신호가 분산되므로 타 통신에 영향을 줄 수 있으며, 평균 전력은 작아도 첨두 전력이 커서 임펄스적 전자파 유기 등에 의하여 타 시스템에 장애를 일으킬 가능성이 있는 단점을 포함하고 있다.

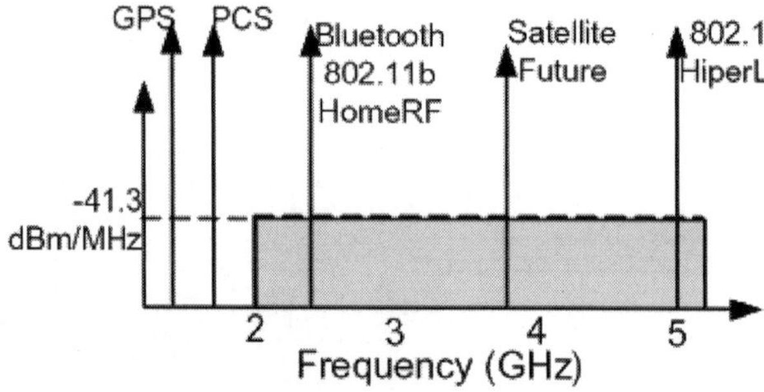

그림 7.35 FCC의 전력 스펙트럼 밀도

UWB 기술을 통신에 응용하는 경우 주로 낮은 레벨의 신호를 이용하게 되므로 주로 근거리 통신에 응용될 것으로 예상되기 때문에 UWB 기술과 기존 무선통신방식과의 비교는 주로 근거리 무선 통신 방식들에 대한 비교를 하고자 한다. 현재 근거리 무선통신으로서 많이 사용되고 있거나 향후 도입이 예상되는 기술들은 크게 무선 LAN, Home RF, 무선 IEEE 1394, Bluetooth 등이 있다. 표 7.14에는 각 무선 통신방식의 비교를 나타내었으며, 그림 39에는 근거리 무선 규격간의 Spatial Capacity 비교를 나타내었다. 그림에서 알 수 있듯이 UWB는 다른 근거리 무선통신에 비하여 매우 높은 공간효율을 제공함을 알 수 있다.

표 7.14 근거리 무선통신방식 비교

특성	Bluetooth	HomeRF	W-LAN	UWB
동작주파수	2.4~2.48GHz	2.4~2.48GHz	2.4~2.4835GHz	650M~5GHz
Access 방식	FHSS 1600hops/s	FHSS 50hops/s Hybrid of TDMA	DSSS/FHSS CSMA/CA	PPM, Time hopping
전송속도	1Mbps	1, 2Mbps	1, 2, 11, 24/54 Mbps	1-100Mbps
전송거리	10m	100m	100m	20m
출력	1mW	100mW	100mW	0.2~2mW

7.9 지능형교통시스템 (ITS : Intelligent Transportation System)

지능형교통시스템(Intelligent Transportation System: ITS)은 도로 및 교통관리, 교통정보제공, 대중교통 및 화물차량의 운영 등 교통의 전 분야에 걸쳐 정보통신 기술, 센서 및 제어기술을 접목함으로써 교통의 효율화와 물류비용의 절감을 목표로 하고 있다. 최근에는 차량항법장치 및 VICS(Vehicle Information and Communication System)를 기반으로 시장이 크게 형성하고 있다.

ITS 는 도로와 차량 등 기존 교통의 구성요소에 첨단 전자, 정보, 통신 기술을 적용시켜 교통시설을 효율적으로 운영하고, 통행자에게 유용한 정보를 제공함으로써 안전하고 편리한 통행과 전체 교통체계의 효율성을 기하도록 하는 교통부문의 정보화 사업으로 정의된다. 즉, 도로와 차량 등 하드웨어 중심의 기반시설에 통신, 전자, 제어, 컴퓨팅기술 등의 소프트웨어 기술을 결합함으로써 차량 및 기반 교통시설이 상호보완적으로 작동하여 안전하고, 쾌적하고, 효율적인 교통을 실현 가능하게 하는 교통 네트워크와 정보통신 네트워크 간의 통합시스템을 의미한다.

이러한 ITS 가 추구하는 궁극적인 목표는 교통체계 운영효율성 및 용량의 증가를 통한 교통 혼잡 완화, 여행자 서비스 개선을 통한 운전자의 이동성, 편의성 및 안전성 향상, 교통시스템의 안전성 제고, 국가산업 경쟁력의 강화, 에너지 효율의 제고 및 대기오염의 절감을 통한 환경비용의 절감, 자동차 및 ITS 관련 산업의 발전 등에 있다.

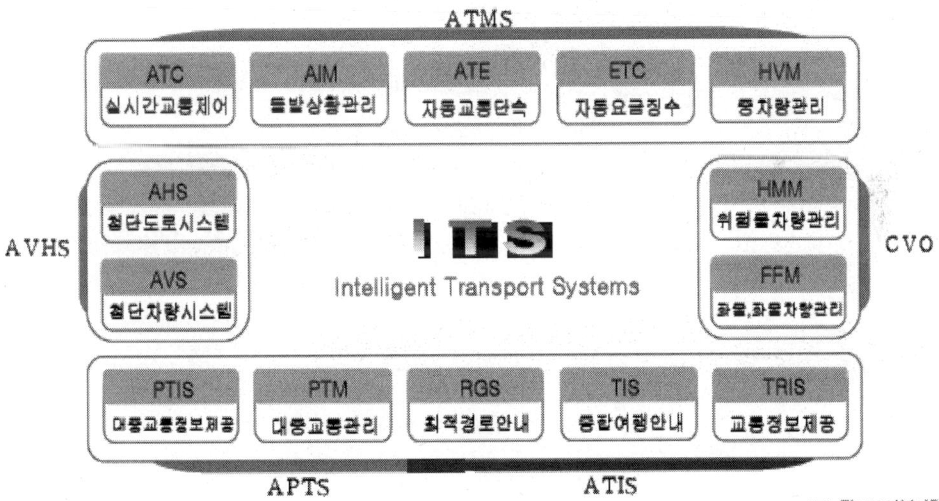

<자료>: ITS Korea　　　　ITA 정보조사분석팀

그림 7.36 ITS

※ 다음 사항은 한국도로공사 허가로 홈페이지 C-ITS 관련 화면과 내용을 발췌함.

■ ITS(Intelligent Transport Systems, 지능형교통체계)의 정의

도로 · 차량 · 화물 등 교통의 구성요소에 통신기술을 적용하여 교통정보를 수집 · 관리 · 제공함으로써, 교통시설의 이용효율을 극대화하고, 통행자에게 유용한 정보를 제공하여 교통

이용 편의와 교통안전을 제고하고, 에너지절감 등 환경 친화적 교통체계를 구현하는 지능형 교통체계이다.

■ 차세대ITS(C–ITS, Cooperative–Intelligent Transport Systems) 개념

차량이 주행 중 운전자에게 주변 교통상황과 급정거, 낙하물 등의 사고 위험 정보를 실시간으로 제공하는 시스템이다.

■ 차세대 ITS의 차이점

양방향 정보 수집과 제공으로 교통안전중심형 시스템으로 구성한다.
차량-차량, 차량-도로(인프라)간 지속적인 데이터 공유하고, 개별차량을 대상으로 실시간 정보제공하며, 신속하고 능동적인 돌발 상황 사전대응 및 예방하는 시스템이다. 이것은 V2V(차량과 차량 간 통신), V2I(차량과 인프라 간 통신)이 확대되어 기존 차량혼잡에 대한 지연발생과 돌발 상황 신속하게 대처할 수 있는 한계점을 극복하게 되었다.

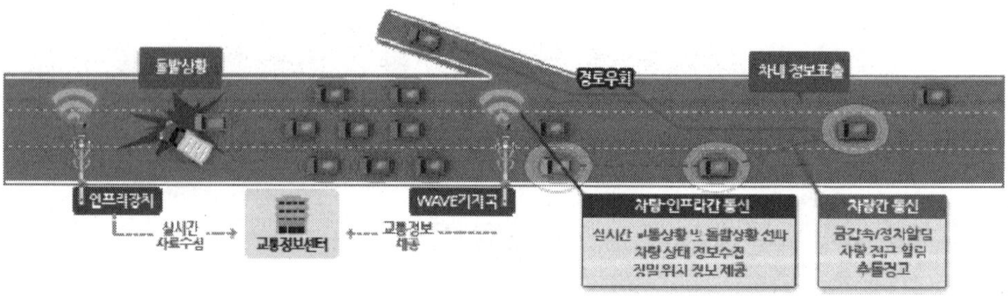

■ 추진배경

차세대ITS(C-ITS)(Cooperative ITS)는 전체 ITS의 한 분야로, 기존 ITS를 대체하는 것이 아니라 ITS가 기술적으로 발전해 가는 과정에서 나온 개념이다.
차량이 주행 중 다른 차량 또는 도로에 설치된 인프라와 통신하면서 주변 교통상황과 급정거, 낙하물 등 위험정보를 실시간으로 확인·경고하여 교통사고를 예방하는 시스템이다.
국내는 교통사고의 획기적인 감축을 위해 전 세계적으로 추진 중인 차세대 ITS(C-ITS) 도입을 현 정부에서 국정과제로 추진하고, 2030년 교통사고 사망자 제로(0)를 목표로 차세대 ITS(C-ITS)인프라 구축, 차량단말기 보급 등을 담은 『차세대 ITS 기본계획』을 수립하였다.
외국의 현황으로 미국, 유럽, 일본은 시범사업을 거쳐 주파수, 표준화, 법제화 등 차세대 ITS 시범사업 기반을 마련하는 등 실용화 직전 단계로 적극 도입 추진 중에 있다.

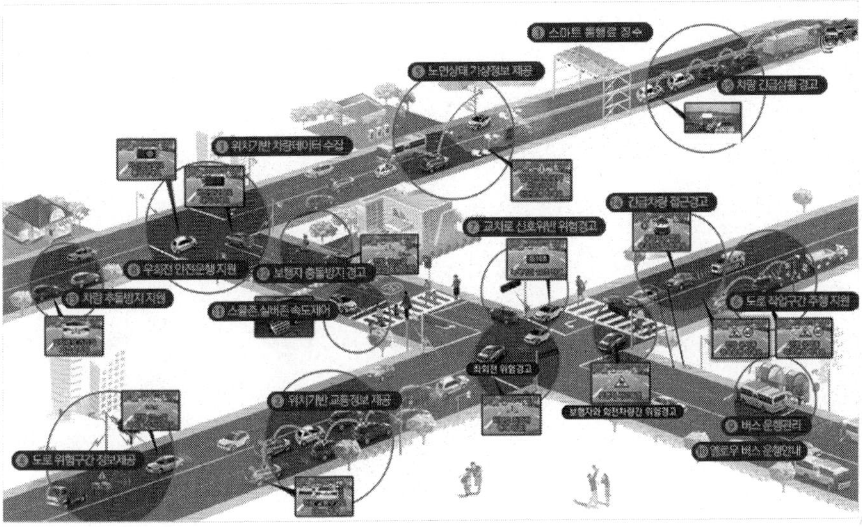

서비스 분야를 다음과 같이 구분하여 설명할 수 있다.

□ 기본정보 수집제공

1. 위치기반 차량데이터 수집 차량단말기로부터 차량의 상태정보와 위치정보, 운행정보를 수집하고 센터 서버에 저장

2. 위치기반 교통정보 제공 센터에서 가공된 소통정보 등 위치기반의 교통정보를 도로 주행하는 차량단말기에 제공

□ 요금징수

3. 스마트 통행료 징수 유료도로 통행의 경우 요금지불을 위해 정차하지 않고 속도를 유지하면서 지불 (기존HI-PASS와 다른 시스템으로 실제 통행 과금이 없는 시범서비스)

□ 안전(주의) 운전지원

4. 도로 위험구간 정보제공 잠재적 위험 및 실시간 돌발 상황에 대해 전방상황 정보 및 안전운행 정보 제공

5. 노면상태 · 기상정보 제공 차량 주행에 위험을 끼치는 노면상태나 기상에 대해 상황 정보 및 안전운행 정보 제공

6. 도로 작업구간 주행 지원 차량 주행 중인 도로의 작업(공사, 청소 등)상황에 대해 상황정보 및 안전운행 정보 제공

□ 교차로 안전통행 지원

7. 교차로 신호위반 위험경고 교차로 통과 차량에게 교차로 신호현시정보 가공을 통해 사고발생, 신호위반 피해 예방

8. 우회전 안전운행 지원 교차로 접근로 주행 차량이 우회전하는 경우 발생되는 상충에

기인하는 충돌사고 예방

□ 대중교통 안전지원

9. 버스 운행관리 버스 운행정보 수집으로 실시간 버스운행 관리를 통해 운송서비스 품질 및 안전성 증대

10. 옐로우버스 운행안내 옐로우버스 승하차 운행상황을 주변차량에 전파해 주의 운전을 유도

□ 보행자 상시 보호기능

11. 스쿨존 · 실버존 속도제어 스쿨존 진입 차량에게 경고와 규정 속도 운행 유도하고 실시간 운영 및 안전정보 제공

12. 보행자 충돌방지 경고 교차로 또는 도로구간 주행 시 횡단 보행자 및 자전거와 충돌사고 예방

□ 차량 간 사고예방

13. 차량 추돌방지 지원 차량위험상황이나 저속차량에 의한 차량 상황을 실시간으로 수집, 통보해 2차사고 예방

14. 긴급차량 접근경고 긴급차량의 구난, 구조현장 도착시간 단축을 위해 긴급차량 주행상황을 전방차량에 전달

15. 차량 긴급 상황 경고 도로 주행 차량의 고장, 사고 발생으로 추종하는 차량의 직접 또는 2차사고 예방

■ 차세대ITS(C-ITS) 주요설비

● 차량단말기(OBU)

WAVE 통신방식을 통하여 차량(위치/ 상태/운행) 정보를 노변 기지국 또는 주변 차량에 송 · 수신 WAVE(Wireless Access in Vehicular Environment, IEEE 802.11p, IEEE 1609) WAVE 통신은 차량과 차량, 차량과 인프라 간 무선통신을 위한 도로 전용 무선통신방식 고속주행환경에서의 차량 추돌방지, 교통정보제공서비스, 차량제어 지원 등에 활용.

- 노변기지국(RSU)

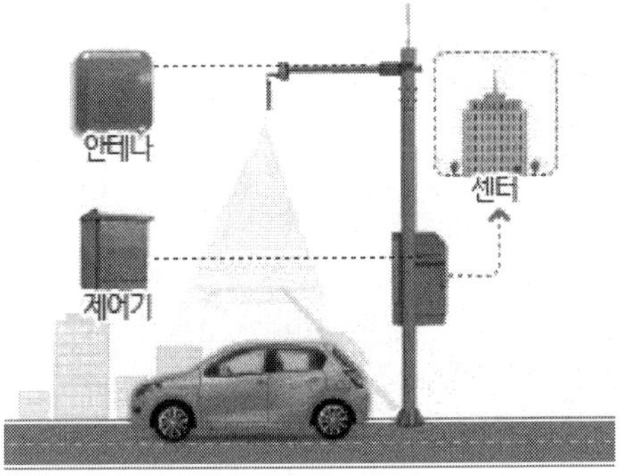

도로를 운행하는 차량에 설치된 단말기와 WAVE 무선통신을 수행 차량단말기에서 전송하는 각종정보를 수집, 저장하여 센터로 전송하는 기능을 수행.

- 스마트(WAVE) 톨링시스템

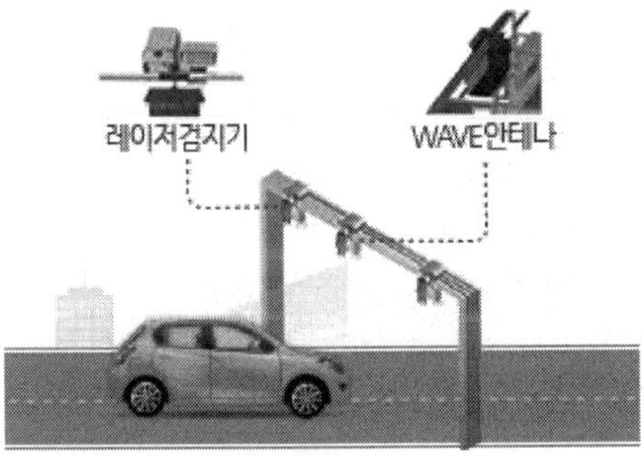

WAVE를 통한 무정차 다차로 요금징수를 위한 지원시스템기존HI-PASS와 다른 시스템으로 실제 통행 과금이 없는 시범서비스.

- 돌발상황검지기

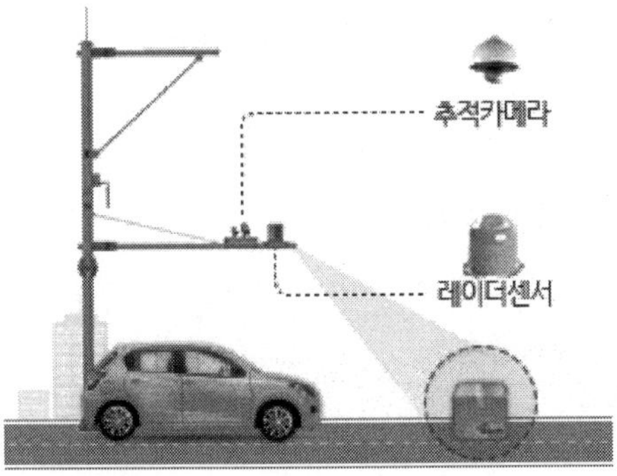

도로상에서 발생하는 돌발 상황(낙하물, 정지차량 등)을 검지하여 센터와 노변기지국에 전송하는 지원시스템.

- 보행자검지기

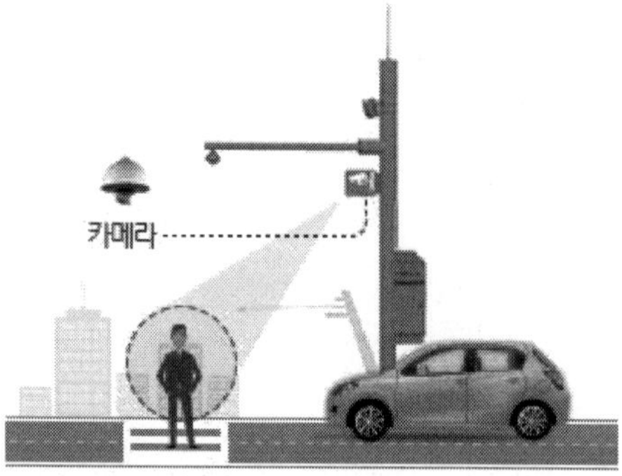

횡단보도나 그 주변의 보행자, 자전거 이동상태를 검지하여 센터와 노변기지국에 전송하는 지원시스템.

- 도로기상정보시스템

국지적 기상변화 및 기상상황을 실시간으로 검지하여 센터와 노변기지국에 전송하는 지원시스템.

- 신호제어기

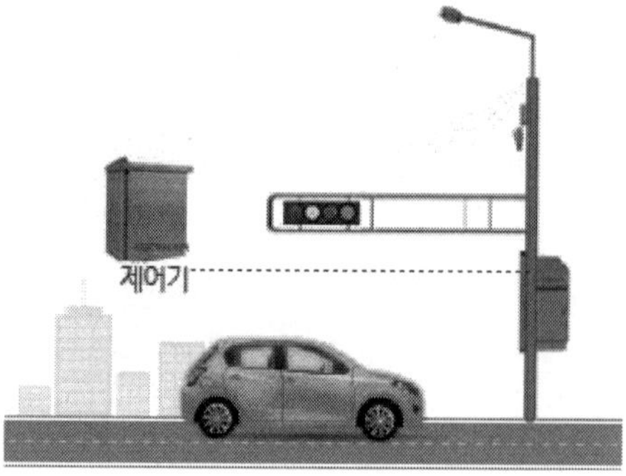

교차로 신호주기 및 현시 등 신호체계를 교통상황에 따라 실시간으로 제어하는 지원시스템.

● 센터시스템

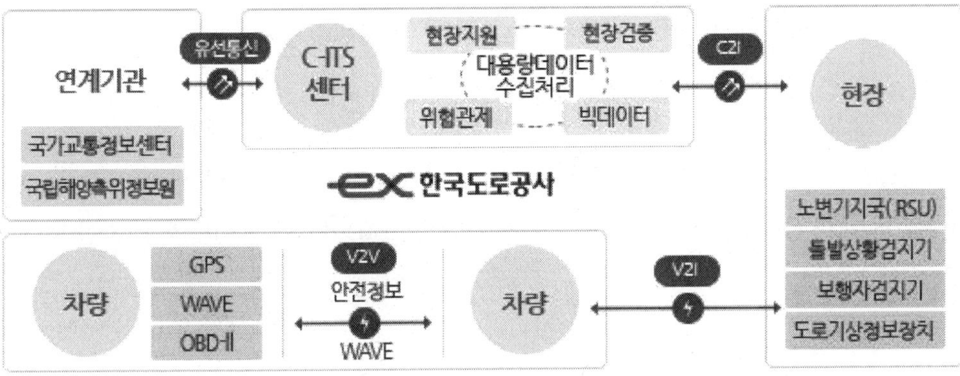

센터는 노변기지국(RSU) 및 지원시스템(돌발 상황검지기, 보행자검지기, 통행료징수시스템, 도로 기상정보장치 등)을 통하여 획득한 데이터를 이용하여 정보를 가공하여 운전자에게 필요한 정보를 제공.

서비스제공을 위한 차세대ITS(C-ITS서버, 대규모 데이터 처리를 위한 빅 데이터 서버로 구성.

7.10 WiBro와 LTE

7.10.1 기술개요

지난 정부에서는 정보통신부에서 IT산업의 경쟁력을 지속적으로 강화하여 세계 IT산업 발전을 선도하고자 IT 839 전략 추진을 밝힌 바 있다. 이는 8대 신규서비스, 3대 인프라, 9대 신 성장 동력 등으로 구성되어 있으며, 이 8대 신규서비스 중 새로운 시장창출로 통신시장을 견인할 차세대 서비스의 첫 번째로 휴대인터넷(WiBro)을 제시하고 있다.

이는 초고속 인터넷과 이동전화 서비스의 비약적인 성장을 바탕으로 언제 어디서나 고속으로 인터넷에 접속하여 다양한 정보와 콘텐츠를 이용하고자 하는 시장의 욕구가 반영된 것이라 볼 수 있다. 이러한 휴대인터넷 서비스는 3대 첨단인프라의 광대역통합망(BCN)과 9대 신 성장 동력의 차세대이동통신 사업으로 이어져, IT산업의 핵심과제로 자리 잡고 있다.

본 장에서는 휴대인터넷 서비스의 특징과 국내외 시장 동향에 대해 살펴보고, KT의 휴대인터넷 사업 전략을 중심으로 휴대인터넷 사업 발전을 전망해 보았다.

7.10.2 기술비교

이동통신은 1세대(G) 아날로그 시대를 시작으로 90년대 중반 디지털 기술이 도입되면서 2세대로 진화했고, 3세대인 IMT-2000 시대를 거쳐 HSDPA와 같은 3.5세대 단계로 진화하고, 4.0세대인 WCDMA까지 발전해있다.

이와 달리 무선 랜에서 시작한 광대역 무선기술은 와이파이(WiFi) 단계를 거쳐 현재 고정형 와이맥스(WiMAX)와 이동형 와이맥스 기술로 발전했으며 이동형 와이맥스 기술인 와이브로(WiBro)는 2006년도 상반기 한국에서 KT, SK텔레콤이 세계 최초로 상용화에 성공했다. 이 같은 발전과정을 거치고 있는 이동통신기술과 광대역 무선기술이 함께 어우러지면서 4세대 이후 이동통신 기술로 수렴되고 있다.

미국 스프린트 넥스텔이 한국의 와이브로(이동형 와이맥스)를 4세대 이동통신 기술로 채택한 것을 계기로 와이파이, 와이맥스, 와이브로에 대해 살펴본다.

(1) 와이파이(Wi-Fi)

Wireless Fidelity의 약어로 무선접속장치(AP)가 설치된 곳을 중심으로 일정거리 이내에서 PDA나 노트북컴퓨터를 통해 초고속 인터넷을 이용할 수 있는 무선 랜을 지칭한다. 전송속도가 4~11 Mbps로 대용량의 멀티미디어 정보도 주고받을 수 있으며 장시간 사용해도 사용료가 저렴하다. 그러나 와이파이는 기지국 당 커버리지가 30~200m 정도로 매우 협소하다는 단점이 있기 때문에 이동성은 크게 떨어진다. KT의 네스팟이나 스페인에서 시작된 '폰(PONE)'서비스 등이 와이파이 기술을 기초로 하고 있으며 미국의 샌프란시스코를 비롯한 주요 도시들은 시 지역 전체에 와이파이존을 구축하고 있다. 앞으로 미국이나 유럽 주요 도시에 깔린 와이파이망과 와이브로망이 결합되면 엄청난 파급효과를 몰고 올 것으로 예상된다.

(2) 와이맥스(Wimax)

저렴한 값에 초고속 인터넷에 가까운 속도의 고정형 무선 인터넷을 가능하게 하기 위한 MAN(Metropolitan Area Network) 서비스 규격이다.

전송속도는 빠르지만 기지국 당 커버리지가 30~200m 정도로 매우 협소한 와이파이의 단점을 극복하기 위해 좀 더 넓은 커버리지를 가진 무선통신기술로, 개활지에서는 45km까지, 도심지에서도 1~2km까지 커버리지를 확대할 수 있다.

그러나 와이맥스는 낙후 지역이나 중소형 사업장 혹은 대형 건물 등에서 사용하기 위해 고안되었기 때문에 기본적으로 고정형 서비스를 염두에 둔 규격으로 와이브로에 비해 이동성은 현저히 떨어진다.

인텔 등을 중심으로 상용화를 위한 막바지 개발이 진행 중인 와이맥스는 미국의 시장 조사기관인 프로스트&설리번 조사결과 2010년까지 전 세계적으로 54억 달러 규모의 시장을 형성하고 올해를 기점으로 연간 139%의 성장률을 보일 것으로 예측되고 있다.

(3) 와이브로(모바일 와이맥스)

휴대전화처럼 언제 어디서나 이동하면서 초고속 인터넷을 이용할 수 있는 서비스로 한국이 국제표준화를 주도하고 있는 차세대 이동통신 서비스이다. 와이브로는 이동성, 속도, 가격 면에서 앞선 기술로 평가받고 있다. 시속 100km의 고속으로 이동 중에도 인터넷을 이용할 수 있으며, 콘텐츠가 제한된 휴대폰 무선인터넷과 달리 유선인터넷과 똑같이 웹 서핑을 사용할 수 있다. 한국에서 와이브로라는 이름으로 불리며, 해외에서는 모바일 와이맥스라고 불린다. 삼성전자를 중심으로 해외시장 개척에 적극 나서고 있는 와이브로는 이번에 미국 스프린트넥스텔에 진출한 것을 계기로 차세대 이동통신 표준으로 등장했으며, CDMA(코드분할다중접속)에 이어 한국의 새로운 먹거리를 창출해낼 수 있는 기술로 기대되고 있다.

7.10.3 차세대 기술(LTE-A)

2009년 10월 독일에서 개최된 국제전기통신연합(ITU)의 IMT 시스템 작업반 회의에서는 Mobile WiMAX 진화기술 및 LTE 진화기술을 후보기술로 여러 국가 및 단체로부터 제안 받아 차세대 이동통신 기술(IMT-Advanced) 표준화 작업에 본격적으로 들어갔다. 즉, 차세대 이동통신, 4G 기술의 큰 흐름은 3GPP가 제안하는 LTE-Advanced 시스템과 Mobile WiMAX 진영의 WiMAX 802.16m 기반으로 가고 있는 추세이다. 초기 아날로그에 기반을 둔 음성위주의 통신이 1G(1세대) 통신이었다면, 무선통신의 보급이 확대되고 음성 수요의 폭발적 증가로 인해 고안된 디지털 기반의 통신을 2G(2세대)라 칭한다. 그 후 음성뿐만이 아닌 데이터 서비스에 대한 소비자 니즈를 수용하고 영상통화 구현을 위해 도입된 것이 3G(3세대) 통신이며, 오늘날 우리가 사용하고 있는 WCDMA, CDMA 1x EV-DO 등이 이에 해당된다. 이후 2013년 S사가 기존의 LTE를 세계최초(MWC)로 상이한 2개의 주파수로 묶어 광대역하는 CA기술과 차세대 주파수 제어기술을 바탕으로 3GPP Release11 표준에서 3.5G(3.5세대) 이동통신 LTE-A기술을 이뤘다. 최근 인터넷과 이동통신 기술의 급속한 발전으로 인해 이동 환경에서도 고속의 데이터를 송수신할 수 있게 됨에 따라 이동통신서비스는 이전에 단순히 음성만을 전송하던 서비스에서 고속의 양방향 데이터 전송을 활용한 서비스로 다양해지고 있다. 결국 이러한 이동통신 기술의 발전을 통해 이동 중 데이터 전송속도는 점점 빨라지고 있으며, 고속의 데이터 전송속도의 실현은 이용자들에게 보다 다양한 서비스를 제공할 수 있다는 가능성 확대로 이어지고 있다.(4G 무선데이터 전송기준 : 정지 시 1Gbps, 이동시 100Mbps)

표 7.15 와이브로와 LTE (LTE-A) 비교

구분	와이브로(WiBro, Mobile WiMAX)	LTE(Long Term Evolution)
기술 특징	무선 랜 계열. 우리나라에서 주도적으로 개발. 2006년 6월 KT와 SKT가 세계 최초로 상용화. 와이브로는 무선 랜(Wi-Fi) 계열에서 진화하여 발전한 무선 데이터통신 기술로, 이동성과 데이터 전송 속도에서 이동통신(HSDPA)과 무선 랜의 장점 결합. 와이브로는 속도를 무선 랜에 근접시키면서도 커버리지를 획기적으로 확대.	이동통신 계열 (3GPP-GSM/WCDMA). LTE는 3세대 이동통신에서 발전한 기술로 특히 유럽권을 중심으로 한 선진국 위주의 전 세계 주요 이동통신사들이 개발추진 중. WCDMA-HSDPA에서 발전된 기술로 글로벌 이동통신사업자들이 4G 표준으로 선호함에 따라 4G 디팩토 표준으로 유력. 상용화 속도는 와이브로보다 늦으나 적극적인 기술개발 중. 기존 방식의 데이터 전송을 mLTE라 함 음성은 3G망을 사용하며 VoLTE(Voice over LTE)기술로 4G망으로 데이터뿐만 아니라 HD음성의 전송도 가능.
처리속도 (상용화 기준)	상향 43Mbps 하향 149Mbps	상향 45, 75Mbps 하향 150Mbps (LTE-A, LTE+) 하향 225Mbps (LTE+, 3CA)
장점	현재 상용화된 기술 중 가장 빠른 데이터 전송속도 시현. 인프라 미약 국가에서 유선 인터넷 대비 저렴한 비용으로 통신망 구축 가능	기존 이동통신과의 연동으로 글로벌 로밍 가능. 이동통신사들의 지지율이 높아 규모 경제 효과로 네트워크 구축비용 인하 가능
단점	음성서비스 품질 미흡 전 세계적 지지기반 부족	상용화시 속도 느림 최초 데이터 위주에서 동영상과 음성 추가
기타사항	2015년 현재 상용 국가 한국 이외 없음	LTE-A(LTE-Advanced) Carrier Aggregation(CA)과 광대역 LTE(LTE+)구분 2.6GHz(40MHz)+2.1GHz(20MHz)+800MHz(20MHz) 4G 기준 정지 시 1Gbps, 이동시 100Mbps

연 습 문 제

7.1 이동통신의 발전단계를 그림 7.16에서 요약했다. 각 분야의 장점과 단점을 음성과 데이터 통신의 관점에서 평가하시오.

7.2 이동통신에서 사용하는 TDMA과 CDMA방식의 특징을 비교 설명하시오.

7.3 PCS에 대해 설명하시오.

7.4 확산 대역 기법의 종류를 들고 설명하시오.

7.5 주파수 공용방식(TRS)에 대해 설명하시오.

7.6 Cellular System에 대해 설명하시오.

7.7 무선 데이터 통신에 대해 설명하시오.

7.8 Big LEOS에 대해 설명하시오.

7.9 IMT-2000의 서비스에 대해 설명하시오.

7.10 IMT-2000의 방식에 대해 설명하시오.

7.11 블루투스에 대해 설명하시오.

7.12 무선 LAN에 대해 조사하시오.

7.13 Wibro의 시스템에 대해 설명하시오.

7.14 초고속 무선통신(UWB)의 특징에 대해 설명하시오.

08
위성통신기기

8.1 개론

흔히들 위성통신이라고 하면 우주공간에 떠 있는 물체(인공위성, 혹성탐사위성, 로켓)를 이용한 통신 모두를 위성통신이라고 말하는데 그렇지 않다. 왜냐하면 기상위성이나 관측위성으로부터의 화상정보 전송이나 우주선 승무원과 지상통제국과의 통신을 위성통신이라 말하지 않기 때문이다. 따라서 위성통신은 지상의 복수 지점간의 통신을 실현하는 방법으로서 통신위성을 적도 상공 약 35,800 [km]에 띄워 지구의 자전속도와 같이 지구주위를 회전하면서 지구국에서 발사된 신호를 수신, 이를 다시 증폭, 변환하여 상대 지구국에게 재송신하는 일종의 극초단파 중계기를 이용한 다원 접속 통신방식을 말한다.

이론상으로 위성하나가 지구 표면의 42.4%를 커버하므로 지구 전체를 커버하려면 그림 8.1과 같이 최소 3개의 위성이 필요하다. 만일, 위성을 띄우지 않고 철탑을 세운다면 철탑의 높이가 760 [km]는 되어야 한다는 계산이 나온다. 실제로 국제위성통신 기구(INTELSAT)는 태평양과 인도양, 그리고 대서양 상공에 정지위성을 띄워 올려 전 세계를 커버하는 국제 위성통신 서비스를 실시하고 있다.

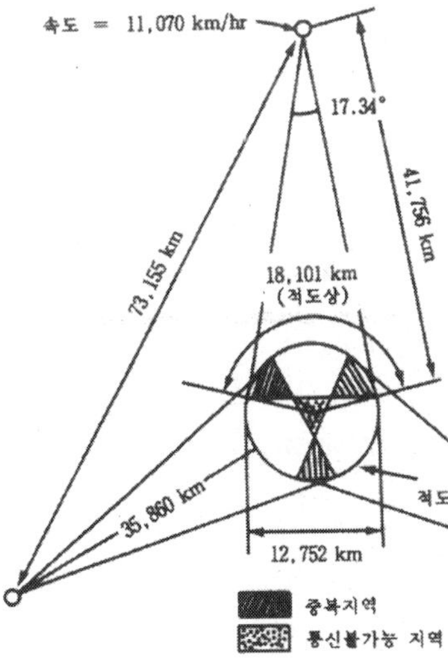

그림 8.1 정지위성의 기하학적 배치도

위성의 접속 형태는 지구국-위성-지구국, 지구국-위성-지구국-위성-지구국(Double-Hop) 형태가 주 접속방법이며, 93년 10월 인텔세트 7호계의 첫 번째 위성(No 701)이 발사되어 94년 1월부터 상용 서비스 중이나 위성과 위성과의 직접 접속방법은 현재까지 불가능할 것으로 알려져 있다.

8.2 위성통신의 개요

8.2.1 위성통신의 역사

위성통신의 실질적인 역사는 약 30여 년에 불과하다. 1945년 10월에 영국의 A.클라크가 무선세계(Wireless World)라는 잡지에 "지구로부터 일정한 거리에 어떤 띠(궤도)가 있는데 이곳에 인공위성을 띄우면 매 24시간마다 지구를 중심으로 지구 자전 방향과 동일하게 1회전하며 지구에서 보면 정지해 있는 것처럼 보여 지구 표면의 거의 반 정도를 바라볼 수 있다. 따라서 3개 위성을 120도 간격으로 띄우면 지구전체를 커버할 수 있다."고 기고한지 12년 후인 1957년 10월 4일 소련이 "스푸트니크"라는 인공위성을 띄웠으나 이것을 통신용 위성이라고 할 수는 없으며, 세계 최초의 통신용 위성은 1958년 12월 미국이 발사해 아이젠하워 대통령의 성탄 메시지를 전 지구상에 송신한 "슬로우프" 위성이라고 말할 수 있다.

본격적인 위성통신분야에서의 응용실험은 1960년 미국항공우주국(NASA)이 쏘아올린 풍선위성 "에코 1호"이다. 이 위성은 전화 및 TV중계 실험을 목적으로 한 직경 30 [cm]의 원통형 플라스틱의 풍선 표면에 알루미늄을 씌워 지구국에서 송신한 전파를 반사시켜 통신하였다. 이와 같이 적극적으로 전파를 중계하는 기능을 가지지 않은 위성을 수동위성(Positive Satellite)이라고 하고, 지구국에서 송신한 전파를 증폭하여 다시 지구국으로 되돌려 보내는 중계기(트랜스폰더)를 탑재한 위성을 능동위성(Active Satellite)이라고 한다.

최초의 능동위성은 1962년 7월 AT&T 벨 연구소에서 발사하여 미국과 유럽을 연결시켰던 "텔스타 1호"와 미국 항공 우주국에서 태평양상공에 띄운 "릴레이 1호"이다. 이 두 개의 위성을 이용한 통신실험은 전 세계적인 규모로 이루어졌으며 1963년 11월 23일 "릴레이 1호"로 일본의 아바라기 지구국과 미국의 모자비 지구국간의 태평양을 횡단하는 저궤도 위성(고도 약 1,000~8,000 [km])을 이용하여 TV중계 실험을 실시하던 중 우연히도 당시 미국 대통령 J.F.케네디 암살의 뉴스 속보를 전송하게 되어 위성통신의 동시성에 대한 강력한 인상을 주었다. 왜냐하면 위성통신이 발달되기 전 미국 16대 대통령 링컨의 저격 소식이 영국본토에 전달되기까지 보름이 걸렸던 사실을 기억해 볼 때 이것이야말로 위대한 기술이라고 하지 않을 수 없었기 때문이다. 이 2개의 위성은 모두 다 지구둘레를 3시간에 도는 주회위성으로 정지위성은 아니었다.

위성통신이 실용적인 것으로 주목을 받기 시작한 것은 1964년 미국 항공 우주국이 "신콤 3호" 위성을 정지궤도에 띄워 올려 제19회 동경 올림픽을 중계함으로써 비로소 위성통신의 필요성이 인식되어 그해 8월 20일 미국, 일본 등 11개국을 중심으로 위성을 이용한 국제통신업무를 일원적으로 취급하기 위한 "세계 상업 위성 통신기구"라는 잠정조직이 설립되어 1965년 5월 대서양 상공에 "인텔세트 1호"(일명 Early bird)라는 상업 통신위성을 쏘아 올렸다.

이 조직은 1973년에 "국제 전기통신 위성기구(INTELSAT)"로서 영구 제도화되어 운용되고 있으며 1993년 12월 현재, 태평양, 인도양, 대서양 상공에 14개 위성이 떠 있으며 회원국수는 총 129개국 900여 지구국에서 이들 위성을 이용하고 있다.

그리고 위성통신을 세계 각국이 자국 통신에 적용하려는 움직임이 일어나기 시작한 것은 1970년대 초 캐나다에서 "아니크-A호"를 쏘아 올려 1973년 1월부터 상용 위성통신 서비스를 시작으로 미국, 인도네시아, 인도, 일본, 프랑스, 브라질 멕시코 등이 각자 통신위성을 쏘아 올려 넓게 분산된 지역에 기존의 지상 마이크로파의 문제점을 보완, TV중계 및 전화 서비스를 목적으로 도입되었다.

또 70년대 후반에 선박과 통신업무를 관장하는 국제해사위성기구(INMARSAT) 발족과 지역 통신을 위한 통신위성의 발사는 커다란 변화라고 할 수 있다.

그 예로 유럽지역 26개국을 위한 "유텔셋", 22개 아랍 회원국을 위한 "아랍셋", 호주 대륙을 위한 "오스셋" 등이 발사되었으며, 1991년 4월 7일에는 홍콩에서 "아시아셋"이 발사되었다. 이 아시아셋은 홍콩의 C&W, 중국의 국제신탁투자공사 등이 총자본금 280억 원을 투자하여 1988년 2월에 설립된, 아시아 최초의 지역통신위성이며, 휴즈항공사가 제작 1984년 발사했던 위성을 보수하여 재발사한 웨스터 4호계 위성이다. 이렇듯 국제위성과 지역위성이 급속도로 발전되었으며, 통신위성 방식에 있어서도 기존의 아날로그 방식에서 디지털 방식으로 바뀌게 되었다. 이것은 지상계 통신망이 해결할 수 없는 보완적 수단은 물론 각종 첨단 정보전달수단으로서의 활용가치가 국제적으로 크게 인정받아 정보통신시대의 주요 매체로 위성통신이 등장하게 되었고 세계 각국은 위성의 확보에 경쟁적으로 참여하고 있다.

우리나라도 세계적인 추세에 발맞추어 선진과학기술을 도입하고 국내의 사회문화적 요구에 부응하기 위하여 국가적 차원에서 국내용 통신위성을 보유하기 위해 검토하던 중 1992년 과학위성인 우리별 1호(KISTSAT-1)를 발사한 후 이듬해인 1993년 우리별 2호(KISTSAT-2)를 지상 820 [km] 상공에 발사하였으며 본격적인 통신위성인 무궁화 1호(KOREASAT-1)를 1995년 8월 발사하였고 1996년 1월 무궁화 2호를 정지궤도에 진입시킴으로 21세기 정보통신국가로서의 면모를 갖추게 되었다.

8.2.2 위성통신의 특징

현재 적도 상공 35,860 [km]의 정지궤도상에는 세계 각국의 통신위성과 방송위성이 120여개 이상 돌고 있으며 매년 새로운 위성이 계속 발사되고 있다.

2개 이상의 위성이 같은 주파수대를 사용하는 경우에는 일정한 간격으로 배치하지 않으면 전파의 간섭이 일어난다. 그래서 위성의 정지위치나 사용주파수는 국제적으로 조정하여 결정하고 있다.

정지위성은 자신의 정지위치로부터 어느 범위 이상을 벗어나게 되면 위성 로켓을 분사하여 제자리로 되돌리며, 연료를 전부 사용해 버리면 위성의 수명도 끝이 난다. 초기의 위성 수명은 1~2년 정도였으나 지금은 대형위성의 경우 연료도 다량 적재할 수 있어 10년 이상으로 늘었다. 통신위성이나 방송위성에는 중계기(Transponder)가 탑재되어 있어서 지상으로부터의 전파를 위성의 안테나에서 받아 중계기에서 증폭한 후 지구국을 향해 재 송신한다.

지구국과 위성을 연결하는 전파의 주파수대는 6 [GHz]/4 [GHz](C-band), 14 [GHz]/11 [GHz], 12 [GHz](Ku-band), 30 [GHz]/20 [GHz](Ka-band)가 주로 사용되어 지구국에서 위성으로 보내는 것을 업링크(Up-Link), 위성에서 지구국으로 보내는 것은 다운링크(Down-Link)라 한다. 이 경우 업링크는 지구국에서 대전력으로 송신이 가능하므로 전파의 감쇠가 큰 고주파수대를 사용하고 다운링크는 위성의 송신전력이 한계가 있으므로 감쇠가 작은 고주파대를 사용한다. 위성통신의 특징은 광범위한 서비스 영역을 가지므로 지역 내의 여러 지구국이 동시에 수신 내지는 송신이 가능하다(동보성). 또한 지구국을 이동시키면 장소제약 없이 단시간에 회선을 설정할 수 있으며(회선 설치의 신속성) 위성 통신 범위 내에서는 거리에 관계없이 회선사용료가 일정하므로 장거리 통신에 경제적이다.

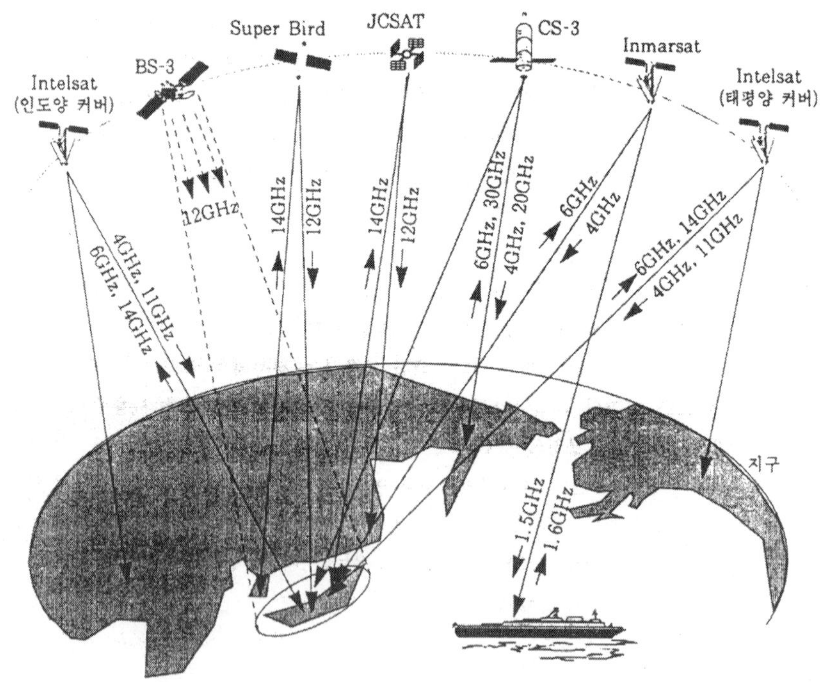

주) CS-3, JCSAT, Super Bird, BS-3는 각 2기씩, Intelsat는 태평양/인도양상에 총 29기, Inmarsat은 8기가 운용되고 있음.

자료제공 : 주간기술동향 96-27

그림 8.2 우리나라 상공의 통신위성과 방송위성

8.3 위성통신의 종류

1957년 10월 24일에 소련에 의해 세계 최초의 인공위성 스푸트닉(Sputnik)이 발사된 이래 미국, 소련을 비롯한 세계 여러 나라에서 발사한 인공위성은 수천 개에 이르고 있다. 지금까지 소련이 2,000여 개로 가장 많고, 미국이 1,000여 개 일본이 20여 개에 이르고 있으며 그 외 ESA(European Space Agency), 캐나다, 인도, 이태리, 영국, 독일, 프랑스 등에서 위성을 소유하고 있다. 인공위성은 그 용도에 따라 통신위성, 우주관측위성, 지구관측위성, 과학연구위성, 해사위성, 군사위성 등이 있다.

(1) 통신위성

1) 국내 통신소통위성(Domestic Satellite)

자국 내 통신소통을 목적으로 하는 것으로 미국, 캐나다, 소련 등과 같이 지역이 넓은 나라와 인도네시아 등과 같이 섬들이 많아 지상전송 통로를 구성하기 힘든 나라에서 이용되고 있다.

2) 국제 통신소통위성(Intercontinental satellite)

국가 간 통신소통을 주목적으로 하고 있는 것으로 전화, 팩시밀리 전송, 화상회의, 텔렉스, 데이터통신 등의 서비스에 이용된다.

(2) 우주관측위성

각종 혹성의 상태 등을 관측하여 그 자료를 지구에 송신할 목적으로 발사된 위성이다.

(3) 지구관측위성

지구의 기상상태를 관측하여 사진으로 지구에 송신함으로써 일기예보, 기상재해예방, 농작물 재배에 도움을 준다. 또한 지구 자원의 분포상태를 탐사, 부족한 자원의 효율적 이용에 정보를 제공한다.

(4) 해사위성(INMARSAT)

전 세계 대양을 항해하는 선박들 간의 정보교환, 선박-육상간의 정보교환, 해상안전에 관한 신속한 정보로 해난사고를 방지하고, 사고 발생 시 신속히 구조하는 효과를 얻을 수 있다.

(5) 군사위성

적대국에 대한 군사동향을 감시, 자국의 방어능력을 높일 수 있게 되어 전쟁을 사전에 방지함으로써 인류의 평화유지에 기여하고 있다.

(6) 방송위성

지상에서 발사된 TV 프로그램 신호를 수신하여 증폭한 후 지상의 각 가정에 설치된 파라볼라 안테나를 거쳐 직접 수신할 수 있는 방송용 위성.

(7) 과학위성

순수과학발전을 위해 발사된 위성으로 태양계를 관측하여 그 자료를 지구에 송신하는 등 과학용 위성이다.

8.4 위성통신의 현황

8.4.1 위성의 궤도

(1) 궤도

지구를 비롯한 여러 개의 혹성이 태양의 주위를 돌고 있고, 달이 지구 주위를 일정한 속도로 정해진 경로(Route)를 따라 돌고 있다. 이와 같이 태양의 주위를 돌고 있는 혹성(Planet)이나 지구 주위를 돌고 있는 지구의 위성(Satellite)인 달은 일정한 회전경로(ROUTE)를 가지고 있는데 이 경로를 궤도라 한다.

(2) 주기

혹성이 태양을 한 바퀴 도는데 걸리는 시간을 1주기라고 한다. 따라서 지구가 태양을 한 바퀴 도는 데 걸리는 1주기는 365일이 되고, 달이 지구를 한 바퀴 도는 데 걸리는 1주기는 1개월이 된다.

1) 인공위성의 궤도

지구를 돌고 있는 위성에는 달 이외에 인간이 만들어서 지구주위를 돌게 하고 있는 위성, 즉 인공위성(Artificial Satellite)이 각각의 목적에 따라 정해진 궤도를 돌고 있다.

지구를 돌고 있는 인공위성의 무게가 동일하다고 할 때 지구로부터 궤도의 고도가 높을수록 지구를 도는 데 걸리는 1주기가 길어진다. 즉, 인공위성은 궤도의 고도가 높을수록 속도가 느리고, 고도가 낮을수록 속도가 빨라진다. 궤도는 크게 원형궤도와 타원궤도로 구분할 수 있다. 대체적으로 인공위성이 되기 위해서는 고도와 속도의 제한이 있는데 고도 100 [km] 이상일 때부터 위성이 존재할 수 있으며 고도 200 [km] 지점을 통과하는 궤도에서 인공위성의 속도는 7.9 [km/s]가 되어야 하는데 이것을 제1우주속도라 하며, 인공위성이 되기 위한 필요속도라 한다.

제2우주속도는 제1우주속도의 $\sqrt{2}$ 배인 11.2 [km/s]로 지구의 인력권을 탈출하기 위한 속도이며 태양계 이외의 우주로 가기 위한 속도는 16.7 [km/s]로 제3우주속도라 한다.

그림 8.3은 인공위성의 속도에 의한 궤도를 보여준다.

표 8.1 혹성별 태양에 대한 주기표

혹성명	자전속도	공전속도	직경 (km)	태양으로부터의 거리 (million km)
수 성	59일	88일	4,878	58
금 성	243	225일	12,104	108
지 구	24시간	365일	12,756	150
화 성	24시간 1/2	687일	6,794	228
목 성	10시간	12년	142,800	778
토 성	10시간 1/4	29년 1/2	120,000	1,427
천왕성	15시간 1/2	84년	51,800	2,870
해왕성	16시간	165년	48,000	4,497
명왕성	6일 9시간	248년	3,000	5,916

2) 원형궤도

궤도의 형태가 원형으로서 지구로부터의 고도가 궤도의 어느 지점에서나 동일하다.

① 극 궤도 (Polar Orbit)

지구의 적도면과 경사각이 90°로 저궤도(Lower Orbit)에서 운용하면 인공위성이 지구를 매일 17번 정도 돌게 되는데 인공위성이 처음 출발한 지점으로 되돌아오는 동안 하루에 지구의 여러 곳의 상태를 관찰할 수 있으므로 지구 관측용 궤도로서 이용된다.

② **적도면 궤도**(Equatorial Orbit)

지구의 적도면과의 경사각이 0°로 고도가 낮은 대기궤도(Parking Orbit)와 고도가 높은 정지궤도(Geostationary Orbit)가 이에 해당된다.

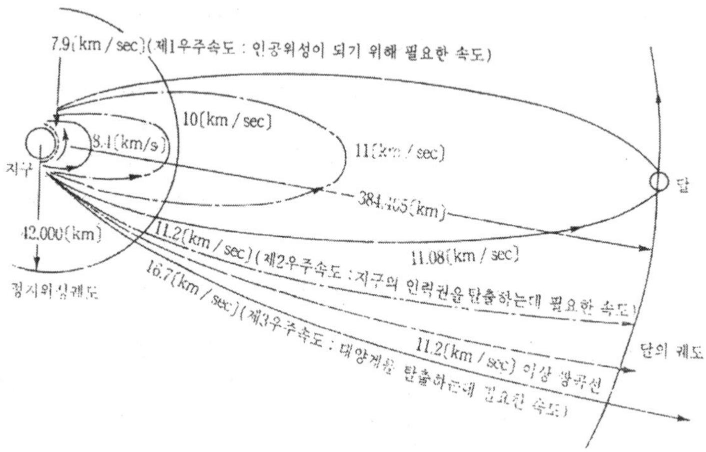

그림 8.3 속도에 따른 인공위성의 궤도

표 8.2 원형궤도에 대한 고도별 주기표

고도(km)	1주기 시간	1주일 기수
150	1시간 27분	약 16번
200	1시간 28분	약 16번
500	1시간 34분	약 15번
800	1시간 41분	약 14번
1,500	1시간 56분	약 12번
4,000	2시간 55분	약 8번
10,000	5시간 47분	약 4번
20,000	11시간 50분	약 2번
36,000	24시간 07분	약 1번

i) 대기궤도 : 달이나 혹성 또는 트랜스퍼궤도(Transfer Orbit)에 인공위성을 보내기 위해서 엔진을 재 점화(Refiring)하기 위한 궤도.

ii) 정지궤도 : 통신위성 등에 이용되는 궤도로 인공위성의 속도가 지구의 자전속도와 같아서 항상 위에서 정지해 있는 것처럼 보이는 궤도. 지구의 자전과 같은 주기로 또한 같은 방향으로 회전하면 위치가 바뀌지 않는다. 실제로 위성은 3 [km/s](시속 1,100 [km])의 속도로 지구의 주위를 회전하고 있다.

3) 타원 궤도 (Elliptical orbit)

궤도의 형태가 타원으로 지구와 가장 가까운 궤도점을 근지점(Perigee), 먼 궤도점을 원지점(Apogee)이라고 한다.

① 트랜스퍼 궤도 (Transfer Orbit)

위성을 정지궤도나 특별한 궤도에 진입시키기 위해 임시로 사용되는데 정지궤도에 진입하는 위성은 위성이 트랜스퍼궤도의 원지점에 있을 때 정지궤도 진입용 로켓(Apogee Kick Motor : AKM)을 이용하여 정지궤도에 진입시킨다.

② 해상무선측위에서 사용하는 GPS(Global Positioning System)위성, Navstal 위성과 소련의 통신위성 Molnya 등이 타원궤도를 이용하고 있는데 근지점에서는 위성의 속도가 원지점에서보다 매우 빠르므로 위성이 대부분의 시간을 근지점 외에서 운용되는 점을 이용하여 타원궤도를 유용하게 이용한다.

③ 태양 동기 궤도 (Sun Synchronous Orbit)

적도면과 약 100°정도의 기울기를 가지고 있는데 지구의 자전방향과 반대방향으로 위성이 회전함으로써 위성이 태양을 향하고 있게 되어 언제나 지구의 밝은 면 쪽에 위치하여 지구면의 사진을 찍는데 이용되는 궤도이며 미래의 태양전력발전용에 사용될 태양에너지 전송용 위성에 대한 궤도가 된다.

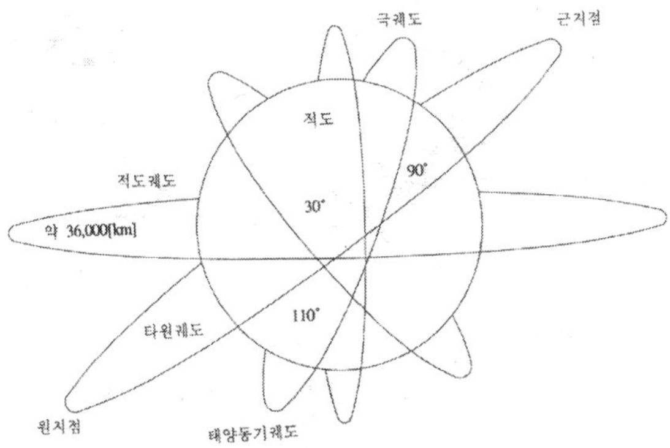

그림 8.4 궤도의 종류

8.4.2 국제 위성 통신 현황

1964년 8월 20일 상업통신 부문의 설계, 개발, 건설, 설치, 운영 및 유지 보수에 관한 업무를 수행하고 가능한 세계의 모든 나라가 위성을 통한 국제 통신을 이루어질 수 있도록 조직된 것이 INTELSAT이다.

1994년 10월 회원국수는 134개국으로 우리나라는 1967년 2월 24일 56번째로 회원국이 되었다. 현재 지구궤도에서 운용중인 인텔샛 통신위성의 수는 INTELSAT-V호 13기, INTELSAT-VI호 5기, INTELSAT-VII호 6기 등 총 24기가 운용중이며 설치 장소는 그림 8.5와 같다.

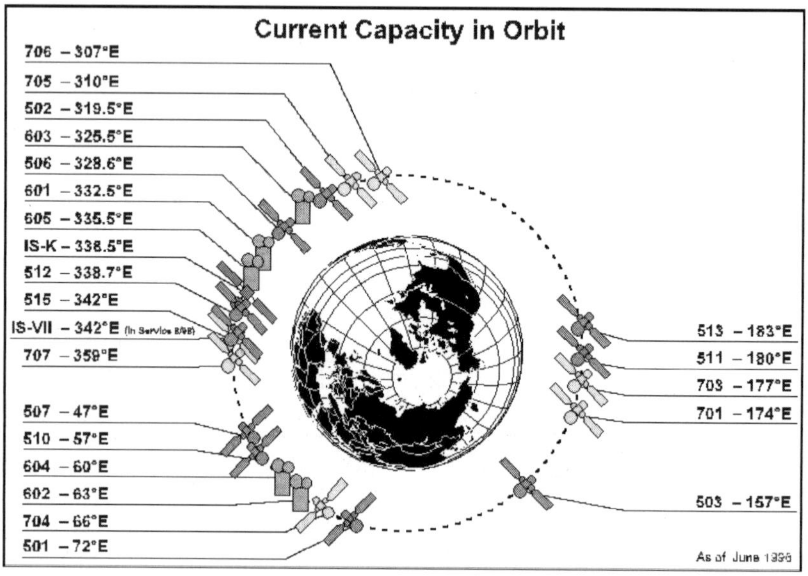

그림 8.5 인탤새트 위성 사용현황

IV-A'(F-4)와 V호 계열 6기가 대서양에 위치하고 V호 계열 중 F-12는 현재 대서양에 설치되고 있는 중이며 위성의 운용 및 위성의 재배치 계획에 의해 연도별로 변경되는데 현재 인도양과 태평양에 각각 V호 계열 위성이 3기씩 위치해 있다.

통신위성 INTELSAT가 세대를 거치는 동안 통신 처리 능력은 INTELSAT 1호의 음성 채널 240회선에서 INTELSAT VI호의 40,000회선으로 150배 이상 증가했고, 인공위성의 수명도 1년 반에서 7년으로 늘어났다. 한편 이용요금 면에서는 화폐가치가 동일하다고 볼 때 1965년에 비해 20배 정도 낮아졌다. 1980년의 불경기로 INTELSAT의 트래픽 성장률이 둔화되었지만 1983년 후반에는 완전 디지털 통신에 의한 신규 서비스의 개발로 이를 극복해 오고 있다. 그 외 러시아는 동구권 9개국이 참여한 국제위성 통신기구인 INTERSPUTNIK를 구성하여 통신 서비스를 제공하고 있다.

8.4.3 해사 위성 통신 현황

해사위성통신은 해상조난, 긴급 및 안전통신을 위한 통신으로서 미국의 콤샛(Comsat)사의 MARISAT 위성에 의해 시작되었다. 국제간의 해사위성통신은 1979년에 INMARSAT(International Maritime Satellite Organization)기구가 결성되어 1982년 2월부터 운용개시 되었으며 선박통신 외에 항공통신과 육상이동통신도 운용하고 있다. 운용개시 때의 선박지구국 수는 2726국이었으나 1995년 12월말 13,000여척의 시스템으로서 전 세계적으로 매월 80국 정도의 증가 추세를 보였다.

INMARSAT은 해사위성 통신망 제어국(NCS : Network Control Station), 해안지구국 및 선박지구국 등으로 구성된다.

INMARSAT의 해사위성통신 서비스는 전화, 회선 및 데이터 통신이고 FM/SCPC/FDMA방식으로 제공되며 사용하는 주파수대를 보면 표 8.3과 같다. 그림 8.6은 INMARSAT 시스템 구성도를 나타낸다.

표 8.3 INMARSAT 시스템에서 사용하는 주파수대

통신 LINK		주파수대
선박 지구국 ↔ 위성	up link	1.6GHz 대
	down link	1.5GHz 대
해안 지구국 ↔ 위성	up link	6GHz 대
	down link	4GHz 대

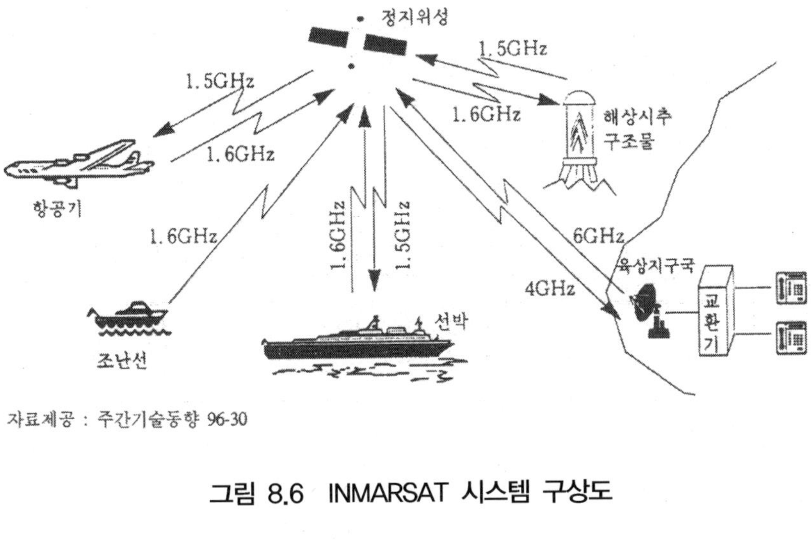

자료제공 : 주간기술동향 96-30

그림 8.6 INMARSAT 시스템 구상도

INMARSAT은 통신량이 많은 대서양 지역을 동서로 나누고 태평양과 인도양 지역과 합쳐 4개 지역에 11기의 정지 위성을 배치하여 글로벌 시스템(Global System)을 구축하고 있다.

표 8.4 마이크로파 주파수 할당 구분

밴 드	주파수 범위	밴 드	주파수 범위
hf	3～30MHz	X-band	8～12GHz
vhf	30～300MHz	Ku-band	12～18GHz
uhf	300～1000MHz	K-band	18～27GHz
L-band	1～2GHz	Ka-band	27～40GHz
S-band	2～4GHz	millimeter	40～300GHz
C-band	4～8GHz	-	

표 8.5 TV채널 주파수 할당

채널번호	주파수MHz	채널번호	주파수MHz	채널번호	주파수MHz	채널번호	주파수MHz
2	55.25	23	525.25	44	651.25	65	777.25
3	61.25	24	531.25	45	657.25	66	783.25
4	67.25	25	537.25	46	663.25	67	789.25
5	77.25	26	543.25	47	669.25	68	795.25
6	83.25	27	549.25	48	675.25	69	801.25
7	175.25	28	555.25	49	681.25	70	807.25
8	181.25	29	561.25	50	687.25	71	813.25
9	187.25	30	567.25	51	693.25	72	819.25
10	193.25	31	573.25	52	699.25	73	825.25
11	199.25	32	579.25	53	705.25	74	931.25
12	205.25	33	585.25	54	711.25	75	837.25
13	211.25	34	591.25	55	717.25	76	843.25
14	471.25	35	597.25	56	723.25	77	849.25
15	477.25	36	603.25	57	729.25	78	855.25
16	483.25	37	609.25	58	735.25	79	861.25
17	489.25	38	615.25	59	741.25	80	867.25
18	495.25	39	621.25	60	747.25	81	873.25
19	501.25	40	627.25	61	753.25	82	879.25
20	507.25	41	633.25	62	759.25	83	885.25
21	513.25	42	639.25	63	765.25	-	
22	519.25	43	645.25	64	771.25	-	

8.4.4 우리나라 위성통신의 현황

우리나라는 세계적인 추세에 발맞추어 ICT 기술을 바탕으로 하는 ST(우주항공기술)분야에 부응하기 위하여 1992년 소형 과학위성인 우리별 1호(KISTSAT-1)를 발사한 후, 이듬해인 1993년 우리별 2호(KISTSAT-2)를 지상 820[km] 상공에 발사하였으며, 본격적인 통신위성인 무궁화 1호(KOREASAT-1)은 1995년 8월 발사하였고, 1996년 1월 무궁화 2호를 정지궤도에 진입시켰으며, 현재까지 천리안 2A 위성의 발사로 세계 10위권의 위성 강국으로 위성체 기술뿐만 아니라 발사체 기술도 계속 개발 연구 중이다.

표 8.6 우리나라의 위성 및 발사체 사용현황

위성명	무 게	임 무	발사년도	발사체
우리별 1, 2호	50Kg	지구표면 촬영, 우주실험	92. 8 93. 9	유럽 아리안
우리별 3호	100Kg	지구표면 촬영, 우주실험	99. 5	인도 PSLV
과학기술위성 1호	100Kg	우주관측실험	03. 9	러시아 코스모스
과학기술위성 2호	100Kg	우주관측실험	09.12	한국 KSLV-1
무궁화위성 1,2호	1,500Kg	방송, 통신 중계기	95. 8 96. 1	미국 델타
무궁화위성 3호	2,800Kg	방송, 통신 중계기	99. 8	유럽 아리안
무궁화위성 5호	4,600Kg	방송, 통신 중계기 (민수용24기, 군수용12기)	06. 8	Sea Launch
아리랑위성 1호	470Kg	지도제작, 해양관측	99.12	미국 타우러스
아리랑위성 2호	800Kg	지구정밀관측, GIS 구축	06. 7	러시아 로콧(ROCKOT)
천리안	2,461Kg	위성통신 기상/해상 관측	10. 6	프랑스 아리안 5ECA
무궁화위성 6호(올레1호)	2,850Kg	방송통신용(3호기대체)	10. 12	프랑스 아리안
아리랑 3호	1,000Kg	다목적위성	12. 5	일본 H2A
아리랑 5호	1,400Kg	다목적위성	13. 8	러시아 드네프로(Dnepr)
나로 과학기술위성	1,000Kg	우주관측실험	13. 1	러시아/ 한국(KSLU)
우리별 5호	100Kg	과학실험위성	13. 8	-
무궁화위성 7호	3,600Kg	LTE, UHD	17. 5	프랑스 아리안
천리안 2A	3,500Kg	기상/해상 관측	18. 12	프랑스 아리안

원래 무궁화위성 1호의 예비위성으로 계획되었던 무궁화위성 2호는 1996년 1월 14일에 성공적으로 발사되어, 1996년 7월부터 위성1호과 함께 운용되고 있다. 무궁화위성 2호의 제원은 무궁화위성 1호와 동일하나, 주파수 자원의 효율적 활용을 위하여 1호 위성과는 편파 방식을 달리하여 운용된다.

무궁화위성 3호는 무궁화위성 1호가 발사 사고로 인하여 예정보다 수명이 단축될 것으로 예상되어 현재의 서비스를 중단 없이 제공하기 위하여 발사되었다. 3호 위성은 1, 2호 위성 서비스의 연계뿐만 아니라 신규 서비스 및 수요증가에 대처할 수 있도록 1, 2호 위성보다 대용량, 고출력의 제원을 갖도록 설계되었다. 특히 위성을 통한 초고속망의 구현 및 Ku-band 중계기의 초과 수요에 대처하고 4호의 수요창출을 위해 첨단의 Ka-band 중계기도 함께 탑재되고, 동남아 지역의 수요발생을 대비하여 가변 빔으로 서비스할 수 있는 안테나도 탑재되었다. 국내 뿐 아니라 아시아 지역까지 서비스가 가능하여 2000년 아시아 유럽 정상회의(ASEM), 2002년 아시안 게임 및 월드컵 중계에도 활용하였다. 실용위성 아리랑 2호는 2006년 7월에 러시아 로콧(ROCKOT)발사체에 의해 발사되어 1m급 고해상도 영상(가로/세로 1m 크기의 물체를 한 점으로 표시) 자료를 촬영하고 송신할 수 있는 성능을 지니고 있으며 ▲국토 모니터링 ▲국가지리정보시스템(GIS)구축 ▲환경 및 재해 감시 · 분석 ▲자원 탐사 ▲군사적 목적 등에 활용된다고 항우연(항공우주연구소)은 설명했다.

또한 2010년 6월에는 전라남도 외나로도섬에서 자체 개발 위성을 러시아 발사체에 실어 나로호(KSLV-1) 과학기술위성 1, 2호를 발사하였으나 실패하였고 이후 2013년 1월 30일 과학기술위성 3호 발사를 성공하였다. 이 외 다목적 실용위성 3호를 2012년 5월에 발사하였다.

우리나라는 2기의 실용위성(아리랑위성)을 비롯해 우리별 1 · 2 · 3호, 과학기술위성 1호, 무궁화 위성 1 · 2 · 3 · 5호, 한별위성, 천리안 위성 모두 12기의 위성으로 세계 6~7위권 고정밀위성 보유국이 되었다.

아리랑 5호는 2013년 8월 러시아발사체(ICBM)에 의해 발사되고, 평균고도 550km의 태양동기궤도상에서 앞으로 5년 간 SAR를 통한 지표면에서 발생하는 재해재난과 국토 및 자원의 변화 환경감시를 더 정밀하게 관측할 것이다(지리정보시스템(GIS), 해양관측(OM), 지표관측(LM), 재해감시(DM), 환경감시(EM)). 아리랑 5호의 발사로 우리나라는 독일, 이탈리아, 이스라엘, 러시아에 이어 5번째로 영상레이더(SAR : Synthetic Aperture Radar) 위성 보유국이 된다. 현재 우리나라가 운용 중인 위성은 다목적실용위성 아리랑 2호와 3호가 정지궤도 위성인 천리안 위성으로 아리랑 2호와 3호는 전자광학카메라(Electro-Optical Camera Payload)를 탑재한 위성이었다. 이 두 위성은 지상 물체에서 반사된 태양광을 광센서로 감지하여 영상을 촬영하기 때문에 기상상태에 따라 구름이 낄 경우 지표관측이 어렵고 야간탐지도 어렵다는 단점을 갖고 있었다. 그러나 아리랑 5호에 탑재된 영상레이더는 MW의 반사를 사용해 야간뿐만 아니라 구름 및 악천후에도 지상 관측이 가능하여 기존에 운용 중인 아리랑 3호와 상호보완적인 운영을 통해 정밀관측 데이터를 확보하고, 이를 해외에 판매하는 등 부가가치 창출을 기대한다. 우리나라는 선진 우주개발 국가들보다 40년가량 늦은 1990년에 본격적으로 우주개발 사업을 시작했다. 하지만 약 15년이 지난 지금 우주기술 수준은 국내주도 개발에서 기술자립화 단계로 나아가는 등 비약적 성과를 보이고 있다. 국내기업 참여도 활발하다. 이번 아리랑 5호의 개발에는 항우연(KARI)을 비롯해 한국항공우주산업(KAI), 대한항공, 한화, 두원중공업 등 다수 국내 업체가 참여했다.

표 8.7 아리랑5호 위성현황

운용궤도	평균고도 550km의 여명궤도
질량	1,400kg 내외
전력량	1,400W 이상 (평균 전력생성량)
위성크기	발사 시 : 2.6m×3.9m (직경×높이) 궤도상 : 4.0m×3.7m×9.1m (직경×높이×폭)
탑재체 (괄호 안은 관측폭)	고해상도 : 1m(5km), 표준해상도 : 3m(30km) 광역해상도 : 20m(100km)
수명	발사 이후 5년 (임무 수명)
자세제어	3축 안정화 방식

표 8.8 무궁화7호 위성현황

운용궤도	36000km의 고정궤도
질량	3,600kg 내외
전력량	- W 이상 (평균 전력생성량)
위성크기	본체 : 1.8m×2.3m×3.4m (직경×높이×폭) 길이 : 26.4m
탑재체	고해상도 : 0.3m, 33기 위성중계기
수명	발사 이후 15년 (임무 수명)
자세제어	3축 안정화 방식

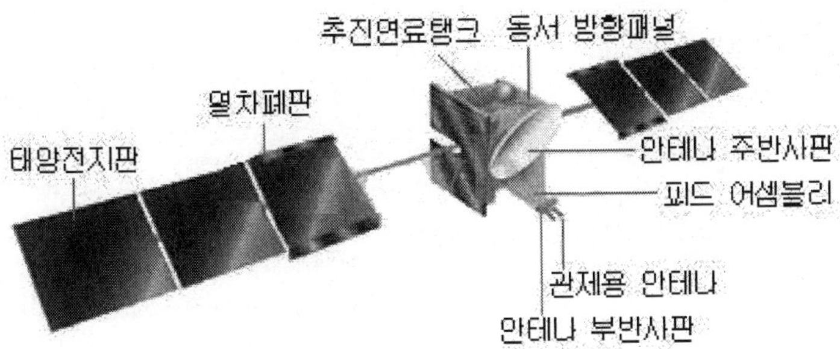

그림 8.7 무궁화위성 1, 2호기

그림 8.8 무궁화위성 5호

그림 8.9 아리랑 위성 3호, 5호

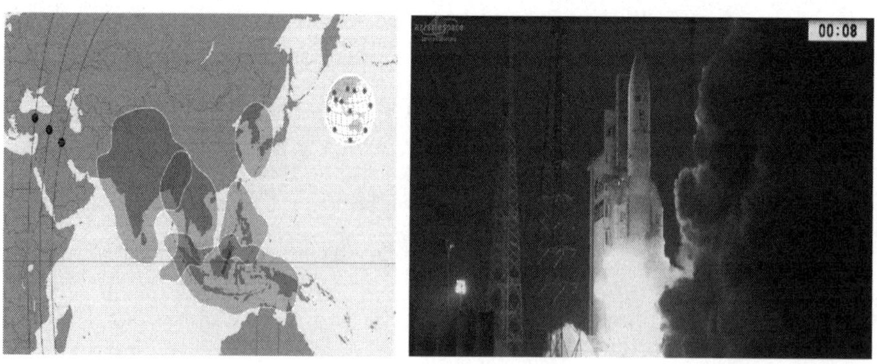

그림 8.10 무궁화위성 7호 빔 커버리지와 발사체

또한, 무궁화위성 5호는 2006년 8월 해상에서 발사된 우리나라 최초의 민군 공용통신위성으로 남태평양 공해상의 대형 선박위에서 3만6천km 상공의 정지궤도(동경 113도 적도지점)로 발사되었다.

무궁화위성 5호는 지난 1996년 발사된 무궁화위성 2호의 임무를 대체하고 새로운 위성통신 수요를 수용하기 위해 민군이 공동 추진해온 프로젝트로 KT가 상용 통신 중계기를, 군은 군용 통신 중계기를 각각 탑재하고 있다.

KT는 기존의 무궁화 2호 위성보다 통신 용량이 2배가 넘고 주파수 출력도 큰 무궁화 위성 5호를 통해 저렴한 위성 망을 구축할 수 있어 국내로 한정됐던 위성서비스 영역을 일본과 중국, 대만, 필리핀 등으로 확대할 수 있을 것으로 기대하고 있다.

발사체는 미국 합작회사 씨 런치(Sea Launch)사가 발사를 담당하며, 위성체에 군용 중계기 12개와 상업용 중계기 24개가 탑재돼 있고 특히 군용 중계기는 적의 전파방해에 대응할 수 있는 대전자전 기능을 갖추고 있다.

수명은 10년으로 13~15년 정도는 사용할 수 있다. 군으로서는 첫 통신위성인 무궁화 5호가 발사되면 그동안 지상망에 의존했던 군 통신망의 제한을 완전히 극복할 수 있다. 또 우리 군의 C4I(정보감시 지휘통제) 체계와도 연동돼 군의 정보력 강화를 통한 전투력 향상에도 크게 기여할 것으로 기대되고 있다. 군 지휘부는 무궁화 5호를 통해 장병 개개인은 물론, 함정 등과 어디서든 음성, 문자 및 화상 통신을 실시간으로 할 수 있을 것이다.

무궁화 위성 6호는 지난 1999년 발사한 무궁화위성 3호를 대체하기 위한 것으로 발사 전에 올레로 명칭을 변경하여 통신사에서 발사한 위성이다. 방송통신용으로 동경 116도에 위치하고 한반도 전역에 고화질 3D 고품질 인공위성서비스를 향후 15년 동안 하게 된다.

다음은 기존 무궁화 위성 1, 2, 3, 5, 6호에 대한 설명이다.

(1) 무궁화위성의 의미

우리나라 최초의 상업용 위성인 무궁화위성은 다음과 같은 역사적 의미를 지니고 있다.

① 남북한 통일을 대비한 한반도 문화공동체 형성에 필요한 통신과 방송 체제 마련

② 국제적으로 확보 경쟁이 치열한 우주자원 확보(궤도, 주파수)

③ 우주경쟁 대열에 본격적으로 진입

(2) 무궁화위성의 사업효과

① 방송용과 통신용 복합위성인 무궁화위성의 서비스 영역은 한반도는 물론 중국의 산둥반도와 일본의 오사카 지역 등 주변국가에서 우리 방송 프로그램 시청이 가능하므로 우리 문화를 해외로 전파시킬 수 있다.

② 고품질의 영상 채널 증가로 다양한 멀티미디어 서비스 제공이 가능하다.
③ 국내 어느 곳에서나 필요한 곳에 초고속정보통신 서비스를 제공하여 준다.
④ 다양하고 폭넓은 통신서비스와 방송서비스 제공이 가능하다.
⑤ 긴급사태 발생 장소에서 직접 현장중계를 할 수 있다.
⑥ 방송과 통신사고 발생 시 즉각적인 대처가 가능하다.

(3) 무궁화위성의 제공서비스

① 직접위성방송(DBS)

난시청 지역이 없이 전국 어느 곳에서나 동시에 선명한 화면의 TV를 시청할 수 있는 서비스

② TV 및 CATV프로그램 중계

전국의 TV 방송국이나 CATV 방송국에 프로그램을 중계할 수 있는 서비스

③ 도서벽지 및 비상재해 통신

통신용 케이블 포설이 비경제적이거나 지형 상 어려운 도서 벽지 통신망 및 비상 재해 지역의 긴급통신망 구성 서비스

④ 저속전용통신

소형안테나를 이용한 VSAT(Very Small Aperture Terminal)서비스 및 전화와 데이터전송 전용통신망 서비스

⑤ 고속전용통신

고속데이터전송, 화상전송, 고속팩시밀리, 이동위성중계(SNG : Satellite News Gathering), 사내방송 등 각종 전용 통신망 서비스

⑥ 기타 제공 서비스

· 고선명의 광폭 TV방송서비스, 음성다중언어 방송서비스
· 데이터 전용방송, 디지털음악방송
· 무인원격 관측망 시스템, 고선명 DTV서비스
· 광고 전광판의 On-line화, 위성경마중계 등

표 8.9 무궁화 1, 2, 3, 5호 위성시스템 제원

구 분		무궁화1, 2, 3		무궁화위성 5호
		방송용	통신용	
주파수	상향링크(Ku밴드)	14.5~14.8GHz	14.0~14.5GHz	14.0~14.5GHz
	하향링크(Ku밴드)	11.7~12.0GHz	12.25~12.75GHz	12.25~12.75GHz
중계기	Ku밴드용	3개(1,2호) 6개(3호)	12개(1,2호) 24개(3호)	민간24기(방송용) 군용12기(군사용)
	Ka밴드용	-	3개(3호)	
	대역폭	27MHz	36MHz	36MHz
	출 력	120W	14W	54.5dBW
설계수명		10년(1,2호) / 15년(3호)		15년(2021년)
정지궤도위치		적도상공 35,786km, 동경 116도		동경 113도
위성체형태		3축 제어 날개형		스페이스버스 4100C1
위성체크기		1.42×1.74×1.63m		
무게	발사체	Mc Douglas (1,2호) Arianespance (3호)		씨런치
	발사중량	1,459kg(1,2호) 2,800kg(3호)		발사중량
	질량	614kg(1,2호) 1,305kg(3호)		4,470 Kg
빔 중심점		동경 127.5도, 북위 36도		
빔 커버리지(서비스지역)		한반도(1,2호) 아시아포함(3호)		한국, 일본, 대만, 필리핀, 중국동부

8.4.5 기타 위성 서비스

연구실험 통신을 위해 아마추어 무선 통신용으로 제작한 위성이 OSCAR(Orbiting Satellite Carrying Amateur Radio)를 관리하는 아마추어 위성기구(AMSAT)가 결성되어 전 세계 HAM을 위해 서비스를 제공하고 있다.

8.5 통신 위성의 구성과 기능

8.5.1 구조

통신위성의 기본구성은 고유 임무인 통신을 수행하기 위한 통신기기와 이를 지원하는 공통기기로 구성되어 있다.

(1) 통신기기

지구국에서 보내진 미약한 신호를 수신한 후 강한 신호로 변환시켜 지상으로 다시 송신하는 일련의 송수신기로서 안테나(Antenna)와 중계기(Transponder)로 구성되어있다.

(2) 공통기기

① 위성의 발사로부터 정상 궤도에 진입하기까지 유도하는 장치와 정상 운용 상태를 유지하기 위해서 위성 추적 및 계측 지령에 사용되는 기기.
② TT&C(Tracking Telemetry and Command) 기기를 비롯한 위성자체의 자체제어기기와 안테나의 지향 방향과 각 부분의 온도를 제어하는 각종 위성제어 기기.
③ 추진계통기기와 동력원인 태양전지 및 몸체로 구성되어 있다.

표 8.10 통신위성체의 구성

시스템	구성부		기 능
통신기기	안테나계		신호의 송수신
	중계기계 (Transponder)		신호 수신 후 주파수 변환하여 재송신 수신부, 주파수변환부, 송신부로 구성
공통기기	전력계	전원발생부	태양전지 판넬로 전원 생성. 배터리 전원 연결
		전원공급부	발전된 전력을 각 전자 장치에서 요구하는 전압으로 변환하여 공급
	텔레미터리 명령계		위성상태를 보고하는 텔레미터리 신호 송신 위성관제소로부터의 명령신호 수신
	자세 제어계		위성의 궤도상 위치 및 자세 제어
	추진계		위성 발사 시 및 자세변동 시 궤도 위치
	열 제어계		위성 각 부품의 열적 안정을 위한 장치
	구체계		각 기기들을 유지하는 기본 구조체

8.5.2 위성 안테나

INSTELSAT V호 계열위성에는 7개의 안테나가 장착되었으며 이 안테나들은 발사할 때는 접힌 상태이고 궤도에 진입한 후 지상의 명령에 따라 펼쳐지게 된다.

위성에 정착하는 안테나의 종류 및 기능은 아래와 같이 간단히 구별할 수 있다.

(1) 등방형 안테나

송신전력을 고르게 사방으로 방사하는 안테나. 지향성이 없으므로 이득은 떨어지나 명령 및 텔레미터리 신호의 통신을 위하여 사용된다.

(2) 파라볼라 안테나

극초단파 또는 그 이상의 주파수에 사용되고 있다. 좁은 지역에 대한 스폿 빔(Spot Beam)을 만드는 데 사용되며 지향성이 예민하고 이득이 큰 장점이 있으나 대역폭이 좁고 임피던스 정합이 어렵다.

(3) 혼 안테나

넓은 지역을 커버하는 빔을 만드는 데 사용되며 원형, 선형 및 각추 Horn이 있다.

(4) 헬리켈 안테나

나선상의 도선을 감아서 만든 것으로 주파수가 높을수록 효율이 좋은 전파를 방사한다. VHF보다는 UHF대에서 많이 사용하고 있다.

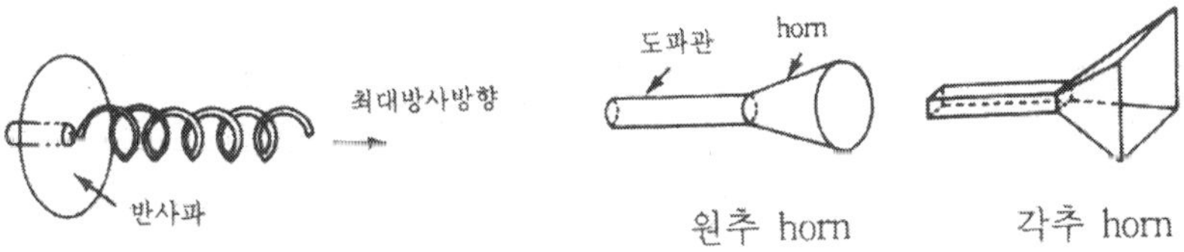

그림 8.11 각종 위성 안테나

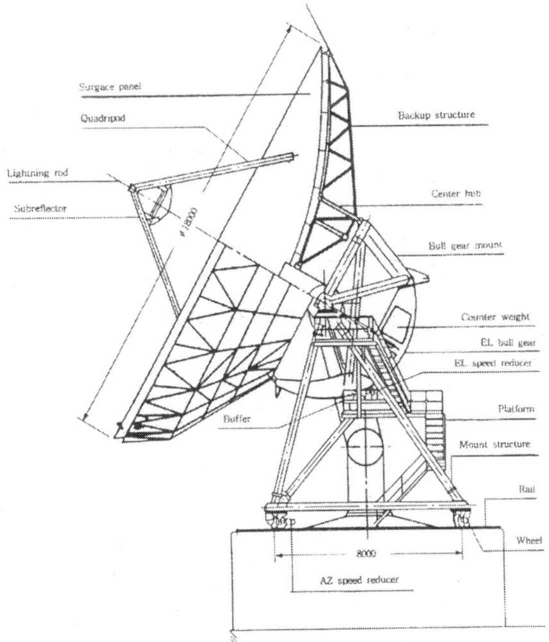

그림 8.12 지구국 안테나 구조

8.5.3 트랜스폰더

위성의 중계기(Repeater)는 한 개 이상의 트랜스폰더(Transponder)로 구성된다. 트랜스폰더는 송수신장치로서 지구국으로부터 송신된 상위링크신호를 수신하여 저 잡음 증폭기(LNA : Low Noise Amplifier)에서 증폭한 다음에 하위링크 주파수로 변환시켜 고주파증폭기(RF amplifier)에서 고 전력 증폭한 다음, 송신안테나로 지구국에 송신하는 것을 말한다. 트랜스폰더는 신호처리방식과 주파수변환회수에 따라 두 가지로 구분할 수 있다.

신호처리방식에서 수신된 신호를 단순히 하위링크 주파수로 변환하여 송수신하는 일반적인 중계형 트랜스폰더와 수신된 신호를 검파해서 기저대역으로 변환하여 프로세싱한 다음 다시 변조하여 송신하는 재생 트랜스폰더(Regenerative Transponder)가 있다.

(1) 단일 변환형 트랜스폰더의 기본 동작원리

그림 8.14에서 지구국에서 송신된 업링크(Uplink)신호가 안테나에 수신되면 저 잡음 증폭기에서 증폭되고 이 증폭된 상위링크 주파수가 국부발진기(Local Oscillator)에서 출력되는 국부발진주파수와 혼합되어 다운링크 주파수(Down Link Frequency)로 변환된다.

이 변환 주파수가 증폭기에서 증폭되어 입력 멀티플렉서에 입력된다. 이와 같이 수신된 신호가 입력 멀티플렉서에 입력되기 전 단계까지는 광대역 수신기로서 트랜스폰더 1개의 대역폭은 36 [MHz]이다. 입력 멀티플렉서는 필터로 구성되는데 이 필터에 의해 각 신호채널에 해당하는 송신 트랜스폰더로 변환주파수가 각각 입력된다. 송신 트랜스폰더에 입력된 신호는 고체 증폭기에서 증폭되어 필요한 이득을 얻은 다음 송신기 종단증폭기에서 고전력증폭(진행파관 증폭, TWTA)되어 출력필터로 구성된 출력 멀티플렉서에 의해 다중화되어 안테나에 송신된다.

(2) 이중 변환형 트랜스폰더의 기본 동작원리

그림 8.14에서 트랜스폰더에 의해 수신된 신호는 저 잡음 증폭기에서 증폭되어 제1차 혼합기 또는 변환기에서 국부발진 주파수에 의해 주파수가 변환되는데 그림 8.14에서와 같이 이 때 변환된 주파수가 다운링크 주파수가 되는 것이 아니고 중간주파수(IF : Intermediate Frequency)로 변환된다.

이때 다운링크 주파수로 직접 변환시키지 않고 중간주파수로 변환시키는 것은 고 전력 증폭기(HPA : High Power Amplifier)의 특성상 고 전력 증폭기에서 다운링크주파수를 증폭시켰을 때 충분한 증폭이득을 얻을 수 없으므로 다운링크주파수보다 낮은 주파수에서 이득을 높여서 고 전력 증폭하여 필요한 종단전력을 얻고자 하는 데 목적이 있다.

따라서 중간주파수로 변환된 신호는 중간주파증폭기(IFA)에서 증폭되어 입력 디멀티플렉서에 입력되고 각 채널신호에 해당하는 송신 트랜스폰더에 입력되고 각 채널신호에 해당하는 송신 트랜스폰더에 접속되어 제2차 변환기에서 다운링크주파수로 변환된 다음, 고 전력 증폭기에서 증폭되고 출력 멀티플렉서에서 다중화되어 안테나를 거쳐 송신된다.

이때 제1차 변환기에서 수신된 업링크 주파수보다 낮은 중간주파수로 변환시킨다고 해서 주파수 하강변환기(Down Converter)라 하며 제2차 변환기는 중간주파수를 이보다 높은 다운링크 주파수로 변환하므로 주파수 상승변환기(Up Converter)라고 한다.

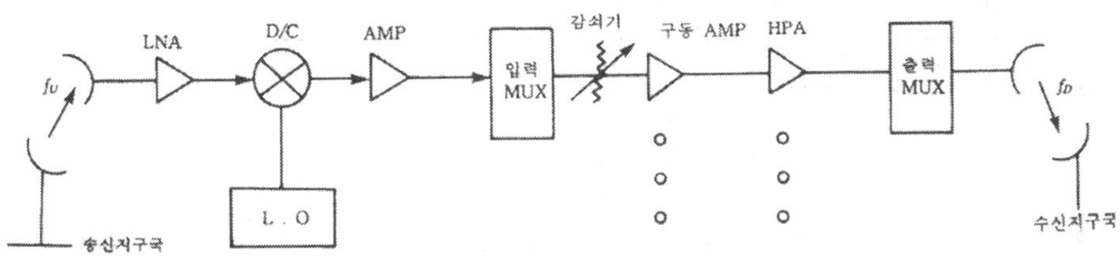

(a) 단일주파수 변환형 트랜스폰더

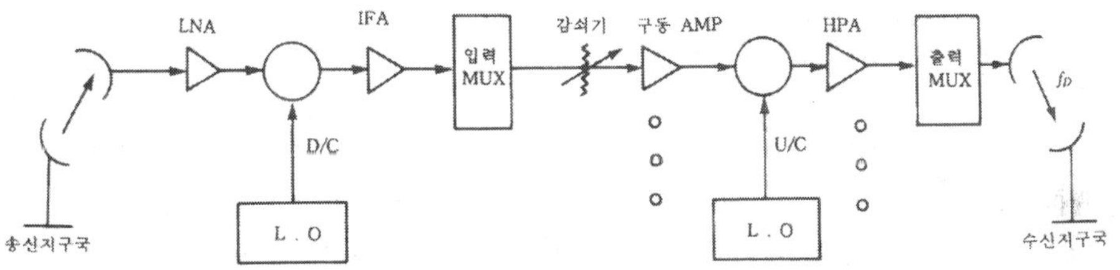

(b) 이중주파수 변환형 트랜스폰더

그림 8.13 트랜스폰더의 구성도

한편 위성에서 사용되는 주파수의 효율적 이용을 위해서 각 트랜스폰더의 송수신단에 직교모드 변환기(Orthogonal Mode Transducer)를 설치하여 하나의 주파수로 2개의 상이한 신호를 상호혼신을 주지 않고 송수신할 수 있다.

이것은 주파수의 편파성질을 이용한 것으로 지구국에서 수직편파나 수평편파(Horizontal or Vertical Polarization)를 송신하면 위성의 트랜스폰더에서는 수신안테나 직후에 설치된 편파분리기, 직교모드변환기(OMT : Orthogonal Mode Transducer)에 의해 수평편파 신호는 수평편파 담당용 트랜스폰더에 접속되고, 수직편파는 수직편파 담당용 트랜스폰더에 접속되어 위에서 설명한 동작원리에 의해 출력 멀티플렉서에서 다중화되는데, 직교모드 변환기를 사용할 때에는 송신안테나의 직전에 직교모드 변환기(OMT)를 설치해서 다중화 된 신호를 다시 수평편파나 수직편파로 만들어서 안테나를 거쳐 송신한다.

8.6 지구국 장비

8.6.1 개요

위성통신에서 무엇보다도 중요한 것은 지구국 장비이다. 즉, 지구국과 위성사이의 자유공간 손실이 약 200 [dB]가 넘을 뿐만 아니라 위성으로부터 수신되는 신호세력도 생각보다 매우 낮다. 따라서 이들의 손실을 보상해 주고 증폭해 줄 수 있는 장치들이 필요하다.

그 중 하나가 위성통신용 안테나인데 안테나는 지구국의 상징이기도 하다. 안테나의 크기는 회선용량에 따라 직경 3 [m] 내외의 소형 안테나에서 32 [m]의 대형안테나까지 그 종류가 다양하다. 지름이 30 [m]인 금산지구국의 안테나 면적은 야구장의 다이아몬드를 덮을 수 있는 넓은 면적이다. 안테나 시스템은 주 반사판, 부 반사판, 피드, 추적 장치 등으로 구성되어 있으며, 구조 형태에 따라 파라보릭, 카세그레인, 그레고리안, 오프셋 안테나로 불린다.

안테나의 기능은 송수신을 겸하고 있으며 송신 시 도파관을 통해서 온 전자파를 방사하고 수신 시에는 인간의 귀와 같이 공간을 통해 전파된 전자파를 모아 도파관으로 보낸다. 이것은 매우 미약한 신호세력이므로 저 잡음 증폭기(LNA)라는 증폭기에 의해 일단 증폭되는데 신호를 낮은 온도에서 증폭시킴으로써 열잡음을 축소시켜 높은 S/N비를 얻을 수 있다.

이렇게 하여 얻어진 광대역 신호는 하향 주파수 변환기에 의해 특정한 주파수가 선택되어 고주파 신호는 중간주파 신호로 바뀌어 베이스밴드 신호로 복조되어 넘어간다.

반대로 변조된 중간주파 신호는 상향 주파수 변환기에서 고주파 신호로 바뀌어 고출력 증폭기에서 증폭되고 안테나를 통하여 위성으로 전파를 보낸다.

출력 증폭기(HPA)는 대역폭이 500 [MHz] 정도의 광대역 증폭기로서 하나의 증폭기로 여러 개의 반송파를 동시에 증폭시킬 수 있는데 반송파의 용량에 따라 솔리드스테이트(S.S) 클라이스트론(Klystron), 진행파관(TWT)증폭기를 사용한다.

이들 시스템이 설치된 다수의 지구국들은 하나의 위성중계기를 공용함으로서 발생할 수 있는 통신회선간의 간섭을 피하기 위하여 여러 가지 방식을 사용하는데 주로 주파수 분할 다원 접속 방식, 부호 분할 다원 접속방식을 채택하고 있다.

그림 8.15는 일반적인 지구국 계통도를 보여준다.

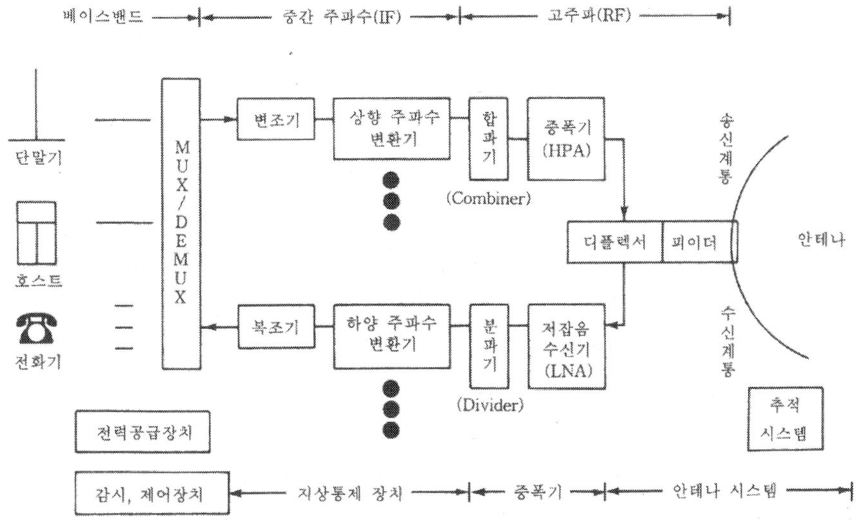

그림 8.14 일반적인 지구국 계통도

8.6.2 송신부

단말이나 전화 등으로부터 온 데이터를 변조하여 업링크하는 주파수 변조장치와 고출력을 위한 대 전력 증폭장치(High Power Amplifier) 등으로 구성되며 100~10 [kW]의 대 출력을 얻기 위해 진행파관(TWT)이나 클라이스트론(klystron : 속도변조관) 능이 사용되며 최근에는 반도체소자의 발전으로 GaAs FET도 사용된다. 변조장치는 시분할 다원접속(TDMA)의 디지털 방식이 주로 사용되며, 영상신호전송은 FM방식이 사용된다.

8.6.3 수신부

수신국은 위성으로부터 수신된 미약한 전파를 받아 증폭해야 하므로 증폭단계에서 발생하는 잡음을 작게 하고 신호를 증폭하는 저 잡음 증폭기(Low Noise Amplifier)와 다운 링크하는 하향 주파수 변환기와 복조기로 구성되며 복조기는 FM 고감도 복조방식을 사용한다.

저 잡음 증폭기(LNA)로는 가변용량다이오드(Varactor diode)의 부성저항 특성을 이용한 파라메트릭 증폭기나 GaAs FET, HEMT(High Electron Mobility Transistor) 등이 사용된다.

8.6.4 안테나부

지구국의 안테나는 송신용과 수신용이 공용으로 사용된다. 송신전파와 수신전파는 안테나 입구에 있는 분파기(Branching Filter)에서 주파수의 차이를 이용해 분리된다.

안테나는 접시 모양의 반구형 반사경을 가진 파라보라형, 카세그레인형, 리플렉터형 등이 있으며, 국제 통신용인 표준 A지구국용은 지름 ϕ32 [m], 국내위성용 및 표준 B지구국용 안테나의 지름은 10~13 [m]인 카세그레인(cassegrain) 안테나가 전파를 많이 모을 수 있어 널리 사용된다.

안테나의 구동장치는 유압식과 전기식이 있으며 구동방식은 수동식, 자기추적 및 프로그램 추적 방식이 있다.

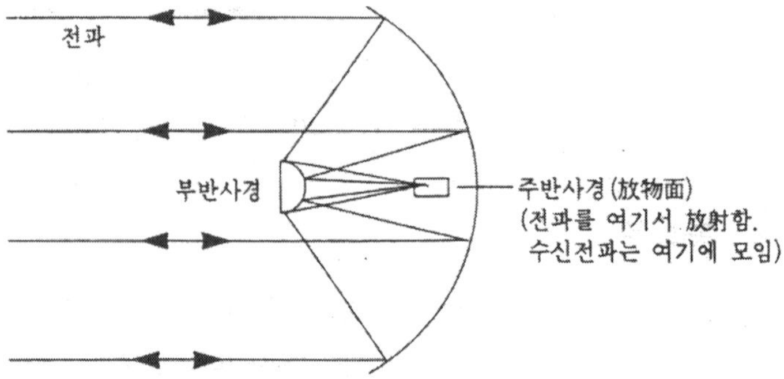

그림 8.15 카세그레인 안테나의 원리

8.7 초소형 위성통신 지구국

8.7.1 개요

위성통신의 역할이 점차 증대되고 위성통신분야의 기술 발전으로 인해 사용주파수가 C-band에서 K-band(18 [GHz]/27 [GHz])로 상향 사용됨에 따라 직경 1m 전후의 소형 안테나를 사용할 수 있게 되었다.

이와 같은 소형안테나(ϕ0.6~2.4m)를 사용하는 지구국을 초소형 위성통신지구국(Very Small Aperture Terminal : VSAT)이라고 부른다.

8.7.2 시스템 구성

그림 8.17에서 보듯이 VSAT는 여러 곳에 분산 설치되며 대형안테나를 설치한 허브국이 위성을 경유하여 VSAT로 다량의 데이터를 보내는 것이 일반적인 형태이다.

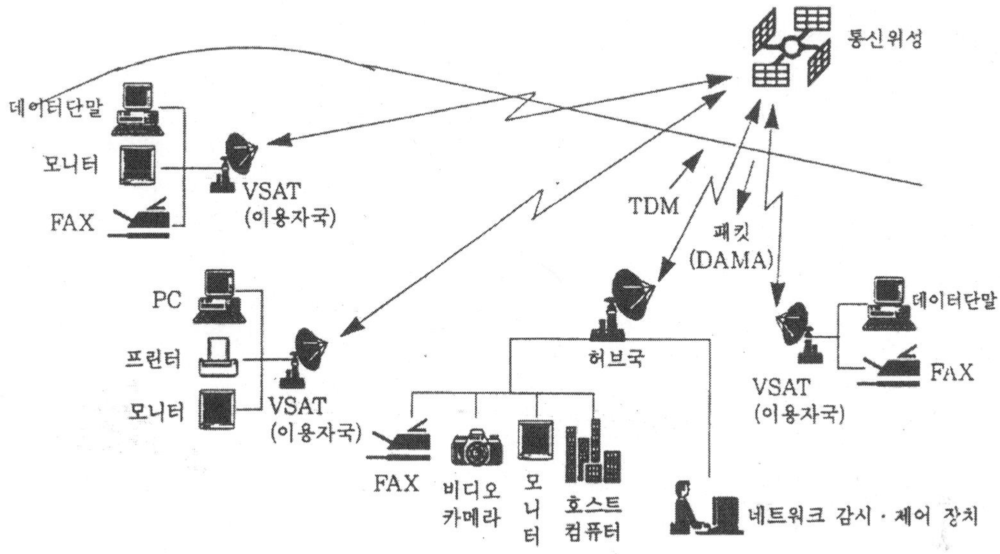

자료제공 : 주간기술동향 96-30

그림 8.16 VAST 시스템 구성도

VSAT 시스템은 통신의 관리 및 제어기능을 가지는 허브국과 컴퓨터, PC, FAX 등의 단말기들로 구성된 데이터 통신망이다.

허브국에서 VSAT로의 회선을 아웃바운드(Outbound) 회선이라 하며 VSAT에서 허브국으로의 회선은 인바운드(Inbound)라 한다.

아웃바운드 회선은 전송속도가 빠르며 시분할 다중방식(TDM)을 사용하고 인바운드 회선은 낮은 전송속도이며 주로 패킷 전송에 사용된다. 그밖에 가입자의 요구에 따라 회선을 할당하는 요구할당다원접속(Demand Assigned Multiple Access : DAMA) 방식도 사용된다.

8.7.3 응용

VSAT 시스템은 미국을 중심으로 근래 급속히 보급되고 있으며, 일본에서는 영상과 음성의 양방향 통신을 이용한 원격 교육 등에 사용되고 있다.

그밖에 크레디트 카드의 확인이나 조회에도 이용되며 POS(Point of Sales)데이터 전송, 금융업의 온라인 단말과 호스트 컴퓨터간의 데이터전송, 호텔이나 렌터카 회사의 예약 등의 데이터 전송에 사용되고 있다.

소형안테나를 사용함으로써 급속히 발전한 시스템으로 SNG(Satellite News Gathering)도 있다. 지난 1991년 걸프전쟁 때 CNN 기자의 방송이나 남해의 Sea Prince호의 기름 유출사건,

동해안 잠수함 침투사건 등 굵직한 사건 때마다 차량에 탑재한 이동국이나 휴대형 송신기 등으로 취재 현장에서 영상뉴스를 위성을 통해 직접 TV 방송국에 현장장면을 전송하던 것을 기억할 것이다. 차량 탑재국이나 휴대용 SNG 지구국은 보도현장에 도착하여 현장에서 생생한 보도를 신속히 송신할 수 있도록 설비가 소형 경량화 되었으며 안테나를 자동적으로 위성 쪽으로 앙각을 조절하는 제어장치도 부착되어 있다.(이상 자료제공 : 주간기술동향 96-30)

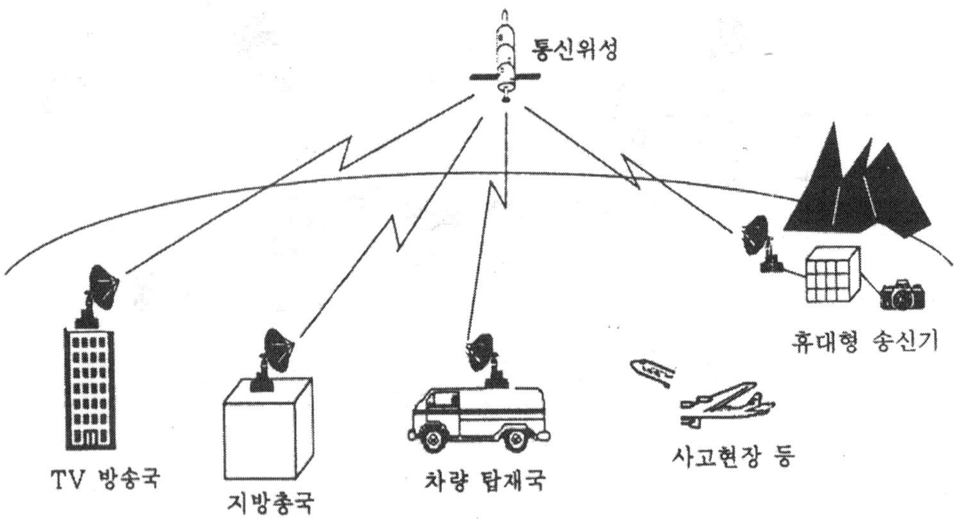

그림 8.17 SNG 시스템 구성도

8.8 위성 위치 정보 시스템(GPS)

8.8.1 개요

GPS(Global Positioning System)란 미 국방성에서 구축한 것으로 인공위성에서 발사되는 전파를 수신하여 사용자가 위치 및 속도, 시간을 정확하게 계산할 수 있도록 해 주는 위치 측정시스템이다. 지상 20,000 [km] 상공의 6개 궤도에 떠있는 24개의 위성들로부터 보내지는 데이터를 수신하여 시간, 위도, 경도, 해발, 고도 등의 정보를 얻을 수 있기에 초기에는 군사적인 목적으로 구축되었다. 우리나라 상공에는 항상 7~8기의 위성이 통과하며 전 세계적으로 24시간 정보를 지상에 내려 보내고 있다. GPS는 표준 위치 서비스(Standard Positioning System : SPS)와 정밀 위치 서비스(Precise Positioning System : PPS)로 나누어지는데 SPS는 주로 민간 이용부문이며 PPS는 군사적 용도에 사용된다.

최초의 위치정보시스템은 미국 GPS가 주도하고, 러시아 GLONASS가 기술 위성을 진행했으며, EU에서 2011년 이후 위치정보서비스를 진행하고, 최근 2018년 말에는 중국 COMPASS(베이더우)도 독자적 참가하는 위치정보서비스를 진행하게 되었다.

표 8.11 GPS 위성의 제원

	미국 GPS	러시아 GLONASS	유럽 GALILEO
위성 수	24개	24개	24개
궤도고도	20,1830[km]	19,100[km]	13,222[km]
궤도 수	6,위상60°	3, 위상120°	3, 위상120°
궤도주기	11시간 56분 4.09초	11시간 16분	-
반송파주파수	1.5742[GHz] 1.2276[GHz]	1.602+k×9/16 1.246+k×7/16, k:24개	-
다중방식	CDMA (코드분할 다중)	FDMA	EGNOS (유럽 초정밀 GPS 보정시스템)
통신방식	DS(Direct Sequence) Spread Spectrum	DS(Direct Sequence) Spread Spectrum	EGNOS
의사잡음코드	각 위성 상이	위성에 공통	EGNOS
궤도데이터	매시수정(케플러 궤도요소)	30분마다 위치, 속도, 가속도 수정	EGNOS

8.8.2 시스템 구성

GPS의 위력은 지난 1991년 걸프전쟁 때 정확한 명중률로 각광을 받은 토마호크와 같은 미사일을 통해서 입증되었는데 그 특성은 다음과 같다.

- 자동차, 항공기, 선박 등 이동체에 탑재 가능, 3차원의 위치, 고도 및 시간의 정확한 측정
- 두 지점 사이의 거리 측정이 간편하고 신속한 측량이 가능하다.
- 전 세계적으로 24시간 연속적인 서비스를 제공할 수 있다.
- 측정된 위치자료의 온라인 처리가 가능하다.
- 전 세계적인 공통좌표계를 사용한다.(WGS-84 : World Geodetic System of 1984)

GPS를 민간분야에서 이용할 경우 위치오차가 약 100m 정도지만 차분 GPS(Differential GPS)방식을 이용하면 오차를 2~5m 정도로 줄일 수 있다. 그림 8.19는 GPS의 구성도이다.

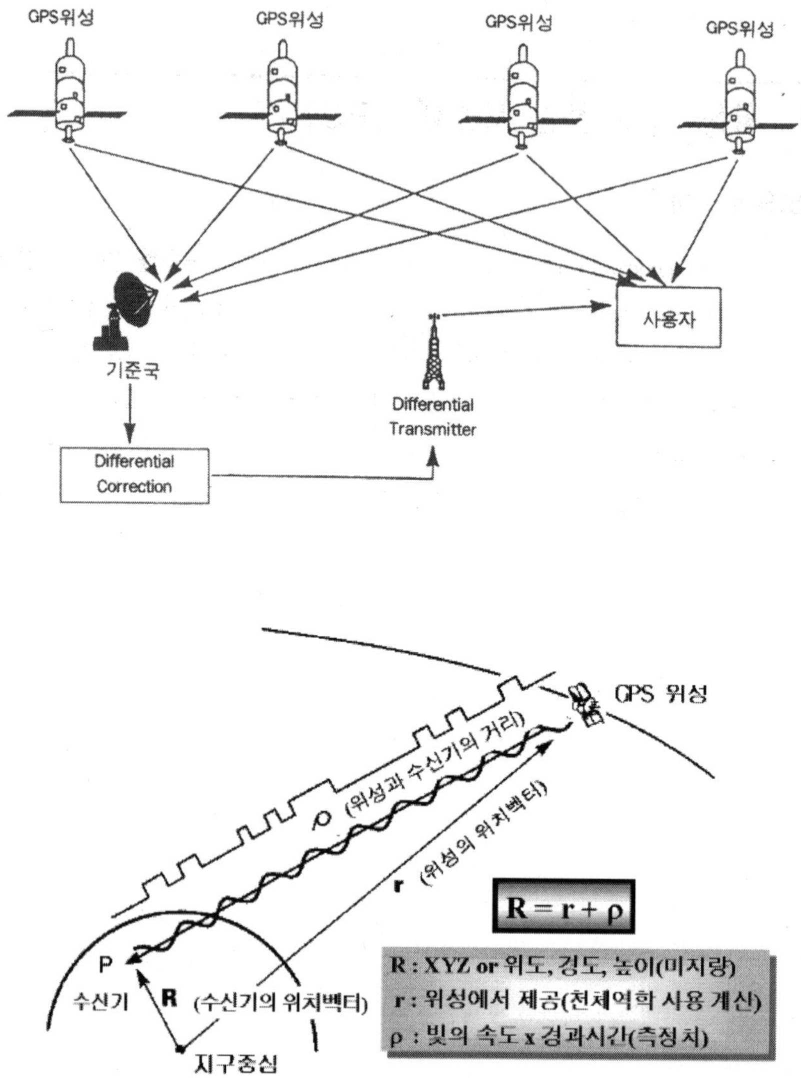

그림 8.18 GPS의 구성도 및 측정 원리

GPS는 위성을 이용한 위치, 속도 및 시간 측정 서비스를 제공하는 시스템으로 3개 부문 즉 위성부문, 지상관제부문과 사용자 부문으로 구성되어 있다.

(1) 위성

6기의 궤도에 24개의 위성이 있으며 고도 20,200 [km], 경사각 55°이며 주기는 12시간이다.

위성의 배치는 사용자가 최소한 5기의 위성으로부터 신호를 수신할 수 있도록 배치되었으며 각각의 위성은 2개의 L-band 주파수(L1 : 1.5742 [GHz], L2 : 1.2276 [GHz])를 송신한다. L1은 P코드(Precise Code) 및 C/A코드(Coarse/Acquisition)를, L2는 P코드를 반송한다. 표 8.11은 위성의 제원을 나타냈다.

(2) 지상관제국

5개의 감시국으로 구성되며 이중 3곳은 업링크 전송기능이 있는데 이를 망 관리 센터(Network Management Center)라고 한다. NMC에는 위성과 전파를 송수신하기 위한 대형 지구국 시설과 망 관리를 위한 장비 및 NMC 소프트웨어, 무선제어 소프트웨어 등으로 구성되어 있다.

(3) 사용자

안테나와 수신기로 구성되며 위성신호를 수신하여 위치, 속도 및 시간을 계산한다. 차량 위치 정보 서비스를 이용할 경우 컴퓨터와 응용 프로그램이 추가된다.

8.8.3 위치 측정 원리

위치 측정은 GPS 위성에서 송신되는 신호가 사용자 수신기에 도달되는 시간에 빛의 속도를 곱하여 위성과 사용자 사이의 거리가 계산된다. 이 경우 발생되는 주요한 오차 인자는 사용자 수신기 시계 오차, GPS 위성 시계 오차, 전리층 지연 오차, 수신기 잡음 등이라고 할 수 있다. 이렇게 측정된 거리를 의사 거리(pseudo range)라 부른다. 의사거리를 P_s라 하면 위성과 사용자 사이의 거리는 다음과 같이 표현될 수 있다.

$$P_s = R_r + C\Delta t_u$$

P_s : 의사거리

R_r : 실제거리

Δt_u : 사용자 수신기 시계 오차

C : 빛의 속도(3×108 [m/s])

공간상에서 GPS 위성의 위치를 (x, y, z)라 하고 사용자의 위치를 (xu, yu, zu)라 하면 위 식은 다음과 같다.

$$P_s = \sqrt{(x-x_u)^2 + (y-y_u)^2 + (z-z_u)^2 + C\Delta t_u}$$

위 식에서 (x, y, z)는 GPS 위성으로부터 구하지만 나머지 미지수(xu, yu, zu와 Δt_u)들의 해를 구하기 위해 4개 이상의 방정식이 있어야 한다. 그러므로 최소 4개의 위성(그림 8.19 참조)으로부터 데이터를 수신하여 사용자의 위치를 결정한다.

8.8.4 응용분야

GPS의 응용분야는 하늘, 땅, 바다 등 다양하다. 즉, 저궤도 위성의 위치 획득에도 이용되며, 항공기 운항, 관제 및 정밀 착륙에 이용된다.

지상 운송 분야로는 첨단 교통관제, 여행자 정보 시스템, 상용 차량 운용, 응급 구조차, 경찰 순찰차의 순찰 위치, 정찰 등에 이용된다.

해상 운송 분야로는 수로 안내, 운하 수송, 선박 항해 등에 이용되며 기타 지하자원 및 토지 관리 분야나 기상 연구, 대류층 연구 등에도 이용된다. 그림 8.20은 화물운송회사의 이용사례를 보여준다.

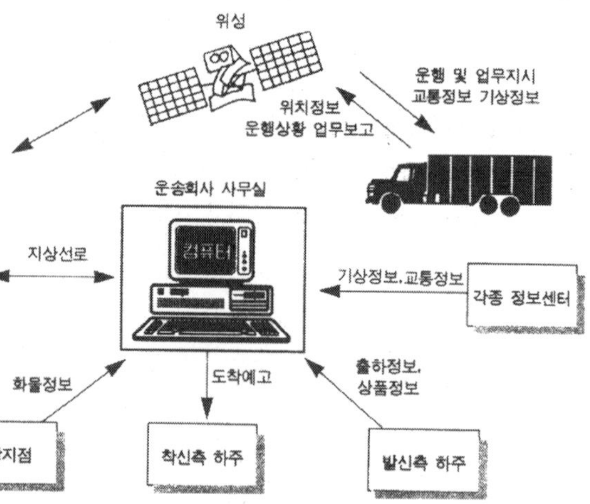

그림 8.19 화물운송회사의 이용 사례

이것을 차량위치 정보시스템이라 하며 이미 미국과 일본에서는 실용화하였다. 이 시스템을 이용하면 차량의 위치와 이동경로를 한 눈에 알 수 있으므로 자동차의 운행효율을 높이고, 정확한 도착시간을 알 수 있으며 또 사무실에서는 전국의 도로 교통 정보를 이용해 혼잡지역을 우회하도록 지시하는 등 긴급 상황에 유연하게 대처할 수 있다.

8.8.5 GPS 표준화

다수의 국가 또는 국제기구가 GPS장비에 영향을 주는 표준을 제정하고 있는데, 수신기의 경우 IEC(International Electrotechnical Commission)와 CENELEC(European Commission for Electrotechnical Standardization)는 GPS 수신기의 성능수준, 시험방법 및 표준 충족에 요구되는 시험결과에 대한 표준인 IEC 61108-1(1996-06)을 1996년에 채택하였고, 항공분야에 있어서는 EUROCAE(EUROpean Organization for Civil Aviation Equipment)가 비 정밀 응용분야 표준인 ED-72A(Minimum Operational Performance Specification for Airborne GPS Receiving Equipment Used for Supplemental Mean of Navigation)문서를 1997년에 승인하였다.

그리고 DGPS 서비스의 경우에는 CENELEC이 RDU(Radio Data System) 회의 결과를 토대로 하여 선행 표준안인 EN50067을 준비하고 있고 RDU는 FM 라디오 방송으로 DGPS 신호를 송신하며, 미국은 RDU 표준안을 1998년에 승인, 일본의 DGPS인 MSAS의 데이터형식은 RTCA SC-159이다. 선박 자동식별 시스템(AIS : Automatic Identification System)은 항만 관제용으로 개발된 2S(Shore to Ship)방식인 DHS/VHF 방식과 4S(Ship to Ship, Ship to Shore)방식의 2가지 방식이 검토되었으나 국제기구에서 4S 방식을 국제표준으로 채택하였으며 TDMA(Time Division Multiple Access)를 사용한다.

8.8.6 발전전망

GPS 시장의 응용분야별 분류는 시장조사 기관마다 그 기준이 다르다. 미 상무성의 ITA에서는 GPS 응용분야를 자동차 항법분야, 개인용/레저용 분야, 추적탐지 및 기계제어분야, OEM 분야, 측량/지도제작/GIS분야, 항공분야 그리고 군사용 GPS 분야로 구분한다. 차량 내비게이션으로 대표되는 자동차 항법분야에 가장 큰 시장을 형성할 전망이다.

그리고 1999년부터 2008년까지는 차량항법 분야의 성장이 현저하나, 그 이후는 시장의 포화상태로 성장률은 둔화될 것으로 예측한다. GPS와 다른 정보기술이 결합하여 제공되는 개인용/여가용 분야는 점차 거대한 시장으로 성장할 가능성이 많지만, 이 시장의 성장은 GPS 칩/보드 비용이나 시스템 통합 비용의 절감 효과에 크게 연관될 것으로 예상된다. 2000년 5월 미국 국방성이 민간분야 GPS의 이용제한을 해제함에 따라 이를 활용한 국가경쟁력 제고가 중대 사안으로 부각된다.

정보통신부는 해양수산부, 행정자치부, 건설교통부, 과학기술부 등과 협의를 통해 2008년까지 전국의 육상, 해양, 항공의 고정밀 GPS 서비스 인프라 구축을 위한 연구 작업을 본격화하기로 하는 등, GPS를 이용한 다각적인 정보화 육성방안을 마련, 적극 추진하고 있다. 국내에서 성장 가능성이 큰 분야로는 차량항법시스템, 차량관제/위치추적시스템, 시각동기 시스템 등으로 평가된다. 국내 시장에서 패치안테나와 GPS 단말기 분야의 기술개발이 가장 활발하게 이루어지고 있다.

8.8.7 스마트 재밍 기술

최근 차량 내비게이션을 비롯하여 스마트폰 등에서는 자신의 위치 정보와 시각 정보를 산출하는 데 있어 GPS(Global Positioning System) 신호를 사용하고 있다. 하지만 GPS 신호의 송출전력은 개방된 장소를 기준으로 했을 때 약 -160dBW로 매우 낮으며 이로 인해 GPS 신호를 수신할 때 각종 전파간섭이 발생할 가능성이 높다. 국내에서는 지난 2010년부터 최근까지 세 차례의 GPS 전파교란이 발생하였으며 이 때문에 통신 분야, 항공기 및 선박 등의 분야에서 많은 피해를 입기도 하였다.

GPS 신호에 대한 전파교란의 형태는 크게 GPS 신호가 사용하는 주파수 대역에서 GPS 수신 세기보다 높은 신호를 송출하는 형태인 재밍(Jamming)과 항법수신기로 하여금 잘못된 위치 및 시각 정보를 산출토록 하는 기만(Spoofing), 즉 스마트 재밍(Smart Jamming)으로 나눌 수 있다.

이 중 스마트 재밍은 GPS 신호의 모사신호를 만들어 실제 GPS 신호 세기보다 다소 높게 송출하는 것으로 수신기는 실제 GPS 신호가 아닌 모사 GPS 신호를 획득하고 추적하여 잘못된 위치 및 시각 정보를 산출하게 된다. 스마트 재밍에 대한 피해 사례는 다양한데 한 예로 미국의 경우 이라크 및 아프가니스탄 지역 등에서 진행한 군사작전 중에 유도무기 일부가 당초 목표로 했던 장소가 아닌 지역에 떨어져 민간인 피해가 발생한 적이 있다. 이와 같은 형태는 GPS 항법신호를 처리하는 수신기가 자신이 현재 전파교란을 당했는지를 감지하지 못하여 발생한 것으로 추후에도 항법수신기의 위치 및 시각 정보를 그대로 믿고 군사작전을 감행할 경우, 상당한 피해가 발생할 가능성이 높다고 할 수 있다. GPS 신호를 방해하는 요소는 크게 재밍, 전파차단, 스마트 재밍, 재방송으로 나눌 수 있다.

GPS 재밍은 GPS 신호와 같은 주파수 대역의 큰 신호 전력을 송신하는 재머를 이용하여 GPS 신호를 교란하는 것으로 비교적 쉽게 GPS 전파교란이 가능하다. 전파차단은 GPS 신호의 수신이 이뤄지지 못하도록 차단시키는 것으로 GPS 수신기 안테나를 결렬시키거나 금속 물체를 이용하여 안테나를 덮을 경우, 손쉽게 GPS 신호의 차단이 가능하다. GPS 재밍이나 전파차단이 발생하였을 경우 GPS 수신기가 GPS 신호에 대한 획득 및 추적 과정이 이루어지지 못하므로 GPS 신호에 대한 방해 여부를 비교적 손쉽게 인지할 수 있다.

스마트 재밍은 GPS 기만기를 이용하여 이루어지는데 GPS 기만기는 공개된 GPS 신호 구조를 이용하여 오차가 인가된 거짓 GPS 신호를 생성하여 목표로 삼은 수신기에 송신함으로써 수신기가 잘못된 시각과 위치를 계산하도록 한다. 스마트 재밍을 위해 GPS 기만기는 GPS 신호를 수신하고 이를 실제 GPS 신호보다 다소 높게 송출함으로써 목표로 삼은 수신기가 실제 GPS 신호가 아닌 기만기가 송출한 신호를 획득, 추적하도록 한다. GPS 신호를 수신하고 단순히 재방송하는 형태의 전파교란인 재방송은 수신기가 TOA(Time of Arrival) 정보를 사용하여 위치를 계산하는 점을 이용해 수신한 GPS 신호를 일정 시간 동안 지연시킨 후 다시 수신기에 재 송신함으로써 오차가 인가된 PVT(Positioning, Velocity, Timing) 정보를 산출하도록 하는 것이다. 스마트 재밍과 GPS 신호 재방송은 타깃 수신기가 거짓된 정보를 실제 GPS 신호라고 판단하고 신뢰하여 사용하도록 하므로 사용 환경에 따라 더 치명적인 영향을 미친다. 스마트 재밍과 재방송은 모두 수신기의 동작불능이 아닌 사용자가 정확한 PVT 정보를 서비스 받지 못하도록 거짓된 정보를 전달하는 것이다. 이러한 점에서 재방송을 큰 범주의 스마트 재밍에 포함시킬 수 있다.

스마트 재밍 검출 기술로는 신호 전력의 절대적인 크기를, 상대적인 신호 세기 감시로는 3dBW 차를 감시하여 GPS 수신 신호 전력은 L1 채널의 P(Y)코드에 대해서는 -155.5dBW, C/A 코드에 대해서는 -153dBW, L2 채널의 모든 신호에 대해서는 −158dBW를 비교하여 측정한다. 신호 전력의 변화율 감시로는 GPS 위성은 지구로부터 2만km 떨어져있기 때문에 지구 표면 근처의 어떠한 위치 변화에 대해서도 신호 전력이 급격하게 변하지 않는 현상을 이용한다.

이 외 코드와 반송파의 변화율 비교, 도플러 변화량 검사, L1-L2 측정치 비교, 위성 궤도력 검사, 급격한 변화값 점프 검출 등으로 스마트 재밍 검출을 하고 있다.

8.9 셋톱박스(STB : Set Top Box)

8.9.1 셋톱박스의 구성

셋톱박스의 구성과 동작과정은 다음과 같다.

- 위성에서 수신된 MW파(C, X, Ku, K, Ka 등)의 안테나 수신(예 : 11.7～12GHz)
- 수신신호의 모드를 변환(RHP, LHP파가 Horn Feeder를 통한 LP파로 변환)하여 LNB로 전송. 분극은 타 위성 전파신호의 간섭을 없애기 위함.
- LNB(Low Noise Amplifier and Block Down Converter)는 LNA, BPF, LO, IF필터, 전력공급기 등을 포함.
- LNA (-90dB 잡음이 많은 전파에서 소전력 신호의 추출, GaFET/HEMT 소자)
- 주파수변환 (IF주파수변환기 : 1차=1.03~1.33GHz대역, 2차=479MHz대역, BPF, mixer, LO (10.687GHz), IF증폭기 등) 회로를 통한 AV신호
- 튜너는 1, 2차 IF필터를 통해 AV신호는 복조되고, 음성신호는 10.7MHz에서 FM신호를 가지며, 신호의 전체 대역폭은 6MHz/ch이다.

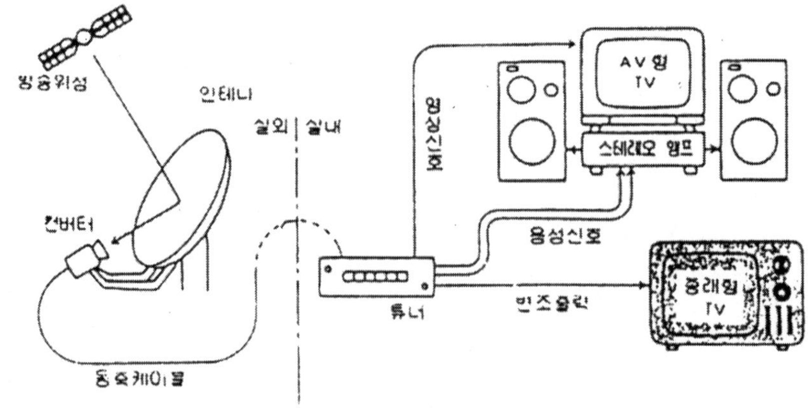

그림 8.20 위성신호 수신용 STB

8.9.2 디지털 셋톱박스

디지털 셋톱박스는 디지털 방송이나 통신 서비스를 이용하기 위해 가입자의 가정에 설치하는 일종의 신호 변환장치이며, 일반적으로 서비스 종류에 따라 위성방송용, 지상파방송용, 케이블방송용, 인터넷TV용 셋톱박스 등으로 구분할 수 있다.

셋톱박스의 기본적인 기능은 MPEG2로 압축되어 전송된 디지털 정보의 품질을 유지하면서 재생하는 것이다. 비디오 및 오디오 복호기는 수신된 MPEG2 압축 데이터를 압축 해제하는 기능을 수행하는데 4~15Mbps의 처리능력을 필요로 한다. 비디오 및 오디오 처리부는 그래픽 오버레이, 그래픽 프로세서, NTSC 부호기로 구성되며, 이러한 블록은 IRD(Integrated Receiver Decoder)로 가능하다. 외부 인터페이스로는 VCR, 카메라 및 PC등을 위한 IEEE 1394, PCMCIA 및 USB 등이 내장된다.

(1) 셋톱박스의 블록도

현재 가장 일반적인 셋톱박스는 디지털 백 엔드(Back end)칩, 아날로그 프론트 엔드(Front end) 컴포넌트, 그리고 튜너로 구성되어 있다. 백 엔드 칩은 16 또는 32비트 RISC CPU, MPEG-2 트랜스포트/복호기, MPEG A/V, 그래픽 엔진 및 NTSC/PAL비디오 부호기와 오디오 부호기가 통합되어 있으며, 케이블 및 위성 셋톱박스 설계에 표준으로 적용되고 있다.

아날로그 프론트 엔드는 복변조(Demodulation), 순행 오류 교정(Forward Error Correction : FEC) 및 아날로그-디지털 변환을 조절한다. 대부분의 복변조기는 제로-IF 아키텍처를 이용하며, 현재 QPSK 복변조기를 이용하고 있는 위성용 셋톱박스는 2004년부터 대용량 8PSK 복변조 방식으로 옮겨갈 전망이다. 그리고 대부분의 케이블 셋톱박스는 고가의 양방향 QAM 복변조기를 사용하고 있다.

PVR(Personal Video Recorder) 기능이 통합된 첨단 셋톱박스는 보다 견실한 32bit 프로세서 코어를 사용하고 더 큰 메모리 컨텐츠를 제공하며, 사용자가 TV의 한 채널을 보면서 다른 채널을 녹화할 수 있도록 또 다른 튜너와 복변조기가 사용된다. 또한 MPEG 복호기/프로세서는 부가적인 디먹스(Demux)를 조절하고 하드디스크 드라이버와의 인터페이스를 제어하기 위해 약간 복잡해진다.

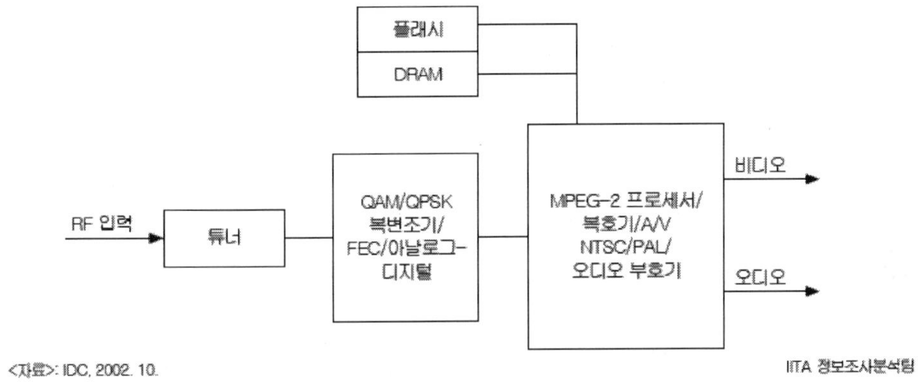

그림 8.21 위성신호 수신용 디지털 STB

(2) 단일 칩 셋톱박스

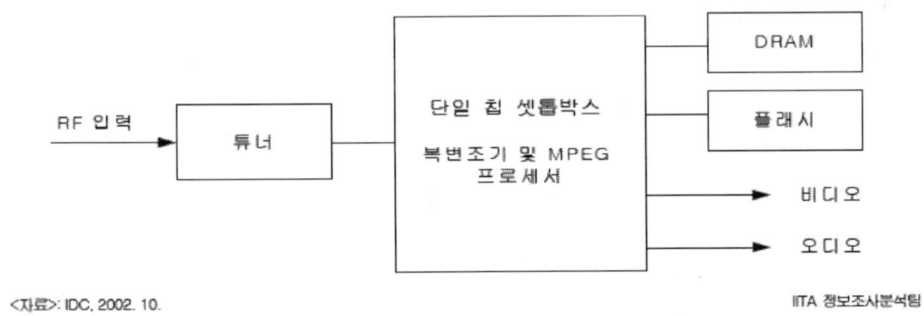

그림 8.22 디지털 STB 블록도

디지털 셋톱박스는 경쟁사보다 새롭고 더 큰 수익을 창출하려는 방송사들의 더 발전된 디지털 방송서비스 제공, 기술사양 측면에서 셋톱박스 제조업체의 역할 확대, 셋톱박스 가격 하락을 상쇄하려는 제조업체의 제품전략, 새로운 기술에 대한 소비자 요구, 새로운 기술적 표준에 대한 진전 등과 같은 요인에 의해 다양한 기술 발전이 촉진되고 있다.

앞으로 셋톱박스의 기술적 차별화를 이룰 수 있는 주요 요인으로는 양방향 S/W 기술, PVR기능 및 네트워크 기능을 들 수 있는데, 양방향 S/W기술은 디지털 방송에서 일반 방송에 필요한 비디오/오디오 정보뿐 아니라 일기예보, 주식정보 및 프로그램 상세정보 등과 같은 더욱 풍부해진 데이터 정보의 효과적인 처리와 실질적인 양방향 기능을 통한 전자메일, VOD 및 T-Commerce등과 같은 다양한 부가서비스를 구현하는 기능으로서 방송사에게는 추가적인 수입원을 제공하고 소비자에게는 보다 향상되고 새로운 서비스를 제공할 수 있다. 다음은 세대별 디지털 셋톱박스의 기술 발전 추세를 간략히 정리하였다.

표 8.12 위성신호 수신용 STB 세대별 발전

구분	기술사양	서비스
제1세대 (~2001년)	기본적인 MPEG부호화 적은 용량의 메모리 제한된 CPU	PPV(Pay Per View), 날씨예보
제2세대 (2002년~2004년)	메모리와 처리능력 2배 증진 리턴채널 신규 애플리케이션	전자상거래, 홈뱅킹, 홈쇼핑
제3세대 (2005년~)	고속 CPU HDD 케이블 모뎀	인터넷, VOD, VOIP, IPTV, 양방향서비스, 고화질(HD)영상서비스

연 습 문 제

8.1 정지 위성의 기하학적 배치도를 그리고 설명하시오.

8.2 위성통신의 종류를 들고 설명하시오.

8.3 인공위성의 궤도에 관해 설명하시오.

8.4 위성통신방식의 종류를 들고 설명하시오.

8.5 FDMA에 대해 설명하시오.

8.6 TDMA방식에 대해 설명하시오.

8.7 CDMA방식에 대해 설명하시오.

8.8 트랜스폰더에 관해 설명하시오.

8.9 인텔샛 위성에 관해 설명하시오.

8.10 위성통신의 특징 및 장점을 쓰시오.

8.11 위성통신용 안테나의 종류를 들고 설명하시오.

8.12 지구국 장비에 대해 설명하시오.

8.13 멀티빔에 대해 설명하시오.

8.14 VSAT에 관해 설명하시오.

8.15 SNG에 대해 설명하시오.

8.16 GPS에 대해 설명하시오.

APPENDIX

부록

A. 대수적 단위

B. 전자기파

C. 스펙트럼분석기

A. 대수적 단위

A.1 데시벨

두 전력 P_1과 P_2가 서로 다르면 그들의 차이는 데시벨로 다음과 같이 표시할 수 있다.

$$D = 10\log_{10}\frac{P_1(\text{비교전력})}{P_2(\text{기준전력})} \qquad \cdots\cdots (A.1)$$

$$\text{음압(SPL)} = 20\log_{10}\frac{(\quad)\ \mu\ bar}{0.0002\mu bar}[\text{dB}]$$

데시벨이 양수 값이면 P_1이 P_2보다 크다는 것을 의미하며, 음수 값이면 P_1이 P_2보다 작다는 것을 의미한다.

만일 분자가 50W이고 분모가 10W이면 $D = 10\log10(50/10) = 7$데시벨(dB)인 반면, 분자가 10W이고 분모가 50W이면 $D = 10\log10(10/50) = -7$dB이다. 더 큰 단위인 벨의 1/10인 데시벨은 $10\log10(P_1/P_2)$로 정의된다. 사실 벨은 너무 큰 단위이고 데시벨이 알맞은 단위이다.

여기서 P_1과 P_2비율이 신호내 잡음 비율이면 SNR로, 신호대 간섭신호 비율이면 SIR로 표시된다.

$$D = 10\log_{10}\left(\frac{V_1^2/R_1}{V_2^2/R_2}\right) \qquad \cdots\cdots (A.2)$$

$$= 20\log_{10}(I_1/I_2) + 10\log_{10}(R_1/R_2)$$

비슷한 이유에서 D는 쉽게 다음과 같이 표현될 수 있다.

$$D = 20\log_{10}(I_1/I_2) + 10\log_{10}(R_1/R_2) \qquad \cdots\cdots (A.3)$$

그러므로, 데시벨을 결정하기 위해 전압 또는 전류값 외에도 저항값을 알고 있어야 한다. 데시벨이 널리 사용되고 있기 때문에, 그 의미는 전압과 전류비를 다룰 수 있도록 확장되었다. 정의에 의해, 만일 두 전압 V_1과 V_2가 다르다면, 그들의 차이 D_v를 데시벨로 나타내면 다음과 같다.

$$D_v = 20\log_{10}(V_1/V_2) \qquad \cdots\cdots \text{(A.4)}$$

유사하게, 만일 두 전류 I_1과 I_2가 다르다면 그들의 차에 D_i에 대한 데시벨은 다음과 같다.

$$D_i = 20\log_{10}(I_1/I_2) \qquad \cdots\cdots \text{(A.5)}$$

이미 보았듯이 R_1/R_2를 알고 있을 때 D_i와 D_v는 D에만 관련된다.

예를 들어, "20dB 전력"은 의미가 없지만 1W에 비례하여 20dB는 100W를 의미한다. 종종 기준 레벨은 나타낸 단위를 통해 묵시적으로 이해된다.

A.2 데시벨의 단위

때때로 기준레벨은 단축된 형태로 지시되고 다른 예는 dBμV와 dBV인데 이들은 각각 1마이크로 볼트와 비례하는 데시벨을 의미한다.

- dBW는 1와트를 기준
- dBm는 1mW 단위의 전력 기준
- dBmV는 1mV 단위의 전압 기준
- dBuV는 1μV 단위의 전압 기준
- dBr는 dBm-dBm0(일례) 관계식 정의로서, TLP(Test Level Point)는 특정 위치의 전력레벨 0 [TLP]를 기준으로 표시됨.

A.3 네이퍼

네이퍼는 전송선을 따른 전류의 감쇠를 일반대수가 아니라 자연대수를 이용하여 표현하기 위해 처음으로 도입된 대수적 단위이다. 만일, 두 전류 I_1과 I_2가 서로 다르다면 그들의 차이 N을 네이퍼로 나타내면 다음과 같다.

$$N = \ln(I_1/I_2)(= \log_e(I_1/I_2))$$

데시벨과 네이퍼 사이의 관계는 쉽게 확립되었다. 식(A.5)는

$$D_i = 20\log_{10}(I_1/I_2)$$

을 주고 대수적 밑수를 바꾸면

$$D_i = (20\log_{10}e)(In(I_1/I_2)) \quad \cdots\cdots \text{(A.7)}$$

$$= 8.686N$$

참고. 단위에 대한 이해

p(피코) : 10^{-12}	f(팸토) : 10^{-15}	a(아토) : 10^{-18}	z(제토) : 10^{-21}
d(데시) : 10^{-1}	m(밀리) : 10^{-3}	μ(마이크로) : 10^{-6}	n(나노) : 10^{-9}
$10^0 = 1$			
da(타카) : 10^{+1}	K(킬로) : 10^{+3}	M(메가) : 10^{+6}	G(기가) : 10^{+9}
T(테라) : 10^{+12}	P(페타) : 10^{+15}	E(엑사) : 10^{+18}	Z(제타) : 10^{+21}

예제 A1. 전력에 의한 계산 식(A.1)을 사용해서 각 경우에 대한 풀이와 값에 대한 이해

$$D = 10\log_{10}\frac{P_1}{P_2} = 10\log_{10}\frac{10}{1} = 10\log_{10}10^1 = 10\,dBW$$

$$D = 10\log_{10}\frac{P_1}{P_2} = 10\log_{10}\frac{1}{10} = 10\log_{10}10^{-1} = -10\,dBW$$

$$D = 10\log_{10}\frac{P_1}{P_2} = 10\log_{10}\frac{100}{1} = 10\log_{10}10^2 = 20\,dBW$$

$$D = 10\log_{10}\frac{P_1}{P_2} = 10\log_{10}\frac{10,000}{1} = 10\log_{10}10^4 = 40\,dBW$$

$$D = 10\log_{10}\frac{P_1}{P_2} = 10\log_{10}\frac{1}{10,000} = 10\log_{10}10^{-4} = -40\,dBW$$

$$D = 10\log_{10}\frac{P_1}{P_2} = 10\log_{10}\frac{1,000,000}{1} = 10\log_{10}10^6 = 60\,dBW$$

$$D = 10\log_{10}\frac{P_1}{P_2} = 10\log_{10}\frac{10,000,000,000}{1} = 10\log_{10}10^{10} = 100\,dBW$$

예제 A2. 전압과 전류에 의한 계산 식(A.4, 5)을 사용해서 각 경우에 대한 풀이와 값에 대한 이해

$$D = 20\log_{10}\frac{V_1}{V_2} = 20\log_{10}\frac{10}{1} = 20\log_{10}10^1 = 20\,dBV$$

$$D = 20\log_{10}\frac{V_1}{V_2} = 20\log_{10}\frac{1}{10} = 20\log_{10}10^{-1} = -20\,dBV$$

$$D = 20\log_{10}\frac{I_1}{I_2} = 20\log_{10}\frac{100}{1} = 20\log_{10}10^2 = 40\,dBI$$

$$D = 20\log_{10}\frac{V_1}{V_2} = 20\log_{10}\frac{10,000}{1} = 20\log_{10}10^4 = 80\,dBV$$

$$D = 20\log_{10}\frac{V_1}{V_2} = 20\log_{10}\frac{1}{10,000} = 20\log_{10}10^{-4} = -80\,dBV$$

$$D = 20\log_{10}\frac{V_1}{V_2} = 20\log_{10}\frac{1,000,000}{1} = 20\log_{10}10^6 = 120dB = 120\,dBV$$

$$D = 20\log_{10}\frac{mV_1}{mV_2} = 20\log_{10}\frac{10,000,000,000}{1} = 20\log_{10}10^{10} = 200\,dBmV$$

B. 전자기파

B.1 전자파특성

전자기적 에너지는 공간을 통해 전파되고 횡전자기파(TEM파)의 형태로 전송선을 따라 유도된다. 이런 형태의 파형에 대해 위상속도 V_p(m/s)와 함께 진행되는 파인 전기장 E(V/m), 자기장 H(A/m), 그리고 전파의 방향 x는 면 E 또는 H필드(그림 B.1(b))도 반전되어야 한다. 이것은 유도된 EMF와 같은 극성을 유지하면서 DC발생기의 순환 방향을 반전시킬 때 필요한 조건과 비슷하다. TEM파에 대한 어떤 기본적인 특징을 설명하기 위해 정현적인 변화가 가장될 것이다. 필드방정식은 아래와 같다.

$$E = E_{max}\sin(\omega t - \beta x) \quad V/m \qquad \cdots\cdots \text{(B.1,2)}$$

$$H = H_{max}\sin(\omega t - \beta x) \quad A/m$$

여기서, $w = 2\pi f = 2\pi / T$이고 $\beta = 2\pi/\lambda$이다. 주기 T와 파장 λ는 그림 B.1(c)와 (d)에 나타내었다. 분명히 T초 동안 한 사이클이 발생하기 때문에 헤르츠로 주파수 f가 되는 1초 동안의 사이클 수는

$$f = 1/T \qquad \cdots\cdots \text{(B.3)}$$

이다. 또한 1초 동안 f사이클의 파형을 발생하고 1초 동안 V_p미터를 다루기 때문에 한 사이클로 측정되는 거리인 파장 λ는

$$\lambda = V_P/f \qquad \cdots\cdots \text{(B.4)}$$

$$\lambda f = V_p$$

이다.

B.2 맥스웰방정식과 회로방정식

다음 식은 일반 맥스웰방정식의 기본형이다.

$$\nabla \cdot E = \frac{\rho}{\epsilon} \quad \cdots\cdots \text{(B.5)}$$

$$\nabla \cdot H = 0$$

$$\nabla \times E = \frac{-\partial B}{\partial t} = -jw\mu H$$

$$\nabla \times H = J + \frac{\partial D}{\partial t} = J + jw\epsilon E$$

다음 방정식에서 E, H, B와 D에 의해 지시되는 r, m, s값은 간력화를 위해 사용될 것이다. 전기장 E는 아래와 같은 전속밀도 $D(C/m^2)$를 수반한다.

$$D = \epsilon E \quad \cdots\cdots \text{(B.6)}$$

자기장 H는 아래와 같은 자속밀도 B를 수반한다.

$$B = \mu H \quad \cdots\cdots \text{(B.7)}$$

여기서 ϵ는 파가 진행하는 매질에 대한 유전율이고 μ는 투자율이다.

■ **두 개의 실험적 요소**

(1) 속도 VP로 움직이는 전기장 밀도 D는 자기장 H를 다음과 같이 유도한다.

$$H = DV_P \quad \cdots\cdots \text{(B.8)}$$

(2) 속도 VP로 이동하는 자기장밀도 B는 전기장 E를 아래와 같이 유도할 것이다.

$$E = BV_P \quad \cdots\cdots \text{(B.9)}$$

각 경우에 있어서 벡터 방향은 그림 B.1(a)에 나타내었다.

파형 임피던스 :

$$Z_0 = (4E/H)\Omega \quad \cdots\cdots \text{(B.10)}$$

$$= \sqrt{\mu/\epsilon} \quad \cdots\cdots \text{(B.11)}$$

(이것은 식(5.15)와 식(5.16)과 비교된다.)

위상속도 :

$$V_P = \frac{1}{\sqrt{\mu\epsilon}}\ [m/s] \quad \cdots\cdots \text{(B.12)}$$

파형의 전력밀도 :

$$P_D = EH\ [W/m^2] \quad \cdots\cdots \text{(B.13)}$$

$$= E^2/Z_0$$

$$= H^2 Z_0$$

이들 관계식은 V, I, R과 전력 P에 관련된 회로방정식에 대응한다.

표 B.1 전자파의 스펙트럼과 이용

주파수	파 장	명 칭	용 도
30Hz	10,000Km	EELF	의료기기용
300Hz	1,000Km	ELF	상용전기 AC모터 오디오 가전제품
3KHz	100Km	VF	일반전화
30KHz	10Km	VLF	해상전화 표준시간 주파수방송 진동시험
300KHz	1Km	LF	선박 항공기 beacon 선박 기상 통보
3MHz	100m	MF	AM방송 SOS신호
30MHz	10m	HF	국제시민방송(CB) 어업 아마추어통신
300MHz	1m	VHF	VHF-TV(ch.2−13) 이동통신 FM방송
3GHz	10cm	UHF	UHF-TV(ch.14−83) 이동통신 GPS
30GHz	1cm	SHF	5G 이동통신, 시외국제전화 레이더 위성통신
300GHz	1mm	EMF(mm파)	우주통신 천문학(전파망원경)
3THz	100μm	sub-mm	단거리 군 통신 미래 통신레이더 위성통신
30THz	10μm	적외선	대기오염측정 메이저
300THz	1μm		광통신
3PHz	100nm	가시광선	태양광 레이저(380~770nm)
30PHz	10nm	자외선	멸균 소독
300PHz	1nm		
3EHz	100am	X선	의료용 비파괴시험 선형가속기
30EHz	10am		
300EHz	1am	γ선	
3ZHz	100zm		
30ZHz	10zm		

C. 스펙트럼분석기

이 장에서는 스펙트럼분석기에 대하여 아래 항목을 일반적으로 설명한다.

· Front Panel 및 Back Panel의 Control과 Connector

· 화면의 Connection

· 기본조작

· 측정 예

· 확장기능

C.1 PANEL면 설명

(1) 정면 PANEL

정면 Panel명과 Section별로 판넬을 표시하고, 판넬키와 커넥터를 설명한다.

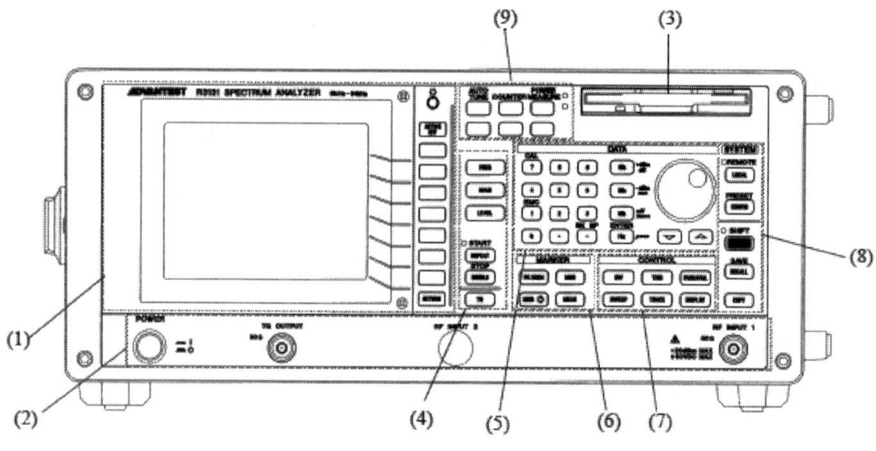

정면 Pannel

(2) DISPLAY / SECTION

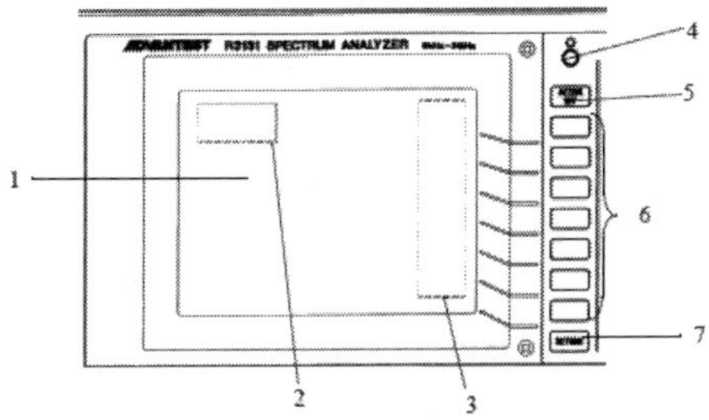

	CONTROL	설 명
1	액정 디스플레이(LCD)	트레이스와 데이터를 표시한다.
2	Active Area	입력 데이터와 측정 데이터를 표시한다.
3	Soft Menu 표시	Soft Key의 기능을 표시한다.(최대 7개)
4	Contrast 조정(수동)	디스플레이의 Contrast를 조정한다.
5	Active Off 키	Active Area의 표시를 삭제한다.
6	Soft 키	7개의 Soft Key는 좌측에 있는 Shift New 표시로 대응하고 있다. Soft Key를 눌러서 Soft Key를 선택한다.
7	Return 키	Soft Menu를 실행했을 경우 전 단계로 돌아간다.

(3) POWER SWITCH / CONNECTOR SECTION

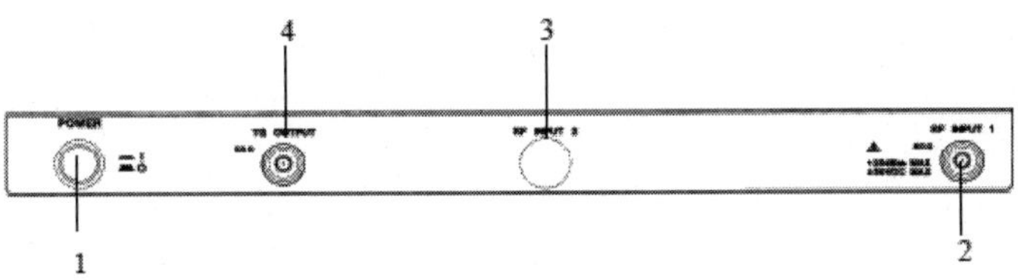

	CONTROL	설 명
1	Power Switch	전원 on/off 실행 스위치이다.
2	RF Input1 Connector	50Ω N형 입력 커넥터이다. 주파수 범위는 9KHz~3GHz, 최대 입력 레벨 +20dBm, +50V dcmax의 신호분석이 가능하다.
3	RF Input2 Connector	nc
4	TG Input Connector	nc

(4) MEASUREMENT SECTION

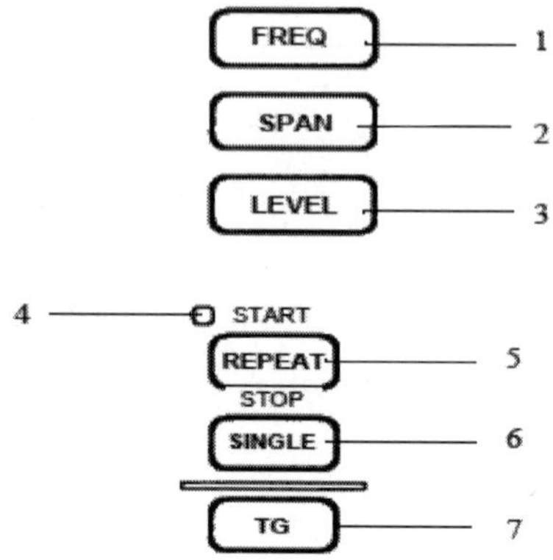

	CONTROL	설 명
1	FREQ 키	중심주파수를 설정
2	SPAN 키	주파수 스팬을 설정
3	LEVEL 키	Reference Level를 설정
4	Sweep Lamp	Sweep 상태를 표시
5	REPEAT(START/STOP) 키	연속 Sweep 실행과 Sweep의 Reset를 실행
6	SINGLE 키	Single sweep의 실행과 Sweep의 Reset를 실행
7	TG 키	No Use

(5) DATA SECTION

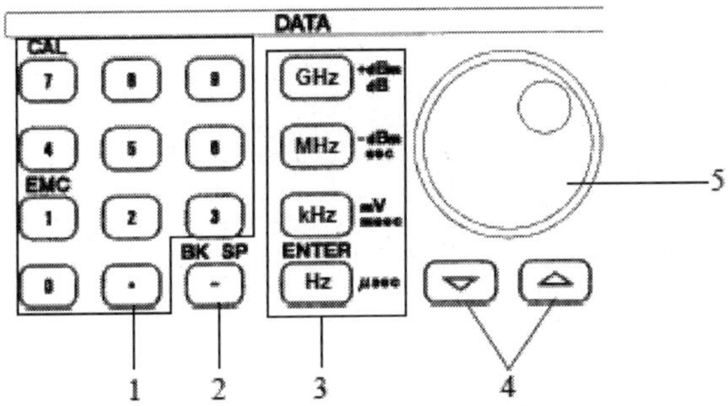

	CONTROL	설 명
1	TEN 키 (확장기능 키) EMC 키 CAL 키	숫자 키(0~9)와 소수점 키(.)가 있으며 SHIFT 키와 연속적으로 움직이는 확장기능을 가지고 있음. EMC 측정의 설정을 실행 본 기기의 Calibration을 실행
2	BK SP(-) 키	TEN 키 입력 정정과 - 부호를 실행
3	단위 키 GHz 키 MHz 키 KHz 키 Hz(ENTER) 키	단위 선택과 수치 설정을 실행 GHz, +dBm, dB 단위로 설정 MHz, -dBm, sec 단위로 설정 KHz, mV, msec 단위로 설정 Hz, μsec 단위로 설정 그리고 ENTER키로 사용
4	Step 키	데이터를 스텝 입력
5	Data Knob	데이터의 입력을 미세조정

Table 2-1 Unit Key Settings

	Frequency	Time	LEVEL				
			dBm	dBμV	dBmV	Watts	Volts
GHz key	GHz	—	+dBm	+dBμV	+dBmV	—	—
MHz key	MHz	sec	-dBm	-dBμV	-dBmV	W	V
kHz key	kHz	msec	—	—	—	mW	mV
Hz(ENTER)key	Hz	μsec	—	—	—	μW	μV

(6) MAKER SECTION

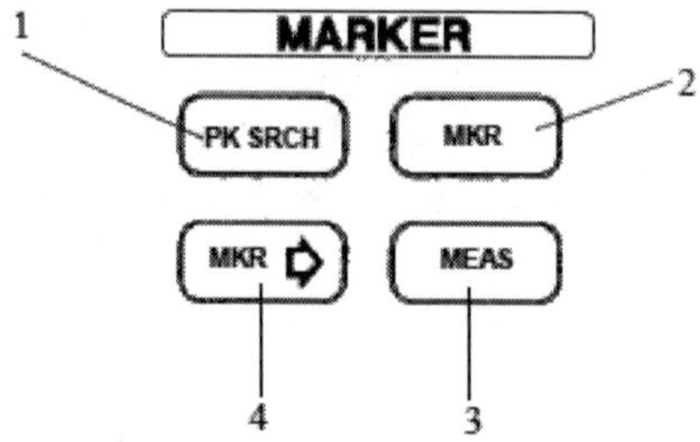

CONTROL		설 명
1	PK SRCH 키	Trace의 Peak Search를 실행
2	MKR 키	Marker를 실행
3	MEAS 키	측정 Mode를 설정
4	MKR→ 키	Marker 점의 값을 다른 Function Data로 하여 사용

(7) CONTROL SECTION

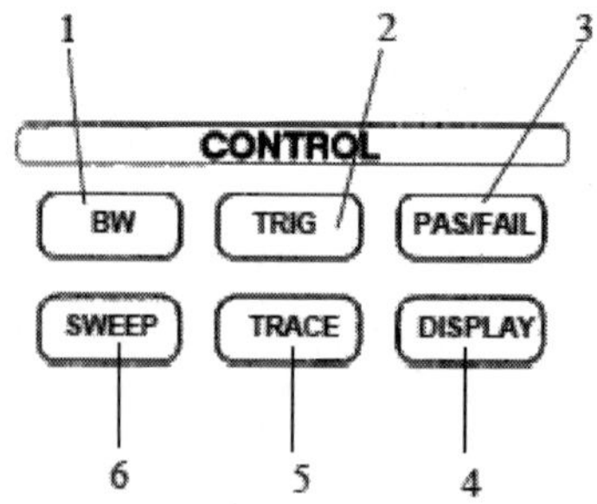

CONTROL		설 명
1	BW 키	분해능 대역폭(RBW)과 Video 대역폭(VBW)을 설정
2	TRIG 키	Trigger 조건을 설정
3	PAS/FAIL 키	Level Window 설정과 Pass/Fail 판정을 실행
4	DISPLAY 키	Display Line, Reference Level 등을 설정
5	TRACE 키	Trace 기능을 설정
6	SWEEP 키	Sweep 시간을 설정

(8) SYSTEM SECTION

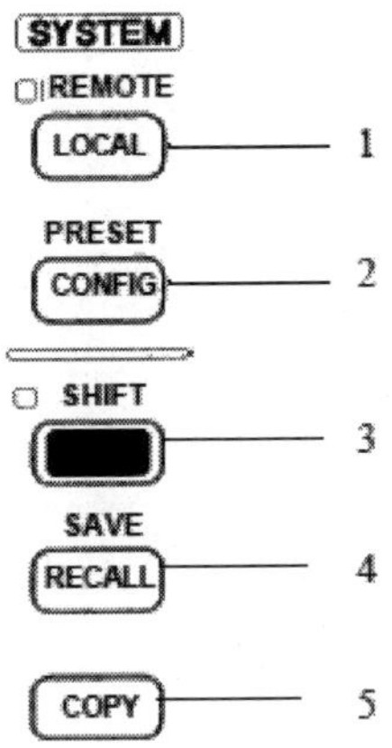

	CONTROL	설 명
1	LOCAL 키 REMOTE Lamp	GPIB에 대한 REMOTE Control을 해제 (REMOTE Lamp 점등) REMOTE 상태일 때 점등
2	CONFIG 키 PRESET 키(SHIFT, CONFIG)	Interface 동작 조건 등을 설정 본 기기의 설정을 조기화
3	SHIFT 키	Shift Mode와 Panel Key 상부 청색글자의 기능(Key의 확장기능)을 선택 가능 Shift Mode 선택할 때 LED Lamp 점등
4	RECALL 키 SAVE 키(SHIFT, RECALL)	Data 출력을 실행 Data 저장을 실행
5	COPY 키	화면 데이터를 출력

(9) 그 외의 SECTION

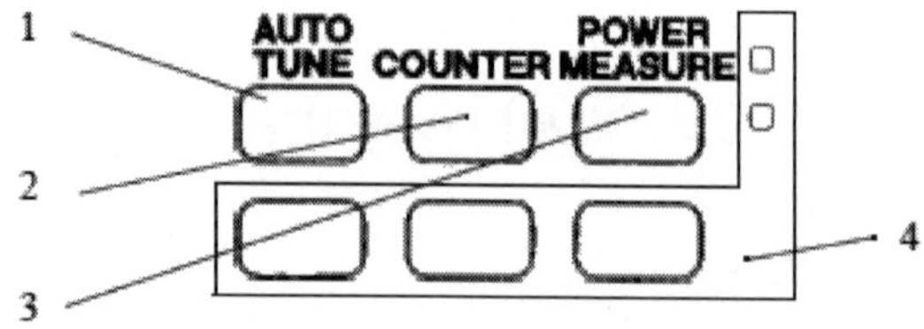

CONTROL		설 명
1	AUTO TUNE 키	최대 레벨의 신호를 자동적으로 검색
2	COUNTER 키	주파수 카운터로 주파수 측정을 실행
3	POWER MEASURE 키	전력 측정을 실행
4		No Use

C.2 화면내용

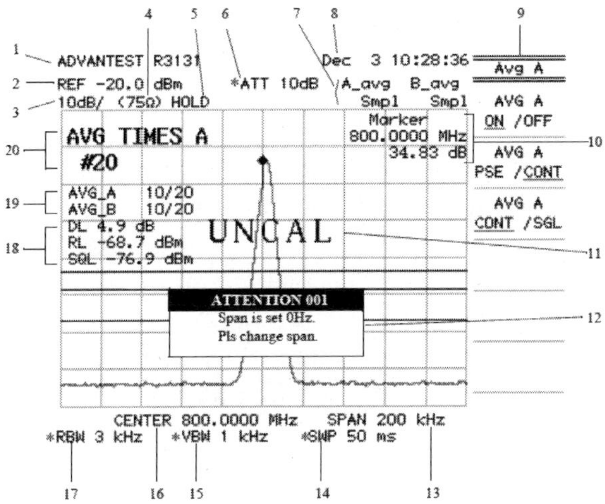

	ATTENTION	설 명
1	TITLE	다른 데이터와 구별하기 때문에 입력한 제목 표시
2	Reference Level	Reference Level 설성치
3	진폭 Scale	진폭 Scale의 눈금 측정치
4	RF Attenuator	Attenuator의 설정치 Manual Mode로 설정하려면 ATT 전에 (*) 표시 가능
5	Trace	선택되어 있는 Trace mode와 Detecter Mode
6	Date	현재의 날짜와 시각
7	Soft Menu	Soft Key로 Menu 표시
8	Maker Area	Maker 주파수와 Level
9	UNCAL Message	Calibrate 되지 않은 측정값을 표시
10	Message Window	Error Message 표시
11	주파수 Span, Step 주파수	주파수 Span, Step 주파수 표시
12	Sweep(소인)시간	Sweep가 필요한 시간, Manual Mode로 설정하려면 VBW 전에 (*) 표시됨
13	Video 대역폭(VBW)	Video 대역폭 설정 값, Manual Mode로 설정하려면 VBW 전에 (*) 표시됨
14	중심주파수, Start 주파수	중심주파수 또는 Start 주파수 표시
15	분해능대역폭(RBW)	분해능대역폭의 설정 값 Manual Mode로 설정하려면 RBW 전에 (*) 표시됨
16	Line set-up 표시	Display Line, Reference Line, Squelch Line의 설정 값
17	Average Counter 표시	Average 횟수 표시
18	Active Area	Active(Data 변경가능) 기능과 그 값을 표시하는 영역

C.3 BACK PANEL

여기에는 후면 판넬을 표시하고, 단자와 커넥터를 설명한다.

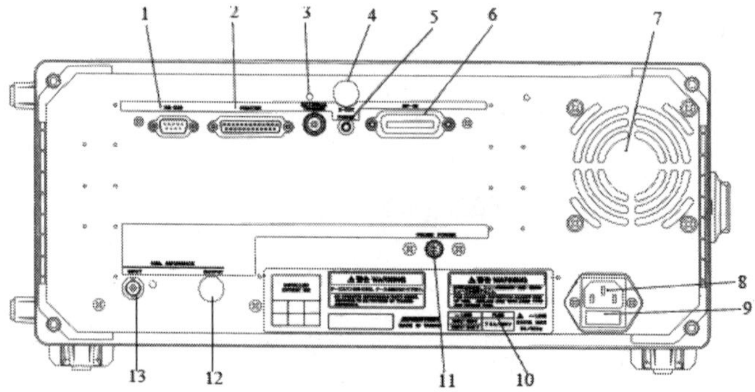

CONTROL		설 명
1	RS-232C CONNECTOR	RS-232C Interface로 원격제어를 실행할 때에 외부 제어단과 접속하는 커넥터
2	PRINTER CONNECTOR	중앙 프린터와 연결하는 커넥터
3	EXRERNAL TRIGGER 단자	입력 임피던스 약 10㏀, TTL 레벨 입력 신호의 Down, Up (선택가능)으로 Sweep를 시작한다. Gated Sweep의 Gate 입력신호 단자로서 사용 가능
4	X-OUT 단자	사용하지 않음
5	PHONE CONNECTOR	AM/FM 복조음 출력 8Ω 이어폰 단자
6	GPIB CONNECTOR	GPIB Cable로 외부 컨트롤을 접속할 때에 쓰이는 단자 - 이후 USB입출력 단자를 사용한다.
7	FAN	본 기기 내의 온도 상승을 막기 위한 장치 (팬이 차단되지 않게 항상 주의)
8	AC 전원용 Connector	3-pin 구조로 되어있고 중앙 핀은 접지용 단자로 사용
9	FUSE HOLDER	퓨즈가 내장되어 있으며, 예비용으로 1개 추가됨.
10	FUSE 정보	본 기기의 사용 전원 전압 범위와 퓨즈 규격을 표시
11	PROBE POWER 단자	사용하지 않음
12	10MHz REFERENCE OUTPUT 단자	사용하지 않음
13	10MHz REFERENCE INPUT 단자	10MHz 기준 주파수 신호의 입력단자 입력 임피던스 : 50Ω 입력 레벨 범위 : -10dBm~+10dBm

찾아보기

INFORMATION COMMUNICATION SYSTEMS

정보통신시스템

2판 2쇄 2020년 3월 5일

저 자 이상회
발행인 송광헌
발행처 복두출판사
편 집 이여주
주 소 서울특별시 영등포구 경인로82길 3-4
센터플러스 807호 (우) 07371
전 화 02-2164-2580
FAX 02-2164-2584
등 록 1993. 11. 22. 제 10-902 호

정가 : 23,000원

ISBN : 979-11-5906-483-8 93560

한국과학기술출판협회 회원사